中 国 国 家 标 准 汇 编

524

GB 28109～28161

（2011 年制定）

中国标准出版社　编

中国标准出版社

北　京

图书在版编目(CIP)数据

中国国家标准汇编:2011年制定.524:GB 28109～28161/中国标准出版社编.—北京:中国标准出版社,2012
ISBN 978-7-5066-6977-1

Ⅰ.①中… Ⅱ.①中… Ⅲ.①国家标准-汇编-中国-2011 Ⅳ.①T-652.1

中国版本图书馆CIP数据核字(2012)第197831号

中国标准出版社出版发行
北京市朝阳区和平里西街甲2号(100013)
北京市西城区三里河北街16号(100045)

网址 www.spc.net.cn
总编室:(010)64275323 发行中心:(010)51780235
读者服务部:(010)68523946

中国标准出版社秦皇岛印刷厂印刷
各地新华书店经销

*

开本 880×1230 1/16 印张 40 字数 1 196 千字
2012年10月第一版 2012年10月第一次印刷

*

定价 220.00 元

出 版 说 明

1.《中国国家标准汇编》是一部大型综合性国家标准全集。自1983年起，按国家标准顺序号以精装本、平装本两种装帧形式陆续分册汇编出版。它在一定程度上反映了我国建国以来标准化事业发展的基本情况和主要成就，是各级标准化管理机构，工矿企事业单位，农林牧副渔系统，科研、设计、教学等部门必不可少的工具书。

2.《中国国家标准汇编》收入我国每年正式发布的全部国家标准，分为"制定"卷和"修订"卷两种编辑版本。

"制定"卷收入上一年度我国发布的、新制定的国家标准，顺延前年度标准编号分成若干分册，封面和书脊上注明"20××年制定"字样及分册号，分册号一直连续。各分册中的标准是按照标准编号顺序连续排列的，如有标准顺序号缺号的，除特殊情况注明外，暂为空号。

"修订"卷收入上一年度我国发布的、被修订的国家标准，视篇幅分设若干分册，但与"制定"卷分册号无关联，仅在封面和书脊上注明"20××年修订-1，-2，-3，……"字样。"修订"卷各分册中的标准，仍按标准编号顺序排列(但不连续)；如有遗漏的，均在当年最后一分册中补齐。需提请读者注意的是，个别非顺延前年度标准编号的新制定的国家标准没有收入在"制定"卷中，而是收入在"修订"卷中。

读者配套购买《中国国家标准汇编》"制定"卷和"修订"卷则可收齐由我社出版的上一年度我国制定和修订的全部国家标准。

3. 由于读者需求的变化，自1996年起，《中国国家标准汇编》仅出版精装本。

4. 2011年我国制修订国家标准共1 989项。本分册为"2011年制定"卷第524分册，收入国家标准GB 28109～28161的最新版本。

中国标准出版社

2012年8月

目　　录

GB/T 28109—2011　薇甘菊检疫鉴定方法 ……………………………………………………………… 1
GB/T 28110—2011　疣果匙荠检疫鉴定方法 …………………………………………………………… 9
GB/T 28111—2011　乳化炸药用酯类乳化剂试验方法…………………………………………………… 19
GB/T 28112—2011　硅橡胶中挥发性甲基环硅氧烷残留量的测定…………………………………… 29
GB/T 28113—2011　工业用双酚 A ……………………………………………………………………… 39
GB/T 28114—2011　镁质强化瓷器……………………………………………………………………… 51
GB/T 28115—2011　高石英瓷器………………………………………………………………………… 63
GB/T 28116—2011　抗菌骨质瓷器……………………………………………………………………… 75
GB/T 28117—2011　食品包装用多层共挤膜、袋 ……………………………………………………… 85
GB/T 28118—2011　食品包装用塑料与铝箔复合膜、袋 ……………………………………………… 99
GB/T 28119—2011　食品包装用纸、纸板及纸制品　术语………………………………………………… 111
GB/T 28120—2011　面粉纸袋 …………………………………………………………………………… 125
GB/T 28121—2011　非热封型茶叶滤纸 ………………………………………………………………… 137
GB/T 28122—2011　液晶显示器(LCD)用聚乙烯醇(PVA)膜　厚度测定方法 ……………………… 145
GB/T 28123—2011　工业氦 ……………………………………………………………………………… 151
GB/T 28124—2011　惰性气体中微量氢、氧、甲烷、一氧化碳的测定　气相色谱法……………………… 157
GB/T 28125.1—2011　空分工艺中危险物质的测定　第1部分:碳氢化合物的测定………………… 163
GB 28126—2011　吡虫啉原药 ……………………………………………………………………………… 171
GB 28127—2011　氯磺隆原药 ……………………………………………………………………………… 181
GB 28128—2011　杀虫单原药 ……………………………………………………………………………… 189
GB 28129—2011　乙羧氟草醚原药 ………………………………………………………………………… 199
GB 28130—2011　哒螨灵原药 ……………………………………………………………………………… 209
GB 28131—2011　溴氰菊酯原药 …………………………………………………………………………… 219
GB 28132—2011　吡虫啉微乳剂 …………………………………………………………………………… 227
GB 28133—2011　绿麦隆可湿性粉剂 ……………………………………………………………………… 235
GB 28134—2011　绿麦隆原药 ……………………………………………………………………………… 245
GB/T 28135—2011　农药酸(碱)度测定方法　指示剂法 ………………………………………………… 255
GB/T 28136—2011　农药水不溶物测定方法 …………………………………………………………… 259
GB/T 28137—2011　农药持久起泡性测定方法…………………………………………………………… 263
GB 28138—2011　硝磺草酮悬浮剂 ………………………………………………………………………… 267
GB 28139—2011　70%吡虫啉水分散粒剂 ………………………………………………………………… 277
GB 28140—2011　75%乙酰甲胺磷可溶粉剂 ……………………………………………………………… 287
GB 28141—2011　吡虫啉可溶液剂 ………………………………………………………………………… 299
GB 28142—2011　吡虫啉可湿性粉剂 ……………………………………………………………………… 307
GB 28143—2011　吡虫啉乳油……………………………………………………………………………… 315
GB 28144—2011　吡虫啉悬浮剂 …………………………………………………………………………… 323
GB 28145—2011　赤霉酸可溶粉剂 ………………………………………………………………………… 333
GB 28146—2011　3%赤霉酸乳油…………………………………………………………………………… 343

GB 28147—2011 哒螨灵可湿性粉剂 …… 351
GB 28148—2011 哒螨灵乳油 …… 361
GB 28149—2011 氯磺隆可湿性粉剂 …… 371
GB 28150—2011 氯磺隆水分散粒剂 …… 379
GB 28151—2011 嘧霉胺可湿性粉剂 …… 389
GB 28152—2011 嘧霉胺悬浮剂 …… 399
GB 28153—2011 杀虫单可溶粉剂 …… 411
GB 28154—2011 75%烟嘧磺隆水分散粒剂 …… 421
GB 28155—2011 烟嘧磺隆可分散油悬浮剂 …… 431
GB 28156—2011 乙羧氟草醚乳油 …… 443
GB 28157—2011 乙酰甲胺磷乳油 …… 453
GB/T 28158—2011 国际贸易业务的职业分类与资质管理 …… 464
GB/T 28159—2011 电子级磷酸 …… 485
GB/T 28160—2011 数字电视广播电子节目指南规范 …… 501
GB/T 28161—2011 数字电视广播业务信息规范 …… 545

ICS 65.020.01
B 16

中华人民共和国国家标准

GB/T 28109—2011

薇甘菊检疫鉴定方法

Detection and identification of *Mikania micrantha* Kunth

2011-12-30 发布　　　　2012-06-01 实施

中华人民共和国国家质量监督检验检疫总局
中国国家标准化管理委员会　发布

前　　言

本标准按照GB/T 1.1—2009给出的规则起草。

本标准由全国植物检疫标准化技术委员会(SAC/TC 271)提出并归口。

本标准起草单位:中华人民共和国重庆出入境检验检疫局、中华人民共和国云南出入境检验检疫局、中华人民共和国深圳出入境检验检疫局、中华人民共和国珠海出入境检验检疫局。

本标准主要起草人:孔德英、杜宇、康林、刘念源、江兴培、廖力、梅华全、和捷。

薇甘菊检疫鉴定方法

1 范围

本标准规定了薇甘菊(*Mikania micrantha* Kunth)的实验室检测及其形状特征鉴定方法。

本标准适用于薇甘菊的植株和瘦果的检疫鉴定。

2 术语和定义

下列术语和定义适用于本文件。

2.1

伞房花序 corymb

花梗排列于总轴不同高度的各点上,但最下的最长,渐上递短,使整个花序顶成一平头状。

2.2

复伞房花序 compound corymb

花序轴的分枝成伞房状排列,每一分枝又自成一伞房花序。

2.3

头状花序 capitulum

花无柄或近无柄,多数密集于一短而宽、平坦或隆起的花序托上而成一头状体。

2.4

总苞 involucre

包围花或花族基部的一轮苞片。

2.5

总苞片 phyllary,tegule

生于花下的变态叶,一般较小,绿色,数目多而聚生在花序基部苞片的总称。

2.6

小苞叶 bracteole

生于花序中每朵小花的花柄或花萼下部的苞叶。

2.7

瘦果 achene

具有一粒种子而不开裂的干果,由离生心皮的下位子房形成,其果皮紧包种子,不易分离。

2.8

冠毛 pappus

由花萼特化所形成的毛状物。

3 薇甘菊基本信息

中文名:薇甘菊。

中文别名:小花假泽兰。

英文名:South American Climber;Mile-a-minute Weed。

学名:*Mikania micrantha* Kunth,1818。

异名:*Mikania micrantha* H. B. K. ,1818;*Mikania scandes* Merr. 。

属于菊科 Compositae,假泽兰属 *Mikania* Willd. 。

薇甘菊原产于南美洲、中美洲,现广泛分布于南亚、东南亚。

薇甘菊的传播途径有自然扩散和人为扩散两个途径,可借风力、水流、人畜活动、交通运输等途径传播。人为的农产品的运输、作物引种、园林花卉的交流、交通工具的往来等是薇甘菊远距离快速传播的主要途径。

4 方法原理

肉眼与显微镜观察现场和实验室检测中发现的疑似薇甘菊的植株、籽实,根据本标准描述的形态鉴定特征等信息,按系统分类学方法进行鉴定。

5 仪器和器具

5.1 仪器

体视显微镜(带目镜测微尺或镜台测微尺)、电子天平(0.001 g 和 0.000 1 g)、电动振动筛或套筛。

5.2 器具

白瓷盘、放大镜、解剖针、镊子、培养皿、棉花、样品袋、标本瓶、指形管。

6 实验室检测鉴定

6.1 样品制备

将现场检疫抽取的复合样品充分混匀,制成平均样品。采用四分法,取平均样品的二分之一至四分之三(较少样品时)作为试验样品,其余的作为保存样品贴标签保存,称取并记录试验样品的质量。送检样品不足 1.0 kg 的全检。

6.2 过筛检测

根据试验样品个体的大小确定套筛的规格,按照孔径从大到小依次套上套筛并加上筛底,将试验样品倒入最上层的筛内套,盖上筛盖,以回旋法过筛,或用电动振动筛振荡,使样品充分分离。把过筛的筛上物和筛下物分别倒入白瓷盘内,用镊子挑检杂草籽粒,并放于培养皿内进行鉴定。检验样品种子大于薇甘菊瘦果的主要检查筛下物,检验样品种子小于薇甘菊瘦果的主要检查筛上物,检验样品种子与薇甘菊瘦果大小相当的应全检。混杂于粮食、种子等植物及植物产品中的薇甘菊瘦果,一般在孔筛的孔径为 1 mm 以上的筛上物中获得。当样品量较少时,可以直接将全部样品放入白瓷盘中进行人工挑检。

6.3 鉴定方法

6.3.1 目测鉴定

用肉眼或借助放大镜将挑出的杂草籽实进行分类,检出其中的疑似薇甘菊杂草籽。

6.3.2 镜检鉴定

将挑出的疑似薇甘菊籽实放入培养皿内置于体视显微镜下，观察籽实的外部形态特征，必要时解剖观察种子的形态特征。依据薇甘菊瘦果及种子的形态特征进行鉴定。

7 鉴定特征

7.1 假泽兰属

7.1.1 基本生物学特性

灌木或攀援草本。

7.1.2 植株形态特征

7.1.2.1 叶

叶对生，通常有柄，宽椭圆形至线形，多数心脏形或戟形，偶尔叶缘深裂。

7.1.2.2 花

头状花序小，排成圆锥花序式的聚伞花序；花托小，秃裸；头状花序含小花 4 朵，花冠白色或微黄色，等长，辐射对称，管纤弱，檐部通常扩大成钟状，稀不扩大，顶端有 5 个裂齿。花药上端有附属片，基部钝，全缘。花柱分枝细长，顶端急尖，边缘有乳突。总苞长椭圆形或狭圆柱状；总苞片 1 层，4 枚，狭窄，稍不等长，向基部结合，或另有 5 枚附加的外层小苞片，有明显的纵行脉纹。

7.1.2.3 瘦果

瘦果棱柱状，有 4 棱～5 棱，顶端截形，光滑或具有粒状突起物及短刺毛；冠毛糙毛状，约 35 条～60 条，1 层～2 层，基部通常结合为环状。

7.2 薇甘菊（参见图 A.1）

7.2.1 基本生物学特性

多年生草质或稍木质藤本。

7.2.2 植株形态特征

7.2.2.1 茎

茎细长，匍匐或攀援；多分枝，具白色短柔毛或几乎无毛。幼茎绿色，近圆柱状；老茎淡褐色，具多条肋纹。芽腋生，两侧均长芽，但一般只有一侧的芽生长成新枝。茎和茎节上均能长根。

7.2.2.2 叶

叶对生，薄型。成熟叶长 4.0 cm～13.0 cm，宽 2.0 cm～9.0 cm，卵形或三角状卵形，边缘具数个粗齿或浅波状圆锯齿；两面几乎无毛，或常在脉处具短柔毛；基出 3 脉～7 脉；叶柄具槽，长 2.0 cm～8.0 cm，通常被微毛，基部具环状物或近膜质的狭形托叶。幼叶小，边缘微齿或几乎无齿，叶柄较短。

7.2.2.3 花

花序顶生或侧生，复伞房花序状。花序梗丝状，纤细，长 2.0 mm～5.0 mm；头状花序长 4.5 mm～

6.0 mm，含小花 4 朵；总苞倒卵状至矩圆形，锐尖至短渐尖，长 3.0 mm～4.0 mm，绿白色，干后近红色；总苞基部有一线状椭圆形的小苞叶，长 1.0 mm～2.0 mm；总苞片 4 枚，狭长椭圆形，顶端渐尖或急尖，绿色，长约 2.0 mm～4.5 mm，宽约 1.0 mm；花冠白色，管状，长 3.0 mm～3.5 mm。5 片花瓣联生成喇叭状花冠，雄蕊 5 枚。

7.2.2.4 瘦果

瘦果狭倒披针形至狭椭圆形，偶尔稍弯曲。长 1.0 mm～2.5 mm，直径为 0.2 mm～0.6 mm，棕黑色。果体表面具腺体及稀疏的短白刺毛，具 5 纵棱。冠毛宿存，由 30 条～40 条组成，白色，长 2.0 mm～4.0 mm，冠毛上具短刺毛。种子细小，无胚乳。

7.3 薇甘菊与近似种的比较

在假泽兰属中，*Mikania scandens* Willd.、假泽兰 *M. cordata* Rob. 和薇甘菊 *M. micrantha* Kunth 的形态特征相似，三者的比较参见附录 B。

8 结果判定

以植株、成熟瘦果的形态特征为检疫鉴定依据，符合 7.2.2 描述的可鉴定为薇甘菊 *Mikania micrantha* Kunth。

9 标本和样品保存与处理

9.1 保存方法

9.1.1 标本保存

将鉴定的薇甘菊植株压制成干标本，将检出鉴定的薇甘菊籽实装入指形管或标本瓶内，加以标识，注明编号、中文名、学名、科别、产地、货物名称、日期等，经手人签字后妥善保存。

9.1.2 样品保存

送检样品注明编号、产地、货物名称、日期等信息后妥善保存。

9.2 保存期限

含有薇甘菊的样品与检出鉴定的标本妥善保存至少 6 个月。

9.3 处理

保存期满后，送检样品应作灭活处理。

附 录 A
（资料性附录）
薇甘菊形态特征图

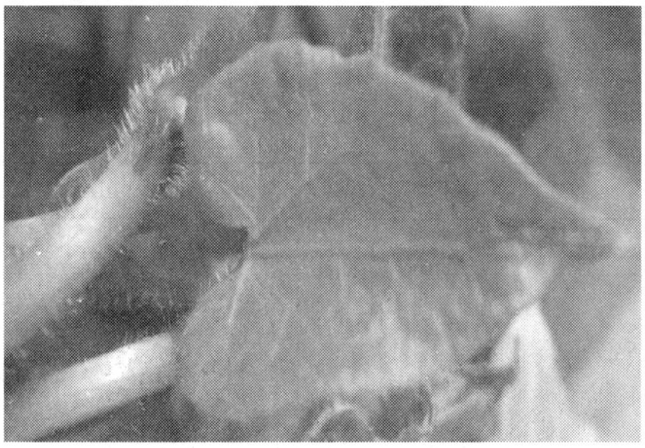

a） 幼茎及幼叶

b） 对生叶

c） 花序

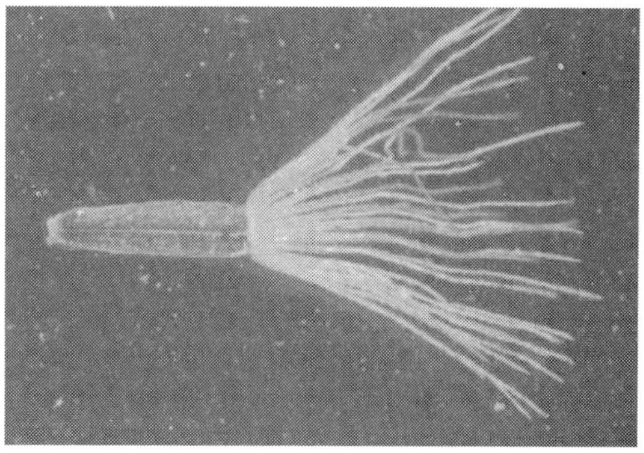

d） 瘦果

图 A.1 薇甘菊叶、花序、瘦果形态特征

附 录 B
（资料性附录）
薇甘菊与近似种的区别

表 B.1 薇甘菊与近似种的区别

种类	薇甘菊 *M. micrantha* Kunth	假泽兰 *M. cordata* Rob.	*M. scandens* Willd.
茎	常被暗白色柔毛	被短柔毛或几无毛	无毛
叶片	卵形，基部为戟形或心脏形，边缘具数个粗齿或浅波状圆锯齿，叶表面常被暗白色柔毛	叶卵形，基部不为戟形；两面疏被短柔毛	戟形或心脏形，具波状齿；通常无毛或多少被毛；北美的该种毛被明显
头状花序	长约 4.0 mm～6.0 mm，花序梗长 2.0 mm～5.0 mm	长 6.0 mm～9.0 mm；花序梗 3.0 mm～5.0 mm	长约 5.0 mm～7.0 mm
总苞片	线形，披针形，锐尖，呈绿色至禾杆色，长 2.5 mm～4.5 mm	狭长椭圆形，长 5.0 mm～7.0 mm，尖端收缩成短尖头	渐狭，白色，绿色或略带紫色，长 4.0 mm～5.0 mm
花冠	长 1.5 mm～3.0(～)4.0 mm，白色	长 3.5 mm～5 mm、5 齿裂，白色或微黄色	花冠长 3.0 mm～4.0 mm，粉红色，苍白紫色，稀白色
小苞叶长	1.0 mm～2.0 mm	3.0 mm	2.5 mm～3.0 mm
冠毛	32 条～38（～40）条，长 2.0 mm～4.0 mm，白色或多少红色	40 条～45 条，长 4.0 mm，灰白至红褐色	30 条～35 条，长 2.0 mm～4.0 mm，白色或有时紫色
瘦果	黑色，长 1.5 mm～2.0 mm，有腺点	长 2.0 mm～3.5 mm，有腺点	黑褐色，长 2.5 mm～4.0 mm，近无毛
原产地	南美、中美和加勒比地区	东南亚和东非热带地区	北美洲东部温带至亚热带

ICS 65.020.01
B 16

中华人民共和国国家标准

GB/T 28110—2011

疣果匙荠检疫鉴定方法

Detection and identification of *Bunias orientalis* L.

2011-12-30 发布　　　　2012-06-01 实施

中华人民共和国国家质量监督检验检疫总局
中国国家标准化管理委员会　发布

前言

本标准按照 GB/T 1.1—2009 给出的规则起草。

本标准由全国植物检疫标准化技术委员会(SAC/TC 271)提出并归口。

本标准起草单位:中华人民共和国珠海出入境检验检疫局、中华人民共和国湖北出入境检验检疫局、中华人民共和国宁波出入境检验检疫局、中华人民共和国重庆出入境检验检疫局、中华人民共和国福建出入境检验检疫局。

本标准主要起草人:廖力、徐森锋、张卫东、吴长坤、陈德蓉、王振华、徐瑛、孔德英、郭琼霞。

疣果匙荠检疫鉴定方法

1 范围

本标准规定了疣果匙荠(*Bunias orientalis* L.)的实验室检测与其形态特征鉴定方法。

本标准适用于疣果匙荠的检疫鉴定。

2 术语和定义

下列术语和定义适用于本文件。

2.1

短角果 silicle

角果由2心皮合生而成,中间有一假隔膜,将子房隔成假2室,成熟时有的角果沿腹缝线自下而上开裂,有的角果不裂。角果呈三角形、圆球形或卵形的,称短角果。

2.2

喙 beak

一般指雌蕊发育成果实时,子房顶端形成一尖头状突起,形如鸟嘴。

2.3

总状花序 raceme

数花具花梗,着生于不分枝的花序轴上,称为总状花序。

2.4

子叶 cotyledon

为幼胚的叶子。在无胚乳或少胚乳种子中,子叶极为发达,并储存大量养料。

2.5

胚根 radicel

位于胚轴的基部,为未发育的初生根,种子萌发后,发育成地下部分。

3 杂草基本信息

中文名:疣果匙荠。

中文别名:瘤果匙荠,近东布尼亚。

学名:*Bunias orientalis* L.,1753。

英文名:warty cabbage,oriental bunias。

属十字花科 Brassicaceae 匙荠属 *Bunias* L.。

主要分布于欧洲中部、南部、东部的土耳其等地、俄罗斯西伯利亚地区、亚洲西部。

多以果实的形式混杂于植物原粮、种子等植物及植物产品中,并随其调运和引种而传播。

4 方法原理

将现场和实验室检测中发现的疑似疣果匙荠的植株、籽实通过肉眼与显微镜观察,根据本标准描述的疣果匙荠形态鉴定特征与其基本生物学信息，按系统分类学方法，鉴定其生物学种类。

5 仪器和用具

5.1 仪器

体视显微镜(带目镜测微尺或镜台测微尺)、电子天平(0.001 g、0.000 1 g)、电动筛或套筛。

5.2 用具

放大镜、解剖刀、解剖针、镊子、指形管、培养皿、白瓷盘、样品铲、样品袋、标签、记录纸、标本瓶、标本盒、防虫剂、樟脑精、干燥剂。

6 实验室检测鉴定

6.1 样品制备

将现场检疫抽取的送检样品充分混匀，制成平均样品。采用四分法，视样品多少取平均样品的二分之一至四分之三(较少样品时)作为试验样品，称取质量并记录，每份试验样品不少于 1 kg，剩余的平均样品加贴标签作为保留样品。送检样品不足 1 kg 的全检。

6.2 过筛检测

根据样品个体的直径大小确定套筛的规格，从大到小依次套上不同孔径的规格筛并加上底筛，将试验样品倒入规格筛的上层内，盖上筛盖，用回旋法过筛(或用电动筛振荡)，使样品充分分离，样品个体大于疣果匙荠籽实的主要检查筛下物，否则主要检查筛上物，把过筛的筛上物和筛下物分别倒入白瓷盘内，用镊子挑取杂草籽实，放于培养皿内以备下一步鉴定。混杂于植物原粮和种子中疣果匙荠籽实，一般在孔径为 5 mm 以上的筛上物中获得。当样品量少时，也可将全部样品放入白瓷盘中进行人工挑检。

6.3 鉴定方法

6.3.1 目测鉴定

用肉眼或借助放大镜，将挑取的杂草籽实进行分类，将疑似匙荠属杂草籽挑选出来。

6.3.2 镜检鉴定

将挑取的可疑杂草籽放入培养皿内置于体视显微镜下，观察其外部形态特征，解剖观察其种子的形态特征，并依据疣果匙荠果实与种子的形态特征进行鉴定。

7 鉴定特征

7.1 匙荠属

7.1.1 基本生物学特性

一年或二年生草本。

7.1.2 植株形态特征

7.1.2.1 茎

茎多分枝，无毛或具单毛与分枝毛。

7.1.2.2 叶

叶大头羽状全裂，羽状浅裂或具波状齿。

7.1.2.3 花

花白色或黄色；萼片直立，基部略成囊状；花瓣倒卵形；雄蕊 6，离生，花丝无翅或齿；侧蜜腺环状，外侧三浅裂，围绕短雄蕊，中蜜腺三角形，位于长雄蕊外侧，常与侧蜜腺汇合成封闭的环；子房无柄，花柱圆锥形，柱头 2 浅裂。

7.1.2.4 果实

短角果卵形，小坚果状，不开裂；子房 2 室，隔膜草质，每室有 1 种子；子叶螺旋形，背倚胚根。

7.2 疣果匙荠

7.2.1 基本生物学特性

二年生草本，高 40 cm～80 cm。

7.2.2 植株形态特征（参见图 A.1）

7.2.2.1 茎

茎直生，上部分枝，下部有倒生单毛和红褐色棒状突起。

7.2.2.2 叶

基生叶与下部茎生叶长 3.0 cm～25.0 cm，宽 0.5 cm～5.0 cm，大头羽状全裂，顶端裂片甚大，矩圆形或三角状矩圆形，边缘有小波状齿，侧裂片披针形，水平展开或向下展开，具单毛、二叉状及红色小棒状突起，叶柄长 2.0 cm～4.5 cm；中部和上部茎生叶披针形，长 3.5 cm～13.0 cm，不裂，边缘具深波状齿或近全缘。

7.2.2.3 花序

总状花序，花密生，黄色，直径约为 3.0 mm；萼片长圆形，长约 3.0 mm；花瓣广倒卵形。

7.2.2.4 果实（参见图 A.2）

短角果，卵形或近卵形，偏斜，长 6.0 mm～8.0 mm，宽 3.0 mm～4.0 mm；顶端具短喙，基部钝圆，果皮淡黄白色至黄褐色；表面凹凸不平，有疣状突起及隐若可见的脊棱；果皮木质化坚硬，成熟时不开裂，内含 1 粒～2 粒种子。

7.2.2.5 种子（参见图 A.3）

蜗牛状螺旋形，长约 3.5 mm，宽 2.2 mm～2.7 mm；种皮膜质，淡黄褐色至黄褐色，表面具皱纹或散生瘤状小突起，无光泽；胚根明显突出呈喙状，斜弯；子叶螺旋形，复褶背倚胚根。

7.3 疣果匙荠与近似种的区别

疣果匙荠与近似种形态特征的区别参见附录 B。

8 结果评定

以植株、果实和种子的形态特征为依据，符合第7章的描述，可鉴定为疣果匙荠 *Bunias orientalis* L.。

9 标本和样品保存与处理

9.1 保存方法

9.1.1 标本保存

将鉴定的疣果匙荠的植株压制成标本，将检出鉴定的疣果匙荠籽实装入指形管或标本瓶内，加以标识，注明编号、中文名称、学名、科别、产地、货物名称、进出口日期等，经手人签字后妥善保存。

9.2 样品保存

送检样品注明编号、产地、进出境日期等信息后妥善保存。

9.3 保存时间

含有疣果匙荠的样品与检出鉴定的标本，妥善保存至少6个月。

9.4 样品处理

保存期满后，样品应作灭活处理。

附　录　A
（资料性附录）
疣果匙荠形态特征图

1——植株下部；
2——果序；
3——短角果。

图 A.1　疣果匙荠植株

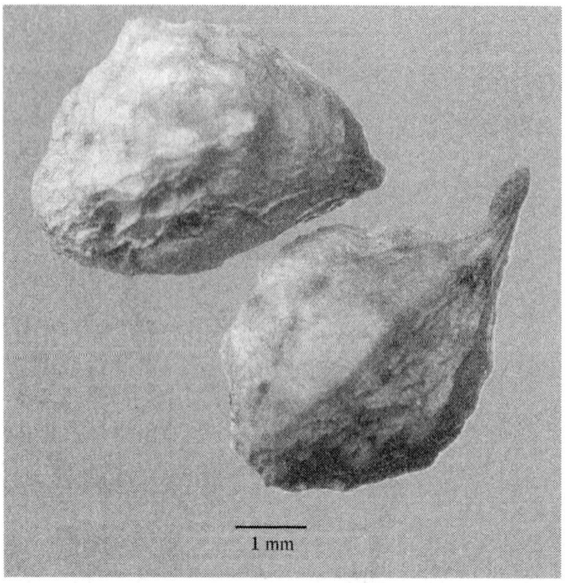

图 A.2 疣果匙荠果实

图 A.3 疣果匙荠种子

附 录 B
（资料性附录）
疣果匙荠与近似种的区别

表 B.1 疣果匙荠与近似种形态特征的区别

区别特征	种类		
	疣果匙荠 *Bunias orientalis* L.	*B. erucago* L.	匙荠 *B. cochlearioides* Murr.
茎	有毛	有毛	无毛
花	黄色	黄色	白色
果实	长 6.0 mm～8.0 mm，表面有疣状突起，无翼	长 10.0 mm～12.0 mm，表面有疣，具 4 个锯齿状翼	长 2.0 mm～4.0 mm，无疣，表面平滑，有 4 个钝棱角
种子	直径约 3.5 mm，蜗牛状螺旋形，表面具皱纹或散生瘤状小突起	直径约 3.5 mm，蜗牛状螺旋形，表面光滑	直径约 1.5 mm，椭圆形或近似圆形

ICS 13.300
A 80

中华人民共和国国家标准

GB/T 28111—2011

乳化炸药用酯类乳化剂试验方法

Test method of ester emulsifier for emulsion explosive

2011-12-30 发布　　2012-08-01 实施

中华人民共和国国家质量监督检验检疫总局
中国国家标准化管理委员会　发布

前言

本标准依据 GB/T 1.1—2009 给出的规则起草。

本标准由全国危险化学品管理标准化技术委员会(SAC/TC 251)提出并归口。

本标准起草单位:安徽省淮北市质量技术监督局、煤炭科学研究总院爆破技术研究所。

本标准主要起草人:翟廷海、王继文、王继峰、张广峰、宋家良、夏斌、郑振生。

乳化炸药用酯类乳化剂试验方法

1 范围

本标准规定了乳化炸药用酯类乳化剂样品制备和外观、酸值、皂化值、羟值、水分、运动黏度试验方法。

本标准适用于乳化炸药用酯类乳化剂的试验。

2 规范性引用文件

下列文件对于本文件的应用是必不可少的。凡是注日期的引用文件，仅注日期的版本适用于本文件。凡是不注日期的引用文件，其最新版本（包括所有的修改单）适用于本文件。

GB/T 601 化学试剂 标准滴定溶液的制备

GB/T 1884 原油和液体石油产品密度实验室测定法（密度计法）

GB/T 3143 液体化学产品颜色测定法（Hazen单位——铂-钴色号）

GB/T 8170 数值修约规则与极限数值的表示和判定

3 样品制备

将样品（必要时可温热）用不锈钢搅拌棒搅匀，从中取500 g，搅匀后供试验用。

4 外观试验

4.1 仪器、设备

4.1.1 比色管：25 mL。

4.1.2 恒温水浴锅。

4.1.3 玻璃棒：ϕ10 mm。

4.2 试验程序

4.2.1 取乳化剂20 mL，放入比色管中，置于50 ℃±5 ℃的水浴中温热10 min。取出，擦干比色管外的水。对着自然光线目视观察，记录观察现象。

4.2.2 将玻璃棒插入乳化剂液面以下5 cm，提起玻璃棒至液面以上0.4 m，使乳化剂自由流下。目视观察流动状况，记录观察现象。

4.3 结果表述

报出样品所观察到的现象（是否均匀透明、无悬浮颗粒及异物，流下时是否呈均匀的细条）。

5 酸值(A)试验

5.1 滴定法

5.1.1 原理

以酚酞为指示剂,用标准氢氧化钠溶液滴定,计算出中和1 g乳化剂所需氢氧化钾的毫克数。

本方法适用于单一型酯类乳化剂的测定。

5.1.2 仪器、试剂

5.1.2.1 分析天平:精度0.1 mg。

5.1.2.2 锥形瓶:250 mL。

5.1.2.3 滴定管:25 mL,碱式。

5.1.2.4 氢氧化钠标准溶液:0.1 mol/L,按GB/T 601的规定配制与标定。

5.1.2.5 酚酞:10 g/L 95%乙醇(体积分数)溶液。

5.1.2.6 中性乙醇:取95%(体积分数)乙醇适量,加几滴酚酞(每200 mL加4滴)作指示剂,用氢氧化钠标准溶液(5.1.2.4)中和至粉红色。

5.1.3 试验程序

称取乳化剂试样约10 g至锥形瓶中,加入100 mL中性乙醇,摇动使试样溶解完全(必要时可温热)。加4滴~5滴酚酞,用氢氧化钠标准溶液滴定至粉红色。

5.1.4 结果表述

样品的酸值按式(1)计算:

$$A=\frac{V\times c\times 56.1}{m} \qquad \cdots\cdots(1)$$

式中:

A ——样品的酸值,单位为毫克每克(mg/g),以氢氧化钾计;

V ——滴定消耗的氢氧化钠标准溶液的体积,单位为毫升(mL);

c ——氢氧化钠溶液的浓度,单位为摩尔每升(mol/L);

56.1——氢氧化钾摩尔质量,单位为克每摩尔(g/mol);

m ——试样质量,单位为克(g)。

计算结果保留一位小数,数据处理按GB/T 8170要求进行,取两次试验结果的算术平均值为试验结果。

5.1.5 重复性

相同试样,同一分析者两次测定结果之差,应不大于平均值的2.5%。

5.1.6 再现性

相同试样,在两个不同实验室中测得结果之差,应不大于平均值的6.5%。

5.2 电位滴定法

5.2.1 原理

以pH电极为指示,用标准氢氧化钾异丙醇溶液滴定至终点电位,根据消耗氢氧化钾溶液的体积计算试样的酸值。

本方法适用于复合型酯类乳化剂的测定。

5.2.2 仪器、试剂

5.2.2.1 电位滴定仪：精度不低于±10 mV。

5.2.2.2 玻璃电极。

5.2.2.3 甘汞电极。

5.2.2.4 分析天平：精度 0.1 mg。

5.2.2.5 滴定管：25 mL。

5.2.2.6 烧杯：50 mL、100 mL。

5.2.2.7 容量瓶：500 mL。

5.2.2.8 异丙醇：分析纯。

5.2.2.9 乙酸乙酯：分析纯。

5.2.2.10 乙醇：95%（体积分数）。

5.2.2.11 pH 9.18 标准缓冲溶液：称取 1.90 g 硼砂（基准试剂），用蒸馏水定容于 500 mL 容量瓶中。

5.2.2.12 氢氧化钾异丙醇溶液：0.1 mol/L。称取 3.0 g 氢氧化钾加入 500 mL 异丙醇中，微沸 10 min，静置 48 h，取上层清液，贮存于试剂瓶中，密闭保存，按 GB/T 601 的规定标定。

5.2.3 仪器校准

仪器校准按以下步骤进行：

a） 仪器接通电源，预热 30 min，调零；

b） 将适量标准缓冲溶液倒入烧杯中，放入电极，开启搅拌；

c） 温度补偿器调节至与溶液的实际温度一致，按下读数开关，调节校正器，使示值为 9.18；

d） 再按一下读数开关，示值应回零，校正结束。

5.2.4 试验程序

试验按以下步骤进行：

a） 仪器开机预热 30 min，调节"终点"；

b） 称取乳化剂试样约 10 g 至锥形瓶中，加入 100 mL 乙醇，摇动使试样溶解完全（必要时可温热及加少量乙酸乙酯）；

c） 开启搅拌器进行滴定，开始时控制滴定速度为 0.2 mL/min 左右，至每滴下 0.1 mL 电位值变化 30 mV 时，将滴定速度降至 0.05 mL/min，至终点电位时，停止；

d） 将电极用乙醇及水冲洗干净，擦干，记录滴定管的读数；

e） 按上述程序用 100 mL 乙醇为空白，进行空白试验。

5.2.5 结果表述

样品的酸值按式（2）计算：

$$A = \frac{(V - V_0) \times c \times 56.1}{m} \qquad \cdots\cdots (2)$$

式中：

A ——样品的酸值（以氢氧化钾计），单位为毫克每克（mg/g）；

V ——滴定消耗的氢氧化钾异丙醇溶液的体积，单位为毫升（mL）；

V_0 ——空白试验消耗的氢氧化钾异丙醇溶液的体积，单位为毫升（mL）；

c ——氢氧化钾异丙醇溶液的浓度，单位为摩尔每升(mol/L)；

56.1——氢氧化钾摩尔质量，单位为克每摩尔(g/mol)；

m ——试样质量，单位为克(g)。

计算结果保留一位小数，数据处理按 GB/T 8170 要求进行，取两次试验结果的算术平均值为试验结果。

5.2.6 重复性

相同试样，同一分析者两次测定结果之差，应不大于平均值的 8.5%。

5.2.7 再现性

相同试样，在两个不同实验室中测得结果之差，应不大于平均值的 18.9%。

6 皂化值(*X*)试验

6.1 原理

氢氧化钠的乙醇溶液与试样中的酯基反应，再用标准盐酸溶液中和剩余的碱，由空白与试样所消耗的盐酸体积之差计算出样品的皂化值。

6.2 仪器、试剂

6.2.1 分析天平：精度 0.1 mg。

6.2.2 架盘天平：精度 0.5 g。

6.2.3 锥形瓶：250 mL。

6.2.4 滴定管：25 mL，酸式。

6.2.5 移液管：25 mL。

6.2.6 球形冷凝管：外套管长 300 mm。

6.2.7 乙醇：95%(体积分数)。

6.2.8 氢氧化钠乙醇溶液：0.5 mol/L，称取氢氧化钠 24 g，加适量乙醇使之溶解并稀释至 1 000 mL，置于橡皮塞玻璃瓶中静置 24 h 后，倾取上层清液于玻璃瓶中，密闭保存。

6.2.9 盐酸标准溶液：分析纯，浓度 0.5 mol/L，按 GB/T 601 的规定配制与标定。

6.3 试验程序

试验按以下步骤进行：

a) 称取试样 2.5 g(精确至 0.000 1 g)于锥形瓶中。

b) 用移液管精确加入氢氧化钠乙醇溶液 25 mL，装上冷凝管，在恒温水浴锅上加热至微沸，回流 30 min。

c) 用 20 mL 左右乙醇冲洗冷凝管的内壁及与锥形瓶连接部分(包括瓶塞)的下部，加酚酞 3 滴～5 滴，趁热用盐酸标准溶液滴定至粉红色刚好消失；加热至沸，如溶液又出现粉红色，再滴定至粉红色褪去。

d) 按上述程序作一空白试验。

6.4 结果表述

样品的皂化值按式(3)计算：

$$X=\frac{(V_0-V_1)\times c\times 56.1}{m} \quad \cdots\cdots(3)$$

式中：

X ——样品的皂化值(以氢氧化钾计)，单位为毫克每克(mg/g)；

V_0 ——空白试验消耗的盐酸标准溶液的体积，单位为毫升(mL)；

V_1 ——试样消耗的盐酸标准溶液的体积，单位为毫升(mL)；

c ——盐酸溶液的浓度，单位为摩尔每升(mol/L)；

56.1 ——氢氧化钾摩尔质量，单位为克每摩尔(g/mol)；

m ——试样质量，单位为克(g)。

计算结果保留一位小数，数据处理按 GB/T 8170 要求进行，取两次试验结果的算术平均值为试验结果。

6.5 重复性

相同试样，同一分析者两次测定结果之差，应不大于平均值的 0.7%。

6.6 再现性

相同试样，在两个不同实验室中测得结果之差，应不大于平均值的 2.9%。

7 羟值(*I*)试验——乙酐法

7.1 原理

用乙酐吡啶溶液酯化试样中的羟基，再将过量的乙酐水解，用氢氧化钠标准溶液中和滴定，用空白所消耗的氢氧化钠溶液体积与试样所消耗的氢氧化钠溶液体积之差计算试样的羟值。

7.2 仪器、试剂

7.2.1 分析天平：精度 0.1 mg。

7.2.2 锥形瓶：250 mL，带磨口接头，用前洗净烘干。

7.2.3 滴定管：50 mL，碱式。

7.2.4 移液管：容量 15 mL、25 mL 各一支。

7.2.5 球形冷凝管：外套管长 300 mm，带磨口接头，用前洗净烘干。

7.2.6 吡啶：沸点为 114.5 ℃～115.5 ℃。

7.2.7 乙酐：含量不少于 97%，分析纯。

7.2.8 乙酐吡啶溶液：冷却下将 1 体积的乙酐与 10 体积的吡啶混合，存放于具磨口塞的棕色玻璃瓶中，密闭保存。以铂—钴色号，按 GB/T 3143 测定，如溶液的颜色超过 200 Hazen 单位，则不能使用。

7.2.9 氢氧化钠溶液：0.5 mol/L，按 GB/T 601 的规定配制与标定。

7.2.10 酚酞：10 g/L，95%乙醇(体积分数)溶液。

7.3 试验程序

操作应在通风橱内进行，废弃物应达标排放。

试验按以下步骤进行：

a) 称取约 1.6 g 试样于干燥的锥形瓶中。

b) 小心地移取乙酐吡啶溶液 15 mL 加入锥形瓶中，用吡啶润湿冷凝管的接头并使之与锥形瓶连接好。旋动使瓶内物混合均匀。

c) 在沸水浴中加热锥形瓶 1 h,期间每隔 10 min 左右摇动混合 1 min,瓶内物应低于水面。

d) 将 2 mL 水经冷凝管加入锥形瓶中并摇动混合,在沸水浴中加热 5 min。

e) 将锥形瓶连同冷凝管一起取出,冷却至 30 ℃以下。经冷凝管加入 70 mL 水,拿掉冷凝管,用水冲洗磨口玻璃接头。

f) 移取 25 mL 氢氧化钠溶液加入锥形瓶中,加 4 滴酚酞指示剂,快速摇动下用氢氧化钠标准溶液滴定至粉红色,15 min 不褪为终点。

g) 按上述程序,以 2 滴～3 滴水代替试样,作空白试验。

7.4 结果表述

样品的羟值按式(4)计算:

$$I=\frac{(V_0-V_1)\times c\times 56.1}{m}+A \qquad \cdots\cdots(4)$$

式中:

I ——样品的羟值(以氢氧化钾计),单位为毫克每克(mg/g);

V_0 ——空白试验消耗的氢氧化钠标准溶液的体积,单位为毫升(mL);

V_1 ——试样消耗的氢氧化钠标准溶液的体积,单位为毫升(mL);

c ——氢氧化钠标准溶液的浓度,单位为摩尔每升(mol/L);

56.1——氢氧化钾摩尔质量,单位为克每摩尔(g/mol);

m ——试样质量,单位为克(g);

A ——试样的酸值,单位为毫克每克(mg/g),以氢氧化钾计。

计算结果保留一位小数,数据处理按 GB/T 8170 要求进行,取两次试验结果的算术平均值为试验结果。

7.5 重复性

相同试样,同一分析者两次测定结果之差,应不大于平均值的 1.4%。

7.6 再现性

相同试样,在两个不同实验室中测得结果之差,应不大于平均值的 3.7%。

8 水分(w)试验——共沸蒸馏法

8.1 原理

试样中的水分与甲苯形成共沸物而被蒸馏出来,待油水分层后,读出水的体积,进而计算出水分含量。

8.2 仪器、试剂

8.2.1 分析天平:精度 0.1 mg。

8.2.2 水分测定器:烧瓶容积 500 mL,冷凝管长度 250 mm～300 mm,带磨口接头。

8.2.3 电热套或油浴。

8.2.4 甲苯:分析纯,用前按以下方法处理:每 100 mL 甲苯加 2 滴水,蒸馏,截除馏头水与甲苯形成的共沸物,然后收集甲苯馏分供试验用。

8.3 试验程序

操作应在通风橱内进行,废弃物应达标排放。

试验按以下步骤进行：

a) 称取试样约 50 g，放入烧瓶中，加入甲苯 250 mL～300 mL。

b) 连接水分接受器及冷凝管，通冷却水。

c) 用电热套或油浴加热烧瓶，使瓶内物回流，至接受器中甲苯馏出液变清（每秒回流 2 滴或 3 滴）而不再有水分离出来时，停止加热。

d) 待接受器冷却至室温，接受管内的水清晰分层后读数，读准至 0.02 mL。

8.4 结果表述

试样的水分质量分数以 w 计，数值用%表示，按式(5)计算：

$$w=\frac{\rho\times V}{m}\times 100 \qquad \cdots\cdots(5)$$

式中：

w ——样品中水的质量分数，%；

ρ ——水的密度，取 1，单位为克每立方厘米（g/cm^3）；

V ——接受器中水的体积，单位为毫升（mL）；

m ——试样质量，单位为克（g）。

计算结果保留一位小数，数据处理按 GB/T 8170 要求进行，取两次试验结果的算术平均值为试验结果。

8.5 重复性

相同试样，同一分析者两次测定结果之差，应不大于平均值的 0.9%。

8.6 再现性

相同试样，在两个不同实验室中测得结果之差，应不大于平均值的 1.3%。

9 运动黏度（v）

9.1 原理

在某一恒定的温度下，先测定样品的动力黏度，经换算得其相同温度下的运动黏度。

9.2 仪器

9.2.1 黏度计：测量精度不低于±5%。

9.2.2 超级恒温器：控制精度±0.1 ℃。

9.2.3 温度计：精度 0.1 ℃。

9.3 试验程序

试验按以下步骤进行：

a) 试验准备

接通黏度计的电源，调零。开启恒温器，将温度恒定于规定温度。按黏度计说明书要求测定试样的动力黏度，必要时，调整量程使读数为满量程的 40%～80%，并按此条件测定试样的动力黏度。

b) 按上述测定条件测定试样的动力黏度。

c) 试样的密度 ρ 按 GB/T 1884 测定。

9.4 结果表述

试样的运动黏度按式(6)计算：

$$\nu=\frac{\eta}{\rho} \qquad (6)$$

式中：

ν——样品的运动黏度，单位为平方米每秒(m^2/s)；

η——样品的动力黏度，单位为帕秒(Pa·s)；

ρ——样品的密度，单位为千克每立方米(kg/m^3)。

计算结果保留三位小数，数据处理按 GB/T 8170 要求进行，取两次试验结果的算术平均值为试验结果。

9.5 重复性

相同试样，同一分析者两次测定结果之差，应不大于平均值的 5.9%。

9.6 再现性

相同试样，在两个不同实验室中测得结果之差，应不大于平均值的 12.2%。

10 试验报告

试验报告应包括以下内容：

a） 鉴别样品所需的全部资料；

b） 采用的方法；

c） 所得结果及表示方法；

d） 试验条件；

e） 本标准未规定的任何操作以及会影响结果的任何情况。

ICS 83.060
G 34

中华人民共和国国家标准

GB/T 28112—2011

硅橡胶中挥发性甲基环硅氧烷残留量的测定

Determination of residual dimethylcyclosiloxane volatiles in silicone rubber

2011-12-30 发布　　2012-10-01 实施

中华人民共和国国家质量监督检验检疫总局
中国国家标准化管理委员会　发布

前　言

本标准按照 GB/T 1.1—2009 给出的规则起草。

本标准同美国材料与试验协会标准 ASTM F 2466-05《运输用硅酮橡胶中硅酮挥发物测定的标准实施规程》的一致性程度为非等效。

本标准与 ASTM F 2466-05 相比存在以下技术性差异：

——适用范围不同。本标准适用于硅橡胶生胶，而 ASTM F 2466-05 适用于硫化后的硅橡胶制品。

——萃取剂不同。本标准采用丙酮作为萃取剂，而 ASTM F 2466-05 采用正戊烷作为萃取剂。

——检测器工作原理不同。本标准采用气相色谱氢火焰离子化检测器(FID)检测方法，而 ASTM F 2466-05 采用气相色谱热导检测器(TCD)检测方法。

——本标准选择十甲基环五硅氧烷(D5)或十二甲基环六硅氧烷(D6)之一作为标准物，正构十四烷烃($n\text{-}C_{14}H_{30}$)或正构十二烷烃($n\text{-}C_{12}H_{26}$)之一作为内标物，通过测试标准物与内标物的相对校正因子，内标法测定硅橡胶生胶中残留挥发性甲基环硅氧烷(D4～D10)含量。ASTM F 2466-05 则需要七个甲基环硅氧烷(D4～D10)和正构十二烷烃共八个标准品对样品中挥发性甲基环硅氧烷(D4～D10)进行定量。

——定性用标准对照样品的形式不同。本标准采用一个混合甲基环硅氧烷(D4～D10)标准对照样品，而 ASTM F 2466-05 方法采用 D4～D10 七个单独的甲基环硅氧烷标准样品。

——增加了气相色谱-质谱联用(GC-MS)定性方法。

——增加了方法的精密度。

本标准由中国石油和化学工业联合会提出。

本标准由全国橡胶与橡胶制品标准化技术委员会(SAC/TC 35)归口。

本标准起草单位：中山大学测试中心、中国石油天然气股份有限公司石油化工研究院。

本标准起草人：谢惜媚、陆慧宁、孙丽君、秦鹏。

硅橡胶中挥发性甲基环硅氧烷残留量的测定

警告1——使用本标准的人员应有正规实验室工作的实践经验。本标准并未指出所有可能的安全问题。使用者有责任采取适当的安全和健康措施，并保证符合国家有关法规规定的条件。

警告2——本标准的某些步骤中生成的物质和废料可能对当地的环境有所损害。应制定使用后安全处理的有关文件。

1 范围

本标准规定了用气相色谱法测定硅橡胶生胶中残留挥发性甲基环硅氧烷D4(八甲基环四硅氧烷)～D10(二十甲基环十硅氧烷)含量的原理及试验方法。

本标准适用于硅橡胶生胶，甲基环硅氧烷(D4～D10)单组分最低检出量为50 mg/kg。

2 规范性引用文件

下列文件对于本文件的应用是必不可少的。凡是注日期的引用文件，仅注日期的版本适用于本文件。凡是不注日期的引用文件，其最新版本(包括所有的修改单)适用于本文件。

GB/T 8170—2008 数值修约规则与极限数值的表示和判定

GB/T 14838—2009 橡胶与橡胶制品 试验方法标准精密度的确定(ISO/TR 9272:2005,IDT)

GB/T 15340—2008 天然、合成生胶取样及其制样方法(ISO 1795:2000,IDT)

3 原理

用无水硫酸钠分散硅橡胶生胶试样，再用丙酮溶剂浸泡、超声波萃取其中残留的挥发性甲基环硅氧烷，气相色谱氢火焰离子化检测器(FID)检测。以定性用混合甲基环硅氧烷(D4～D10)标准对照品的保留时间定性或GC-MS定性。根据甲基环硅氧烷的碳氢组成比例相同，相同质量的各组分甲基环硅氧烷在FID检测器上的响应值一致，以十甲基环五硅氧烷(D5)或十二甲基环六硅氧烷(D6)为标准物，正构十四烷烃($n\text{-}C_{14}H_{30}$)或正构十二烷烃($n\text{-}C_{12}H_{26}$)为内标物测定相对校正因子。按内标法测定各个甲基环硅氧烷的残留量。

4 仪器

实验室常规仪器设备及以下：

4.1 气相色谱仪(GC)：具备自动进样或手动进样装置，配有氢火焰离子化检测器(FID)，能满足分析要求；定性分析也可采用气相色谱-质谱联用仪(GC-MS)。

4.2 毛细管柱：非极性的100%二甲基聚硅氧烷高惰性交联毛细管柱DB-1(30 m×0.25 mm×0.25 μm)，也可使用其他能达到同等分离效果的非极性毛细管色谱柱。

4.3 数据处理系统：色谱积分仪或色谱工作站。

4.4 分析天平：精确至0.1 mg。

4.5 超声波清洗器:输出功率可达 70 W～100 W。
4.6 微量注射器:1 μL、10 μL 或其他适宜体积。
4.7 移液管:2.0 mL、3.0 mL、5.0 mL、10.0 mL。
4.8 锥形瓶:50 mL,带 19#或 24#磨口标准塞。
4.9 容量瓶:10 mL、100 mL。

5 试剂

5.1 正构十四烷烃(n-$C_{14}H_{30}$):纯度>99%;或正构十二烷烃(n-$C_{12}H_{26}$):纯度>99%。
5.2 十甲基环五硅氧烷(D5):纯度>98%;或十二甲基环六硅氧烷(D6):纯度>98%。
5.3 丙酮:分析纯。
5.4 无水硫酸钠:分析纯。
5.5 定性用混合甲基环硅氧烷标准对照品(D4～D10):附有色谱条件下的气相色谱图及各色谱峰对应的化合物组分名称。

注:定性用混合甲基环硅氧烷标准对照品(D4～D10)由中山大学测试中心研制和提供。

5.6 氮气:纯度满足气相色谱分析要求,使用前需经过净化处理。
5.7 氢气:纯度满足气相色谱分析要求,使用前需经过净化处理。
5.8 空气:无腐蚀性杂质,使用前需经过净化处理。
5.9 含内标物的萃取剂
5.9.1 称取正构十四烷烃或正构十二烷烃(见 5.1)内标物约 200 mg(准确至 0.1 mg),置于 100 mL 容量瓶中,用丙酮(见 5.3)溶解并定容至刻度,得到浓度约为 2 mg/mL 的储备液,将该储备液密封置于 4 ℃以下冰箱中保存,最长保存时间不超过 7 d。
5.9.2 根据样品中被测组分含量,将储备液稀释为含内标物浓度为 20 mg/L～200 mg/L 的萃取剂。内标物浓度应选择使其在气相色谱的峰面积与被测组分峰面积接近。
5.10 测试相对校正因子用标准溶液
5.10.1 称取约 0.2 g(准确至 0.1 mg)的正构十四烷烃或正构十二烷烃(见 5.1)内标物和约 0.5 g(准确至 0.1 mg)的十甲基环五硅氧烷或十二甲基环六硅氧烷(见 5.2)标准物置于 100 mL 容量瓶中,用丙酮溶解并定容至刻度,得到内标物浓度约为 2 mg/mL、标准物浓度约为 5 mg/mL 的储备液,将该标准储备液密封置于 4 ℃以下冰箱中保存,最长保存时间不超过 7 d。
5.10.2 取上述标准储备液稀释 20 倍后进行气相色谱分析。

6 取样和制样

6.1 按 GB/T 15340—2008 的规定取样。
6.2 将适量样品置于干净的玻璃板上,快速混合均匀,用小刀切成小块状,准确称取 1.0 g±0.1 g(准确至 0.1 mg),置于锥形瓶(见 4.8)中,加入 5 g 无水硫酸钠(见 5.4),用干净玻璃棒挤压搅拌,使样品在无水硫酸钠中充分混合,直至试样与无水硫酸钠混合成大小均匀的粒状或片状。准确加入 10.0 mL 含已知浓度的内标物萃取剂(见 5.9.2),然后用少量丙酮溶剂冲洗玻璃棒及锥形瓶口,盖上塞子,轻轻摇匀,放置浸泡 4 h 以上,再放入超声波清洗器(见 4.5)振荡 10 min,静置 30 min,取上层清液(即试样萃取液)进行气相色谱分析。

注 1:残留甲基环硅氧烷组分具有挥发性,检测样品通常都贮存在密封的容器中。

注 2:残留甲基环硅氧烷组分具有渗透性和挥发性,样品不应接触纸板及其他易渗透的物品,混合操作时间不能过长,否则可能会因为部分甲基环硅氧烷组分渗透或挥发而影响测定结果的准确性。

注 3：对于组分不确定的样品，首次检测时不要加内标物，观察在内标物的峰位置处是否有干扰峰出现，如果存在，加内标物检测时要对内标物的峰进行必要的校正。

7 气相色谱分析条件

7.1 进样口温度：280 ℃。

7.2 FID 检测器温度：300 ℃。

7.3 载气（氮气）柱流速：1.0 mL/min。

7.4 升温程序：起始温度 60 ℃，保持 3 min，然后以 10 ℃/min 升温到 300 ℃，再保持 13 min。

7.5 进样方式：不分流进样（进样 1.0 min 后分流吹扫，分流比 10∶1），进样体积 1.0 μL。

注：气相色谱分析条件非常关键。进样方式直接影响测定结果。

8 分析步骤

8.1 组分定性

8.1.1 按照第 7 章的规定调整气相色谱仪分析条件，将定性用混合甲基环硅氧烷标准对照品（见 5.5）注入气相色谱仪（见 4.1）中进行测试，对照标准谱图，确定试样中各甲基环硅氧烷的保留时间。再将试样萃取液注入气相色谱仪中进行测试，与定性标准样品谱图进行比较，按 D4～D10 保留时间确定试样中各种甲基环硅氧烷的出峰位置，典型的气相色谱图参见附录 A，相对保留时间（相对正构十四烷烃、正构十二烷烃）参见附录 B。

8.1.2 在没有定性用混合甲基环硅氧烷标准对照品时，采用相同的气相色谱条件，将试样萃取液用 GC-MS 分析，各个色谱峰用 MS 定性，以确定各挥发性甲基环硅氧烷的出峰位置，供 GC 定性参考。

8.2 组分定量

8.2.1 按照第 7 章规定的气相色谱分析条件，对相对校正因子用标准溶液（见 5.10.2）进行测试，得出内标物峰面积 A_s 和标准物峰面积 A_i，按照式(1)计算相对校正因子值。

8.2.2 按照第 7 章规定的气相色谱分析条件，分别对加内标物的空白内酮溶液和试样萃取液进行测试，得出内标物峰面积 A_s 和各个甲基环硅氧烷的峰面积 A_i。按照式（2）和式（3）分别计算内标空白溶液及样品萃取液中各甲基环硅氧烷的浓度，按照式（4）计算出扣除空白后的样品中各组分甲基环硅氧烷含量。样品萃取液中内标物及各甲基环硅氧烷组分的响应值均应在仪器检测的线性范围内。当萃取液中被检测组分浓度超出仪器检测线性范围时，应稀释萃取液后再进行分析测试。

注：由于样品萃取液中可能还含有较难挥发的组分，有可能会在进样口残留，建议在玻璃衬管内加石英棉隔层；当基线出现残留峰时，建议更换干净的玻璃衬管及石英棉隔层。

9 结果的表示

硅橡胶中各组分甲基环硅氧烷的残留量 D_i 以毫克每千克（mg/kg）表示，按式（1）～（4）计算：

$$f_{is} = \frac{m_i A_s}{m_s A_i} \qquad \cdots\cdots(1)$$

$$C_i = f_{is} \times \frac{A_i}{A_s} \times C_s \qquad \cdots\cdots(2)$$

$$C_{i0} = f_{is} \times \frac{A_{i0}}{A_s} \times C_s \qquad \cdots\cdots(3)$$

$$D_i = (C_i - C_{i0}) \times (V/M) \qquad \cdots\cdots(4)$$

式中：

f_{is} ——相对校正因子；

m_i ——标准溶液中被测组分的质量浓度，单位为毫克每升(mg/L)；

m_s ——标准溶液中内标物的质量浓度，单位为毫克每升(mg/L)；

A_s ——内标物的峰面积；

A_i ——被测组分的峰面积；

A_{i0} ——空白内标液中被测组分的峰面积；

C_s ——萃取液中内标物的浓度，单位为毫克每升(mg/L)；

C_{i0} ——空白内标液中被测组分的浓度，单位为毫克每升(mg/L)；

C_i ——萃取液中被测组分的浓度，单位为毫克每升(mg/L)；

V ——试样萃取液体积，单位为毫升(mL)；

M ——试样质量，单位为克(g)；

D_i ——被测组分的含量，单位为毫克每千克(mg/kg)。

取重复两次测试结果的算术平均值为试验结果，按 GB/T 8170—2008 的规定进行数值修约，结果保留三位有效数字。

10 精密度

10.1 重复性

甲基环硅氧烷组分为 D4～D8 时，同一样品重复两次测试结果的绝对差值不应超过算术平均值的 10%；

甲基环硅氧烷组分为 D9～D10 时，同一样品重复两次测试结果的绝对差值不应超过算术平均值的 15%。

10.2 再现性

再现性参见附录 C。

11 试验报告

试验报告至少应给出以下内容：

a) 本标准的编号；

b) 关于样品的详细说明；

c) 采用的组分定性方法；

d) 使用的内标物及相对校正因子值；

e) 单次测定的结果和两次重复测定的算术平均值；

f) 试验过程中观察到的任何异常现象；

g) 本标准中未包括的任何自选操作。

附 录 A
（资料性附录）
气相色谱法测定硅橡胶中挥发性甲基环硅氧烷残留量的典型图谱

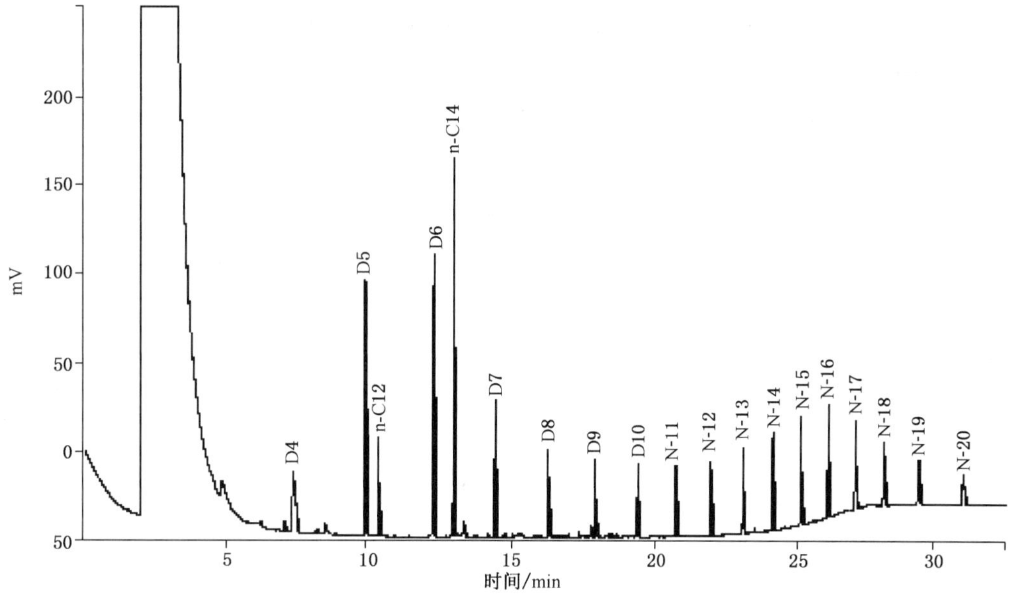

图 A.1 硅橡胶中残留甲基环硅氧烷的典型气相色谱图

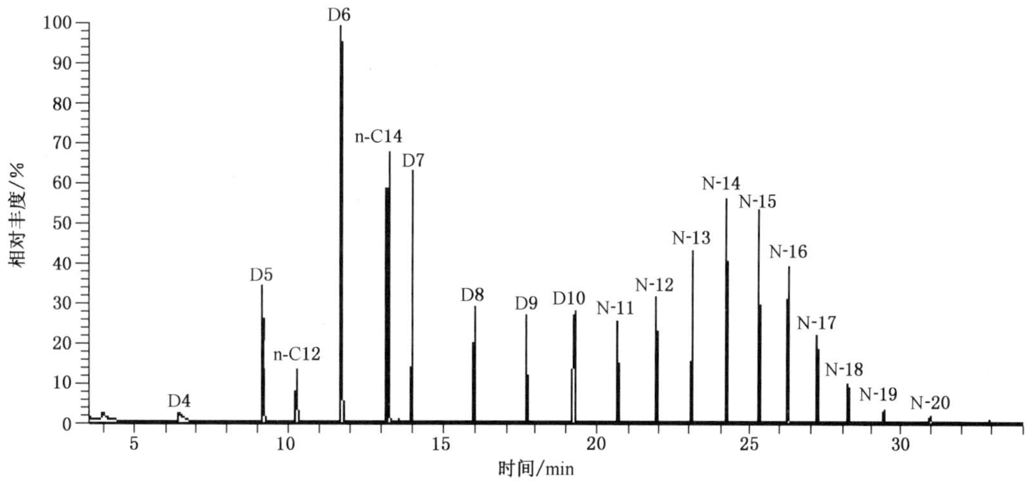

图 A.2 硅橡胶中残留甲基环硅氧烷的典型 GC-MS 总离子流图

注：N-11～N-20 为结构未确定的硅氧烷类化合物。

附 录 B
（资料性附录）
甲基环硅氧烷的保留时间和相对保留时间参考值

表 B.1 甲基环硅氧烷的保留时间和相对保留时间参考值

序号	甲基环硅氧烷名称	保留时间 min	相对保留时间 （$n\text{-}C_{14}H_{30}$）	相对保留时间 （$n\text{-}C_{12}H_{26}$）
1	D4	7.746	0.57	0.72
2	D5	10.301	0.76	0.96
3	$n\text{-}C_{12}H_{26}$	10.783	0.80	1.00
4	D6	12.771	0.95	1.18
5	$n\text{-}C_{14}H_{30}$	13.506	1.00	1.25
6	D7	14.964	1.11	1.39
7	D8	16.914	1.25	1.57
8	D9	18.604	1.38	1.73
9	D10	20.119	1.49	1.87
10	N-11	21.514	1.59	2.00
11	N-12	22.781	1.69	2.11
12	N-13	23.952	1.77	2.22
13	N-14	25.054	1.86	2.32
14	N-15	26.089	1.93	2.42
15	N-16	27.051	2.00	2.51
16	N-17	28.106	2.08	2.61
17	N-18	29.346	2.17	2.72
18	N-19	30.861	2.28	2.86
19	N-20	32.743	2.42	3.04

附　录　C
（资料性附录）
再　现　性

C.1　本再现性试验是三个实验室按照本标准方法针对同一种样品在不同型号仪器上由不同人员完成测试，每个实验室重复测试3～5次，按照GB/T 14838—2009的规定对测试结果进行检验之后计算出再现性，由于本试验是在水平样和实验室数都比较少的情况下进行的，因此该再现性的准确性有待于检验，该再现性仅供参考。

C.2　本方法再现性参考值为：

甲基环硅氧烷组分为D4～D8时，两个实验室测试结果的绝对差值不超过算术平均值的20%；

甲基环硅氧烷组分为D9～D10时，两个实验室测试结果的绝对差值不超过算术平均值的30%。

ICS 71.080.90
G 17

中华人民共和国国家标准

GB/T 28113—2011

工业用双酚 A

Bisphenol A for industrial use

2011-12-30 发布　　2012-10-01 实施

中华人民共和国国家质量监督检验检疫总局
中国国家标准化管理委员会　发布

前　言

本标准按照 GB/T 1.1—2009 给出的规则起草。

本标准由中国石油和化学工业联合会提出。

本标准由全国化学标准化技术委员会有机化工分会(SAC/TC 63/SC 2)归口。

本标准负责起草单位:中国蓝星(集团)股份有限公司、蓝星化工新材料股份有限公司无锡树脂厂。

本标准参加起草单位:南通星辰合成材料有限公司。

本标准主要起草人:郭驯宙、毛尽艳、冯雪峰、范洪明、黄勇、黄煜、薛子敬、周建军。

工 业 用 双 酚 A

1 范围

本标准规定了工业用双酚A的要求、试验方法、检验规则及标志、包装、运输、贮存和安全等。

本标准适用于工业用双酚A。

分子式：$C_{15}H_{16}O_2$

结构式：

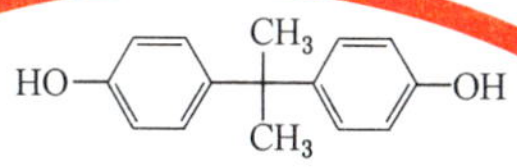

化学名称：2,2-二(4-羟基苯基)丙烷

相对分子质量：228.29(按2007年国际相对原子质量)

2 规范性引用文件

下列文件对于本文件的应用是必不可少的。凡是注日期的引用文件，仅注日期的版本适用于本文件。凡是不注日期的引用文件，其最新版本(包括所有的修改单)适用于本文件。

GB/T 3143 液体化学产品颜色测定法(Hazen单位——铂-钴色号)

GB/T 6283 化工产品中水分含量的测定 卡尔·费休法(通用方法)

GB/T 6678 化工产品采样总则

GB/T 6679 固体化工产品采样通则

GB/T 6682 分析实验室用水规格和试验方法

GB/T 7533 有机化工产品结晶点的测定方法

GB/T 8170 数值修约规则与极限数值的表示和判定

3 要求

3.1 外观：白色粒状或片状，无机械杂质。

3.2 工业用双酚A指标应符合表1的规定。

表1 技术指标

项目	指标		
	优等品	一等品	合格品
双酚A，w/%	≥99.85	≥99.70	≥99.50
苯酚，w/%	≤0.005	≤0.010	≤0.030
2,4-异构体[a]，w/%	≤0.050	≤0.10	≤0.20
结晶点/℃	≥156.6	≥156.5	≥156.0

表 1（续）

项目	指标		
	优等品	一等品	合格品
熔融色度/Hazen 单位(铂-钴号)	≤20	—	—
溶液色度[b]/Hazen 单位(铂-钴号)	—	≤20	≤50
水，w/%	≤0.08	≤0.10	≤0.10

[a] 化学名称见附录 A 中 A.3.1。

[b] 溶液色度应为 35.5 g 样品溶于 50 mL 甲醇的色度。

4 试验方法

警告：试验方法规定的一些过程可能导致危险情况，操作者应采取适当的安全和防护措施。

4.1 一般规定

除非另有说明，在分析中仅使用确认为分析纯的试剂和符合 GB/T 6682 的三级水。

4.2 外观的测定

取适量实验室样品置于透明样品袋或表面皿中，在日光灯或日光下目测。

4.3 双酚 A、苯酚和 2,4-异构体含量的测定

4.3.1 方法原理

采用反相梯度液相色谱技术分离样品中各组分，杂质的含量采用内标法定量，双酚 A 含量由扣除总的色谱杂质的质量分数和水分后得到。

4.3.2 试剂

4.3.2.1 乙腈：色谱纯。

4.3.2.2 甲醇：色谱纯。

4.3.2.3 邻甲酚：质量分数不小于 99%。

4.3.2.4 水：GB/T 6682 规定的一级水。

4.3.3 仪器

4.3.3.1 液相色谱仪：具有低压梯度系统，配有紫外检测器。

4.3.3.2 微量注射器：50 μL。

4.3.4 色谱柱及典型操作条件

本标准推荐的色谱柱及操作条件见表 2。典型色谱图及各组分相对保留值见附录 A 图 A.1 和表 A.1。其他能达到同等分离程度的色谱柱和色谱操作条件均可使用。

表 2 推荐的色谱柱及色谱操作条件

参　　数	条　　件
规格型号	碳 18 柱
柱长/mm	250
柱内径/mm	4.6
柱温/℃	40
流动相	溶剂 A 为乙腈：甲醇(9：1)；溶剂 B 为一级水
梯度	线性梯度 30 min 内，A/B 的比例从 30/70 变为 85/15
检测器检测波长/nm	280
流动相流速/(mL/min)	1
进样体积/μL	20
内标物	邻甲酚

4.3.5 分析步骤

4.3.5.1 内标液的制备

称取 0.030 g±5 mg 邻甲酚于 100 mL 具塞三角瓶中，加入 50 g±1 g 乙腈，盖上瓶盖充分混合。取该混合液 2 g±0.1 g 于另一 100 mL 具塞三角瓶中，加入 40 g±1 g 乙腈，盖上瓶盖充分混合，作为内标液。以上称量均精确至 0.000 1 g。计算内标液中邻甲酚的质量分数。

4.3.5.2 样品的测定

称取约 0.2 g 实验室样品，精确至 0.000 1 g，置于 5 mL 磨口瓶中。移入 1 mL 内标液，称量，精确至 0.000 1 g。盖上瓶盖，摇动至样品完全溶解，用微量注射器取样品溶液注入色谱仪。根据各组分色谱峰面积和其校正因子，采用内标法得到苯酚和 2,4-异构体的含量。双酚 A 含量采用差减法扣除总的色谱杂质的质量分数和水分后得到。

校正因子的测定见附录 A 的 A.3。

4.3.6 结果计算

苯酚、2,4-异构体等组分的质量分数 w_i，数值以%表示，按式(1)计算：

$$w_i = \frac{A_i \times m_o \times w_s \times f_i}{A_s \times m} \qquad \cdots\cdots(1)$$

式中：

A_i ——试样中 i 组分的峰面积；

A_s ——试样中邻甲酚的峰面积；

w_s ——内标液中邻甲酚的质量分数，%；

f_i ——试样中 i 组分相对于邻甲酚的校正因子；

m_o ——加入的 1 mL 内标液的质量的数值，单位为克(g)；

m ——试样的质量的数值，单位为克(g)。

双酚 A 的质量分数 w，数值以%表示，按式(2)计算：

$$w = 100 - \sum w_i - w_{水} \quad \cdots\cdots (2)$$

式中：

w_i ——试样中各色谱杂质的质量分数；

$w_{水}$ ——双酚A中水的质量分数。

以上公式(1)和(2)计算得到的各组分的质量分数 w_i(%)和 w(%)均精确至0.001%。

4.4 结晶点的测定

按GB/T 7533进行。加热浴传热介质推荐采用甲基硅酮油，控制温度在170 ℃±5 ℃。

取两次平行测定结果的算术平均值为测定结果。两次平行测定结果的绝对差值不大于0.05 ℃。

4.5 熔融色度的测定

4.5.1 仪器

4.5.1.1 电加热套：可控制温度175 ℃±5 ℃。

4.5.1.2 比色计：配有比色管，可测Pt-Co色度。

4.5.2 分析步骤

将适量实验室样品倒入比色管中，盖上盖子，放入175 ℃±5 ℃电加热套中，直至样品完全熔化。以下步骤按GB/T 3143进行。也可使用比色计进行测定。

4.6 溶液色度的测定

4.6.1 仪器

比色计：配有比色管，可测Pt-Co色度。

4.6.2 分析步骤

称取35.5 g±0.5 g实验室样品，精确至0.1 g，置于锥形瓶中，加入50 mL甲醇，盖上瓶盖，混合溶解。以下步骤按GB/T 3143进行。也可使用比色计进行测定。

4.7 水分的测定

按GB/T 6283的“直接电量滴定法”或“电量反滴定法”进行。其中样品称样量为5 g，精确至0.000 1 g。

取两次平行测定结果的算术平均值为测定结果。两次平行测定结果的绝对差值不大于0.01%。

5 检验规则

5.1 本标准第3章要求中的外观和表1中的所有项目均为出厂检验项目。

5.2 在原材料、工艺不变的条件下，产品连续生产的实际批为一个组批，一个检验批的时间通常不超过24 h。

5.3 采样按GB/T 6678和GB/T 6679的规定进行。所采样品总量不得少于500 g。将样品充分混匀后，分装于两个清洁、干燥、带封口的塑料袋中，贴上标签，注明产品名称、批号、采样日期和采样者，一袋供分析检验用，另一袋保存备查。

5.4 检验结果的判定按GB/T 8170中规定的修约值比较法进行。检验结果中如有一项指标不符合本标准的要求时，应重新自两倍量的包装单元中采样进行检验。重新检验的结果即使只有一项指标不符合本标准要求，则整批产品为不合格。

6 标志、包装、运输和贮存

6.1 标志

6.1.1 工业用双酚A产品包装袋应有清晰的标志，其内容包括：

a) 产品名称；
b) 生产厂名称；
c) 厂址；
d) 商标；
e) 批号或生产日期；
f) 质量等级；
g) 净含量；
h) 本标准编号。

6.1.2 每批出厂的产品都应附有一定格式的质量合格证明，内容至少包括：

a) 生产厂名称；
b) 产品名称；
c) 生产日期和/或批号；
d) 质量等级；
e) 本标准编号。

6.2 包装

工业用双酚A应用聚乙烯涂膜编织袋包装，或纸塑复合袋包装。

6.3 运输

运输、装卸工作中，应轻装轻卸，避免包装破损，防止日晒雨淋。

6.4 贮存

工业用双酚A应存放于阴凉、通风、干燥的场所，贮存过程中应注意防潮。

7 安全

7.1 双酚A是一种白色粒状或片状固体，闪点(开口)为213 ℃，点火温度为545 ℃。粉尘会爆炸，最小爆炸浓度为20 g/m^3；最低着火温度约538 ℃。

7.2 在包装、采样、使用时操作者应遵守化学品的一般安全预防措施，佩戴好防护用具。产品着火时，可用干粉、二氧化碳或泡沫灭火剂灭火。

7.3 当皮肤接触时，应脱去污染的衣物，用肥皂水清洗。眼睛接触时，立即提起眼睑，用大量清水彻底冲洗至少15 min，并尽快就医。

附 录 A
（规范性附录）
双酚 A 及主要杂质含量测定的典型色谱图和校正因子的测定方法

A.1 双酚 A 及主要杂质含量测定的典型色谱图

典型色谱图见图 A.1。

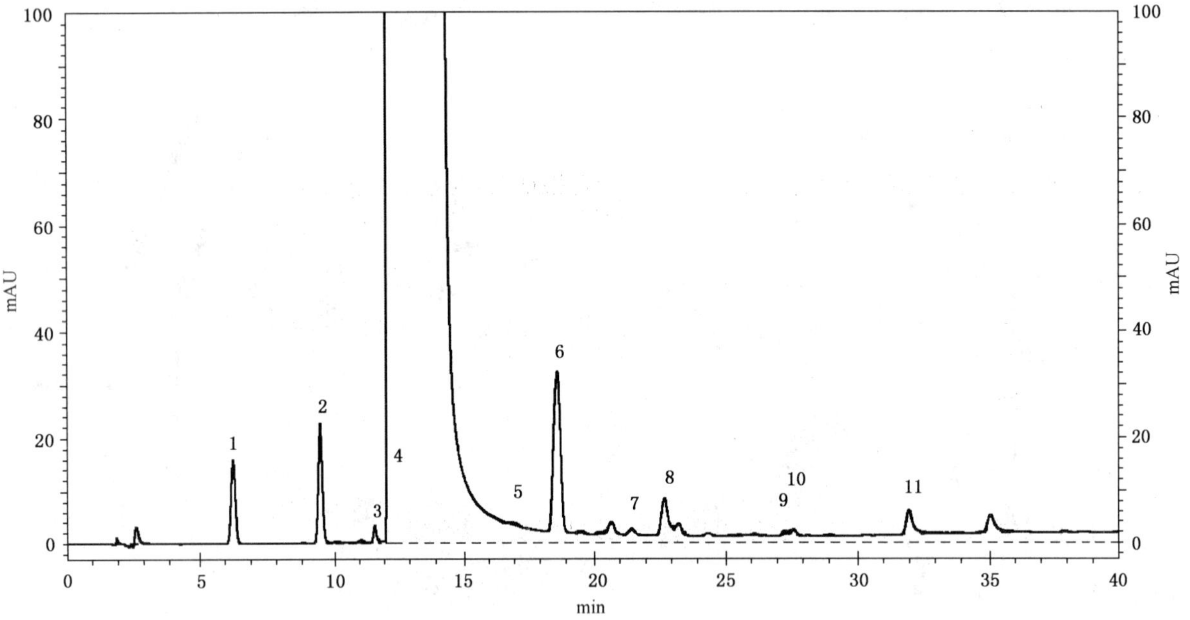

1——苯酚；
2——邻甲酚；
3——4,4'-亚乙基双苯酚；
4——双酚 A；
5——甲基-双酚 A；
6——2,4-异构体；
7——茚满双酚；
8——三酚；
9——苯并二氢吡喃组分(Ⅰ)；
10——苯并二氢吡喃组分(Ⅱ)；
11——三聚苯并二氢吡喃。

图 A.1 双酚 A 及主要杂质的典型色谱图

A.2 各杂质的相对校正因子

各组分相对保留值和相对校正因子参考值见表 A.1。

表 A.1 各组分相对保留值和相对校正因子参考值

杂质名称	相对保留值	相对校正因子
苯酚	0.645	1.15
邻甲酚	1.000	1.00
4,4'-亚乙基双苯酚	1.273	0.72
甲基-双酚 A[a]	1.800	1.00
2,4-异构体	1.976	0.71
茚满双酚	2.157	1.57
三酚	2.273	0.70
苯并二氢吡喃组分(Ⅰ)	2.858	0.77
苯并二氢吡喃组分(Ⅱ)[a]	2.913	1.00
三聚苯并二氢吡喃[a]	2.917	1.00

[a] 没有标准品的物质，其校正因子按 1.00 计算。

A.3 校正因子的测定

A.3.1 标准品命名

本标准中涉及到的某些标准品采用简称，其对应的化学名称和结构式参见附录 B。

A.3.2 标准品

A.3.2.1 苯酚：质量分数不小于 99%。

A.3.2.2 4,4'-亚乙基双苯酚：质量分数不小于 98%。

A.3.2.3 2,4-异构体：质量分数不小于 98%。

A.3.2.4 茚满双酚：质量分数不小于 98%。

A.3.2.5 三酚：质量分数不小于 98%。

A.3.2.6 苯并二氢吡喃组分(Ⅰ)：质量分数不小于 98%。

A.3.3 分析步骤

分别称取 A.3.2 中标准品的每一组分 0.030 g±5 mg 于 100 mL 具塞三角瓶中，加入 0.030 g±5 mg 邻甲酚。再加入 50 g±1 g 乙腈，盖上瓶盖充分混合，取该混合液 2 g±0.1 g 于另一 100 mL 具塞三角瓶中，加入 40 g±1 g 乙腈，盖上瓶盖充分混合。以上称量均精确至 0.000 1 g。

按与测定试样相同的实验条件测定校准用标准样品，平行测定 2 次，取 2 次测定的峰面积的算术平均值为测定结果。

A.3.4 相对校正因子的计算

各组分相对邻甲酚的校正因子 f_i 按式(A.1)计算：

$$f_i = \frac{A_s \times m_i}{A_i \times m_s} \qquad \text{(A.1)}$$

式中：

A_s——邻甲酚的峰面积；

A_i——i 组分的峰面积；

m_s——加入邻甲酚的质量的数值，单位为克(g)；

m_i——加入的标准品中 i 组分的质量的数值，单位为克(g)。

A.3.5 校正因子的定期测定

校正因子应实际测定，并应定期进行校验。

附　录　B
（资料性附录）
几种标准品的化学名称及结构式

简称	化学名称	结构式
2,4-异构体	2-(2-羟基苯基)-2-(4-羟基苯基)丙烷	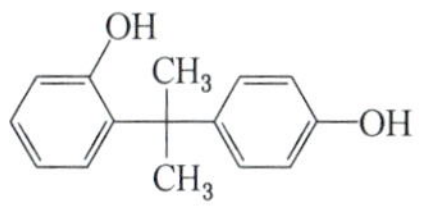
三酚	2,4-双[2-(4-羟基苯基)丙-2-基]苯酚	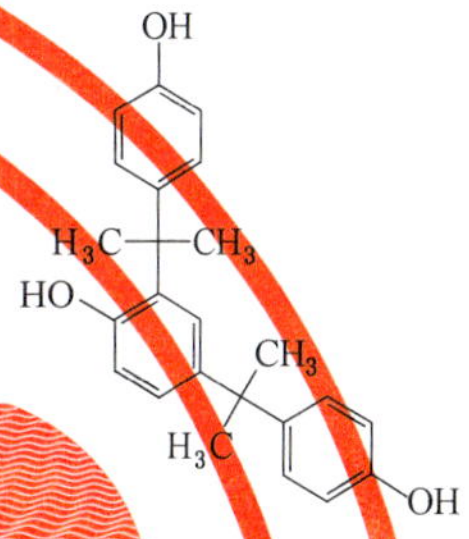
苯并二氢吡喃组分(Ⅰ)	4-(2,2,4-三甲基苯并吡喃-4-基)苯酚	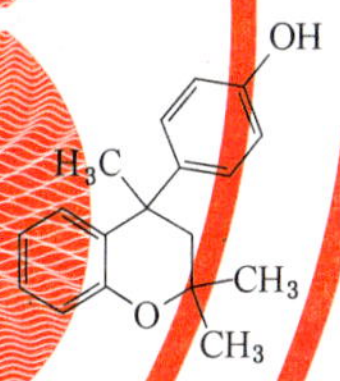

ICS 81.060.20
Y 24

中华人民共和国国家标准

GB/T 28114—2011

镁质强化瓷器

Magnesium reinforced porcelain ware

2011-12-30 发布

2012-08-01 实施

中华人民共和国国家质量监督检验检疫总局
中国国家标准化管理委员会 发布

前　言

本标准按照 GB/T 1.1—2009 给出的规则起草。

本标准由中国轻工业联合会提出。

本标准由全国日用陶瓷标准化技术委员会(SAC/TC 405)归口。

本标准起草单位:山东硅苑新材料科技股份有限公司、山东省陶瓷公司、淄博泰山瓷业有限公司、山东省淄博华洋陶瓷有限责任公司、淄博银海瓷器有限公司、淄博市博山泰兴瓷厂、山东硅元新型材料有限责任公司、淄博华浩陶瓷有限公司、淄博中强瓷业有限公司、淄博福鑫瓷器有限公司、中国陶瓷工业协会。

本标准主要起草人:韩克新、李伦、樊震坤、马继忠、崔刚、田承贵、张广文。

镁质强化瓷器

1 范围

本标准规定了镁质强化瓷器的产品分类、技术要求、试验方法、检验规则以及标志、包装、运输、贮存。

本标准适用于以硅酸镁为主要成分的镁质强化瓷器。

2 规范性引用文件

下列文件对于本文件的应用是必不可少的。凡是注日期的引用文件，仅注日期的版本适用于本文件。凡是不注日期的引用文件，其最新版本(包括所有的修改单)适用于本文件。

GB/T 2828.1—2003 计数抽样检验程序 第1部分：按接收质量限(AQL)检索的逐批检验抽样计划

GB/T 2829—2002 周期检验计数抽样程序及表(适用于对过程稳定性的检验)

GB/T 3298 日用陶瓷器抗热震性测定方法

GB/T 3299 日用陶瓷器吸水率测定方法

GB/T 3300 日用陶瓷器变形检验方法

GB/T 3301 日用陶瓷的容积、口径误差、高度误差、重量误差、缺陷尺寸的测定方法

GB/T 3302 日用陶瓷器包装、标志、运输、贮存规则

GB/T 3303 日用陶瓷器缺陷术语

GB/T 3532—2009 日用瓷器

GB/T 3534 日用陶瓷器铅、镉溶出量的测定方法

GB/T 4734 陶瓷材料及制品化学分析方法

GB/T 5000 日用陶瓷名词术语

GB 12651 与食物接触的陶瓷制品铅、镉溶出量允许极限

GB/T 27587 日用陶瓷耐微波加热测试方法

QB/T 1503 日用陶瓷白度测定方法

QB/T 1993 日用陶瓷抗冲击强度测定方法

QB/T 3731 日用陶瓷釉面维氏硬度测定方法

3 术语和定义

GB/T 3303 和 GB/T 5000 界定的术语和定义适用于本文件。

4 产品分类

4.1 按产品的用途可分为：盘碟类、碗类、杯类、壶类及其他器物类。

4.2 按产品的器型可分为扁平制品、小空心制品、大空心制品。

4.3 按产品的规格尺寸可分为：小型、中型、大型和特型。其规格范围见表1。

表 1

类　别	小型	中型	大型	特型
盘碟类口径 mm	<128	128～<228	228～350	>350
碗类口径 mm	<110	110～<175	175～250	>250
杯类口径 mm	<60	60～<100	110～140	>140
壶类容量 mL	<250	250～<1 000	1 000～2 400	>2 400
其他器物类	视其外形相似情况，分别按上述各类定型			

4.4 按产品的外观等级可分为：优等品、一等品、合格品。

5 技术要求

5.1 釉面维氏显微硬度

釉面维氏显微硬度应不低于 6.0 GPa。

5.2 抗冲击强度

中心抗冲击强度应不低于 1.5 J/cm^2。

5.3 微波炉、冰箱、烤箱适应性

5.3.1 微波炉适应性

产品标明微波炉适用时，按照 GB/T 27587 中的方法，加热能量为 72 000 J 试验下一次循环不裂和无电弧产生。

5.3.2 冰箱到微波炉适应性

产品标明微波炉适用时，按照 GB/T 3532—2009 中 6.7 规定的试验方法，一次循环不裂和无电弧产生。

5.3.3 冰箱到烤箱适应性

产品标明烤箱适用时，按照 GB/T 3532—2009 中 6.8 规定的试验方法，一次循环不裂。

5.4 白度

白度应不低于 80。

5.5 吸水率

吸水率应不大于 0.5%。

5.6 氧化镁

素胎中 MgO 含量应不低于 22.0%。

5.7 抗热震性

餐具以中型盘、碗类为代表件，茶、咖啡具以杯、盅类为代表件，180 ℃投入 20 ℃水中热交换一次不裂。大型、特型以及非成套或异型产品 150 ℃投入 20 ℃水中热交换一次不裂。

5.8 铅、镉溶出量

铅、镉溶出量允许极限应符合 GB 12651 规定。

5.9 产品规格误差

5.9.1 口径误差

口径大于 200 mm 的误差允许±1.0%，口径在 60 mm～200 mm 之间的误差允许±1.5%，口径小于 60 mm 的误差允许为±2.0%。

5.9.2 高度误差

高度误差允许±2.0%。

5.9.3 质量误差

小型、中型产品误差允许±5.0%，大型、特型产品误差允许±3.0%。

5.10 外观质量

5.10.1 产品不允许有炸釉、磕碰、裂穿和渗漏缺陷。

5.10.2 瓷质细腻、釉面光滑滋润，透明度好。

5.10.3 成套产品的釉色、花面色泽应基本一致。

5.10.4 产品的底沿应磨光，放在平面上应平稳。

5.10.5 有盖产品的盖与口应吻合，壶类在倾斜 70°时，盖子应不脱落。当壶盖向一方移动时，其边缘与壶口的距离不得超过 3 mm。壶嘴的口部不得低于壶口 3 mm。

5.10.6 底部标志应正确、清晰，不得歪斜与偏心。

5.10.7 产品的外观缺陷应符合表 2 规定，并符合下列要求：

——优等品每件产品不得超过 2 种缺陷；

——一等品每件产品不得超过 4 种缺陷；

——合格品每件产品不得超过 6 种缺陷。

表 2

序号	缺陷名称	测量单位	产品规格	优等品	一等品	合格品
1	变形	高度 mm	盘碟类： 小型 中型 大型 特型	 不大于 0.5 不大于 1.0 不大于 1.5 不大于口径的 0.7%	 不大于 1.0 不大于 1.5 不大于 2.0 不大于口径的 1.0%	 不大于 2.0 不大于 2.5 不大于 3.0 不大于口径的 2.0%
			鱼盘类： 小型 中型 大型 特型	 不大于 1.0 不大于 1.5 不大于 2.0 不大于长径的 1.0%	 不大于 1.5 不大于 2.0 不大于 3.0 不大于长径的 1.3%	 不大于 2.0 不大于 2.5 不大于 3.0 不大于长径的 1.5%
		口径 mm	碗类： 小型 中型 大型 特型	 不大于 0.5 不大于 1.0 不大于 1.5 不大于口径的 1.0%	 不大于 1.0 不大于 1.5 不大于 2.0 不大于口径的 1.5%	 不大于 2.0 不大于 2.5 不大于 3.0 不大于口径的 2.0 %
			杯类： 小型 中型 大型 特型	 不大于 0.5 不大于 0.5 不大于 1.0 不大于口径的 1.5%	 不大于 1.0 不大于 1.0 不大于 1.5 不大于口径的 2.0%	 不大于 2.0 不大于 2.5 不大于 3.0 不大于口径的 2.5%
			壶类： ＜60 ≥60	 不大于 1.0 不大于 1.5	 不大于 1.0 不大于 1.5	 不大于 2.0 不大于 2.5
2	落渣[a]	直径 mm	小型、中型	不允许	显见面不允许，非显见面不大于 0.5 限 2 个	显见面不大于 1.0 限 2 个，非显见面不大于 1.5 限 3 个
			大型、特型		显见面不大于 0.5 限 2 个，非显见面不大于 1.0 限 2 个	显见面不大于 1.5 限 2 个，非显见面不大于 2.0 限 3 个
3	毛孔	直径 mm	小型、中型	显见面不允许，非显见面不大于 0.5 限 2 个	显见面不大于 0.5 限 1 个，非显见面不大于 0.5 限 2 个	不大于 1.0 限 6 个
			大型、特型	显见面不允许，非显见面不大于 0.5 限 3 个	显见面不大于 0.5 限 2 个，非显见面不大于 0.5 限 3 个	不大于 1.0 限 8 个
4	斑点	直径 mm	小型、中型	不允许	显见面不允许，非显见面不大于 0.5 限 2 个	显见面不大于 0.5，限 2 个，非显见面不大于 0.5 限 4 个
			大型、特大型		显见面不允许，非显见面不大于 0.5 限 3 个	显见面不大于 1.0 限 2 个，非显见面不大于 1.0 限 4 个
5	色脏	面积 mm^2	各型	不允许	显见面在画线边缘、花内和花的边缘不大于 1.5，非显见面在画线边缘不大于 3.0	显见面不大于 10.0，非显见面不大于 20.0

表 2（续）

序号	缺陷名称	测量单位	产品规格	优等品	一等品	合格品
6	熔洞	直径 mm	小型、中型	不允许	不允许	显见面不允许，非显见面不大于 1.5 限 2 个
			大型、特型		显见面不允许，非显见面不大于 1.0 限 1 个	显见面不允许，非显见面不大于 2.0 限 2 个
7	石膏脏	直径 mm	小型、中型	不允许	不大于 0.5 限 2 个	不大于 2.0 限 2 个
			大型、特型		不大于 1.0 限 2 个	不大于 3.0 限 2 个
8	疙瘩	直径 mm	小型、中型	不允许	显见面不允许，非显见面不大于 0.5 限 1 个	显见面 1.5 限 2 个，非显见面 2.5 限 3 个
9	坯泡		大型、特型		显见面不允许，非显见面不大于 1.0 限 1 个	显见面 2.0 限 2 个，非显见面 3.0 限 3 个
10	泥渣					
11	釉泡	直径 mm	小型、中型	不允许	显见面不允许，非显见面不大于 0.5 限 2 个，开口釉泡不允许	不大于 1.5 限 3 个，开口釉泡：口沿部位不允许，其他部位小于 1.0 限 3 个
			大型、特型		显见面不允许，非显见面不大于 0.5 限 3 个，开口釉泡不允许	不大于 2.0 限 4 个，开口釉泡：口沿部位不允许，其他部位小于 1.0 限 5 个
12	底沿粘渣	长度 mm	各型	不允许	外沿不允许，内沿不大于周长的 1.5%，磨去尖峰	外沿不大于底周长 1.0%，内沿不大于周长的 2.0% 磨去尖峰
13	缺釉	面积 mm^2	小型、中型	不允许	显见面不允许，非显见面不大于 3.0	显见面不大于 2.0，非显见面不大于 4.0
			大型、特型		显见面不允许，非显见面不大于 4.0	显见面不大于 3.0，非显见面不大于 6.0
14	裂纹	长度 mm	小型、中型	不允许	显见面不允许，非显见面阴裂不大于 4.0	显见面阴裂不大于 4.0，非显见面不明显
			大型、特型		显见面不允许，非显见面不大于 6.0	显见面阴裂不大于 6.0，非显见面不明显
15	粘疤	长度 mm	各型	不允许	底沿粘足不大于底径的 5%，深不超过 0.5，需磨平，其他部位不允许	粘足长度不大于底径的 5%，深不超过 1.0，需磨平
16	缺泥	面积 mm^2	小型、中型	不允许	显见面不允许，非显见面不大于 15.0	不大于 50.0（其中口沿不大于 5.0）
			大型、特型	不允许	显见面不允许，非显见面不大于 20.0	不大于 80.0（其中口沿不大于 5.0）
17	画线缺陷	长度 mm	各型	不允许	不允许	断口不大于 4.0 限 5 处，线边不匀及残缺不太严重

表 2（续）

序号	缺陷名称	测量单位	产品规格	优等品	一等品	合格品
18	画面缺陷	面积 mm^2	各型	不允许	不大于 2.0 限 2 处，满花限 3 处	不大于画面的 25%
19	釉薄	—	各型	显见面不允许，非显见面很不明显	显见面不允许，非显见面不明显	不严重
20	釉厚	—	各型	显见面不允许，非显见面不明显	显见面不允许，非显见面不太明显	不严重
21	泥、釉缕	—	各型	不允许	显见面不明显，非显见面不太明显	不严重
22	滚头迹					
23	桔釉	—	各型	不允许	显见面不明显，非显见面不太明显	不严重
24	胎脏	—	各型	不允许	显见面不明显，非显见面不太明显	不严重
25	釉面擦伤	—	各型	不允许	不明显	不严重
26	嘴耳把歪、接头泥色差、彩色不正	—	各型	很不明显	不太明显	不严重
27	烟熏	—	各型	不允许	不允许	不允许
28	爆花					
29	粘釉					
30	水泡边					

注：表中缺陷折算规定：

a) 除已明确规定者外，本表所规定的缺陷允许范围均指显见面。非显见面的缺陷均可按显见面规定的尺寸加大 50%，毛孔尺寸按规定不变，数量以 2 个折算 1 个。

b) 凡遇直径小于规定幅度 50% 的缺陷，而其数量较规定的略多时，可以 2 个折算 1 个，但所增加的绝对个数不得超过原等级规定总数的 50%（如原规定总数为单数时，可将总数加 1，变成双数再折半）。

c) 凡未限定处数和个数者均可按尺寸相加计算。

d) 一等品、合格品中凡是直径不大于 0.3 mm，长度不大于 0.5 mm，面积不大于 1 mm^2，颜色清淡的微小缺陷以及其他不明显缺陷，可不作缺陷计。

e) 在 10 mm^2 内不得有 2 个以上的缺陷。

f) 本标准未能包括的缺陷，可按相似缺陷处理。

[a] 一等品口沿落渣不允许，合格品口沿落渣不大于 0.5 限 1 个。

6 试验方法

6.1 釉面维氏显微硬度测定按 QB/T 3731 执行。
6.2 抗冲击强度测定按 QB/T 1993 执行。
6.3 微波炉适应性测定按 GB/T 27587 执行。
6.4 冰箱到微波炉、冰箱到烤箱适应性测定按 GB/T 3532—2009 中 6.7、6.8 执行。
6.5 白度的测定按 QB/T 1503 执行。
6.6 吸水率测定按 GB/T 3299 执行。
6.7 氧化镁含量测定按 GB/T 4734 执行。
6.8 抗热震性测定按 GB/T 3298 执行。
6.9 铅、镉溶出量测定按 GB/T 3534 执行。
6.10 变形测定按 GB/T 3300 执行。
6.11 产品规格误差、缺陷尺寸测定按 GB/T 3301 执行。

7 检验规则

7.1 检验分类

产品检验分交收检验和型式检验，采用每百单位不合格品数(计件法)检验。

7.2 交收检验

7.2.1 每件产品须经制造厂检验部门全数检验并经交收检验合格后方可出厂。
7.2.2 交收检验项目为 5.9、5.10 规定的内容。
7.2.3 交收检验按 GB/T 2828.1—2003 执行。各检验项目的不合格分类、接收质量限、检验水平及抽样方案见表 3。正常检验一次抽样及判定按表 4 进行。

表 3

<table>
<tr><th>检查项目</th><th>不合格分类</th><th>接收质量限(AQL)</th><th>检验水平Ⅱ</th><th>抽样方案</th></tr>
<tr><td>5.10.1</td><td>A</td><td>0.25</td><td>一般检验水平Ⅱ</td><td rowspan="9">一次抽样(从正常检验一次抽样开始，按转移规则进行)</td></tr>
<tr><td>5.9</td><td rowspan="8">B</td><td rowspan="8">4.0</td><td>特殊检验水平 S-3</td></tr>
<tr><td>5.10.2</td><td rowspan="7">一般检验水平Ⅱ</td></tr>
<tr><td>5.10.3</td></tr>
<tr><td>5.10.4</td></tr>
<tr><td>5.10.5</td></tr>
<tr><td>5.10.6</td></tr>
<tr><td>5.10.7</td></tr>
</table>

表 4

批量范围	一般检验水平Ⅱ						特殊检验水平 S-3		
	AQL 为 0.25			AQL 为 4.0			AQL 为 4.0		
	样本量	Ac	Re	样本量	Ac	Re	样本量	Ac	Re
2～8	50	0	1	3	0	1	3	0	1
9～15	50	0	1	3	0	1	3	0	1
16～25	50	0	1	3	0	1	3	0	1
26～50	50	0	1	13	1	2	3	0	1
51～90	50	0	1	13	1	2	3	0	1
91～150	50	0	1	20	2	3	3	0	1
151～280	50	0	1	32	3	4	13	1	2
281～500	50	0	1	50	5	6	13	1	2
501～1 200	50	0	1	80	7	8	13	1	2
1 201～3 200	200	1	2	125	10	11	13	1	2
3 201～10 000	200	1	2	200	14	15	20	2	3
10 001～35 000	315	2	3	315	21	22	20	2	3
35 001～150 000	500	3	4	315	21	22	32	3	4
150 001～500 000	800	5	6	315	21	22	32	3	4
≥500 001	1 250	7	8	315	21	22	50	5	6

7.2.4 受检产品可按单件、套具、等级、花面、器型等形成批，必要时还可细分。

7.2.5 样本的抽取按以下要求进行：

a) 单件产品按表 3 的规定从交货批中随机抽取样本量；

b) 成箱配套产品根据交货批产品数量对照表 3 的要求查出相应的样本量，用样本量除以每箱内的产品数，其商若是整数则以此数值为抽取的箱数；其商若含小数，则去除小数，在整数位加 1 为抽取箱数。从交货批产品中随机抽取确定箱数的成箱配套产品，然后从抽取的箱中随机抽取该批产品的样本量(每箱中抽出的样本数应大致相等)；

c) 当交货批小于或等于样本量时，则全部抽取。

7.2.6 交收检验项目中，如有一项不合格，则判该产品为不合格。该批产品经交货方返工后，方可再次提交检验。

7.3 型式检验

7.3.1 型式检验项目为本标准技术要求的全部内容，其中铅、镉溶出量，抗热震性、氧化镁含量每季度不少于一次，其他项目每半年不少于一次，遇有下列情况之一时应进行型式检验：

a) 产品原料改变时；

b) 生产工艺方法变更可能影响产品性能时；

c) 停产 6 个月以上再恢复生产时；

d) 生产工艺过程中发生意外事故时；

e) 有合同要求时。

7.3.2　型式检验样本应从周期制造的并经过批检查合格的某个批或若干个批中抽取。抽取样本的方法要保证所得到的样本能代表本周期的实际技术水平。

7.3.3　型式检验按 GB/T 2829—2002 进行。各检验项目的不合格分类、不合格质量水平、判别水平、不合格判定数及抽样方案见表 5。有合同要求时，可由合同双方协商确定。

表 5

<table>
<tr><th>检验项目</th><th>不合格分类</th><th>不合格质量水平(RQL)</th><th>判别水平(DL)</th><th>抽样方案</th><th>样本量</th><th>Ac</th><th>Re</th></tr>
<tr><td>5.10.1</td><td>A</td><td>6.5</td><td rowspan="2">Ⅲ</td><td rowspan="2">一次</td><td>32</td><td>0</td><td>1</td></tr>
<tr><td>5.9、5.10.2、5.10.3、5.10.4、5.10.5、5.10.6、5.10.7</td><td>B</td><td>20</td><td>32</td><td>3</td><td>4</td></tr>
<tr><td>5.8</td><td rowspan="2">A</td><td>15</td><td rowspan="2">Ⅰ</td><td rowspan="2">一次</td><td>6</td><td>0</td><td>1</td></tr>
<tr><td>5.3.1、5.3.2、5.3.3</td><td>30</td><td>3</td><td>0</td><td>1</td></tr>
<tr><td>5.7</td><td rowspan="4">B</td><td>25</td><td rowspan="4">Ⅰ</td><td rowspan="3">二次</td><td>$n_1=5$
$n_2=5$</td><td>0
1</td><td>2
2</td></tr>
<tr><td>5.1、5.2</td><td rowspan="3">40</td><td rowspan="2">$n_1=3$
$n_2=3$</td><td rowspan="2">0
1</td><td rowspan="2">2
2</td></tr>
<tr><td>5.4、5.5</td></tr>
<tr><td>5.6</td><td>一次</td><td>2</td><td>0</td><td>1</td></tr>
</table>

7.3.4　检验的各个项目中，如有一项不合格，则判该产品型式检验不合格。

8　标志、包装、运输、贮存

8.1　产品的标志、包装、运输、贮存按 GB/T 3302 执行。

8.2　成套产品包装时要求配套无差错。

ICS 81.060.20
Y 24

中华人民共和国国家标准

GB/T 28115—2011

高 石 英 瓷 器

High-silica porcelain ware

2011-12-30 发布

2012-08-01 实施

中华人民共和国国家质量监督检验检疫总局
中 国 国 家 标 准 化 管 理 委 员 会
发 布

前　言

本标准按照 GB/T 1.1—2009 给出的规则起草。

本标准由中国轻工联合会提出。

本标准由全国日用陶瓷标准化技术委员会(SAC/TC 405)归口。

本标准起草单位:山东硅元新型材料有限责任公司、山东硅苑新材料科技股份有限公司、山东省陶瓷公司、淄博博纳科技发展有限公司、中国陶瓷工业协会。

本标准主要起草人:任允鹏、曾德斌、樊震坤、李伦、王家胜。

高 石 英 瓷 器

1 范围

本标准规定了高石英瓷器的产品分类、等级划分、技术要求、试验方法、检验规则及标志、包装、运输、贮存。

本标准适用于以石英或富含二氧化硅矿物为主要原料的日用瓷器。

2 规范性引用文件

下列文件对于本文件的应用是必不可少的。凡是注日期的引用文件，仅注日期的版本适用于本文件。凡是不注日期的引用文件，其最新版本(包括所有的修改单)适用于本文件。

GB/T 2828.1—2003 计数抽样检验程序 第1部分：按接收质量限(AQL)检索的逐批检验抽样计划

GB/T 2829—2002 周期检验计数抽样程序及表(适用于对过程稳定性的检验)

GB/T 3295 陶瓷制品45°镜向光泽度试验方法

GB/T 3298 日用陶瓷器抗热震性测定方法

GB/T 3299 日用陶瓷器吸水率测定方法

GB/T 3300 日用陶瓷器变形检验方法

GB/T 3301 日用陶瓷器的容积、口径误差、高度误差、重量误差、缺陷尺寸的测定方法

GB/T 3302 日用陶瓷器包装、标志、运输、贮存规则

GB/T 3303 日用陶瓷器缺陷术语

GB/T 3534 日用陶瓷器铅、镉溶出量的测定方法

GB/T 4734 陶瓷材料及制品化学分析方法

GB/T 5000 日用陶瓷名词术语

GB 12651 与食物接触的陶瓷制品铅、镉溶出量允许极限

GB/T 27587 日用陶瓷耐微波加热测试方法

QB/T 1503 日用陶瓷白度测定方法

QB/T 1993 日用陶瓷抗冲击强度测定方法

QB/T 3731 日用陶瓷器釉面维氏硬度测定方法

3 术语和定义

GB/T 3303 和 GB/T 5000 中界定的及下列术语和定义适用于本文件。

3.1

高石英瓷器 high-silica porcelain ware

坯体中以石英或富含二氧化硅矿物为主要原料的石英—长石—粘土三组分瓷，素胎中二氧化硅含量不低于72%。

4 产品分类

4.1 按产品的用途可分为:盘碟类、碗类、杯类、壶类及其他器物类。

4.2 按产品的器型可分为:扁平制品、小空心制品、大空心制品。

4.3 按产品的规格尺寸可分为:小型、中型、大型和特型。其规格范围见表1。

表 1

类 别	小型	中型	大型	特型
盘碟类口径 mm	<128	128~<228	228~350	>350
碗类口径 mm	<110	110~<175	175~250	>250
杯类口径 mm	<60	60~<100	100~140	>140
壶类容量 mL	<250	250~<1 000	1 000~2 400	>2 400
其他器物类	视其外形相似情况,分别按上述各类定型			

4.4 按产品的外观等级可分为:优等品、一等品、合格品。

5 技术要求

5.1 釉面维氏显微硬度

釉面维氏显微硬度应不低于5.0 GPa。

5.2 抗冲击强度

中心抗冲击强度应不低于1.0 J/cm^2。

5.3 微波炉适应性

产品标明微波炉适用时,按照GB/T 27587中的方法,加热能量为72 000 J试验下一次循环不裂和无电弧产生。

5.4 釉面光泽度及釉面色差(无光、亚光釉、色坯产品除外)

5.4.1 釉面光泽度应符合表2规定。

5.4.2 釉面色差应符合表2规定。

表 2

项 目	优 等 品	一 等 品	合 格 品
光泽度	≥90		≥85
色差	≤0.5	≤1.0	≤2.0

5.5 二氧化硅含量

素胎中 SiO_2 含量应不低于 72%。

5.6 吸水率

吸水率应不大于 0.3%。

5.7 抗热震性

餐具以中型盘、碗类为代表件，茶、咖啡具以杯、盅类为代表件，190 ℃至 20 ℃热交换一次不裂。大型、特型以及非成套或异型产品 170 ℃至 20 ℃热交换一次不裂。

5.8 铅、镉溶出量

铅、镉溶出量允许极限应符合 GB 12651 规定。

5.9 产品规格误差

5.9.1 口径误差

口径大于 200 mm 的误差允许±1.0%，口径在 60 mm～200 mm 之间的误差允许±1.5%，产品口径小于 60 mm 的误差允许±2.0%。

5.9.2 高度误差

高度误差允许±3.0%。

5.9.3 质量误差

小型、中型产品误差允许±5.0%，大型、特型产品误差允许±3.0%。

5.10 外观质量

5.10.1 产品不允许有炸釉、磕碰、裂穿和渗漏缺陷。

5.10.2 瓷质细腻、釉面光滑滋润，透明度好。

5.10.3 成套产品的釉色、花面色泽应基本一致。

5.10.4 产品的底沿应磨光，放在平面上应平稳。

5.10.5 有盖产品的盖与口应吻合，壶类在倾斜 70°时，盖子应不脱落。当壶盖向一方移动时，其边缘与壶口的距离不得超过 3 mm。壶嘴的口部不得低于壶口 3 mm。

5.10.6 底部标志应正确、清晰，不得歪斜与偏心。

5.10.7 产品的外观缺陷应符合表 3 规定，并符合下列要求：

——优等品每件产品不得超过 2 种缺陷；

——一等品每件产品不得超过 4 种缺陷；

——合格品每件产品不得超过 6 种缺陷。

表 3

序号	缺陷名称	测量单位	产品规格	优等品	一等品	合格品
1	变形	高度 mm	盘碟类：			
			小型	不大于0.5	不大于1.0	不大于2.0
			中型	不大于1.0	不大于1.5	不大于2.5
			大型	不大于1.5	不大于2.0	不大于3.0
			特型	不大于口径的0.7%	不大于口径的1.0%	不大于口径的2.0%
			鱼盘类：			
			小型	不大于1.0	不大于1.5	不大于2.0
			中型	不大于2.0	不大于2.5	不大于2.5
			大型	不大于2.5	不大于3.0	不大于3.0
			特型	不大于长径的1.0%	不大于长径的1.3%	不大于长径的1.5%
		口径 mm	碗类：			
			小型	不大于0.5	不大于1.0	不大于2.0
			中型	不大于1.0	不大于1.5	不大于2.5
			大型	不大于1.5	不大于2.0	不大于3.0
			特型	不大于口径的0.7%	不大于口径的1.5%	不大于口径的2.0 %
			壶类：			
			小型	不大于0.5	不大于1.0	不大于2.0
			中型	不大于0.5	不大于1.0	不大于2.0
			大型	不大于1.0	不大于1.5	不大于3.0
			特型	不大于口径的1.5%	不大于口径的2.0%	不大于口径的2.5%
			杯类：			
			＜60	不大于1.0	不大于1.0	不大于2.0
			≥60	不大于1.5	不大于1.5	不大于2.5
2	落渣[a]	直径 mm	小型、中型	不允许	显见面不允许，非显见面不大于0.5限2个	显见面不大于1.0限2个，非显见面不大于1.5限3个
			大型、特型		显见面不大于0.5限2个，非显见面不大于1.0限2个	显见面不大于1.5限2个，非显见面不大于2.0限3个
3	毛孔	直径 mm	小型、中型	显见面不允许，非显见面不大于0.5限2个	显见面不大于0.5限1个，非显见面不大于0.5限2个	不大于1.0限6个
			大型、特型	显见面不允许，非显见面不大于0.5限3个	显见面不大于0.5限2个，非显见面不大于0.5限3个	不大于1.0限8个

表 3（续）

序号	缺陷名称	测量单位	产品规格	优等品	一等品	合格品
4	斑点	直径 mm	小型、中型	不允许	显见面不允许，非显见面不大于 0.5 限 2 个	显见面不大于 0.5，限 2 个，非显见面不大于 0.5 限 4 个
			大型、特大型		显见面不允许，非显见面不大于 0.5 限 3 个	显见面不大于 1.0 限 2 个，非显见面不大于 1.0 限 4 个
5	色脏	面积 mm^2	各型	不允许	显见面不大于 3.0，非显见面不大于 10.0	显见面不大于 10.0，非显见面不大于 20.0
6	熔洞	直径 mm	小型、中型	不允许	不允许	显见面不允许，非显见面不大于 1.5 限 2 个
			大型、特型		显见面不允许，非显见面不大于 1.0 限 1 个	显见面不允许，非显见面不大于 2.0 限 2 个
7	石膏脏	直径 mm	小型、中型	不允许	不大于 0.5 限 2 个	不大于 2.0 限 2 个
			大型、特型		不大于 1.0 限 2 个	不大于 3.0 限 2 个
8	疙瘩	直径 mm	小型、中型	不允许	显见面不允许，非显见面不大于 1.0 限 1 个	显见面 2.0 限 2 个，非显见面 2.5 限 3 个
9	坯泡		大型、特型		显见面不允许，非显见面不大于 2.0 限 2 个	显见面 2.0 限 3 个，非显见面 3.0 限 4 个
10	泥渣					
11	釉泡	直径 mm	小型、中型	不允许	显见面不允许，非显见面不大于 0.5 限 2 个，开口釉泡不允许	不大于 1.5 限 3 个，开口釉泡：口沿部位不允许，其他部位小于 1.0 限 3 个
			大型、特型		显见面不允许，非显见面不大于 0.5 限 3 个，开口釉泡不允许	不大于 2.0 限 4 个，开口釉泡：口沿部位不允许，其他部位小于 1.0 限 5 个

表 3（续）

序号	缺陷名称	测量单位	产品规格	优等品	一等品	合格品
12	底沿粘渣	长度 mm	各型	不允许	外沿不允许，内沿不大于周长的1.5%，磨去尖峰	外沿不大于底周长1.0%，内沿不大于周长的2.0%，磨去尖峰
13	缺釉	面积 mm^2	小型、中型	不允许	显见面不允许，非显见面不大于3.0	显见面不大于2.0，非显见面不大于4.0
			大型、特型		显见面不允许，非显见面不大于4.0	显见面不大于3.0，非显见面不大于6.0
14	裂纹	长度 mm	小型、中型	不允许	显见面不允许，非显见面阴裂不大于4.0	显见面阴裂不大于4.0，非显见面不明显
			大型、特型		显见面不允许，非显见面不大于6.0	显见面阴裂不大于6.0，非显见面不明显
15	粘疤	长度 mm	各型	不允许	底沿粘足不大于底径的5%，深不超过0.5，需磨平，其他部位不允许	粘足长度不大于底径的5%，深不超过1.0，需磨平
16	缺泥	面积 mm^2	小型、中型	不允许	显见面不允许，非显见面不大于15.0	不大于50.0（其中口沿不大于5.0）
			大型、特型	不允许	显见面不允许，非显见面不大于20.0	不大于80.0（其中口沿不大于5.0）
17	画线缺陷	长度 mm	各型	不允许	不允许	断口不大于4.0限5处，线边不匀及残缺不太严重
18	画面缺陷	面积 mm^2	各型	不允许	不大于2.0限2处，满花限3处	不大于画面的25%
19	釉薄	—	各型	显见面不允许，非显见面很不明显	显见面不允许，非显见面不明显	不严重

表 3（续）

序号	缺陷名称	测量单位	产品规格	优等品	一等品	合格品
20	釉厚	—	各型	显见面不允许，非显见面不明显	显见面不允许，非显见面不太明显	不严重
21	泥、釉缕	—	各型	不允许	显见面不明显，非显见面不太明显	不严重
22	滚头迹	—	各型	不允许	显见面不明显，非显见面不太明显	不严重
23	桔釉	—	各型	不允许	显见面不明显，非显见面不太明显	不严重
24	胎脏	—	各型	不允许	显见面不明显，非显见面不太明显	不严重
25	釉面擦伤	—	各型	不允许	不明显	不严重
26	嘴耳把歪、接头泥色差、彩色不正	—	各型	很不明显	不太明显	不严重
27	烟熏	—	各型	不允许	不允许	不允许
28	爆花					
29	粘釉					
30	水泡边、刺边					

注：表中缺陷折算规定：

a） 除已明确规定者外，本表所规定的缺陷允许范围均指显见面。非显见面的缺陷均可按显见面规定的尺寸加大 50％，毛孔尺寸按规定不变，数量以 2 个折算 1 个。

b） 凡遇直径小于规定幅度 50％的缺陷，而其数量较规定的略多时，可以 2 个折算 1 个，但所增加的绝对个数不得超过原等级规定总数的 50％(如原规定总数为单数时，可将总数如 1，变成双数再折半）。

c） 凡未限定处数和个数者均可按尺寸相加计算。

d） 一等品、合格品中凡是直径不大于 0.3 mm，长度不大于 0.5 mm，面积不大于 1 mm^2，颜色清淡的微小缺陷以及其他不明显缺陷，可不作缺陷计。

e） 在 10 mm^2 内不得有 2 个以上的缺陷。

f） 本标准未能包括的缺陷，可按相似缺陷处理。

[a] 一等品口沿落渣不允许，合格品口沿落渣不大于 0.5 限 1 个。

6 试验方法

6.1 釉面维氏显微硬度测定按 QB/T 3731 执行。

6.2 抗冲击强度测定按 QB/T 1993 执行。

6.3 微波炉适应性测定按 GB/T 27587 执行。

6.4 釉面色差测定按 QB/T 1503 执行。

6.5 光泽度测定按 GB/T 3295 执行。

6.6 吸水率测定按 GB/T 3299 执行。

6.7 二氧化硅含量测定按 GB/T 4734 执行。

6.8 抗热震性测定按 GB/T 3298 执行。

6.9 铅、镉溶出量测定按 GB/T 3534 执行。

6.10 变形测定按 GB/T 3300 执行。

6.11 产品规格误差、缺陷尺寸测定按 GB/T 3301 执行。

7 检验规则

7.1 检验分类

产品检验分交收检验和型式检验，采用每百单位不合格品数(计件法)检验。

7.2 交收检验

7.2.1 每件产品须经制造厂检验部门全数检验并经交收检验合格后方可出厂。

7.2.2 交收检验项目为 5.9、5.10 规定的内容。

7.2.3 交收检验按 GB/T 2828.1—2003 执行。各检验项目的不合格分类、接收质量限、检验水平及抽样方案见表 4。正常检验一次抽样及判定按表 5 进行。

表 4

<table>
<tr><th>检查项目</th><th>不合格分类</th><th>接收质量限(AQL)</th><th>检验水平Ⅱ</th><th>抽样方案</th></tr>
<tr><td>5.10.1</td><td>A</td><td>0.25</td><td>一般检验水平Ⅱ</td><td rowspan="8">一次抽样(从正常检验一次抽样开始，按转移规则进行)</td></tr>
<tr><td>5.9</td><td rowspan="7">B</td><td rowspan="7">4.0</td><td>特殊检验水平 S-3</td></tr>
<tr><td>5.10.2</td><td rowspan="6">一般检验水平Ⅱ</td></tr>
<tr><td>5.10.3</td></tr>
<tr><td>5.10.4</td></tr>
<tr><td>5.10.5</td></tr>
<tr><td>5.10.6</td></tr>
<tr><td>5.10.7</td></tr>
</table>

表 5

批量范围	一般检验水平 Ⅱ						特殊检验水平 S-3		
	AQL 为 0.25			AQL 为 4.0			AQL 为 4.0		
	样本量	Ac	Re	样本量	Ac	Re	样本量	Ac	Re
2～8	50	0	1	3	0	1	3	0	1
9～15	50	0	1	3	0	1	3	0	1
16～25	50	0	1	3	0	1	3	0	1
26～50	50	0	1	13	1	2	3	0	1
51～90	50	0	1	13	1	2	3	0	1
91～150	50	0	1	20	2	3	3	0	1
151～280	50	0	1	32	3	4	13	1	2
281～500	50	0	1	50	5	6	13	1	2
501～1 200	50	0	1	80	7	8	13	1	2
1 201～3 200	200	1	2	125	10	11	13	1	2
3 201～10 000	200	1	2	200	14	15	20	2	3
10 001～35 000	315	2	3	315	21	22	20	2	3
35 001～150 000	500	3	4	315	21	22	32	3	4
150 001～500 000	800	5	6	315	21	22	32	3	4
≥500 001	1 250	7	8	315	21	22	50	5	6

7.2.4 受检产品可按单件、套具、等级、花面、器型等形成批，必要时还可细分。

7.2.5 样本的抽取按以下要求进行：

a) 单件产品按表 4 的规定从交货批中随机抽取样本量；

b) 成箱配套产品根据交货批产品数量对照表 4 的要求查出相应的样本量，用样本量除以每箱内的产品数，其商若是整数则以此数值为抽取的箱数；其商若含小数，则去除小数，在整数位加 1 为抽取箱数。从交货批产品中随机抽取确定箱数的成箱配套产品，然后从抽取的箱中随机抽取该批产品的样本量(每箱中抽出的样本数应大致相等)；

c) 当交货批小于或等于样本量时，则全部抽取。

7.2.6 交收检验项目中，如有一项不合格，则判该产品为不合格。该批产品经交货方返工后，方可再次提交检验。

7.3 型式检验

7.3.1 型式检验项目为本标准技术要求的全部内容，其中铅、镉溶出量，抗热震性每季度不少于一次，其他项目每半年不少于一次，遇有下列情况之一时应进行型式检验：

a) 产品原料改变时；

b) 生产工艺方法变更可能影响产品性能时；

c) 停产 6 个月以上再恢复生产时；

d) 生产工艺过程中发生意外事故时；

e) 有合同要求时。

7.3.2 型式检验样本应从周期制造的并经过批检查合格的某个批或若干个批中抽取。抽取样本的方法要保证所得到的样本能代表本周期的实际技术水平。

7.3.3 型式检验按 GB/T 2829—2002 进行。各检验项目的不合格分类、不合格质量水平、判别水平、不合格判定数及抽样方案见表 6。有合同要求时,可由合同双方协商确定。

表 6

检验项目	不合格分类	不合格质量水平(RQL)	判别水平(DL)	抽样方案	样本量	Ac	Re
5.10.1	A	6.5	Ⅲ	一次	32	0	1
5.9、5.10.2、5.10.3、5.10.4、5.10.5、5.10.6、5.10.7	B	20			32	3	4
5.8	A	15	Ⅰ	一次	6	0	1
5.3		30			3		
5.7	B	25	Ⅰ	二次	$n_1=5$ $n_2=5$	0 1	2 2
5.1、5.2		40			$n_1=3$ $n_2=3$	0 1	2 2
5.4、5.5							
5.6				一次	2	0	1

7.3.4 检验的各个项目中,如有一项不合格,则判该产品型式检验不合格。

8 标志、包装、运输、贮存

8.1 产品的标志、包装、运输、贮存按 GB/T 3302 执行。

8.2 成套产品包装时要求配套无差错。

ICS 81.060.20
Y 24

中华人民共和国国家标准

GB/T 28116—2011

抗菌骨质瓷器

Antibacterial bone china

2011-12-30 发布 2012-08-01 实施

中华人民共和国国家质量监督检验检疫总局
中国国家标准化管理委员会 发布

前　言

本标准按照GB/T 1.1—2009给出的规则起草。

本标准由中国轻工业联合会提出。

本标准由全国日用陶瓷标准化技术委员会(SAC/TC 405)归口。

本标准起草单位:淄博博纳科技发展有限公司、山东硅苑新材料科技股份有限公司、河北工业大学、华光陶瓷集团有限公司、淄博市易洁抗菌陶瓷工程技术研究中心、中国建筑材料科学研究总院、全国卫生产业协会抗菌产业分会、中国陶瓷工业协会。

本标准主要起草人:梁金生、王庆春、王家胜、樊震坤、李伦、刘强、王静、王丽娟、刘隽。

抗 菌 骨 质 瓷 器

1 范围

本标准规定了抗菌骨质瓷器的术语和定义、产品分类、技术要求、试验方法、检验规则、标志、包装、运输和贮存。

本标准适用于具有抗菌功能的骨质瓷器。

2 规范性引用文件

下列文件对于本文件的应用是必不可少的。凡是注日期的引用文件，仅注日期的版本适用于本文件。凡是不注日期的引用文件，其最新版本(包括所有的修改单)适用于本文件。

GB/T 2829 周期检验计数抽样程序及表(适用于对过程稳定性的检验)

GB/T 3302 日用陶瓷器包装、标志、运输、贮存规则

GB 4789.2 食品安全国家标准 食品微生物学检验菌落总数测定

GB/T 13522—2008 骨质瓷器

GB 19489 实验室生物安全通用要求

3 术语和定义

下列术语和定义适用于本文件。

3.1

抗菌 antibacteria

具有杀灭或抑制细菌或真菌生长繁殖及其活性的作用。

3.2

抗菌骨质瓷器 antibacterial bone china

具有抗菌作用的骨质瓷器。

4 产品分类

按照 GB/T 13522—2008 执行。

5 技术要求

5.1 常规性能

应符合 GB/T 13522—2008 第 5 章所列技术要求的规定。

5.2 抗菌性能

应符合表 1 的规定。

表 1

以%表示

项目名称	抗菌性能指标
抗菌率	≥90.00

6 试验方法

6.1 常规性能检测

按照 GB/T 13522—2008 执行。

6.2 抗菌性能检测

6.2.1 样品的规定

样品从产品典型工作面上截取，样品尺寸规格为 50 mm×50 mm(尺寸误差在 5 mm 内)，厚度 8 mm 以下。

6.2.2 抗菌性能检测

按照附录 A 检测方法进行检测。从事抗菌试验的实验室应符合 GB 19489 规定的实验室生物安全管理和设施条件要求。

7 检验规则

7.1 检验分类

产品检验分交收检验和型式检验，采用每百单位不合格品数(计件法)检验。

7.2 交收检验

7.2.1 每件产品须经制造厂检验部门全数检验并经交收检验合格后方可出厂。

7.2.2 交收检验项目为 GB/T 13522—2008 中 5.6、5.7 和本标准 5.2 规定的内容。

7.2.3 交收检验中 GB/T 13522—2008 的 5.6、5.7 检验规则按 GB/T 13522—2008 规定执行，本标准 5.2 抽样方案按表 2 规定执行，当有 1 件样品不合格时判抗菌性能项目检验不合格。

表 2

单位为件

提交检验的数量	样品量
≤3 000	3
3 001～10 000	6
>10 001	9

7.2.4 样品的组批方法和抽取方法执行 GB/T 13522—2008 中 7.2.4、7.2.5 规定。

7.2.5 交收检验项目中，如有一项不合格，则判该产品为不合格。该批产品经交货方返工后，方可再次提交检验。

7.3 型式检验

7.3.1 型式检验项目为本标准技术要求的全部内容，其中铅、镉溶出量，抗菌性能，抗热震性每季度不少于一次，其他项目每半年不少于一次，遇有下列情况之一时亦应进行型式检验：

a) 产品原料改变时；

b) 生产工艺方法变更可能影响产品性能时；

c) 停产6个月以上再恢复生产时；

d) 生产工艺过程中发生意外事故时；

e) 有合同要求时。

7.3.2 型式检验的样本应从本周期制造的并经过批检查合格的某个批或若干个批中抽取。抽取样本的方法要保证所得到的样本能代表本周期的实际技术水平。

7.3.3 型式检验按GB/T 2829规定进行。常规性能项目的不合格分类、不合格质量水平、判别水平、不合格判定数及抽样方案按GB/T 13522—2008规定执行。抗菌性能项目的不合格分类、不合格质量水平、判别水平、不合格判定数及抽样方案按表3规定执行。有合同要求时，可由合同双方协商确定。

表3

检验项目	不合格分类	不合格质量水平(RQL)	判别水平(DL)	抽样方案	样本量	Ac	Re
5.2	A	30	Ⅰ	一次	3	0	1

7.3.4 检验的各个项目中，如有一项不合格，则判该产品型式检验不合格。

8 标志、包装、运输和贮存

8.1 标志

符合GB/T 13522—2008规定。包装中标示抗菌骨质瓷器。

8.2 包装

产品出厂时应按照产品类别、规格、等级等分别包装。包装要做到产品免受磕碰、划伤和污损。成套产品包装时要求配套无差错。包装要求亦可由供需双方商定。

8.3 运输和贮存

按GB/T 3302执行。

附 录 A
（规范性附录）
抗菌骨质瓷器 抗菌性能试验方法

A.1 原则

本方法通过定量接种细菌于待检验样品上，用贴膜的方法使细菌均匀接触样品，经过一定时间的培养后，测试样品表面的活菌数，并计算出样品的抗菌率。

本方法适用于抗菌骨质瓷器的抗菌性能试验。

A.2 设备和材料

A.2.1 主要设备

A.2.1.1 恒温培养箱(37±1)℃。

A.2.1.2 冷藏箱 0 ℃～5 ℃。

A.2.1.3 超净工作台：局部 100 级。

A.2.1.4 压力蒸汽灭菌器。

A.2.1.5 电热干燥箱 0 ℃～200 ℃。

A.2.1.6 天平：感量为 0.001 g。

A.2.1.7 电炉。

A.2.1.8 吸管：容量为 1 mL 和 10 mL，精度为 0.1。

A.2.1.9 广口瓶或三角瓶：容量为 500 mL。

A.2.1.10 平皿：皿底直径为 90 mm。

A.2.1.11 试管：ϕ18 mm×200 mm。

A.2.1.12 酒精灯。

A.2.1.13 试管架。

A.2.1.14 灭菌镊子、灭菌纱布。

A.2.1.15 酒精棉球(75%)。

A.2.1.16 灭菌 PE 薄膜(厚 0.09 mm～0.10 mm)50 mm×50 mm。

A.2.1.17 L 棒。

A.2.1.18 毛细吸管。

A.2.1.19 细菌标准比浊管。

A.2.2 主要材料

A.2.2.1 覆盖膜

聚乙烯薄膜，标准尺寸为(40±2)mm×(40±2)mm、厚度为 0.05 mm～0.10 mm。如试验样品外形尺寸较小，可按其面积减小该覆盖膜尺寸，且保证样品覆盖部位所铺的菌浓度不变。用 70%乙醇溶液浸泡 1 min，再用无菌水冲洗，自然干燥。

A.2.2.2 样品

A.2.2.2.1 阴性对照样品

编号Ⅰ,直径 90 mm 或 100 mm 的灭菌培养平皿的内平板(50 mm×50 mm)。

A.2.2.2.2 空白对照样品

编号Ⅱ,普通骨质瓷样品(不少于 3 片),标准尺寸为 50 mm×50 mm(尺寸误差在 5 mm 内),厚度不大于 8 mm。此样品要求不添加任何无机或有机抗菌剂、防霉剂和防腐剂,由生产单位提供。

A.2.2.2.3 抗菌骨质瓷样品

编号Ⅲ,抗菌骨质瓷样品(不少于 3 片),标准尺寸为 50 mm×50 mm(尺寸误差在 5 mm 内),厚度不大于 8 mm。

样品在试验前应进行消毒。用酒精棉球清洁样品片表面,然后在超净工作台中紫外灭菌消毒 5 min。

A.2.3 培养基和试剂

A.2.3.1 营养肉汤(NB)

牛肉膏　　5.0 g
蛋白胨　　10.0 g
氯化钠　　5.0 g

制法:取上述成分依次加入 1 000 mL 蒸馏水中,加热溶解后,用 0.1 mol/L 氢氧化钠(NaOH)(AR)溶液调节 pH 值为 7.0～7.2,分装后置压力蒸汽灭菌器内,121 ℃灭菌 30 min。

A.2.3.2 营养琼脂培养基(NA)

1 000 mL 营养肉汤(NB)中加入 15 g 琼脂,加热溶化,用 0.1 mol/L 氢氧化钠(NaOH)(AR)溶液调节 pH 值使灭菌后为 7.0～7.2,分装后置压力蒸汽灭菌器内,121 ℃灭菌 30 min。

A.2.3.3 试剂

A.2.3.3.1 消毒剂

70%乙醇溶液。

A.2.3.3.2 洗脱液

含 0.85%氯化钠(NaCl)的生理盐水。为便于洗脱可加入少量无菌表面活性剂(0.2%,如吐温 80)。用 0.1 mol/L 氢氧化钠(NaOH)溶液或 0.1 mol/L 盐酸(HCl)溶液调节 pH 值使灭菌后为 7.0～7.2,分装后置压力蒸汽灭菌器内,121 ℃灭菌 30 min。

A.2.3.3.3 培养液

营养肉汤(NB)/生理盐水溶液。建议用于金黄色葡萄球菌的浓度为 1/100,大肠杆菌的浓度为 1/500。为便于细菌分散可加入少量无菌表面活性剂(如吐温 80)。用 0.1 mol/L 氢氧化钠(NaOH)溶液或 0.1 mol/L 盐酸(HCl)溶液调节 pH 值使灭菌后为 7.0～7.2,分装后置压力蒸汽灭菌器内,121 ℃灭菌 30 min。

A.2.4　检验菌种

a）金黄色葡萄球菌（*Staphylococcus aureus*）AS1.89；

b）大肠埃希氏菌（*Escherichia coli*）AS1.90。

根据产品的使用要求，可选用其他菌种作为检验菌种，但菌种应有国家级菌种保藏管理中心提供。

A.3　操作步骤

A.3.1　菌种保藏

将菌种接种于营养琼脂培养基（NA）斜面上，在(37±1)℃下培养 24 h 后，在 0 ℃～5 ℃下保藏（不得超过 1 个月），作为斜面保藏菌。

A.3.2　菌种活化

将斜面保藏菌转接到平板营养琼脂培养基上，在(37±1)℃下培养 18 h～24 h，试验时应采用连续转接 2 次后的新鲜细菌培养物（24 h 内转接的）。

A.3.3　菌悬液制备

用接种环从 A.3.2 培养基上取少量（刮 1 环～2 环）新鲜细菌，加入培养液中，并依次做 10 倍递增稀释液，选择菌液浓度为 5.0×10^{5} CFU/mL～10.0×10^{5}CFU/mL 的稀释液作为试验用菌液，按 GB 4789.2 的方法操作。

A.3.4　样品试验

分别取 0.5 mL 试验用菌液（3.3）滴加在阴性对照样品Ⅰ、空白对照样品Ⅱ和抗菌骨质瓷样品Ⅲ上。

用灭菌镊子夹起灭菌覆盖膜分别覆盖在样品Ⅰ、样品Ⅱ和样品Ⅲ上，一定要铺平且无气泡，使菌均匀接触样品，置于灭菌平皿中，在(37±1)℃、相对湿度大于 90%条件下培养 24 h。为保证表面菌液不枯干，平皿底层放 10 mL 灭菌生理盐水，浸渍在 4 层皿底面积大小的灭菌纱布中。

24 h 后从恒温箱中取出样品，分别加入 20 mL 洗脱液，反复洗样品Ⅰ、样品Ⅱ、样品Ⅲ及覆盖膜（最好用镊子夹起覆盖膜冲洗），充分摇匀后，取洗脱液用 10 倍递增稀释至合适稀释倍数并接种于营养琼脂培养基（NA）中，在(37±1)℃下培养 24 h～48 h 后计算活菌数，按 GB 4789.2 的方法测定洗脱液中的活菌数。

A.4　检验结果计算

A.4.1　将以上测定的活菌数结果根据稀释倍数计算出样品Ⅰ、样品Ⅱ、样品Ⅲ培养 24 h 后的实际回收活菌数值，数值分别为 A、B、C。

A.4.2　为保证试验结果要满足以下要求，否则试验无效。

A.4.2.1　样品Ⅰ培养 24 h 后的实际回收活菌数值 A 应不小于 1.0×10^{5} CFU/片。

A.4.2.2　样品Ⅱ培养 24 h 后的实际回收活菌数值 B 应不小于 1.0×10^{4} CFU/片。

A.4.3　抗菌率计算公式为：

$$R=(B-C)/B\times100\%$$

式中：

R——抗菌率(%)，数值取四位有效数字；

B——空白对照样品培养 24 h 后的实际回收活菌数值，单位为菌落形成单位每片(CFU/片)；

C——抗菌骨质瓷培养 24 h 后的实际回收活菌数值，单位为菌落形成单位每片(CFU/片)。

ICS 83.140.10
G 32

中华人民共和国国家标准

GB/T 28117—2011

食品包装用多层共挤膜、袋

Multi-layer co-extrusion films and pouches for food packaging

2011-12-30 发布　　2012-08-01 实施

中华人民共和国国家质量监督检验检疫总局
中国国家标准化管理委员会　发布

前　言

本标准按 GB/T 1.1—2009 给出的规则起草。

本标准由中国轻工业联合会提出。

本标准由全国食品直接接触材料及制品标准化技术委员会(SAC/TC 397)归口。

本标准起草单位:江苏彩华包装集团公司、上海紫江彩印包装有限公司、惠州宝柏包装有限公司、上海人民塑料印刷厂、黄山永新股份有限公司、中国塑协复合膜专业委员会。

本标准主要起草人:高学文、武向宁、张庆煌、包燕敏、吴跃忠、文秀松。

食品包装用多层共挤膜、袋

1 范围

本标准规定了食品包装用多层共挤膜、袋的原料术语、定义及缩略语和符号、分类、要求、试验方法、检验规则、标志、包装、运输和贮存。

本标准适用于厚度小于0.30 mm、以食品级包装用树脂通过共挤工艺生产的多层食品包装用非印刷膜、袋。

2 规范性引用文件

下列文件对于本文件的应用是必不可少的。凡是注日期的引用文件，仅注日期的版本适用于本文件。凡是不注日期的引用文件，其最新版本(包括所有的修改单)适用于本文件。

GB/T 191　包装储运图示标志

GB/T 1037　塑料薄膜和片材透水蒸气试验方法　杯式法

GB/T 1038　塑料薄膜和薄片气体透过性试验方法　压差法

GB/T 1040.3　塑料　拉伸性能的测定　第3部分:薄膜和薄片的试验条件

GB/T 2410　透明塑料透光率和雾度试验方法

GB/T 2828.1　计数抽样检验程序　第1部分:按接收质量限(AQL)检索的逐批检验抽样计划

GB/T 2918　塑料试样状态调节和试验的标准环境

GB/T 5009.60　食品包装用聚乙烯、聚苯乙烯、聚丙烯成型品卫生标准的分析方法

GB/T 6672　塑料薄膜和薄片厚度的测定　机械测量法

GB/T 6673　塑料薄膜和薄片长度和宽度的测定

GB/T 8808　软质复合塑料材料剥离试验方法

GB/T 9639.1　塑料薄膜和薄片　抗冲击性能试验方法自由落镖法　第1部分:梯级法

GB 9685　食品容器、包装材料用添加剂使用卫生标准

GB 9687　食品包装用聚乙烯成型品卫生标准

GB 9688　食品包装用聚丙烯成型品卫生标准

GB/T 21302　包装用复合膜、袋通则

QB/T 1130　塑料直角撕裂性能试验方法

QB/T 2358　塑料薄膜包装袋热合强度测定方法

3 术语、定义及缩略语和符号

3.1 术语和定义

下列术语和定义适用于本文件。

3.1.1

共挤薄膜　coextrusion film

使用两台或两台以上挤出机，分别将多种不同或相同聚合物熔体通过一个共用模头挤出，获得的多层复合薄膜。

3.1.2

搭接封合　lap sealing

材料外表面与直接接触食品的内表面相封合的方式。

3.1.3

对接封合　butt sealing

直接接触食品的材料内表面间相封合的方式。

3.2　缩略语

下列缩略语适用于本文件。

ABS　丙烯腈/丁二烯/苯乙烯共聚物

ANS　丙烯腈/苯乙烯共聚物

EAA　乙烯/丙烯酸共聚物

EEA　乙烯/丙烯酸乙酯共聚物

EMA　乙烯/甲基丙烯酸共聚物

EVA　乙烯/乙酸乙烯共聚物

EVOH　乙烯/乙烯醇共聚物

MPP　茂金属聚丙烯

PA　聚酰胺

PBT　聚对苯二甲酸乙丁二醇酯

PC　聚碳酸酯

PE　聚乙烯

PE-HD　高密度聚乙烯

PE-LD　低密度聚乙烯

PE-LLD　线性低密度聚乙烯

PE-MD　中密度聚乙烯

PE-MLLD　茂金属线性低密度聚乙烯

PET　聚对苯二甲酸乙二醇酯

PO　聚烯烃

PP　聚丙烯

PVDC　聚偏二氯乙烯

PVOH　聚乙烯醇

TIE　粘合树脂

不在上述之列的材料可根据规范的材料名称和英文缩写。

3.3　符号

共挤出复合　co-extrusion lamination　符号“/co.”

4　分类

4.1　产品按形状分为平膜、卷膜和袋。膜的断面形状分为单膜和管膜(含对折,含折边)两种。袋的形状分为一般袋(如:边封袋、枕式袋等)和特殊袋(如:立体袋、异形袋等)。

4.2　产品按材料结构分为4类,见表1。

表 1　结构分类

种类	类　　别	材料结构示例
Ⅰ	以 PVDC 为主要功能树脂的多层共挤膜、袋	PO/co. PVDC/co. PO PO/co. TIE/co. PVDC/co. TIE/co. PO PA/co. TIE/co. PVDC/co. TIE/co. PO PBT/co. TIE/co. PVDC/co. TIE/co. PO PA/co. TIE/co. PO/co. TIE/co. PVDC/co. TIE/co. PO PBT/co. TIE/co. PO/co. TIE/co. PVDC/co. TIE/co. PO
Ⅱ	以 EVOH 为主要功能树脂的多层共挤膜、袋	PO/co. TIE/co. EVOH/co. TIE/co. PO PA/co. TIE/co. EVOH/co. TIE/co. PO PBT/co. TIE/co. EVOH/co. TIE/co. PO PA/co. EVOH/co. PA/co. TIE/co. PO PA/co. TIE/co. EVOH/co. PA/co. TIE/co. PO PO/co. TIE/co. EVOH/co. PA/co. TIE/co. PO PBT/co. TIE/co. EVOH/co. PA/co. TIE/co. PO PA/co. TIE/co. PA/co. EVOH/co. PA/co. TIE/co. PO PO/co. TIE/co. PA/co. EVOH/co. PA/co. TIE/co. PO PA/co. TIE/co. PO/co. TIE/co. EVOH/co. PA/co. TIE/co. PO PA/co. TIE/co. PO/co. TIE/co. PA/co. EVOH/co. PA/co. TIE/co. PO PBT/co. TIE/co. PO/co. TIE/co. PA/co. EVOH/co. PA/co. TIE/co. PO PO/co. TIE/co. PO/co. TIE/co. PA/co. EVOH/co. PA/co. TIE/co. PO
Ⅲ	以 PA、PBT 为主要功能树脂的多层共挤膜、袋	PA/co. TIE/co. PO PBT/co. TIE/co. PO PO/co. TIE/co. PA/co. TIE/co. PO PA/co. TIE/co. PA/co. TIE/co. PO PBT/co. TIE/co. PA/co. TIE/co. PO PA/co. TIE/co. PA/co. TIE/co. PA/co. TIE/co. PO PBT/co. TIE/co. PA/co. TIE/co. PA/co. TIE/co. PO PA/co. TIE/co. PO/co. TIE/co. PA/co. TIE/co. PA/co. TIE/co. PO PBT/co. TIE/co. PO/co. TIE/co. PA/co. TIE/co. PA/co. TIE/co. PO
Ⅳ	以 PO 为主要功能树脂的多层共挤膜、袋	LDPE/co. HDPE/co. LLDPE MLLDPE/co. PP/co. MPP HDPE/co. PP/co. MPP PE/co. LDPE/co. IONOMER LDPE/co. PP/co. EVA
注 1:以上 PO 可以使用改性 PE(包括 EAA、EMA、EVA 等)。 注 2:以上结构中任何一种聚合物可以是一层,也可以是两层或者两层以上。		

5　要求

5.1　感官

5.1.1　膜、袋的外观质量应符合表 2 的规定。

表 2 外观质量要求

项目	要求
气泡	不明显
折皱	允许有轻微的间断性折皱，但不得多于产品总面积的 5%
水纹及云雾	不明显
表面划伤、烫伤、穿孔、破洞、分层、脏污	不允许
条纹	不明显
鱼眼、僵块 个/m^2	① >1 mm，不允许。 ② 0.5 mm～1 mm，≤10。分散度，个/(100 mm×100 mm)≤2。 ③ <0.5 mm，分散度，个/(100 mm×100 mm)≤20
杂质 个/m^2	① >0.6 mm，不允许。 ② 0.3 mm～0.6 mm，≤4。分散度，个/(100 mm×100 mm)≤2
膜卷暴筋	允许有不影响使用的轻微暴筋
膜卷松紧	搬动时不出现膜卷膜间滑动
卷膜端面不平整度	绝对值不大于 3 mm
热封部位	基本平整，无虚封，允许有不影响使用的气泡

5.1.2 异嗅

膜、袋不应有异常气味。

5.2 规格

5.2.1 膜的尺寸偏差

膜的长度、宽度偏差应符合表 3 规定。

表 3 膜的长度、宽度偏差

技术指标		偏差 mm	
		单膜	管膜(折径)
宽度 mm	≤300	$^{+4}_{-2}$	±5
	301～800		±10
	801～1 000		±15
	>1 000		±20
长度偏差 %		$^{+0.5}_{0}$	

5.2.2 接头

膜的接头长度、接头数应符合表4规定。

表4 膜的接头长度、接头数

技术指标		接头数 个 单膜	接头数 个 管膜(折径)
接头长度 m	膜长＜500	≤1	
	膜长≥500,＜1 000	≤2	
	膜长≥1 000	≤3	
注:接头与接头之间的距离由供需双方商定。			

5.2.3 膜的厚度偏差

膜的厚度偏差应符合表5规定。

表5 膜的厚度偏差

项目		偏差 % 厚度极限偏差	偏差 % 厚度平均偏差
厚度 mm	≤0.050	±12	±10
	0.051～0.100	±10	±8
	0.101～0.150	±8	±6
	0.151～0.300	±6	±6

5.2.4 卷膜筒芯尺寸及偏差

内径为 $\phi 76^{+2}$ mm 或 $\phi 152^{+2}$ mm,特殊要求由供需双方商定。

5.2.5 袋的尺寸偏差

袋的尺寸偏差应符合表6规定。

表6 袋的尺寸及偏差

袋的长度 mm	长度偏差 mm	宽度偏差 mm	封口与袋边距离 mm
≤100	±3	±2	≤4
101～400	±4	±4	≤5
＞400	±6	±6	≤6
注:封口宽度和偏差由供需双方商定。			

5.3 物理力学性能

5.3.1 力学、光学、水蒸气阻隔性能指标

力学、光学、水蒸气阻隔性能应符合表7规定。

表7 力学、光学、水蒸气阻隔性能指标

项目		厚度 mm			
		≤0.050	0.051～0.100	0.101～0.150	0.151～0.300
拉断力 N	纵向	≥10	≥18	≥25	≥30
	横向	≥8	≥15	≥20	≥24
断裂标称应变 %	纵向	≥100	≥200	≥250	≥300
	横向				
热合强度 N/15 mm		≥5	≥10	≥15	≥20
直角撕裂负荷 N	纵向	≥32	≥48	≥64	≥80
	横向				
落镖冲击 g		≥20	≥80	≥140	≥250
剥离强度(内层) N/15 mm		≥3.0	≥4.0	≥5.0	≥6.0
雾度 %		≤15	≤25	≤30	≤35
水蒸气透过量 $g/(m^2 \cdot 24\ h)$		≤30	≤15	≤8	≤6

注1：热合强度只适用于可热封材料。
注2：雾度要求不包含消光膜。
注3：表面摩擦系数、表面润湿张力或有其他特殊要求，由供需双方商定。

5.3.2 氧气阻隔性能指标

氧气阻隔性能应符合表8规定。

表8 氧气阻隔性能指标

项目	Ⅰ		Ⅱ	Ⅲ	Ⅳ
	VDC和MA共聚物	VDC和VC共聚物			
氧气透过量 $cm^3/(m^2 \cdot 24\ h \cdot 0.1\ MPa)$	≤20	≤50	≤20	≤220	—

注：第Ⅳ类产品的氧气阻隔性能根据供需双方商定。

5.3.3 袋的耐压性能指标

袋的耐压性能应符合表9规定。

表9 袋的耐压性能指标

袋与内装物总质量 g	负荷 N		性能指标
	三边封袋	其他袋	
≤30	100	80	无渗漏,不破裂
31～100	200	120	
101～400	400	200	
>400	600	300	

5.3.4 袋的跌落性能指标

袋的跌落性能应符合表10规定。

表10 袋的跌落性能指标

袋与内装物总质量 g	跌落高度 mm	性能指标
≤100	800	不破裂
101～400	500	
>400	300	

5.4 卫生性能

5.4.1 膜、袋(直接接触食品为PE层)的卫生性能应符合GB 9687和GB 9685的规定。

5.4.2 膜、袋(直接接触食品为PP层)的卫生性能应符合GB 9688和GB 9685的规定。

5.4.3 添加剂的使用应符合GB 9685的规定。

6 试验方法

6.1 试样状态调节和试验的标准环境

按GB/T 2918的规定进行。

温度23 ℃±2 ℃,相对湿度50%±10%,状态调节时间4 h以上,并在此条件下进行试验。

6.2 感官

6.2.1 膜、袋的外观质量

在自然光线下目测,并用精度不低于0.5 mm的量具测量。

6.2.2 膜、袋的异嗅质量

距离测试样品小于100 mm,进行嗅觉测试。

6.3 尺寸偏差

6.3.1 膜、袋的长度和宽度偏差按GB/T 6673的规定进行。

6.3.2 膜、袋的厚度偏差按GB/T 6672的规定进行。

6.3.3 袋的热封宽度用精度不低于0.5 mm的量具测量。

6.3.4 封口与袋边的距离用精度不低于0.5 mm的量具测量。

6.4 物理力学性能

6.4.1 拉断力、断裂标称应变

按GB/T 1040.3的规定进行。

试样采用长条形,长度为150 mm,宽度为15 mm,标距为100 mm±1 mm,试样拉伸速度(空载)为250 mm/min±25 mm/min。

6.4.2 剥离强度

按GB/T 8808的规定进行。

6.4.3 热合强度

按QB/T 2358的规定进行。

以膜卷方式出厂的,热封方法、条件由供需双方商定。

6.4.4 直角撕裂负荷

按QB/T 1130的规定进行。采用单片试验。

6.4.5 落镖冲击质量试验

按GB/T 9639.1的规定进行。

6.4.6 雾度

按GB/T 2410的规定进行试验。

6.4.7 氧气透过量

按GB/T 1038的规定进行。试验时内容物接触面朝向氧气低压侧。

6.4.8 水蒸气透过量

按GB/T 1037的规定进行。试样条件温度38 ℃±0.6 ℃,相对湿度90%±2%。试验时将热封面朝向湿度低的一侧。

6.4.9 卫生性能

按GB/T 5009.60的规定进行。

6.5 耐压试验

按 GB/T 21302 的规定进行试验。

6.6 跌落试验

按 GB/T 21302 的规定进行试验。

7 检验规则

7.1 批量

膜、袋以同一产品，同一规格，连续生产的量为一批。膜的最大批量不超过 1 000 卷，袋的最大批量不超过 1 000 箱。

7.2 抽样方法

7.2.1 采用随机抽样方法。
7.2.2 对于膜卷样本，脱去外包装后，去除外面三层，从第四层开始抽取 2 m 作为检验样本。
7.2.3 对于袋子样本，打开包装箱后随机抽取 1 只袋子作为检验样本。

7.3 抽样方案及判定规则

7.3.1 规格尺寸、表面的外观质量分别按 GB/T 2828.1 中 IL＝Ⅱ，AQL＝6.5 正常检查二次抽样方案执行，并按表 11 判定该批产品是否合格。

表 11 抽样方案和判定规则

批量	样本	样本量	累计样本量	接收数 Ac	拒收数 Re
1～15	第一	2	2	0	1
	第二	2	4	0	1
16～25	第一	3	3	0	2
	第二	3	6	1	2
26～50	第一	5	5	0	2
	第二	5	10	1	2
51～90	第一	8	8	0	3
	第二	8	16	3	4
91～150	第一	13	13	1	3
	第二	13	26	4	5
151～280	第一	20	20	2	5
	第二	20	40	6	7
281～500	第一	32	32	3	6
	第二	32	64	9	10
501～1 200	第一	50	50	5	9
	第二	50	100	12	13

7.3.2 剥离强度、热合强度，采用在外观抽样的样本中随机抽取1个样品进行测试。检验结果中若有不合格项，应再从该批中抽取双倍样品复验不合格项，如仍有不合格，则该批为不合格。

7.3.3 氧气透过量，水蒸气透过量，耐压性能及跌落性能按表11进行。抽样采取在一批中随机抽样一次进行，检验结果若有不合格，应再从该批中抽取双倍复验，如仍有不合格，则该批为不合格。

7.3.4 卫生性能检验按表12，抽样采取在一批中随机抽样一次进行，检验结果若不合格，则该批为不合格。

表12 部分型式检验项目的检验频次

要求条件项目	正常情况（按结构）	粘合树脂型号改变时	树脂牌号改变时	成型工艺改变时	新产品、新工艺开发时
氧气透过量	1次/3个月	—	√	√	√
水蒸气透过量	1次/3个月	√	√	—	√
耐压性能	1次/6个月	—	√	√	√
跌落性能	1次/6个月	—	√	√	√
卫生性能	1次/6个月	—	√	—	√
注1：“√”代表需检测，“—”代表无需检测。 注2：按产品结构抽样。					

7.3.5 以上各抽样方案或判定规则，可根据供需双方（或产品）需要协商选定或另外增减。

7.4 出厂检验项目

对每批产品进行出厂检验，检验项目为：5.1，5.2，5.3.1表7中剥离强度（内层）、热合强度。

7.5 型式检验

7.5.1 型式检验项目为要求中规定的全部项目。有下列情况之一者，应进行型式检验。

a) 新产品试制定型鉴定时；
b) 原材料及工艺有较大改变，可能影响产品性能时；
c) 出厂检验结果与上次型式检验结果有较大差异时；
d) 国家质量监督机构提出要求时；
e) 正常生产时，每半年进行一次。

7.5.2 部分型式检验项目的检验频次应符合表12的规定。

8 标志、包装、运输和贮存

8.1 标志

8.1.1 产品内、外包装上均应有合格证；外箱合格证贴在箱外，纸箱上应印有防雨、向上、易碎以及生产单位名称、地址、电话等标志。

8.1.2 合格证应注明：产品名称、商标、制造厂名、地址、规格、标称内装物质量、批号（含卷号）、数量、生产日期、检验员章等。

8.1.3 包装标志应符合GB/T 191的有关规定。

8.2 包装

内包装应使用食品包装用塑料薄膜，外包装使用塑料编织袋或瓦楞纸板箱等。客户如有特殊要求，按客户要求包装。

8.3 运输

该产品运输时应保持外包装完好，防止机械损伤及日晒雨淋。

8.4 贮存

产品应贮存于清洁、干燥、通风、阴凉，周围无对其产生有害影响的环境中。堆码整齐，距热源不小于 1 m，产品贮存期从生产之日起一般为一年。

ICS 83.140.10
G 32

中华人民共和国国家标准

GB/T 28118—2011

食品包装用塑料与铝箔复合膜、袋

Plastics and aluminum foil laminated films and pouches for food packaging

2011-12-30 发布 2012-08-01 实施

中华人民共和国国家质量监督检验检疫总局
中国国家标准化管理委员会 发布

前　言

本标准按照 GB/T 1.1—2009 给出的规则起草。

本标准由中国轻工业联合会提出。

本标准由全国食品直接接触材料及制品标准化技术委员会(SAC/TC 397)归口。

本标准起草单位：上海紫江彩印包装有限公司、上海人民塑料印刷厂、江苏彩华包装集团公司、惠州宝柏包装有限公司、无锡国泰彩印有限公司、中国塑协复合膜专业委员会。

本标准主要起草人:武向宁、包燕敏、侯小平、张庆煌、邹景行、文秀松。

食品包装用塑料与铝箔复合膜、袋

1 范围

本标准规定了食品包装用塑料与铝箔复合膜、袋的缩略语、符号和定义、分类、要求、试验方法、标志、包装、运输和贮存。

本标准适用于厚度小于 0.25 mm 使用温度在 70 ℃以下的以塑料、铝箔为基材复合而成，供食品包装用的膜、袋。

2 规范性引用文件

下列文件对于本文件的应用是必不可少的。凡是注日期的引用文件，仅注日期的版本适用于本文件。凡是不注日期的引用文件，其最新版本（包括所有的修改单）适用于本文件。

GB/T 191 包装储运图示标志

GB 1037 塑料薄膜和片材透水蒸气试验方法 杯式法

GB/T 1038 塑料薄膜和薄片气体透过性试验方法 压差法

GB/T 1040.3 塑料 拉伸性能的测定 第3部分：薄膜和薄片的试验条件

GB/T 2828.1 计数抽样检验程序 第1部分：按接收质量限（AQL）检索的逐批检验抽样计划

GB/T 2918 塑料试样状态调节和试验的标准环境

GB/T 5009.60 食品包装用聚乙烯、聚苯乙烯、聚丙烯成型品卫生标准的分析办法

GB/T 5009.119 复合食品包装袋中二氨基甲苯的测定

GB/T 6672 塑料薄膜和薄片厚度的测定 机械测量法

GB/T 6673 塑料薄膜和片材长度和宽度的测定

GB/T 7707 凹版装潢印刷品

GB/T 8808 软质复合塑料材料剥离试验方法

GB 9683 复合食品包装袋卫生标准

GB 9685 食品容器、包装材料用添加剂使用卫生标准

GB 12904 商品条码 零售商品编码与条码表示

GB/T 14257 商品条码 条码符号放置指南

GB/T 17497 柔性版装潢印刷品

GB/T 18348 商品条码 条码符号印制质量的检验

GB/T 19789 包装材料 塑料薄膜和薄片氧气透过性试验 库仑计检测法

GB/T 21302 包装用复合膜、袋通则

QB/T 2358 塑料薄膜包装袋热合强度试验方法

3 缩略语、符号、术语和定义

下列缩略语、符号、术语和定义适用于本文件。

3.1 缩略语

AL 铝箔

BOPA（NY） 双向拉伸聚酰胺薄膜
BOPET(PET） 双向拉伸聚酯薄膜
BOPP 双向拉伸聚丙烯薄膜
CPP 流延聚丙烯薄膜
EAA 乙烯-丙烯酸塑料
EEAK 乙烯-丙烯酸乙酯塑料
EMA 乙烯-甲基丙烯酸塑料
EVAC 乙烯-乙酸乙烯酯塑料
IONOMER 离子型共聚物
PE 聚乙烯(统称,可以包含 PE-LD、PE-LLD、PE-MLLD、PE-HD、改性 PE 等）
PE-HD 高密度聚乙烯
PE-LD 低密度聚乙烯
PE-LLD 线性低密度聚乙烯
PE-MD 中密度聚乙烯
PE-MLLD 茂金属线性低密度聚乙烯
PO 聚烯烃
PT 玻璃纸
不在上述之列的材料可根据规范的材料名称和英文缩写。

3.2 符号

复合 lamination

复合的符号“/”,复合方式包括：
——干法复合 dry lamination 符号“/dr.”;
——无溶剂复合 solvent free lamination 符号“/sf.”;
——湿法复合 wet lamination 符号“/wt.”;
——挤出复合 extrusion lamination 符号“/ex.”;
——共挤出复合 co-extrusion lamination 符号“/co.”。

3.3 术语和定义

3.3.1

重复长度 repeat length

一个印刷单元的长度。

4 分类

产品按材料结构分为四类,见表1。

表1 结构分类

种类	材料结构
Ⅰ	PET/AL/PE、PET/AL/BOPA/PE、PET/AL/PET/PE、PET/AL/ CPP、PET/AL/BOPA/CPP、PET/AL
Ⅱ	BOPA/AL/PE、BOPA/AL/CPP、BOPA/ PET/AL/CPP、BOPA/AL
Ⅲ	BOPP/AL/PE、BOPP/AL/CPP、BOPP/AL

表 1(续)

种类	材料结构
Ⅳ	PT/AL/PE、PT/AL/CPP、PT/AL/BOPA/PE、PT/AL/PET/PE、PT/AL PO/AL/PE、PO/AL/CPP、PO/AL/BOPA/PE、PO/AL/PET/PE、PO/AL

注 1：Ⅳ类中 PO 为涂层或未拉伸的薄膜。

注 2：PE 包括 PE-LD、PE-LLD、PE-MLLD、改性 PE(包括 EEAK、EVAC、IONOMER 等)。

5 要求

5.1 感官

5.1.1 外观质量

膜、袋的外观质量应符合表 2 的规定。

表 2 外观质量要求

项目	要求
折皱	允许有轻微的间断性折皱，但不得多于产品表面积的 5%
划伤、烫伤、穿孔、粘连、异物、分层	不允许
膜卷松紧	搬动时不出现膜卷膜间滑动
膜卷暴筋	允许有不影响使用的轻微暴筋
膜卷端面不平齐度	绝对值不大于 2mm
气泡	不明显
热封部位	基本平整，无虚封，允许有不影响使用的气泡

5.1.2 印刷

凹版印刷质量应符合 GB/T 7707 的规定。

柔版印刷质量应符合 GB/T 17497 的规定。

5.1.3 条形码印刷

条形码印刷质量应符合 GB 12904、GB/T 14257 的规定。

5.1.4 异嗅

无异常气味。

5.2 尺寸偏差

5.2.1 膜卷尺寸偏差

膜卷尺寸偏差应符合表 3 规定。长度、宽度、总厚度或各层厚度由供需双方商定。

表 3　膜卷尺寸偏差

长度偏差 %	宽度偏差 mm	重复长度偏差 %	厚度偏差 %
0,+0.5	−2,+4	±0.5	±10

5.2.2　袋的尺寸偏差

袋的尺寸偏差应符合表 4 规定。长度、宽度、总厚度或各层厚度由供需双方商定。

表 4　袋的尺寸偏差

项　　目		偏　差　值
长度偏差 mm	袋长<400	±3
	袋长≥400	±5
宽度偏差 mm		±2
折边宽度偏差 %		±10
厚度偏差 %		±10
热封宽度偏差 mm	封口宽度≤5	±1
	5<封口宽度≤12	±2
	12<封口宽度≤20	±3
	20<封口宽度≤50	±4
封口与袋边的距离 mm	袋长≤150	≤3
	150<袋长≤250	≤4
	袋长>250	≤5

5.2.3　接头

接头应符合表 5 的规定。

表 5　接头

项　　目		要　　求
接头数 个/卷	膜长≤1 000 m	≤2
	膜长>1 000 m	≤3

5.2.4　膜卷筒芯尺寸及偏差

膜卷筒芯内径为 $\phi76^{+2}_{0}$ mm 或 $\phi152^{+2}_{0}$ mm，特殊要求由供需双方商定。

5.3 物理机械性能

5.3.1 物理性能

物理性能应符合表 6 规定。

表 6 物理性能

项目		要求			
		Ⅰ	Ⅱ	Ⅲ	Ⅳ
拉伸强度 MPa	纵向	≥30	≥35	≥30	≥30
	横向	≥20	≥25	≥20	≥20
剥离力(内层) N/15 mm		≥2.0			
热合强度 N/15 mm		≥10	≥10	≥10	≥5
氧气透过量 $cm^3/(m^2 \cdot 24\ h \cdot 0.1\ MPa)$		≤0.8			
水蒸气透过量 $g/(m^2 \cdot 24\ h)$		≤0.5			
摩擦系数		由供需双方确定			

5.3.2 袋的耐压性能

袋的耐压性能应符合表 7 规定。

表 7 袋的耐压性能

袋与内容物的总质量 g	负荷 N		要求
	三边封袋	其他袋	
<30	100	80	无渗漏,不破袋
30～100(不含 100)	200	120	
100～400	400	200	
>400	600	300	

5.3.3 袋的跌落性能

袋的跌落性能应符合表 8 规定。

表 8 袋的跌落性能

袋与内容物总质量 g	跌落高度 mm	要　求
<100	800	不破裂
100～400	500	
>400	300	

5.4 卫生性能

卫生性能应符合 GB 9683 和 GB 9685 的规定。

5.5 溶剂残留量

溶剂残留量应符合 GB 9683 的规定。

6 试验方法

6.1 试样状态调节和试验的标准环境

按 GB/T 2918 的规定进行。

温度 23 ℃±2 ℃，相对湿度 50%±10%，状态调节时间 4 h 以上，并在此条件下进行试验。

6.2 感官

6.2.1 膜、袋的外观质量

在自然光线下目测，并用精度不低于 0.5 mm 的量具测量。

6.2.2 印刷质量

按 GB/T 7707、GB/T 17497 的规定进行。

6.2.3 条码印刷

按 GB/T 18348 的规定进行。

6.2.4 异嗅

距离测试样品小于 100 mm，进行嗅觉测试。

6.3 尺寸偏差

6.3.1 膜、袋的长度和宽度偏差按 GB/T 6673 的规定进行测量。

6.3.2 膜、袋的厚度偏差按 GB/T 6672 的规定进行测量。

6.3.3 袋的热封宽度用精度不低于 0.5 mm 的量具测量。

6.3.4 封口与袋边的距离用精度不低于 0.5 mm 的量具测量。

6.4 物理机械性能

6.4.1 拉伸强度

按 GB/T 1040.3 的规定进行。

试样采用长条形，长度为 150 mm，宽度为 15 mm，试样标距为 100 mm±1 mm，试样拉伸速度(空载)为 250 mm/min±25 mm/min。

6.4.2 剥离力

按 GB/T 8808 的规定进行。

6.4.3 热合强度

按 QB/T 2358 的规定进行。

以膜卷方式出厂的，热合条件可由供需双方商定。

6.4.4 氧气透过量

按 GB/T 1038 或 GB/T 19789 的规定进行，试验时内容物接触面朝向氧气低压侧。GB/T 19789 为仲裁方法。

6.4.5 水蒸气透过量

按 GB 1037 的规定进行。试验条件温度 38 ℃±0.6 ℃，相对湿度 90%±2%。

6.4.6 耐压性能

按照 GB/T 21302 规定进行。

6.4.7 跌落性能

按照 GB/T 21302 规定进行。

6.5 卫生性能

按 GB/T 5009.60 的规定进行。其中甲苯二胺的检测按 GB/T 5009.119 的规定进行。

6.6 溶剂残留量

按照 GB 9683 规定进行。

7 检验规则

7.1 批量

膜、袋以同一品种，同一规格，同一工艺连续生产的总量为一批。膜的最大批量不超过 500 000 m^2，袋的最大批量不超过 1 500 000 只。

7.2 抽样方法

采取随机抽样方法。在每批中抽取足够试验用的样本。

7.3 抽样方案及判定规则

7.3.1 规格尺寸、表面的外观质量分别按 GB/T 2828.1 中 IL=Ⅱ，AQL=6.5 正常检查二次抽样方案执行，并按表 9 判定该批产品是否合格。膜卷的单位为卷，袋的单位为只。

表 9 抽样方案和判定规则

批量	样本	样本量	累计样本量	接收数 Ac	拒收数 Re
1～15	第一 第二	2 2	2 4	0 0	1 1
16～25	第一 第二	3 3	3 6	0 1	2 2
26～50	第一 第二	5 5	5 10	0 1	2 2
51～90	第一 第二	8 8	8 16	0 3	3 4
91～150	第一 第二	13 13	13 26	1 4	3 5
151～280	第一 第二	20 20	20 40	2 6	5 7
281～500	第一 第二	32 32	32 64	3 9	6 10
501～1 200	第一 第二	50 50	50 100	5 12	9 13
1 201～3 200	第一 第二	80 80	80 160	7 18	11 19
3 201～10 000	第一 第二	125 125	125 250	11 26	16 27
10 001～35 000	第一 第二	200 200	200 400	11 26	16 27
35 001～150 000	第一 第二	315 315	315 630	11 26	16 27
150 001～500 000	第一 第二	500 500	500 1 000	11 26	16 27
≥5 000 001	第一 第二	800 800	800 1 600	11 26	16 27

7.3.2 剥离力、热合强度，采用在一批中随机抽取样本进行测试。检验结果中若有不合格项，应再从该批中抽取双倍样品复验不合格项，如仍有不合格，则该批为不合格。

7.3.3 氧气透过量、水蒸气透过量、耐压性能及跌落性能按表10进行。抽样采取在一批中随机抽取样本，检验结果若有不合格，应再从该批中抽取双倍复验，如仍有不合格，则该批为不合格。

表10 特殊检验项目及检验频率

要求条件项目	正常情况（按结构）	油墨型号改变时	树脂牌号改变时	粘合剂型号改变时	新产品、新工艺开发时
氧气透过量	1次/3个月	—	√	—	√
水蒸气透过量	1次/3个月	—	√	—	√
卫生性能	1次/6个月	√	√	√	√

注1：√代表需检测，—代表无须检测。

注2：按产品结构抽样。

7.3.4 卫生性能的检测按表10进行，抽样采取在一批中随机抽取样本，检验结果若不合格，则该批为不合格。

7.4 出厂检验项目

对每批产品进行出厂检验，检验项目为：感官、尺寸偏差、剥离力（内层）、热合强度、溶剂残留量。可根据供需双方（或产品）需要协商选定或另外增减。

7.5 型式检验

7.5.1 型式检验项目

型式检验项目为第5章中规定的全部项目。有下列情况之一者，应进行型式检验：

a) 新产品试制定型鉴定时；

b) 原材料及工艺有较大改变，可能影响产品性能时；

c) 出厂检验结果与上次型式检验结果有较大差异时；

d) 国家质量监督机构提出要求时；

e) 正常生产时，每半年进行一次。

7.5.2 特殊检验项目

特殊检验项目应符合表10的规定。

8 标志、包装、运输和贮存

8.1 标志

产品的每件包装上均应附有合格证并标明产品名称、规格、数量、质量、批号、生产日期、检验员代号、生产方名称、生产方地址、执行标准编号等。

8.2 包装

袋和膜一般采用纸箱内衬塑牛皮纸或薄膜进行包装，也可由供需双方商定。

8.3 运输

运输时应防止碰撞或接触锐利物体，轻装轻卸，同时避免日晒雨淋，保证包装完好及产品不受污染。其标志方法按照 GB/T 191 的规定进行。

8.4 贮存

产品应贮存在清洁、干燥、通风、温度适宜的库房内，避免阳光直射，距热源不小于 1 m，堆放合理，产品贮存期自生产之日起为一年。

ICS 85.010
Y 30

中华人民共和国国家标准

GB/T 28119—2011

食品包装用纸、纸板及纸制品　术语

Paper、paper board and paper products for food packaging—Terms

2011-12-30 发布　　　　2012-08-01 实施

中华人民共和国国家质量监督检验检疫总局
中国国家标准化管理委员会　发布

前 言

本标准按照 GB/T 1.1—2009 给出的规则起草。

本标准由中国轻工业联合会提出。

本标准由全国食品直接接触材料及制品标准化技术委员会(SAC/TC 397)归口。

本标准起草单位:中华人民共和国上海出入境检验检疫局、中国制浆造纸研究院、国家纸张质量监督检验中心。

本标准主要起草人:蒋伟、朱洪坤、缪文彬、张晓蓉、郑华、李蔚。

食品包装用纸、纸板及纸制品　术语

1　范围

本标准规定了食品包装用纸、纸板及纸制品的相关术语。

本标准适用于所有食品包装用纸、纸板及纸制品。

2　基础术语

2.1

食品包装用纸　paper for food packaging

用于包装食品的纸材料，如食品包装用玻璃纸、食品包装用羊皮纸等。

2.2

食品包装用纸板　paperboard for food packaging

用于包装食品的纸板，如液体食品包装用纸板等。

2.3

食品包装用纸制品　paper products for food packaging

用于包装食品或者食品添加剂的纸制品，如纸袋、纸盒、纸杯、纸餐具等。

3　食品包装用纸、纸板术语

3.1

食品包装用玻璃纸　cellophane for food packaging

以精制纸浆为原料经烧碱、二硫化碳处理，形成胶黏状物质，再经脱气、陈化，从狭缝中喷出，经凝固浴凝固、水洗、漂白、干燥而制造成型的用于包装食品的一种透明薄膜。

3.2

半透明纸　paper of glassine

以化学浆为主要原料经高度超级压光而制造成型的正反面均非常平滑并有光泽，具有高度防油性和耐脂性的天然半透明的包装纸。

3.3

食品包装用羊皮纸　parchment for food packaging

以纯植物纤维制成的原纸，经浓硫酸处理后制造成型的半透明食品包装纸。

3.4

鸡皮纸　cartridge paper

以漂白硫酸盐木浆为主要原料，有的加有少量食品级染料而制造成型的一种颜色像鸡皮、单面光的薄型包装纸。

3.5

非热封型茶叶滤纸　tea bag paper of non-heat seal type

以植物纤维等纤维原料制造成型的用于生产袋泡茶的不具有自身热封性的纸张。

3.6

热封型茶叶滤纸　tea bag paper of heat seal type

以植物纤维和热熔纤维等纤维原料制造成型的用于生产袋泡茶的具有自身热封性的纸张。

3.7

糕点包装纸　cake wrapping paper

包装糕点用的食品包装纸。

3.8

糖果包装纸　candy packaging paper

包装糖果的纸。有折叠糖果纸(对糖果进行折叠包装的糖果纸)、扭结糖果纸(对糖果进行扭结包装的糖果纸)和口香糖纸(包装口香糖的糖果纸)等。

3.9

食品托盘纸　tray paper for food

用于加工食品纸托盘用纸。

3.10

烤盘纸(烤箱纸)　oven paper

能在烤箱中使用的耐高温耐油的食品级纸张。

3.11

防油纸　greaseproof paper

具有高抗油脂浸透能力的纸,纸料制备过程中经强烈的机械处理制成。

3.12

育果袋纸　fruit cultivating bag paper

制作水果生长套袋用的纸,具有抗水性和良好的透气性。

3.13

固体食品包装纸板　paperboard for solid food packaging

用于包装固体食品的纸板。

3.14

液体包装用纸板　liquid packaging base card board

制作液体包装用的纸板,以纸板与聚合物和(或)铝箔等经挤压复合制成液体包装材料。

3.15

支撑过滤纸板　coarse filtration board

与板框过滤机配套给硅藻土等过滤介质起支撑作用,用来过滤啤酒、饮料的粗滤、食用产品及化工产品等的过滤纸板。

3.16

精细过滤纸板　fine filtration board

与板框过滤机配套,用于啤酒、饮料的精滤,营养酒、保健酒精滤,医药工业营养基精滤、食用产品及化工产品等的过滤纸板。

3.17

纸杯原纸　carton base paper

表面可经单面或双面淋膜涂层或涂蜡处理后加工成纸杯的原纸。

3.18

餐盒原纸或纸板　foodbox base paper or paper board

用于制作餐盒的纸或纸板。

3.19

冷冻食品内包装原纸或纸板　base paper or paper board for the protection of frozen and deep-frozen food

在常温和低温下具有高机械强度，适用于进一步加工成具有必要特性（如防油性、水蒸气不能穿透的密封性）可作为内包装材料的纸或纸板。

3.20

冷冻食品外包装原纸或纸板　base paper or paper board for the packaging of frozen and deep-frozen food

在低温和高湿度下具有高的机械强度，适用于加工成贮藏已经包装好的冷冻或深度冷冻食品的包装材料的纸或纸板。

4　食品包装用纸制品术语

4.1

纸袋　paper bag

以纸质或纸的复合材料经粘合或缝合方式加工成型的直接接触食品的袋型食品包装容器。

注：根据材料不同分为纸质袋、淋膜纸袋和涂蜡纸袋。

4.2

纸质袋　paper based bag

以纸质材料加工成型的食品包装纸袋。

4.3

淋膜纸袋　coated paper bag

以淋膜纸为主要材料加工成型的食品包装纸袋。

4.4

涂蜡纸袋　waxed paper bag

以非涂塑纸为主要材料，经上蜡加工成型的食品包装纸袋。

4.5

纸罐　paper can

以纸板为主要材料加工成型的圆筒形或其他形状的容器并配有纸质或其他材料制成的底和盖的食品包装容器。分为纸板类罐、圆柱形复合罐和其他复合罐。

4.6

纸杯　paper cup

纸杯原纸经模压咬合而加工成型的杯型纸制容器。

4.7

淋膜纸杯　coated paper cup

以单面或双面涂塑纸板为主要材料，以热封或超声波封边而加工成型的纸杯。

4.8

涂蜡纸杯　waxed paper cup

以非涂塑纸板为主要材料，经水乳性速干胶粘结剂封边和上蜡后加工成型的纸杯。

4.9

纸餐具　paper-made dishware

以纸板、淋膜纸板、纸浆为主要材料制作的，仅供一次餐饮使用的盒、碗、杯等餐具，有纸板餐具、淋膜纸餐具和纸浆模塑餐具三大类型。

4.10

纸板餐具 paperboard dishware

以纸板为主要材料制作的纸餐具。

4.11

淋膜纸餐具 coated paper dishware

以单面或双面涂塑纸板为主要材料制作的纸餐具。

4.12

纸浆模塑餐具 pulp molding dishware

植物原料经过制浆后根据不同用途,在不同形状的网状模具里脱水烘干定型后生产的纸餐具。

4.13

纸盒 carton

由纸板裁切、经过模切、压痕后折叠成形,粘接成型的盒状食品包装容器。

4.14

纸板纸盒 cardboard carton

以纸板为主要材料加工成型的食品包装纸盒。

4.15

淋膜纸盒 coated paper carton

以淋膜纸板为主要材料加工成型的食品包装纸盒。

4.16

面粉纸袋 paper sacks for flour

使用纸袋纸或伸性纸袋纸制造的用于装载面粉的纸袋,纸袋可内衬聚乙烯薄膜袋。

4.17

纸盘 paper plate

以纸质或纸的复合材料制造成型的直接接触食品的盘状纸制品。

4.18

纸桶 paper drum

以纸质或纸的复合材料制造成型的容量较大的桶型状纸制品。

4.19

纸碗 paper bowl

以纸质或纸的复合材料制造成型的直接接触食品的碗状纸制品。

4.20

纸碟 paper dish

以纸质或纸的复合材料制造成型的直接接触食品的碟状纸制品。

5 检验术语

5.1

滤水时间 filtering water time

在纸两面的压差为 1 kPa 条件下,透过直径为 35.7 mm(面积 10 cm^2)的纸样流出 100 mL 水所需的时间。

5.2

透油度　oil permeance

在一定时间、温度和压力下，标准变压器油从单位平方米面积试样渗透出的质量。

5.3

蒸发残渣　evaporation residue

食品包装用纸、纸板及纸制品在使用过程中接触水、醋、酒、油等液体时，可能析出固体化学物质的量。

5.4

高锰酸钾消耗量　consumption of potassium permanganate

食品包装用纸、纸板及纸制品迁移到浸泡液中并能被高锰酸钾氧化的全部物质的总量。

5.5

重金属迁移量　heavy metal migration limit

食品包装用纸、纸板及纸制品在一定使用条件下可能会迁移到食物中的重金属的量，重金属一般指铅、铬、镉、汞等元素。

5.6

荧光性物质　fluorescent substances

一种可吸收紫外线反射荧光提高纸和纸板亮度的化学品。

5.7

脱色试验　decolorization test

食品包装用纸、纸板及纸制品在一定液体介质浸泡或擦拭后产品的脱色情况。

5.8

微生物指标　microbial indicator

评价食品包装用纸、纸板及纸制品被微生物污染程度的指标，包括菌落总数、大肠菌群、致病菌（包括沙门氏菌、志贺氏菌、金黄色葡萄球菌、溶血性链球菌等）、酵母菌和霉菌等。

5.9

致病菌　athogenic bacterium

能引起人类疾病的细菌。常见的致病菌有沙门氏菌、志贺氏菌、病原性大肠埃希氏菌、副溶血性弧菌、肉毒杆菌等。

5.10

大肠菌群　coliforms

一群在 36 ℃条件下培养 48 h 能发酵乳糖、产酸产气的需氧和兼性厌氧革兰氏阴性无芽孢杆菌。

5.11

菌落总数　aerobic plate count

检样经过处理，在一定条件下培养后（如培养基成分、培养温度和时间、pH、需氧性质等），所得 1 mL（或 1 g）检样中形成菌落的总数。

5.12

霉菌　molds

形成分枝菌丝的真菌的统称，常作为纸制品卫生学评价的依据。

5.13

杯身挺度　body stiffness of paper cup

衡量纸杯杯身耐弯曲强度的指标。在杯身一定位置相对的两侧壁沿直径方向以一定相对速度均匀施力，以纸杯侧壁总变形量达到一定时所受的最大力来表示。

5.14

迁移　migration

食品包装用纸、纸板及纸制品中的化学成分向食品的转移。

5.15

残留　residual

在食品包装用纸、纸板及纸制品中存在的、未起到预期作用的剩余添加剂、溶剂或未合成的单体。

中 文 索 引

B

半透明纸 …………………………………… 3.2
杯身挺度……………………………………… 5.13

C

餐盒原纸或纸板…………………………… 3.18
残留…………………………………………… 5.15

D

大肠菌群……………………………………… 5.10

F

防油纸………………………………………… 3.11
非热封型茶叶滤纸 ………………………… 3.5

G

糕点包装纸 ………………………………… 3.7
高锰酸钾消耗量 …………………………… 5.4
固体食品包装纸板………………………… 3.13

J

鸡皮纸 ……………………………………… 3.4
精细过滤纸板……………………………… 3.16
菌落总数……………………………………… 5.11

K

烤盘纸(烤箱纸)…………………………… 3.10

L

冷冻食品外包装原纸或纸板……………… 3.20
淋膜纸杯 …………………………………… 4.7
淋膜纸餐具………………………………… 4.11
淋膜纸袋 …………………………………… 4.3
淋膜纸盒……………………………………… 4.14
滤水时间 …………………………………… 5.1

M

霉菌…………………………………………… 5.12
面粉纸袋……………………………………… 4.16

Q

迁移…………………………………………… 5.14

R

热封型茶叶滤纸 …………………………… 3.6

S

食品包装用玻璃纸 ………………………… 3.1
食品包装用羊皮纸 ………………………… 3.3
食品包装用纸 ……………………………… 2.1
食品包装用纸板 …………………………… 2.2
食品包装用纸制品 ………………………… 2.3
食品托盘纸 ………………………………… 3.9

T

糖果包装纸 ………………………………… 3.8
透油度 ……………………………………… 5.2
涂蜡纸杯 …………………………………… 4.8
涂蜡纸袋 …………………………………… 4.4
脱色试验 …………………………………… 5.7

W

微生物指标 ………………………………… 5.8

Y

液体包装用纸板…………………………… 3.14
荧光性物质 ………………………………… 5.6
育果袋纸……………………………………… 3.12

Z

蒸发残渣 …………………………………… 5.3
支撑过滤纸板……………………………… 3.15
纸板餐具……………………………………… 4.10
纸板纸盒……………………………………… 4.14
纸杯 ………………………………………… 4.6
纸杯原纸……………………………………… 3.17
纸餐具 ……………………………………… 4.9
纸袋 ………………………………………… 4.1
纸碟…………………………………………… 4.20

纸罐 ………………………………………………… 4.5
纸盒……………………………………………………… 4.13
纸浆模塑餐具………………………………………… 4.12
纸盘……………………………………………………… 4.17
纸桶……………………………………………………… 4.18
纸碗……………………………………………………… 4.19
纸质袋 ……………………………………………… 4.2
致病菌 ……………………………………………… 5.9
重金属迁移量 ……………………………………… 5.5

英 文 索 引

A

aerobic plate count ········ 5.11
athogenic bacterium ········ 5.9

B

base paper or board for the packaging of rozen and deep-frozen foods ········ 3.20
base paper or board for the protection of frozen and deep-frozen foods ········ 3.19
body stiffness of paper cup ········ 5.13

C

cake wrapping paper ········ 3.7
candy packaging paper ········ 3.8
cardboard carton ········ 4.14
cardboard dishware ········ 4.10
carton ········ 4.13
carton base paper ········ 3.17
cartridge paper ········ 3.4
cellophane used for food packaging ········ 3.1
coarse filtration board ········ 3.15
coated paper bag ········ 4.3
coated paper carton ········ 4.15
coated paper cup ········ 4.7
coated paper dishware ········ 4.11
coliforms ········ 5.10
consumption of potassium permanganate ········ 5.4

D

decolorization test ········ 5.7

E

evaporation residue ········ 5.3

F

filtering water time ········ 5.1
fine filtration board ········ 3.16
fluorescent substances ········ 5.6
foodbox base paper or board ········ 3.18
fruit cultivating bag paper ········ 3.12

G

greaseproof paper ···································· 3.11

H

heavy metal migration limit ···································· 5.5

L

liquid packaging base card board ···································· 3.14

M

microbial indicator ···································· 5.8
migration ···································· 5.14
molds ···································· 5.12

O

oil permeance ···································· 5.2
oven paper ···································· 3.10

P

paper bag ···································· 4.1
paper based bag ···································· 4.2
paper bowl ···································· 4.19
paper can ···································· 4.5
paper cup ···································· 4.6
paper dish ···································· 4.20
paper drum ···································· 4.18
paper of glassine ···································· 3.2
paper plate ···································· 4.17
paper product used for food packaging ···································· 2.3
paper sacks for flour ···································· 4.16
paper used for food packaging ···································· 2.1
paper-made dishware ···································· 4.9
paperboard used for food packaging ···································· 2.2
parchment used of food packaging ···································· 3.3
pulp molding dishware ···································· 4.12

R

residual ···································· 5.15

S

solid food packing paperboard ···································· 3.13

T

tea bag paper of heat seal type ······ 3.6
tea bag paper of non heat seal type ······ 3.5
tray paper for food ······ 3.9

W

waxed paper bag ······ 4.4
waxed paper cup ······ 4.7

ICS 85.080
Y 33

中华人民共和国国家标准

GB/T 28120—2011

面粉纸袋

Paper sacks for flour

2011-12-30 发布　　2012-08-01 实施

中华人民共和国国家质量监督检验检疫总局
中国国家标准化管理委员会　发布

前　言

本标准按照 GB/T 1.1—2009 给出的规则起草。

本标准由中国轻工业联合会提出。

本标准由全国食品直接接触材料及制品标准化技术委员会纸制品分技术委员会(SAC/TC 397/SC 3)归口。

本标准起草单位:中华人民共和国广东出入境检验检疫局、深圳中艺星实业有限公司、王子包装(上海)有限公司、中国制浆造纸研究院。

本标准主要起草人:周颖红、项署临、钟邦奇、孙义柱、席湘君。

面 粉 纸 袋

1 范围

本标准规定了面粉纸袋的分类、规格、标记、技术要求、试验方法、检验规则、标志、包装、运输和贮存。

本标准适用于装载质量不超过 25 kg 的各种规格的面粉纸袋，也可适用于相对密度与面粉相近的粉状食品和食品添加剂等包装用纸袋。

2 规范性引用文件

下列文件对于本文件的应用是必不可少的。凡是注日期的引用文件，仅注日期的版本适用于本文件。凡是不注日期的引用文件，其最新版本(包括所有的修改单)适用于本文件。

GB/T 191 包装储运图示标志

GB/T 2828.1 计数抽样检验程序 第1部分：按接收质量限(AQL)检索的逐批检验抽样计划

GB/T 4857.5 包装 运输包装件 跌落试验方法

GB/T 5009.60 食品包装用聚乙烯、聚苯乙烯、聚丙烯成型品卫生标准的分析方法

GB/T 5009.78 食品包装用原纸卫生标准的分析方法

GB 9685 食品容器、包装材料用添加剂使用卫生标准

GB 9687 食品包装用聚乙烯成型品卫生标准

GB/T 10739 纸、纸板和纸浆试样处理和试验的标准大气条件

GB 11680 食品包装用原纸卫生标准

GB/T 16491 电子式万能试验机

3 分类、规格和标记

3.1 分类

面粉纸袋按装载质量不同分为大、小包装两类。大包装的袋型采用六角形底平边糊合开口袋、翻转底褶边糊合开口袋、双翻转底褶边补强纸糊合开口袋或六角形端部平边糊合阀口袋；小包装的袋型采用矩形底褶边糊合开口袋。也可按订货合同采用其他袋型。大包装和小包装的袋型如下。

3.1.1 六角形底平边糊合开口袋

六角形底平边糊合开口袋袋身两侧为平边，底面粘合成平面六边形，其典型袋型示意图如图1所示。一般由三层纸袋纸或伸性纸袋纸制造，采用梯形粘接法，每层独立粘接，层与层之间则采用点糊粘在一起。

3.1.2 翻转底褶边糊合开口袋

翻转底褶边糊合开口袋袋身两侧有褶边，袋筒两端以阶梯形切法分切，底面以热熔胶将底部翻转粘合，口部涂有热熔胶，其典型袋型示意图如图2所示。一般由三层纸袋纸或伸性纸袋纸制造，采用梯形粘接法，每层独立粘接，层与层之间则采用点糊粘在一起。

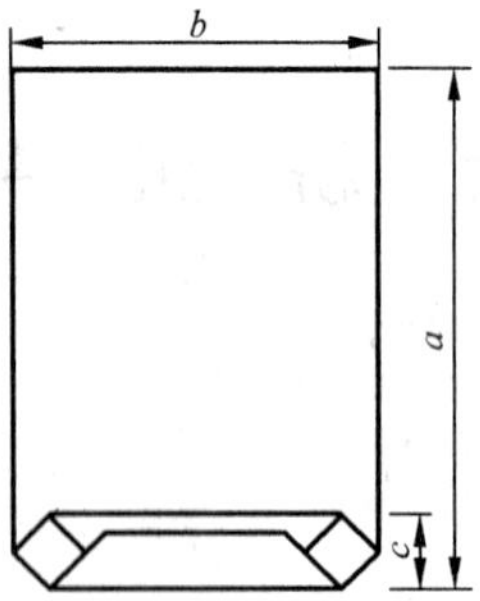

a——纸袋长度；
b——纸袋宽度；
c——纸袋糊底宽度。

图 1　六角形底平边糊合开口袋

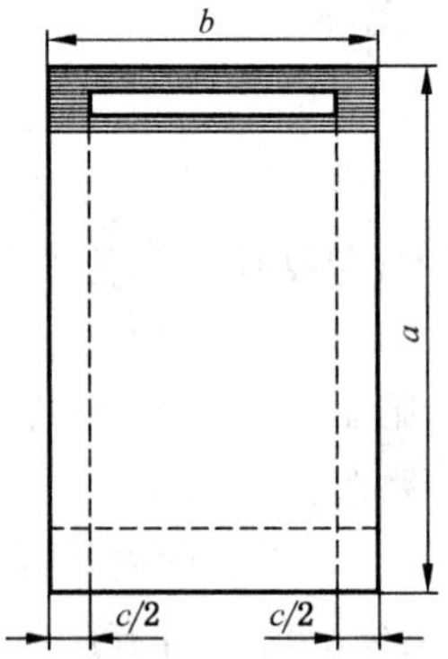

a——纸袋长度；
b——纸袋宽度；
c——底部宽度(折边宽度)。

图 2　翻转底褶边糊合开口袋

3.1.3　双翻转底褶边补强纸糊合开口袋

双翻转底褶边补强纸糊合开口袋袋身两侧有褶边，底面是将底部翻起折两折后，用开通贴的补强纸糊合，其典型袋型示意图如图 3 所示。一般由三层纸袋纸或伸性纸袋纸、一层(内层)聚乙烯(PE)薄膜制造，采用梯形粘接法，每层独立粘接，层与层之间则采用点糊粘在一起，PE 薄膜袋由机械在生产纸袋的同时插入，与纸袋之间采用点糊粘在一起。

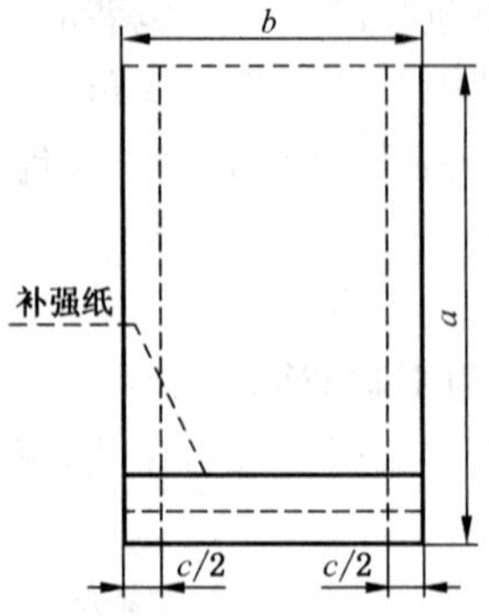

a——纸袋长度；
b——纸袋宽度；
c——底部宽度(折边宽度)。

图 3　双翻转底褶边补强纸糊合开口袋

3.1.4 六角形端部平边糊合阀口袋

六角形端部平边糊合阀口袋袋身两侧为平边，经折叠成型，两端面粘合成平面六边形，其中一端配备阀口，其典型袋型示意图如图4所示。一般由三层纸袋纸或伸性纸袋纸制造，采用梯形粘接法，每层独立粘接，层与层之间则采用点糊粘在一起。

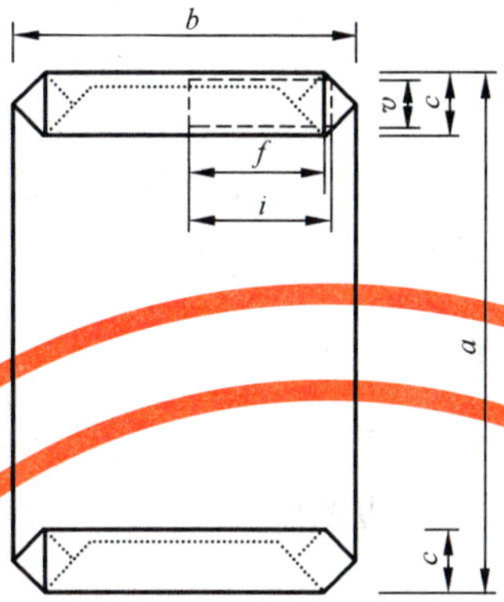

a——纸袋长度；
b——纸袋宽度；
c——纸袋糊底宽度；
v——阀口宽度；
i——阀口长度；
f——阀口嵌入长度。

图4 六角形端部平边糊合阀口袋

3.1.5 矩形底褶边糊合开口袋

矩形底褶边糊合开口袋袋身两侧有褶边，经折叠成型、糊合使一端封闭并呈矩形底的褶边袋（通常称作自开启型），其典型袋型示意图如图5所示。一般由单层纸袋纸制成，开启后可直立放置，便于装填。

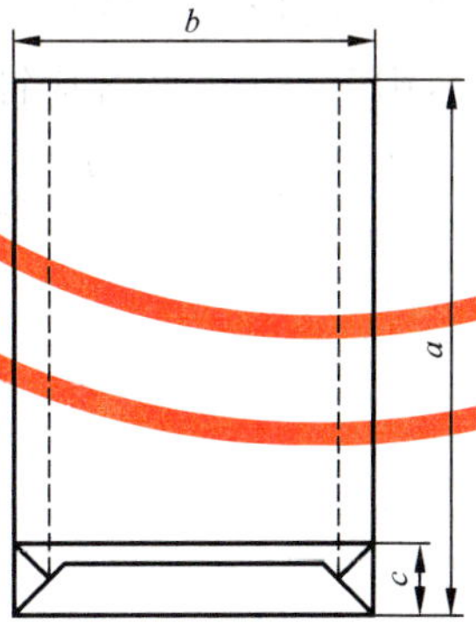

a——纸袋有效长度；
b——纸袋宽度；
c——纸袋底部宽度(折边宽度)。

图5 矩形底褶边糊合开口袋

3.2 规格

面粉纸袋大包装有25 kg、20 kg、15 kg和10 kg四种，小包装有1 kg、1.5 kg、2 kg、5 kg四种，其基本尺寸参见附录A。其他规格可按订货合同规定。

3.3 标记

3.3.1 六角形底平边糊合开口袋

六角形底平边糊合开口袋代号为 H-$a \times b \times c$。H 代表六角形糊底纸袋，a 代表纸袋长度，b 代表纸袋宽度，c 代表纸袋糊底宽度。

3.3.2 翻转底褶边糊合开口袋

翻转底褶边糊合开口袋代号为 T-$a \times b \times c$。T 代表翻转底褶边糊底纸袋，a 代表纸袋长度，b 代表纸袋宽度，c 代表底部宽度(也是折边宽度)。

3.3.3 双翻转底褶边补强纸糊合开口袋

双翻转底褶边补强纸糊合开口袋代号为 D-$a \times b \times c$。D 代表双翻转底褶边糊底纸袋，a 代表纸袋长度，b 代表纸袋宽度，c 代表底部宽度(也是折边宽度)。

3.3.4 六角形端部平边糊合阀口袋

六角形端部平边糊合阀口袋代号为 V-$a \times b \times c$。V 代表阀口纸袋，a 代表纸袋长度，b 代表纸袋宽度，c 代表纸袋糊底宽度。

3.3.5 矩形底褶边糊合开口袋

矩形底褶边糊合开口袋代号为 R-$a \times b \times c$。R 代表矩形底纸袋，a 代表纸袋有效长度，b 代表纸袋宽度，c 代表纸袋底部宽度(也是折边宽度)。

4 技术要求

4.1 材料

4.1.1 制作面粉纸袋的原纸不应含有回收再生纤维，其卫生指标应符合 GB 11680 的规定。

4.1.2 面粉纸袋若内衬聚乙烯(PE)薄膜，则薄膜卫生指标应符合 GB 9687 的规定。

4.1.3 制作面粉纸袋所用粘合材料应符合 GB 9685 的规定。

4.1.4 面粉纸袋印刷所用油墨应符合 GB 9685 的规定。

4.2 面粉纸袋

4.2.1 尺寸偏差

面粉纸袋尺寸偏差应符合表 1 的规定。

表 1 纸袋尺寸偏差

项目	代号	大包装偏差 mm	小包装偏差 mm
纸袋长度	a	±10	±5
纸袋宽度	b	±5	±2
纸袋底部宽度/折边宽度	c	±5	±2

表 1（续）

项目	代号	大包装偏差 mm	小包装偏差 mm
阀口宽度	v	$^{+5}_{0}$	—
阀口长度	i	±5	—
阀口嵌入长度	f	±5	—

4.2.2 外观

面粉纸袋外观应平整、无裂口、无脱胶、无粘膛、印刷清晰、完整。

4.2.3 物理性能

4.2.3.1 成型袋的拉伸性能指标应符合表 2 规定。

表 2 面粉纸袋的拉伸性能

纸袋的规格	拉伸负荷 N/50 mm ≥				
	纵向	横向	粘合向	折边向	糊底向
1 kg	200	100	100	80	160
1.5 kg	206	103	103	83	165
2 kg	213	106	106	85	170
5 kg	250	125	125	100	200
10 kg	313	156	156	125	250
15 kg	375	188	188	150	300
20 kg	438	219	219	175	350
25 kg	500	250	250	200	400

4.2.3.2 牢固度：任取 3 个样袋进行跌落试验均应合格。

4.2.4 卫生指标

面粉纸袋的卫生指标应符合 GB 11680 的规定。面粉纸袋若内衬聚乙烯(PE)薄膜袋，则其卫生指标还应符合 GB 9687 的规定。

5 试验方法

5.1 试样处理和试验的标准大气条件

试样按 GB/T 10739 进行温湿处理，试验的标准大气条件按 GB/T 10739 的规定进行。

5.2 尺寸偏差

将袋摊平，用最小分度值为 1 mm 的钢直尺测量长度、宽度、折边宽或底部宽度。测量应在袋的中间和离边 100 mm 处各量 3 处，直尺应与袋边平行，以最大偏差作为测试结果。

5.3 外观质量

外观质量采用目测检验。

5.4 拉伸性能

5.4.1 试验设备：符合 GB/T 16491 规定的电子式万能试验机，精度 1 级。

5.4.2 试样的制备：任取 3 个样袋(小包装 6 个)，经恒温恒湿处理后，每个样袋分别沿纵向、横向、粘合向、折边向、糊底向(见图 6 所示)裁切 50 mm×300 mm 的试样各两片(小包装各 1 片，试样尺寸为 50 mm×120 mm)。

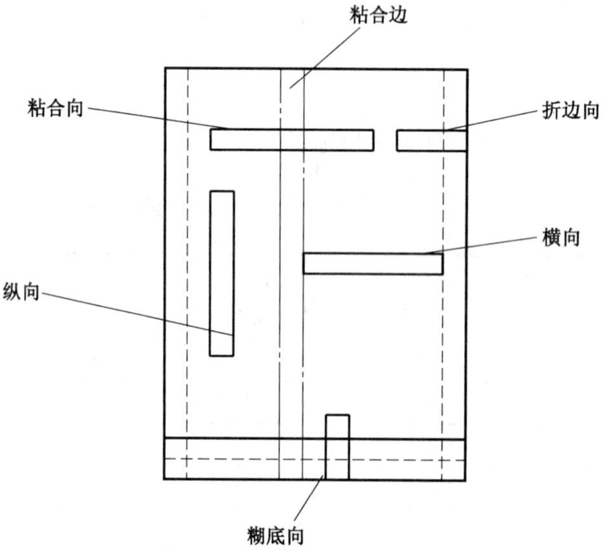

图 6 试样采取部位示意图

5.4.3 试验步骤：将上述试样在试验夹具上夹紧。试样纵轴与上下夹具中心连线重合，夹具间距为 200 mm(小包装为 100 mm)，拉伸速度为 50 mm/min(小包装单层试样为 20 mm/min)，记录拉断力，以各方向 6 片试样拉断力的算术平均值为各向的拉伸强度，精确至 1 N。

5.5 牢固度

5.5.1 任取 3 个样袋，经恒温恒湿处理后，按规定质量盛装拟装物或与其物理性质相似的替代物，按实际使用的形式封口，或采用比实际使用更严实的封口方式封口后进行垂直冲击跌落试验。

5.5.2 试验方法按 GB/T 4857.5 的规定进行。

5.5.3 跌落高度：大包装为 1.2 m，小包装为 0.8 m。

5.5.4 大包装跌落顺序为：第一条样袋：底面—正面—侧面各跌落一次；第二条样袋：正面—侧面—底面各跌落一次；第三条样袋：侧面—底面—正面各跌落一次。小包装：每条样袋，底向下，垂直跌落 3 次。

5.5.5 试验合格判定准则：样袋均不破包，内装物均无撒漏。

5.6 卫生指标

面粉纸袋的卫生指标测试按 GB/T 5009.78 的规定进行，内衬的聚乙烯(PE)薄膜袋的卫生指标测试按 GB/T 5009.60 的规定进行。

6 检验规则

6.1 检验批

同一品种、同一规格、同一次交货为一批。每批不超过10万条。

6.2 抽样数量

外观质量检验抽样数量按照GB/T 2828.1规定进行，样本单位为条，采用正常检验一次抽样方案，特殊检验水平S-2，接收质量限AQL=6.5(见表3)；尺寸偏差、物理性能和卫生指标检验抽样数量见表4。

表3 外观质量检验抽样数量

批量 条	抽样数	合格判定 Ac	不合格判定 Re
小于25	2	0	1
26～150	3	0	1
151～1 200	5	1	2
1 201～35 000	8	1	2
大于35 000	13	2	3

表4 尺寸偏差、物理性能和卫生指标检验抽样数量

检验项目	抽样数量 条
尺寸偏差、拉伸性能	3(大包装)/6(小包装)
牢固度	3
卫生指标	3

6.3 抽样方法

外观检验样品从同一检验批的产品中随机抽取，尺寸偏差、物理性能和卫生指标检验样品从外观检验合格的产品中抽取。

6.4 判定准则

6.4.1 外观检验中发现的不合格品数小于或等于合格判定数Ac，则该批是合格的；如果发现的不合格品数大于或等于不合格判定数Re，则该批是不合格的。

6.4.2 尺寸偏差和物理性能检验，结果符合表1和4.2.3的要求时，判为批合格，否则判为批不合格。

6.4.3 卫生指标检验，结果符合4.2.4的要求时，判为批合格，否则判为批不合格。

6.5 仲裁

需方有权按本标准或合同检验产品，检验时应先检查外部包装，然后从中取样进行检验。若对产品质量有异义，应在到货后一个月内(或订货合同规定)通知供方共同取样复验，或委托共同商定的检验部

门进行仲裁;复验结果或仲裁结果如仍不合格,则判为批不合格,由供方负责处理;如合格,则判为批合格,由需方负责处理。

7 标志、包装、运输和贮存

7.1 面粉纸袋应标明制袋企业名称、地址、纸袋生产日期和纸袋适装面粉质量。

7.2 面粉纸袋以100、150或200条为一捆,每捆用包装纸或塑料薄膜密实包裹防止污染。或以1 500条~2 500条为一托盘,每托盘用塑料薄膜密实包裹防止污染。

7.3 面粉纸袋外包装内(外)应带有证明产品合格的文件、标签或其他标记。

7.4 面粉纸袋运输时应避免日晒、雨淋和接触尖锐物件,其标志方法按GB/T 191的规定进行。

7.5 面粉纸袋应贮存在清洁、卫生、干燥、阴凉的库房内,远离热源和污染源。严禁与有毒有害物品同仓混放。

7.6 面粉纸袋的贮存期一般应不超过6个月,超过6个月时,应重新进行检验,检验合格后方可继续使用。

附 录 A
（资料性附录）
面粉纸袋的基本尺寸

A.1 导言

本附录规定了糊合开口纸袋和糊合阀口纸袋的基本尺寸，适用于25 kg、20 kg、15 kg、10 kg、5 kg、2 kg、1.5 kg和1 kg面粉纸袋。

A.2 六角形底平边糊合开口袋的基本尺寸

六角形底平边糊合开口袋的基本尺寸如表A.1所示。

表A.1 六角形底平边糊合开口袋的基本尺寸

单位为毫米

纸袋规格	规格尺寸		
	袋长度 a	袋宽度 b	底宽度 c
10 kg	680	460	95
15 kg	760	530	110
20 kg	840	580	120
25 kg	890	630	130

A.3 翻转底褶边糊合开口袋的基本尺寸

翻转底褶边糊合开口袋的基本尺寸如表A.2所示。

表A.2 翻转底褶边糊合开口袋的基本尺寸

单位为毫米

纸袋规格	规格尺寸		
	袋长度 a	袋宽度 b	底宽度(也是折边宽度) c
10 kg	700	400	100
15 kg	790	460	115
20 kg	880	500	125
25 kg	920	550	140

A.4 双翻转底褶边补强纸糊合开口袋的基本尺寸

双翻转底褶边补强纸糊合开口袋的基本尺寸如表A.3所示。

表 A.3 双翻转底褶边补强纸糊合开口袋的基本尺寸

单位为毫米

纸袋规格	规格尺寸		
	袋长度 a	袋宽度 b	底宽度(也是折边宽度) c
10 kg	720	420	90
15 kg	790	490	105
20 kg	870	540	115
25 kg	920	590	125

A.5 六角形端部平边糊合阀口袋的基本尺寸

六角形端部平边糊合阀口袋的基本尺寸如表 A.4 所示。

表 A.4 六角形端部平边糊合阀口袋的基本尺寸

单位为毫米

纸袋规格	规格尺寸					
	袋长度 a	袋宽度 b	底宽度 c	阀口宽度 v	阀口长度 i	阀口内嵌长度 f
10 kg	500	460	120	90	40～150	100～150
15 kg	590	510	135	90	40～150	100～150
20 kg	640	570	145	100	40～150	100～150
25 kg	710	600	155	100	40～150	100～150
注：阀口的宽度、长度和内嵌长度根据罐装机的要求而定。						

A.6 矩形底褶边糊合开口袋的基本尺寸

矩形底褶边糊合开口袋的基本尺寸如表 A.5 所示。

表 A.5 矩形底褶边糊合开口袋的基本尺寸

单位为毫米

纸袋规格	规格尺寸		
	袋长度 a	袋宽度 b	底宽度(也是折边宽度) c
1 kg	320	120	75
1.5 kg	370	130	80
2 kg	400	150	85
5 kg	560	200	110

ICS 85.060
Y 32

中华人民共和国国家标准

GB/T 28121—2011

非热封型茶叶滤纸

Tea bag paper of non heat seal type

2011-12-30 发布　　　　2012-08-01 实施

中华人民共和国国家质量监督检验检疫总局
中国国家标准化管理委员会　发布

前言

本标准按照 GB/T 1.1—2009 给出的规则起草。

本标准由中国轻工业联合会提出。

本标准由全国食品直接接触材料及制品标准化技术委员会(SAC/TC 397)归口。

本标准起草单位:杭州新华纸业有限公司、浙江凯恩特种材料股份有限公司、浙江普瑞克特种纸业有限公司、中国制浆造纸研究院。

本标准主要起草人:姚亚金、何晓华、杨祥建、计皓、李大方、周振宇、毛香琴、骆意。

非热封型茶叶滤纸

1 范围

本标准规定了非热封型茶叶滤纸的产品分类、技术要求、试验方法、检验规则及标志、包装、运输、贮存。

本标准适用于非热封型茶叶自动包装机用的滤纸，也适用于手工包装茶叶、咖啡、中成药用的滤纸。

2 规范性引用文件

下列文件对于本文件的应用是必不可少的。凡是注日期的引用文件，仅注日期的版本适用于本文件。凡是不注日期的引用文件，其最新版本（包括所有的修改单）适用于本文件。

GB/T 450 纸和纸板 试样的采取及试样纵横向、正反面的测定

GB/T 451.1 纸和纸板尺寸及偏斜度的测定

GB/T 451.2 纸和纸板定量的测定

GB/T 451.3 纸和纸板厚度的测定

GB/T 462 纸、纸板和纸浆 分析试样水分的测定

GB/T 465.2 纸和纸板 浸水后抗张强度的测定

GB/T 2828.1 计数抽样检验程序 第1部分：按接收质量限（AQL）检索的逐批检验抽样计划

GB/T 5009.78 食品包装用原纸卫生标准的分析方法

GB/T 10340 纸和纸板 过滤速度的测定

GB/T 10342 纸张的包装和标志

GB/T 10739 纸、纸板和纸浆试样处理和试验的标准大气条件

GB 11680 食品包装用原纸卫生标准

GB/T 12914 纸和纸板 抗张强度的测定

GB/T 23227 卷烟纸、成形纸、接装纸及具有定向透气带的材料 透气度的测定

GB/T 24996 纸张中脱墨回用纤维的判定

3 产品分类

3.1 非热封型茶叶滤纸为卷筒（盘）纸，卷纸按宽度分为94 mm、103 mm、145 mm三种规格，也可根据订货合同生产其他规格的产品。

3.2 非热封型茶叶滤纸按定量分为Ⅰ型、Ⅱ型。

3.3 卷筒（盘）直径按订货合同规定。

4 技术要求

4.1 非热封型茶叶滤纸的技术指标应符合表1或订货合同的规定。

表 1

指标名称		单位	规定	
			Ⅰ型	Ⅱ型
定量		g/m^2	12.5±1.0	14.5±1.0
厚度 ≥		μm	20	30
抗张强度 ≥	纵向	kN/m	0.55	0.60
	横向		0.20	0.20
湿抗张强度 ≥	纵向	kN/m	0.12	0.12
滤水时间 ≤		s	1.0	1.0
透气度(1 kPa) ≥		$cm^3/(min \cdot cm^2)$	12 000	10 000
交货水分		%	4.0～10.0	
异味		—	合格	
漏茶末		—	合格	
注：在透气度和滤水时间中选择一项进行测定，有一项合格即视为合格。				

4.2 纸张的纤维组织应均匀，纸面应洁净、平整，不应有硬质块、皱褶、洞眼、裂口及较大纤维束等影响使用的纸病。

4.3 卷筒(盘)纸的宽度尺寸偏差应不超过±1 mm。

4.4 卷筒(盘)纸的接头应牢固，每个卷筒(盘)纸的接头应不超过2个，接头应平整，上下层不应粘连，接头处应有明显标记。

4.5 卷筒(盘)纸的切边应整齐，端面应平整、洁净，纸卷应紧实，筒芯不应松动。

4.6 卫生指标应符合 GB 11680 的规定。

4.7 非热封茶叶滤纸生产时不应使用回用纤维。

5 试验方法

5.1 试样的采取按 GB/T 450 进行，试样的处理和试验的标准大气按 GB/T 10739 进行。

5.2 尺寸偏差按 GB/T 451.1 测定。

5.3 定量按 GB/T 451.2 测定。

5.4 厚度按 GB/T 451.3 测定。卷纸宽度大于等于 500 mm 时，取平整样品 1 张，正面向外沿纵向对折成 10 层，沿纸的横向分 5 段进行测定，每段距离约为 80 mm～100 mm；卷纸宽度＜500 mm 时，取平整样品 5 张，正面向外沿纵向对折成 10 层，沿纸的纵向分 5 段进行测定，每段距离约为 50 mm～100 mm。最终结果以单层表示。

5.5 抗张强度按 GB/T 12914 测定，仲裁时按恒速拉伸法测定。

5.6 湿抗张强度按 GB/T 465.2 测定，浸水时间为 30 min，仲裁时按恒速拉伸法测定。

5.7 滤水时间按 GB/T 10340 测定，滤水时间以试样测定值与仪器空白试验值(当不放试样时，100 mL 蒸馏水或去离子水的测定值)之差来表示。

5.8 透气度按 GB/T 23227 测定。

5.9 交货水分按 GB/T 462 测定。

5.10 异味和漏茶末按附录 A 测定。

5.11 卫生指标按 GB/T 5009.78 测定。

5.12 外观质量采用目测检验。

5.13 非热封型茶叶滤纸中是否含有回用纤维按 GB/T 24996 进行测定。

6 检验规则

6.1 以一次交货量为一批,每批应不多于 5 t。

6.2 非热封茶叶滤纸卫生指标中有一项不合格或使用回用纤维生产,则判为批不合格。

6.3 生产方应保证生产的纸张符合本标准规定,每箱(件)纸应附一份产品质量检验合格证。产品交收检验抽样按 GB/T 2828.1 规定进行,样本单位为箱(件)。接收质量限(AQL):抗张强度、异味、漏茶末,AQL=4.0;定量、湿抗张强度、厚度、透气度、滤水时间、交货水分、尺寸偏差、外观质量,AQL=6.5。采用正常检查二次抽样方案,检查水平为 S-2(见表 2)。

表 2

批量/箱(件)	正常检查二次抽样 检查水平 S-2				
	样本量	AQL=4.0		AQL=6.5	
		Ac	Re	Ac	Re
2～150	3	0	1	—	—
	2	—	—	0	1
151～280	3	0	1	—	—
	5	—	—	0	2
	5(10)	—	—	1	2

6.4 可接收性的确定:第一次检验的样品数量应等于该方案给出的第一样本量。如果第一样本中发现的不合格品数小于或等于第一接收数,应认为该批是可接收的。如果第一样本中发现的不合格品数大于或等于第一拒收数,应认为该批是不可接收的。如果第一样本中发现的不合格品数介于第一接收数与第一拒收数之间,应检验由方案给出样本量的第二样本并累计在第一样本和第二样本中发现的不合格品数。如果不合格品累计数小于或等于第二接收数,则判定该批是可接收的;如果不合格品累计数大于或等于第二拒收数,则判定该批是不可接收的。

6.5 需方有权按本标准或订货合同检查产品质量,若对产品质量有异议,应在到货后 3 个月内(或按订货合同规定)通知供方共同取样复验,若不符合本标准或订货合同的规定,则判为批不合格,由供方负责处理;若符合本标准或订货合同的规定,则判为批合格,由需方负责处理。

7 标志、包装、运输、贮存

7.1 产品的标志、包装按 GB/T 10342 或订货合同的规定进行。

7.2 产品运输时,应使用具有防护措施的洁净的运输工具,不应和有异味的物资混装运输。

7.3 产品在搬运过程中应注意轻放,不应抛扔。

7.4 产品应妥善贮存于干燥、清洁、无毒、无异味、无污染的仓库内,货箱应架空,不应与地面直接接触,防止雨、雪、地面湿气及其他有害物质的影响。

7.5 非热封型茶叶滤纸的保质期为 3 年。

附 录 A
(规范性附录)
异味和漏茶末试验方法

A.1 仪器与试剂

A.1.1 切纸刀。

A.1.2 天平,感量为0.01 g。

A.1.3 电炉。

A.1.4 筛分机。

A.1.5 订书机。

A.1.6 瓷质专用品茶杯和品茶碗各4只,150 mL。

A.1.7 烧杯,1 000 mL。

A.1.8 茶叶末:称取100 g干燥无异味的茶叶末,放入筛分机(A.1.4)的180 μm(80目)孔径的圆筛中,筛动1 min,取出圆筛内的茶叶末备用。

A.1.9 蒸馏水或去离子水。

A.2 取样方法

去除卷纸表层10层纸后取样。切取2张试样,试样尺寸为100 mm×150 mm。

A.3 试验方法

A.3.1 将4只瓷质专用品茶杯与4只品茶碗(A.1.6)一一对应放置。

A.3.2 用天平(A.1.2)称取茶叶末(A.1.8)4份,每份质量为(2.0±0.1)g。将其中2份茶叶末分别用非热封型茶叶滤纸试样按照袋泡茶的形式包好[将试样对折成50 mm×150 mm,然后在对边处按同一方向连续折叠2次,每次折叠5 mm,再把折叠边移至纸袋的中心位置,折叠边朝内以长边对折,然后灌入茶叶末,将纸袋开口端折叠10 mm后,用订书机(A.1.5)封口]。袋泡茶的滤水面积应不小于80 mm×110 mm。将2包袋泡茶及两份茶叶末分别放入4只品茶杯中。

A.3.3 在1 000 mL烧杯(A.1.7)中煮沸800 mL蒸馏水或去离子水(A.1.9)。将沸水分别注入4只品茶杯,立即盖上杯盖,浸泡5 min后,将4只品茶杯中的茶叶浸出液分别倒入对应放置的4只品茶碗内。

A.3.4 闻 4 只品茶碗中浸出液的气味，并品尝其滋味，分别进行对比。若袋泡茶浸出液与散装茶叶末浸出液的气味、滋味相同，则异味指标的测定结果为“合格”；若袋泡茶浸出液与散装茶叶末浸出液的气味、滋味不同，则测定结果为“不合格”。

A.3.5 取出 2 个品茶杯中的袋泡茶，观察杯底是否有漏出的茶末，若无茶末，则漏茶末的测定结果为“合格”；若有茶末，则测定结果为“不合格”。

ICS 71.080.99
G 15

中华人民共和国国家标准

GB/T 28122—2011

液晶显示器(LCD)用聚乙烯醇(PVA)膜厚度测定方法

Polyvinyl alcohol(PVA)films for liquid crystal display(LCD)—Determination of thickness

(ISO 4593:1993,Plastics—film and sheeting—determination of thickness by mechanical scanning,NEQ)

2011-12-30 发布 2012-10-01 实施

中华人民共和国国家质量监督检验检疫总局
中国国家标准化管理委员会 发布

前　　言

本标准按照 GB/T 1.1—2009 给出的规则起草。

本标准与 ISO 4593:1993《塑料—薄膜和薄片—机械扫描法厚度的测定》一致性程度为非等效。

本标准由中国石油和化学工业联合会提出。

本标准由全国光学功能薄膜材料标准化技术委员会(SAC/TC 431)归口。

本标准起草单位:中国乐凯胶片集团公司。

本标准主要起草人:孙志英、刘新省、范金龙、章成行。

液晶显示器(LCD)用聚乙烯醇(PVA)膜厚度测定方法

1 范围

本标准规定了液晶显示器(LCD)用聚乙烯醇(PVA)薄膜厚度的测定方法。

本标准适用于用机械测量法对液晶显示器用光学级PVA薄膜厚度的测定,亦适用于包装用PVA膜、假肢用PVA膜及其他一些PVA薄膜产品厚度的测定。

2 规范性引用文件

下列文件对于本文件的应用是必不可少的。凡是注日期的引用文件,仅注日期的版本适用于本文件。凡是不注日期的引用文件,其最新版本(包括所有的修改单)适用于本文件。

GB/T 2918 塑料试样状态调节和试验的标准环境

3 术语和定义

下列术语和定义适用于本文件。

3.1

光学功能薄膜 optical functional films

具有优良光学性能主要用于平板显示器的各种原膜和功能膜。

4 仪器

测量仪为机械式厚度测量仪,应符合下列要求:

a) 厚度测量仪应能达到1 μm精度;

b) 测量仪应有一个表面为平面的下测量面和一个表面为平面或凸面的上测量面,所有测量面应是抛光的;

c) 上下测量面为平面/平面时,每一测量面直径应为2.5 mm～10 mm,两平面不平行度小于5 μm。下测量面应可调节以满足上述要求。测量面对试样施加的负荷应为0.5 N～1.0 N;

d) 上下测量面为凸面/平面时,上测量面的曲率半径应为15 mm～50 mm,下测量面的直径应不小于5 mm,测量面对试样施加的负荷应为0.1 N～0.5 N。

注:测量值的传递输出可以采用机械法(使用千分尺)、光学法(使用镜式仪表)或电学法(电感法)等多种方法。

5 试样

裁切试样尺寸根据样品的状态而定,应符合以下要求:

a) 大轴薄膜,从片尾全宽取样,如需要,可在样品长度方向1 m处取样,试样宽度不小于100 mm。样品共计3条。取样示意图见图1;

b) 分切为小卷的薄膜,在每卷膜的片尾取样,每个试样长度不小于100 mm;单独测量每卷薄膜的厚度时,沿长度方向取不小于1 000 mm作为试样;

c) 散页薄膜，根据需要取一张或数张作为试样，也可在产品标准中另行规定；

d) 样品应无折痕或其他缺陷；

e) 使用锐利裁纸刀或单面刀片进行裁切，同时对裁切膜给予一定的张力，力度大小以裁切时PVA膜表面不产生折皱为宜，以利于薄膜的顺利裁切。

单位为毫米

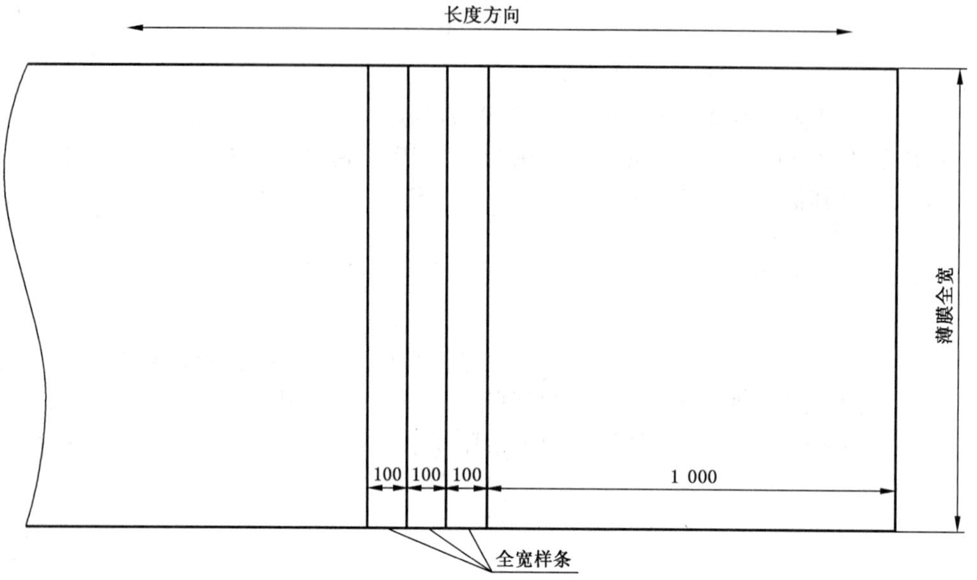

图1 试样裁取示意图

6 试验条件

试验条件如下：

a) 在试样测量前，按照GB/T 2918规定的标准环境状态23 ℃±2 ℃和相对湿度50%±5%下平衡至少2 h；

b) 环境要防尘。仪器不应受强光直射，周围无强磁场、电场干扰，无强气流及腐蚀性气体；

c) 仪器工作台应稳固、平整；

d) 试样和测量仪的各测量面无油污、灰尘等污染；

e) 如有其他需要，按供需双方协商确定。

7 步骤

步骤如下：

a) 调节反光镜，使光线对准入射窗口，同时观察影屏，直至屏面亮度均匀一致；

b) 调节"调零手轮"，使刻线零位与投影屏上的指标线相重合；

c) 抬高测量头，将试样平整地放在测量头和工作台之间；

d) 通过数据读取窗口读出相应测量点厚度值；

e) 依次进行试样不同位置厚度的测量及不同试样的厚度测量；

f) 在每组试样测量后应重新检查其零点；

g) 测量时应平缓放下测头，避免试样变形。

8 结果表示

沿试样长度方向等间距测量下述规定的点厚度并进行最大值、最小值、偏差、平均值统计：

a) 样品宽度小于 300 mm，测量 10 个点；

b) 样品宽度 300 mm～1 500 mm，测量 20 个点；

c) 成轴薄膜距片边和压花边 50 mm 以外测定。

试样测试点示意图见图 2。

单位为毫米

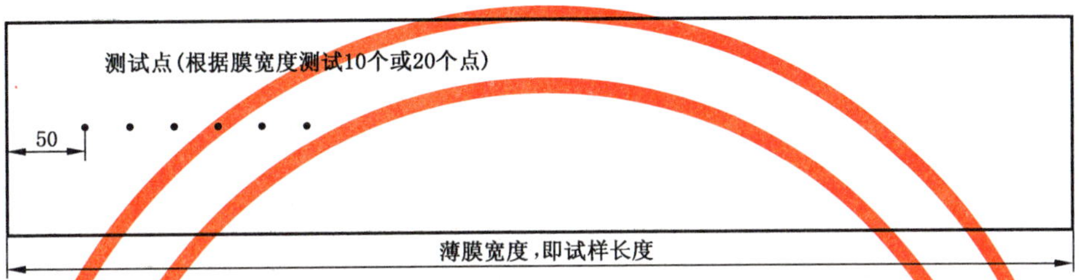

图 2 薄膜测试点示意图

9 试验报告

试验报告应包含以下内容：

a) 本标准号；

b) 识别样品所需要的详细说明；

c) 使用测量表面的形状和施加的力；

d) 试样的长度；

e) 所测试样的数量；

f) 测量试样的平均厚度，该平均厚度为所有测量值的算术平均值，精确至 1 μm(0.001 mm)。如果需要，报告中还应给出每一个测量值；

g) 所测试样的厚度最大值、最小值及厚度极差；

h) 根据需要，报告中给出测量总点数和标准偏差；

i) 试验人员及日期。

ICS 71.100.20
G 86

中华人民共和国国家标准

GB/T 28123—2011

工　业　氦

Industrial helium

2011-12-30 发布　　2012-10-01 实施

中华人民共和国国家质量监督检验检疫总局
中国国家标准化管理委员会　发布

前　言

GB/T 28123—2011《工业氦》与 GB/T 4844—2011《纯氦、高纯氦和超纯氦》共同构成氦气系列国家标准。

本标准按照 GB/T 1.1—2009 给出的规则起草。

本标准由中国石油和化学工业联合会提出。

本标准由全国气体标准化技术委员会(SAC/TC 206)归口。

本标准起草单位：西南油气田分公司成都天然气化工总厂、西南化工研究设计院、上海华爱色谱分析技术有限公司。

本标准主要起草人：付永成、刘泽军、何道善、方华、陈雅丽。

工 业 氦

1 范围

本标准规定了工业氦气的技术要求、试验方法以及产品的包装、标志、贮存与运输。

本标准适用于由深冷法制取及经回收制取的氦气。工业氦气主要用于填充氦飞艇、飞行船、气球以及检漏等。

分子式:He。

相对分子质量:4.002 602(按 2007 年国际相对原子质量)。

2 规范性引用文件

下列文件对于本文件的应用是必不可少的。凡是注日期的引用文件,仅注日期的版本适用于本文件。凡是不注日期的引用文件,其最新版本(包括所有的修改单)适用于本文件。

GB/T 4844—2011 纯氦、高纯氦和超纯氦

GB/T 5832.2 气体中微量水分的测定 第 2 部分:露点法

3 技术要求

工业氦气的技术要求应符合表 1 的规定。

表 1 技术要求

项 目		指 标	
氦气纯度(体积分数)/10^{-2}	≥	97.5	99
总杂质(氖+ 氢、氧+ 氩、氮、甲烷)含量(体积分数)/10^{-2}	≤	2.5	1
水分露点/℃	≤	−50	−50

4 试验方法

4.1 抽样

工业氦气以一个操作班生产的氦气为一批,按批量的 2%随机抽取样品进行检验,抽样数不应少于 2 瓶,最多 5 瓶。当检验结果有任何一项指标不符合本标准要求时,则应在同批产品中重新加倍抽样再行检验,若仍有任何一项指标不符合本标准要求时,则判该批产品不合格。

4.2 氦气纯度

氦气纯度按式(1)计算:

$$\varphi = 100 - \sum \varphi_i \qquad \cdots\cdots(1)$$

式中：

φ——氦气纯度(体积分数)，10^{-2}；

φ_i——氖+氢、氧+氩、氮、甲烷等杂质的含量(体积分数)，10^{-2}。

4.3 水分露点的测定

按 GB/T 5832.2 的规定执行。

允许采用其他方法，但当测定结果有异议时，以 GB/T 5832.2 为仲裁方法。

4.4 氖+氢、氧+氩、氮、甲烷的测定

4.4.1 方法提要

采用气相色谱法测定。被测样品经色谱柱分离后用热导检测器进行检测。采用外标法定量。

4.4.2 仪器、材料

4.4.2.1 仪器

带有热导检测器的气相色谱仪。检测限：0.05×10^{-2}(体积分数)。

4.4.2.2 标准样品

标准样品以氦为底气配制，其中氢、氧、氮、甲烷的含量与待测样品中相应组分的含量相近。

4.4.3 测定条件

4.4.3.1 载气

纯氦(纯度$\geqslant 99.99\times10^{-2}$)，流量约 10 mL/min。

4.4.3.2 色谱柱

不锈钢柱，长约 2 m，内径 2 mm，内装 0.25 mm～0.40 mm 的 13X 或 5A 分子筛；柱温：约 50 ℃。允许采样其他等效色谱柱。

4.4.4 操作步骤

启动：开启载气，调节流量至约 10 mL/min，接通仪器电源，设定仪器操作参数，待仪器工作稳定。

标定：将瓶装标准样品经减压阀和金属取样管与仪器连接。开启瓶阀及减压阀，在经充分置换取样系统取得代表样后，切换六通阀进样。测量并记录各组分的保留时间及色谱峰响应值(峰高或峰面积)。至少重复进样 2 次，其相对偏差不大于 5%时，取其平均值 A_s。

测定：在与标定完全相同的条件下进行。将试样气瓶经减压阀及金属取样管与仪器连接。开启瓶阀及减压阀，在经充分置换取样系统取得代表样后，切换六通阀进样。测量并记录各组分的保留时间及色谱峰响应值(峰高或峰面积)。至少重复进样 2 次，其相对偏差不大于 5%时，取其平均值 A_i。

4.4.5 结果处理

各待测组分含量按式(2)计算：

$$\varphi_i=\frac{\varphi_s}{A_s}\cdot A_i \qquad \cdots\cdots(2)$$

式中：

φ_i——样品气中组分 i 的含量(体积分数)，10^{-2}；

φ_s——标准样品中组分 i 的含量(体积分数),10^{-2};

A_s——标准样品中组分 i 的响应平均值(峰高或峰面积);

A_i——样品气中组分 i 的响应平均值(峰高或封面积);

i ——代表组分氖+氢、氧+氩、氮、甲烷。

5 包装、标志、储存、运输

按 GB/T 4844—2011 第 6 章的规定执行。

ICS 71.040.40
G 86

中华人民共和国国家标准

GB/T 28124—2011

惰性气体中微量氢、氧、甲烷、一氧化碳的测定 气相色谱法

Determination of trace hydrogen, oxygen, methane and carbon monoxide in the inert gases—Gas chromatographic method

2011-12-30 发布 2012-10-01 实施

中华人民共和国国家质量监督检验检疫总局
中国国家标准化管理委员会 发布

前　言

本标准按照 GB/T 1.1—2009 给出的规则起草。

本标准由中国石油和化学工业联合会提出。

本标准由全国气体标准化技术委员会(SAC/TC 206)归口。

本标准起草单位:西南化工研究设计院、上海华爱色谱分析技术有限公司、福州市产品质量检验所。

本标准主要起草人:何道善、方华、李建浩、陈熔、陈雅丽。

惰性气体中微量氢、氧、甲烷、一氧化碳的测定　气相色谱法

1　范围

本标准规定了用氧化锆检测器气相色谱法测定惰性气体中微量氢、氧、甲烷、一氧化碳的测定方法。

本标准适用于氮气、氩气、氦气、氖气、氪气、氙气等惰性气体中微量氢、氧、甲烷和一氧化碳含量的测定。测定范围：$(0\sim20)\times10^{-6}$（体积分数）。

2　规范性引用文件

下列文件对于本文件的应用是必不可少的。凡是注日期的引用文件，仅注日期的版本适用于本文件。凡是不注日期的引用文件，其最新版本（包括所有的修改单）适用于本文件。

GB/T 3723　工业用化学产品采样安全通则

GB/T 6680　液体化工产品采样通则

GB/T 6681　气体化工产品采样通则

3　方法提要

采用氧化锆固体电池作为气相色谱的检测器。样品气中被测组分氢、氧、甲烷、一氧化碳经色谱柱分离后进入检测器，产生相应的色谱响应信号，外标法定量。

4　仪器、材料

4.1　仪器

带有氧化锆检测器的气相色谱仪。检测限：0.05×10^{-6}（体积分数）。

4.2　载气

使用惰性气体作载气。载气中被测组分的含量应比样品气体中待测组分含量低约一个数量级，当不符合该要求时，应使用载气纯化器。

通常，选择载气与试样主成分相同，也可选择不干扰测定的其他气体作载气，例如：分析氮气、氪气、氙气时，可选择氮气或氩气作载气。

4.3　色谱柱

色谱柱长约 3 m、内径 2 mm，不锈钢柱，内装 0.25 mm～0.40 mm 的 13X 分子筛。

允许采用其他等效色谱柱。

4.4　标准样品

标准样品的稀释气与待测试样主成分相同，各组分含量（体积分数）与待测试样相近，通常为

$1\times10^{-6}\sim5\times10^{-6}$。

5 采样

采样中的安全事项应符合 GB/T 3723 的规定。

气体样品的采样原则及一般规定应符合 GB/T 6681 的规定。

液化气体的采样原则及一般规定应符合 GB/T 6680 的规定。

压缩气体、瓶装气体的采样应使用减压针形阀，经金属取样管与仪器取样阀连接，用升/降压方法置换采样系统至少 3 次，取得代表样后，切换取样阀将试样送入仪器。

管道气体的采样，从取样口到仪器间的金属连接管应尽可能短，必要时应在取样口安装防扩散的减压阀或稳压阀。

6 测定步骤

6.1 准备

按照仪器使用说明书启动仪器，根据分析要求设定各项操作参数，直至仪器工作正常。

6.2 标定

将标准样品经金属采样管与仪器连接。开启试样充分吹扫取样系统直至取得代表样后，切换取样阀进样。测量仪器响应值(峰面积或峰高)。重复进样至少 2 次，直至响应值相对偏差小于 5%时取其平均值 A_s。

6.3 确认检测限

6.3.1 在标定条件下测量仪器噪声 N。

6.3.2 按式(1)计算仪器的检测限：

$$D_i=\frac{2N\cdot\varphi_s}{h_s} \qquad \cdots\cdots(1)$$

式中：

D_i——组分 i 的检测限(体积分数)，10^{-6}；

N——标定条件下仪器噪声，单位为毫米(mm)或毫伏(mV)；

φ_s——标准样品中组分 i 的含量(体积分数)，10^{-6}；

h_s——标定条件下标准样品中组分 i 的响应值(峰高)，单位为毫米(mm)或毫伏(mV)。

6.4 测定

在与标定完全相同的条件下相继进行试样的测定。

将样品气经金属取样管与仪器连接。开启试样充分吹扫取样系统直至取得代表样后，切换取样阀向仪器进样。测量仪器响应值(峰面积或峰高)。重复进样至少 2 次，直至响应值相对偏差小于 5%时取其平均值 A_i。

7 结果处理

7.1 组分含量按式(2)计算：

$$\varphi_i = \varphi_s \frac{A_i}{A_s} \quad \cdots\cdots(2)$$

式中：

φ_i ——样品气中组分 i 的含量(体积分数)，10^{-6}；

φ_s ——标准样品中组分 i 的含量(体积分数)，10^{-6}；

A_i——样品中组分 i 的响应平均值(峰面积或峰高)；

A_s——标准样品中组分 i 的响应平均值(峰面积或峰高)。

7.2 以两次平行测定结果的算术平均值作为最终分析结果。两次测定值相对偏差应不大于5%。

8 报告

报告至少应包括下列内容：

——有关样品的全部信息，例如样品的名称、编号、采样点、采样日期和时间等；

——分析结果：以体积分数表示的各测定组分在试样中的含量；

——分析日期；

——分析员姓名和审核者姓名；

——测定条件及测定时观察到的异常及说明；

——不包括在本标准中的其他操作及其说明；

——执行的标准编号。

ICS 71.040.40
G 86

中华人民共和国国家标准

GB/T 28125.1—2011

空分工艺中危险物质的测定 第1部分：碳氢化合物的测定

Determination of hazardous materials in air separation process—Part 1: Determination of hydrocarbons

2011-12-30 发布　　2012-10-01 实施

中华人民共和国国家质量监督检验检疫总局
中国国家标准化管理委员会　发布

前 言

GB/T 28125《空分工艺中危险物质的测定》分为三个部分：

——第1部分：碳氢化合物的测定；

——第2部分：矿物油的测定；

——第3部分：氮氧化物的测定。

本部分为GB/T 28125的第1部分。

本部分按照GB/T 1.1—2009给出的规则起草。

本部分由中国石油和化学工业联合会提出。

本部分由全国气体标准化技术委员会(SAC/TC 206)归口。

本部分起草单位：中国科学院大连化学物理研究所科纳科技开发公司、高麦仪器公司、上海华爱色谱分析技术有限公司、西南化工研究设计院。

本部分主要起草人：王少楠、王贵悦、方华、牛艳东。

空分工艺中危险物质的测定
第1部分：碳氢化合物的测定

1 范围

本部分规定了空气分离工艺中液态氧、液态空气、吸风口空气以及液氧槽罐中碳氢化合物的测定方法。本部分适用于氧气或空气中总碳氢化合物和 $C_1 \sim C_4$ 碳氢化合物的在线监测和离线检测。

本部分测定的 $C_1 \sim C_4$ 碳氢化合物包括：甲烷、乙烷、乙烯、乙炔、丙烷、丙烯、正丁烷、异丁烷、1,3-丁二烯。

本部分推荐测定这些组分但并不局限于这些组分。在具体监测时，应当合理分析空分装置周边环境，增加对空气和氧气中其他可能危及空分安全运行的有机组分的监测。

2 规范性引用文件

下列文件对于本文件的应用是必不可少的。凡是注日期的引用文件，仅注日期的版本适用于本文件。凡是不注日期的引用文件，其最新版本(包括所有的修改单)适用于本文件。

GB/T 3634.2 氢气 第2部分：纯氢、高纯氢和超纯氢

GB/T 3723 工业用化学产品采样安全通则

GB/T 4844 纯氦、高纯氦和超纯氦

GB/T 6681 气体化工产品采样通则

GB/T 8984 气体中一氧化碳、二氧化碳和碳氢化合物的测定 气相色谱法

GB 16912 深度冷冻法生产氧气及相关气体安全技术规程

JB 6898 低温液体贮运设备 使用安全规则

JJG 700 气相色谱仪检定规程

3 方法

3.1 采用配备氦离子化检测器的气相色谱仪，对样品预分离切除处理后测定样品中碳氢化合物的含量。

3.2 采用配备火焰离子化检测器的气相色谱仪，对样品进行预浓缩处理或直接进样测定样品中的总碳氢化合物含量和碳氢化合物的含量。

3.3 当以上方法测定结果存在异议时，碳氢化合物的测定以氦离子化气相色谱法为仲裁方法。

4 仪器

4.1 氦离子化气相色谱仪

采用配备气路自动切割装置的氦离子化气相色谱仪。

4.2 火焰离子化气相色谱仪

4.2.1 采用的火焰离子化气相色谱仪应当符合 JJG 700 的规定。

4.2.2 当仪器对氧中乙炔的检测限大于 0.02×10^{-6}(体积分数)时，应当配备样品预浓缩装置。
4.2.3 直接进样测定时的气路流程参照 GB/T 8984 中的相关内容执行。当需要采用预浓缩装置时，请参照 GB/T 3634.2 中的样品浓缩技术执行。

4.3 检测限

仪器对氧中乙炔的检测限应低于 0.02×10^{-6}(体积分数)。

5 试验方法

5.1 采样

5.1.1 取样点应保证取样的代表性,采样系统的材质不应和碳氢化合物组分发生任何反应。
5.1.2 取样管线、容器以及取样系统的其他气路元件应进行彻底的脱脂去油和清洗处理,以保证取样安全和不污染所取样品。液氧和液态空气的取样防护及安全应按 JB 6898 中的规定执行。取样中的安全事项应符合 GB/T 3723 和 GB 16912 中的规定。
5.1.3 气态样品的采样应符合 GB/T 6681 中的规定。
5.1.4 液氧和液态空气样品应当气化后进样分析。如果在容器内气化,应确保气化后的压力不高于容器的公称压力。所用容器在气化取样时应充分置换。

5.2 测定条件

5.2.1 氦离子化气相色谱法测定条件

5.2.1.1 载气及辅助气

应当使用高纯氦(技术要求应符合 GB/T 4844 的规定)经净化后作为载气,按照仪器说明书的要求选择辅助气。

5.2.1.2 色谱柱

预分离柱(切割柱):长 2.0 m、内径 2 mm 的不锈钢管,内装粒度为 0.18 mm～0.25 mm 的活性炭。通载气在 160 ℃活化 3 h 后备用。允许采用其他等效预分离柱。

分析柱:长 2.4 m、内径 1 mm 的不锈钢管,内装粒度为 0.15 mm～0.18 mm 的 XNS-01 填料。通载气在 70 ℃活化 4 h 后备用。允许采用其他等效分析柱。

5.2.1.3 切割时间程序的设置

应选择适当的切割时间,控制相应阀门的动作,切除样品气中绝大部分的氧(或空气),以避免氧(或空气)色谱信号干扰碳氢化合物的分析。

5.2.1.4 其他条件

气路切割信号以及氧信号应不干扰目标组分的测定。

在选定的试验条件下,Xe、CO_2、COS、N_2O 等组分应不干扰乙炔含量的测定。

其他色谱条件按色谱仪说明书的有关规定执行。

5.2.2 火焰离子化气相色谱法测定条件

5.2.2.1 色谱柱和浓缩柱

色谱柱 1:采用长 2.6 m,内径 1 mm 的不锈钢管,内装粒度为 0.18 mm～0.25 mm 的 XNS-01 型

填料，在 70 ℃用载气活化 4 h；或采用其他等效色谱柱。

色谱柱 2：采用 GB/T 8984 中规定的色谱柱。或采用其他等效色谱柱。

浓缩柱：长 30 cm，内径 4 mm，内装粒度为 0.18 mm～0.25 mm 的变色硅胶的石英柱或不锈钢柱，在 160 ℃通载气活化 2 h。或采用其他等效浓缩柱。

色谱柱 1 用于分析 C_1～C_4 碳氢化合物的含量；色谱柱 2 用于分析总烃的含量；浓缩柱用于在液氮浴中浓缩样品气中的碳氢化合物，在 80 ℃以上的水浴中解吸碳氢化合物类化合物。

5.2.2.2 载气

使用高纯氮气或氩气经脱除碳氢化合物后作为载气，载气中的总烃含量应低于 0.01×10^{-6}（体积分数）。附录 A 给出了一种参考的载气净化方式。

5.2.2.3 浓缩条件的选择

浓缩温度：液氮浴，－195.8 ℃；

解吸条件：80 ℃以上水浴；

浓缩样品的体积：根据仪器检测限和分析任务确定。为确保浓缩操作时的安全性，浓缩样品的体积不应超过 150 mL。

5.2.2.4 其他条件

氧的干扰信号应不影响目标组分的测定。

应调节适当的火焰燃烧条件或改善检测器的气流方式，避免样品气使检测器熄火或形成较大的干扰信号，影响碳氢化合物或总烃含量的分析。

其他色谱条件按色谱仪说明书的有关规定执行。

5.2.3 气体标准样品

建议采用与被测组分含量相近的气体标准样品。当被测组分含量（体积分数）低于 1×10^{-6} 时，建议采用相应组分含量为 1×10^{-6}～5×10^{-6} 的气体标准样品。

当采用氦离子化气相色谱仪时，推荐采用平衡气为氧气的标准样品；当采用火焰离子化气相色谱仪时，可以采用平衡气为氩气或氮气的标准样品。

5.3 测定步骤

5.3.1 开机

按照仪器说明书规定开机并设定仪器的各项参数，通过色谱工作站或其他二次仪表观察色谱仪是否处于稳定的工作状态。

5.3.2 尾气排放与处理

仪器的排放气应进行妥善处理。

5.3.3 测量

当仪器稳定后，分别完成标准样品和待测样品的进样分析。进样分析时应在平行条件进行，直接进样时，直至相邻两次进样后色谱信号的峰面积的相对偏差小于 10%；浓缩进样时，直至相邻两次进样后色谱信号的峰面积的相对偏差小于 20%。

当采用浓缩技术进样时，应当在分析样品前考核系统的可靠性（如色谱峰峰形、回收率等）并测定系统的空白值。

5.3.4 停机

按照仪器说明书的规定执行。

6 定量重复性

定量重复性参照 JJG 700 执行。

7 结果处理

采用色谱峰面积作为定量计算基础，采用外标法计算样品中目标组分的含量；当半峰宽不变时，可以采用峰高定量。

当采用浓缩法进样时，参照 GB/T 3634.2 的相关规定进行结果处理。

8 报告

报告应包括下列内容：

——测定日期、环境温度、大气压；

——样品名称、取样方案、采样地点、样品编号、取样分析周期；

——成套仪器的各项参数；

——测定结果；

——本标准中未包括的但影响分析结果的其他内容；

——分析员和审核员姓名。

附 录 A
（资料性附录）
火焰离子化法载气净化

A.1 原理

有多种载气净化的方式。图 A.1 的方式是采用两级净化的原理来脱除载气中的烃类组分。在第一级净化管中填满 0.18 mm～0.25 mm 的 OC-2 催化剂，在第二级净化管中填满 0.18 mm～0.25 mm 的 5A 分子筛。两级净化管均设置有升温和控温装置。在 200 ℃下，载气通过第一级净化管时，载气中的烃类组分在 OC-2 催化剂的作用下转化为二氧化碳和水。在室温条件下，第二级净化管吸附载气中的二氧化碳和水。

A.2 净化流程示意图

参考的载气净化流程示意图参见图 A.1。

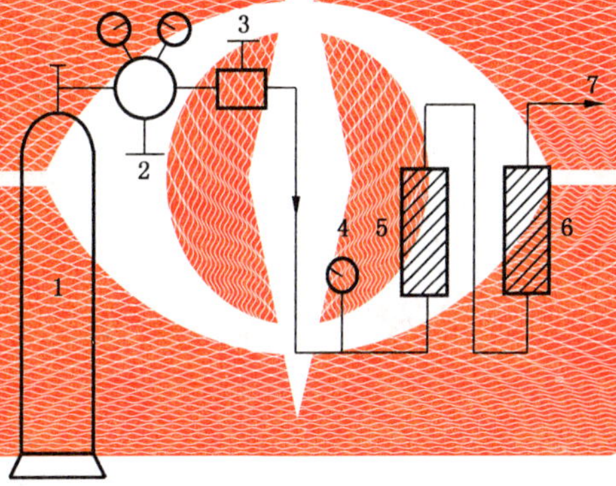

说明：

1——载气钢瓶；

2——钢瓶减压器；

3——稳压阀；

4——压力表；

5——OC-2 催化剂管；

6——5A 分子筛管；

7——净化器出口，接色谱仪载气入口。

图 A.1 参考的载气净化流程示意图

ICS 65.100.10
G 25

中华人民共和国国家标准

GB 28126—2011

吡 虫 啉 原 药

Imidacloprid technical material

2011-12-30 发布

2012-04-15 实施

中华人民共和国国家质量监督检验检疫总局
中 国 国 家 标 准 化 管 理 委 员 会 发布

前言

本标准的第 3 章、第 5 章是强制性的，其余是推荐性的。

本标准按照 GB/T 1.1—2009 给出的规则起草。

本标准使用重新起草法修改采用 FAO specification 582/TC(May 2006)《吡虫啉原药》(Imidacloprid technical material)。

本标准与 FAO specification 582/TC(May 2006)《吡虫啉原药》(Imidacloprid technical material)的主要技术差异及原因如下：

——本标准增加了对干燥减量、pH 值范围、二甲基甲酰胺不溶物的控制，指标项目更加全面，FAO 规格未控制这三项指标。

请注意本文件的某些内容可能涉及专利。本文件的发布机构不承担识别这些专利的责任。

本标准由中国石油和化学工业协会提出。

本标准由全国农药标准化技术委员会(SAC/TC 133)归口。

本标准负责起草单位：沈阳化工研究院有限公司。

本标准参加起草单位：江苏长青农化股份有限公司、南京红太阳股份有限公司，浙江海正化工股份有限公司、江苏克胜集团股份有限公司、青岛海利尔药业有限公司。

本标准主要起草人：侯春青、昝艳坤、吕良忠、刘奎涛、王天胜、王春玲、吉瑞香、李学臣。

吡 虫 啉 原 药

1 范围

本标准规定了吡虫啉原药的要求、试验方法以及标志、标签、包装、贮运及验收期。

本标准适用于由吡虫啉及其生产中产生的杂质组成的吡虫啉原药。

注：吡虫啉的其他名称、结构式和基本物化参数参见附录A。

2 规范性引用文件

下列文件对于本文件的应用是必不可少的。凡是注日期的引用文件，仅注日期的版本适用于本文件。凡是不注日期的引用文件，其最新版本（包括所有的修改单）适用于本文件。

GB/T 1601 农药pH值的测定方法

GB/T 1604 商品农药验收规则

GB/T 1605—2001 商品农药采样方法

GB 3796 农药包装通则

3 要求

3.1 外观

白色至浅褐色固体粉末，无可见外来杂质。

3.2 技术指标

吡虫啉原药还应符合表1要求。

表1 吡虫啉原药控制项目指标

项目		指标
吡虫啉质量分数/%	≥	97.0
干燥减量/%	≤	0.5
pH值范围		5.0～8.0
二甲基甲酰胺不溶物质量分数[a]/%	≤	0.2

[a] 正常生产时，二甲基甲酰胺不溶物质量分数每三个月至少测定一次。

4 试验方法

4.1 抽样

按GB/T 1605—2001中"商品原药采样"方法进行。用随机数表法确定抽样的包装件；最终抽样量应不少于100 g。

4.2 鉴别试验

液相色谱法——本鉴别试验可与吡虫啉质量分数的测定同时进行。在相同的色谱操作条件下，试样溶液中主色谱峰的保留时间与标样溶液中吡虫啉的色谱峰的保留时间，其相对差值应在1.5%以内。

红外光谱法——试样与吡虫啉标样在4 000 cm^{-1}～400 cm^{-1}范围的红外吸收光谱图应没有明显区别。吡虫啉标样红外光谱图见图1。

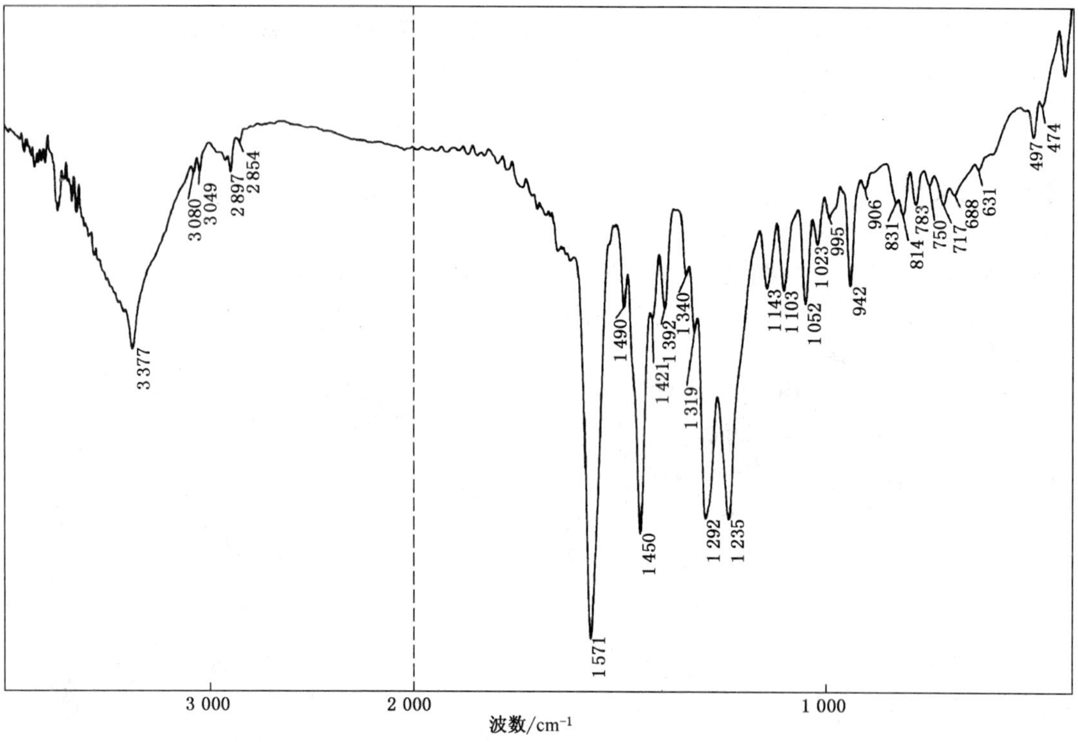

图1 吡虫啉标样的红外光谱图

4.3 吡虫啉质量分数的测定

4.3.1 方法提要

试样用流动相溶解，以甲醇＋水为流动相，使用以C_{18}为填料的不锈钢柱和紫外检测器在波长260 nm下，对试样中的吡虫啉进行反相高效液相色谱分离和测定，外标法定量。

4.3.2 试剂和溶液

甲醇：色谱级；

水：新蒸二次蒸馏水；

吡虫啉标样：已知质量分数$w \geq 99.0\%$。

4.3.3 仪器

高效液相色谱仪：具有可变波长紫外检测器；

色谱数据处理机或色谱工作站；

色谱柱：250 mm×4.6 mm(i.d.)不锈钢柱，内装C_{18}、5 μm填充物；

过滤器：滤膜孔径约0.45 μm；

微量进样器：50 μL；

定量进样管：5 μL；

超声波清洗器。

4.3.4 高效液相色谱操作条件

流动相：Ψ(甲醇∶水)=40∶60，经滤膜过滤，并进行脱气；

流速：0.8 mL/min；

柱温：室温(温差变化应不大于 2 ℃)；

检测波长：260 nm；

进样体积：5 μL；

保留时间：吡虫啉 6.0 min。

上述操作参数是典型的，可根据不同仪器特点，对给定的操作参数作适当调整，以期获得最佳效果。典型的吡虫啉原药高效液相色谱图见图 2。

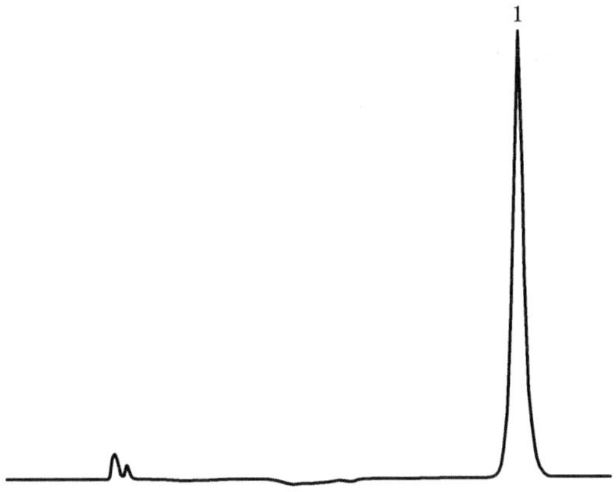

1——吡虫啉。

图 2 吡虫啉原药的高效液相色谱图

4.3.5 测定步骤

4.3.5.1 标样溶液的制备

称取 0.1 g(精确至 0.000 2 g)吡虫啉标样于 100 mL 容量瓶中，用甲醇溶解并稀释至刻度，超声波振荡 5 min 使试样溶解，冷却至室温，摇匀。用移液管移取上述溶液 5 mL 于 50 mL 容量瓶中，用流动相稀释至刻度，摇匀。

4.3.5.2 试样溶液的制备

称取含吡虫啉 0.1 g(精确至 0.000 2 g)的试样于 100 mL 容量瓶中，用甲醇溶解并稀释至刻度，超声波振荡 5 min 使试样溶解，冷却至室温，摇匀。用移液管移取上述溶液 5 mL 于 50 mL 容量瓶中，用流动相稀释至刻度，摇匀。

4.3.5.3 测定

在上述操作条件下，待仪器稳定后，连续注入数针标样溶液，直至相邻两针吡虫啉峰面积相对变化小于 1.2%后，按照标样溶液、试样溶液、试样溶液、标样溶液的顺序进行测定。

4.3.5.4 计算

将测得的两针试样溶液以及试样前后两针标样溶液中吡虫啉峰面积分别进行平均。试样中吡虫啉的质量分数按式(1)计算：

$$w_1 = \frac{A_2 \cdot m_1 \cdot w}{A_1 \cdot m_2} \quad \cdots\cdots(1)$$

式中：

w_1——试样中吡虫啉的质量分数，以%表示；

A_2——试样溶液中，吡虫啉峰面积的平均值；

m_1——吡虫啉标样的质量，单位为克(g)；

w ——吡虫啉标样的质量分数，以%表示；

A_1——标样溶液中，吡虫啉峰面积的平均值；

m_2——试样的质量，单位为克(g)。

4.3.6 允许差

吡虫啉质量分数两次平行测定结果之差应不大于1.2%，取其算术平均值作为测定结果。

4.4 干燥减量质量分数的测定

4.4.1 仪器和器具

称量瓶：内径50 mm，高20 mm；

烘箱：105 ℃±2 ℃；

干燥器。

4.4.2 测定步骤

将称量瓶放入烘箱中烘1 h，然后放入干燥器中冷却至室温，称量(精确至0.000 2 g)。重复上述步骤，直至称量瓶恒重为止。在称量瓶中称入10 g试样，铺平称量(精确至0.000 2 g)。将称量瓶放回烘箱，不加盖烘1 h，盖上盖，取出并放入干燥器内冷却至室温，称量(精确至0.000 2 g)。重复上述操作，直至称量瓶和试样恒重为止。

4.4.3 计算

试样中的干燥减量质量分数按式(2)计算：

$$w_2 = \frac{m_1 - m_2}{m} \times 100 \quad \cdots\cdots(2)$$

式中：

w_2——试样中的干燥减量质量分数，以%表示；

m_1——试样和称量瓶烘干前的质量，单位为克(g)；

m_2——试样和称量瓶烘干后的质量，单位为克(g)；

m ——试样的质量，单位为克(g)。

4.4.4 允许差

两次平行测定结果之相对偏差应不大于30%，取其算术平均值作为测定结果。

4.5 pH值的测定

按GB/T 1601进行。

4.6 二甲基甲酰胺不溶物质量分数的测定

4.6.1 试剂

二甲基甲酰胺。

4.6.2 仪器

锥形烧瓶：具玻璃磨口接头，250 mL；

玻璃砂芯坩埚：G_3；

烘箱：110 ℃±2 ℃。

4.6.3 测定步骤

称取试样 10 g（精确至 0.01 g），放入 250 mL 锥形瓶中，加入 60 mL 二甲基甲酰胺，振摇至所有可溶物溶解，用已恒重的坩埚过滤溶液，再用 60 mL 二甲基甲酰胺分三次洗涤锥形瓶，并抽滤。将坩埚置于烘箱中干燥 30 min，取出冷至室温，称量。

二甲基甲酰胺不溶物质量分数按式(3)计算：

$$w_3=\frac{m_1-m_0}{m}\times 100 \quad \cdots\cdots(3)$$

式中：

w_3——二甲基甲酰胺不溶物质量分数，以%表示；

m_1——恒重后坩埚与不溶物的质量，单位为克(g)；

m_0——坩埚的质量，单位为克(g)；

m——试样的质量，单位为克(g)。

4.6.4 允许差

两次平行测定结果之相对偏差应不大于 30%，取其算术平均值作为测定结果。

4.7 产品的检验与验收

产品的检验与验收应符合 GB/T 1604 的规定。极限数值的处理采用修约值比较法。

5 标志、标签、包装、贮运、安全、验收期

5.1 标志、标签、包装

吡虫啉原药的标志、标签和包装应符合 GB 3796 的规定。吡虫啉原药用衬塑铁桶装，每桶净含量一般为 50 kg、100 kg 或 200 kg。也可根据用户要求或订货协议采用其他形式的包装，但需符合 GB 3796 的规定。

5.2 贮运

吡虫啉原药包装件应贮存在通风、干燥的库房中。贮运时，严防潮湿和日晒，不得与食物、种子、饲料混放，避免与皮肤、眼睛接触，防止由口鼻吸入。

5.3 安全

本品属中等毒性杀虫剂。吞噬和吸入均有毒，可经皮肤渗入。使用本品时要戴防护镜和胶皮手套

穿必要的防护衣物。施药后应用肥皂和清水冲洗。误服者应立即送医院对症治疗。

5.4 验收期

吡虫啉原药的验收期为一个月。从交货之日起,在一个月内完成产品的质量验收,其各项指标均应符合标准要求。

附 录 A
（资料性附录）
吡虫啉的的其他名称、结构式和基本物化参数

本产品有效成分吡虫啉的其他名称、结构式和基本物化参数如下：

ISO 通用名称：Imidacloprid

CAS 登录号：138261-41-3

CIPAC 数字代码：582

化学名称：1-(6-氯-3-吡啶基甲基)-*N*-硝基亚咪唑烷-2-基胺

结构式：

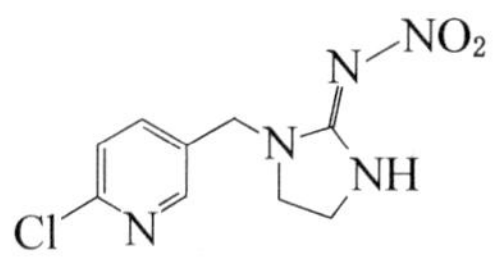

实验式：$C_9H_{10}ClN_5O_2$

相对分子质量：255.7

生物活性：杀虫

熔点：144 ℃

蒸气压(20 ℃)：4×10^{-7} mPa

溶解度(20 ℃，g/L)：水 0.61，甲苯 0.68，二氯甲烷 55，异丙醇 1.2，正己烷小于 0.1

稳定性：pH 值 5～11 时稳定，不易水解。

ICS 65.100.20
G 25

中华人民共和国国家标准

GB 28127—2011

氯磺隆原药

Chlorsulfuron technical material

2011-12-30 发布　　2012-04-15 实施

中华人民共和国国家质量监督检验检疫总局
中国国家标准化管理委员会　发布

前　言

本标准的第 3 章、第 5 章是强制性的，其余是推荐性的。

本标准按照 GB/T 1.1—2009 给出的规则起草。

本标准使用重新起草法修改采用 FAO specification 391/TC(2003)《氯磺隆原药》(Chlorsulfuron technical material)。

本标准与 FAO specification 391/TC(2003)《氯磺隆原药》(Chlorsulfuron technical material)的主要技术差异及原因如下：

——本标准增加了对水质量分数、pH 值范围、丙酮不溶物质量分数的控制，指标项目更加全面，符合国内农药登记的相关要求，FAO 规格未控制这三项指标。

请注意本文件的某些内容可能涉及专利。本文件的发布机构不承担识别这些专利的责任。

本标准由中国石油和化学工业协会提出。

本标准由全国农药标准化技术委员会(SAC/TC 133)归口。

本标准负责起草单位：沈阳化工研究院有限公司。

本标准参加起草单位：江苏省激素研究所股份有限公司、沈阳丰收农药有限公司。

本标准主要起草人：姜敏怡、邢君、孔繁蕾、汪洋。

氯磺隆原药

1 范围

本标准规定了氯磺隆原药的要求、试验方法以及标志、标签、包装、贮运及验收期。

本标准适用于由氯磺隆及其生产中产生的杂质组成的氯磺隆原药。

注：氯磺隆的其他名称、结构式和基本物化参数参见附录A。

2 规范性引用文件

下列文件对于本文件的应用是必不可少的。凡是注日期的引用文件，仅注日期的版本适用于本文件。凡是不注日期的引用文件，其最新版本(包括所有的修改单)适用于本文件。

GB/T 1600　农药水分测定方法

GB/T 1601　农药 pH 值的测定方法

GB/T 1604　商品农药验收规则

GB/T 1605—2001　商品农药采样方法

GB 3796　农药包装通则

GB/T 19138　农药丙酮不溶物的测定方法

3 要求

3.1 外观

白色粉状固体。

3.2 技术指标

氯磺隆原药应符合表1要求。

表1　氯磺隆原药控制项目指标

项　　目		指　　标
氯磺隆质量分数/%	≥	95.0
水分质量分数/%	≤	0.5
pH 值范围		3.0～6.0
丙酮不溶物质量分数[a]/%	≤	0.5
[a] 正常生产时，丙酮不溶物质量分数每三个月至少测定一次。		

4 试验方法

4.1 抽样

按 GB/T 1605—2001 中“商品原药采样”方法进行。用随机数表法确定抽样的包装件，最终抽样量应不少于 100 g。

4.2 鉴别试验

下列方法可任选其一。当用一种方法不能鉴别时，应再使用另一种方法加以确定。

红外光谱法——试样与氯磺隆标样在 4 000 cm^{-1}～400 cm^{-1} 的红外吸收光谱图应没有明显区别。氯磺隆标样红外光谱图见图 1。

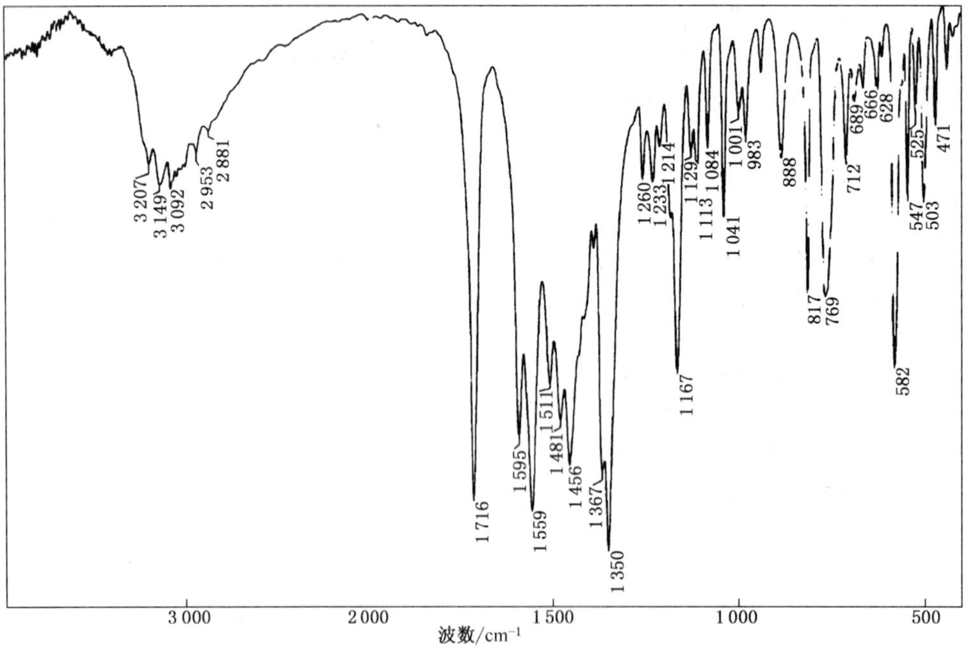

图 1 氯磺隆标样的红外光谱图

高效液相色谱法——本鉴别试验可与氯磺隆质量分数的测定同时进行。在相同的色谱操作条件下，试样溶液中某一色谱峰的保留时间与氯磺隆标样溶液中氯磺隆色谱峰的保留时间，其相对差值应在 1.5%以内。

4.3 氯磺隆质量分数的测定

4.3.1 方法提要

试样用氨水甲醇溶液溶解，以乙腈＋水＋冰乙酸为流动相，使用以 Nova-Pak C_{18} 为填料的不锈钢柱和紫外检测器(230 nm)，对试样中的氯磺隆进行高效液相色谱分离和测定。

4.3.2 试剂和溶液

甲醇：色谱纯；

乙腈：色谱纯；

乙酸；

水：新蒸二次蒸馏水；

氨水：$w(NH_3)=26\%\sim30\%$；

氨水溶液：Ψ(氨水：水)＝1：300；

氨水甲醇溶液：Ψ(氨水溶液：甲醇)＝1：4；

氯磺隆标样：已知氯磺隆质量分数，$w\geq98.0\%$。

4.3.3 仪器

高效液相色谱仪：具有可变波长紫外检测器；

色谱数据处理机或工作站；

色谱柱：150 mm×3.9 mm(i. d.)不锈钢柱，内装 Nova-Pak C_{18}、5 μm 填充物(或同等效果的色谱柱)；

过滤器：滤膜孔径约 0.45 μm；

微量进样器：50 μL；

定量进样管：5 μL；

超声波清洗器。

4.3.4 高效液相色谱操作条件

流动相：Ψ(乙腈：水：冰乙酸)＝40：60：0.5；

流速：1.0 mL/min；

柱温：室温(温差变化应不大于 2 ℃)；

检测波长：230 nm；

进样体积：5 μL；

保留时间：氯磺隆约 4.3 min。

上述操作参数是典型的，可根据不同仪器特点，对给定的操作参数作适当调整，以期获得最佳效果。典型的氯磺隆原药高效液相色谱图见图 2。

1—氯磺隆。

图 2 氯磺隆原药的高效液相色谱图

4.3.5 测定步骤

4.3.5.1 标样溶液的制备

称取 0.05 g 氯磺隆标样(精确至 0.000 2 g)，置于 100 mL 容量瓶中，用氨水甲醇溶液稀释至刻度，超声波振荡 5 min 使试样溶解，冷却至室温，摇匀。

4.3.5.2 试样溶液的制备

称取含氯磺隆 0.05 g 的试样(精确至 0.000 2 g),置于 100 mL 容量瓶中,用氨水甲醇溶液稀释至刻度,超声波振荡 5 min 使试样溶解,冷却至室温,摇匀。

4.3.5.3 测定

在上述操作条件下,待仪器稳定后,连续注入数针标样溶液,直至相邻两针氯磺隆峰面积相对变化小于 1.2%后,按照标样溶液、试样溶液、试样溶液、标样溶液的顺序进行测定。

4.3.6 计算

将测得的两针试样溶液以及试样前后两针标样溶液中氯磺隆峰面积分别进行平均。试样中氯磺隆的质量分数按式(1)计算:

$$w_1 = \frac{A_2 \cdot m_1 \cdot w}{A_1 \cdot m_2} \qquad \cdots\cdots(1)$$

式中:

w_1 ——试样中氯磺隆的质量分数,以%表示;
A_2 ——试样溶液中,氯磺隆峰面积的平均值;
m_1 ——氯磺隆标样的质量,单位为克(g);
w ——氯磺隆标样的质量分数,以 % 表示;
A_1 ——标样溶液中,氯磺隆峰面积的平均值;
m_2 ——试样的质量,单位为克(g)。

4.3.7 允许差

氯磺隆质量分数两次平行测定结果之差应不大于 1.2%,取其算术平均值作为测定结果。

4.4 水分质量分数的测定

按 GB/T 1600 中卡尔·费休法进行。

4.5 pH 值的测定

按 GB/T 1601 进行。

4.6 丙酮不溶物质量分数的测定

按 GB/T 19138 进行。

4.7 产品的检验与验收

应符合 GB/T 1604 的规定,极限数值处理采用修约值比较法。

5 标志、标签、包装、贮运、安全、验收期

5.1 标志、标签、包装

氯磺隆原药的标志、标签和包装,应符合 GB 3796 的规定。氯磺隆原药应用编织袋内衬清洁的塑料袋或纤维桶内衬清洁的塑料袋包装,每袋、每桶净含量一般为 25 kg。也可根据用户要求或订货协议采用其他形式的包装,但需符合 GB 3796 的规定。

5.2 贮运

氯磺隆原药包装件应贮存在通风、干燥的库房中；贮运时，严防潮湿和日晒，不得与食物、种子、饲料混放，避免与皮肤、眼睛接触，防止由口鼻吸入。

5.3 安全

本品属低毒磺酰脲类除草剂。吞噬和吸入均有毒，可经皮肤渗入。使用本品时要避免与皮肤接触，施药后应用肥皂和清水冲洗。中毒者应立即送医院对症治疗。

5.4 验收期

氯磺隆原药验收期为 1 个月。从交货之日起，在一个月内完成产品质量验收，其各项指标均应符合标准要求。

附 录 A
（资料性附录）
氯磺隆的其他名称、结构式和基本物化参数

本产品有效成分氯磺隆的其他名称、结构式和基本物化参数如下：

ISO 通用名称：Chlorsulfuron

CAS 登录号：64902-72-3

CIPAC 数字代码：391

化学名称：1-(2-氯苯磺酰基)-3-(4-甲氧基-6-甲基-1,3,5-三嗪-2-基)脲

结构式：

实验式：$C_{12}H_{12}ClN_5O_4S$

相对分子质量：357.8

生物活性：除草

熔点：约 174 ℃～178 ℃

蒸气压(25 ℃)：3 nPa

溶解度(22 ℃,g/L)：丙酮 57；二氯甲烷 102；甲醇 14；甲苯 3；己烷 0.01；水中 0.1～0.125(25 ℃,pH4.1)、0.3(25 ℃,pH5)

稳定性：在干燥的情况下，对光稳定；在土壤中，因水解和微生物降解而破坏；土壤中半衰期为 150 d～160 d。

ICS 65.100.10
G 25

中华人民共和国国家标准

GB 28128—2011

杀虫单原药

Thiosultap-monosodium technical material

2011-12-30 发布 2012-04-15 实施

中华人民共和国国家质量监督检验检疫总局
中国国家标准化管理委员会 发布

前　言

本标准的第3章、第5章是强制性的，其余是推荐性的。

本标准按照GB/T 1.1—2009给出的规则起草。

请注意本文件的某些内容可能涉及专利。本文件的发布机构不承担识别这些专利的责任。

本标准由中国石油和化学工业协会提出。

本标准由全国农药标准化技术委员会(SAC/TC 133)归口。

本标准负责起草单位：沈阳化工研究院有限公司。

本标准参加起草单位：江苏天容集团股份有限公司、浙江博仕达作物科技有限公司、江苏安邦电化有限公司。

本标准主要起草人：梅宝贵、张雪冰、王强、徐黎婷、姜育田、李茂青。

杀虫单原药

1 范围

本标准规定了杀虫单原药的要求、试验方法以及标志、标签、包装、贮运和验收期。

本标准适用于由杀虫单及其生产中产生的杂质组成的杀虫单原药。

注：杀虫单的其他名称、结构式和基本物化参数参见附录A。

2 规范性引用文件

下列文件对于本文件的应用是必不可少的。凡是注日期的引用文件，仅注日期的版本适用于本文件。凡是不注日期的引用文件，其最新版本（包括所有的修改单）适用于本文件。

GB/T 601 化学试剂 标准滴定溶液的制备

GB/T 1601 农药pH值的测定方法

GB/T 1604 商品农药验收规则

GB/T 1605—2001 商品农药采样方法

GB 3796 农药包装通则

3 要求

3.1 外观

白色粉状固体。

3.2 技术指标

杀虫单原药还应符合表1要求。

表1 杀虫单原药控制项目指标

项目		指标
杀虫单质量分数/%	≥	95.0
氯化钠质量分数/%	≤	2.0
干燥减量/%	≤	1.0
pH值范围		4.0～5.5

4 试验方法

4.1 抽样

按GB/T 1605—2001中“商品原药采样”方法进行。用随机数表法确定抽样的包装件，最终抽样量应不少于100 g。

4.2 鉴别试验

下列方法可任选其一。当用一种方法不能鉴别时,应再使用另一种方法加以确定。

高效液相色谱法——本鉴别试验可与杀虫单质量分数的测定同时进行。在相同的色谱操作条件下,试样溶液中某一色谱峰的保留时间与杀虫单标样溶液中杀虫单色谱峰的保留时间,其相对差值应在1.5%以内。

红外光谱法——试样与杀虫单标样在 4 000 cm^{-1}～400 cm^{-1}范围内的红外吸收光谱图应无明显差异。杀虫单标样红外光谱图见图 1。

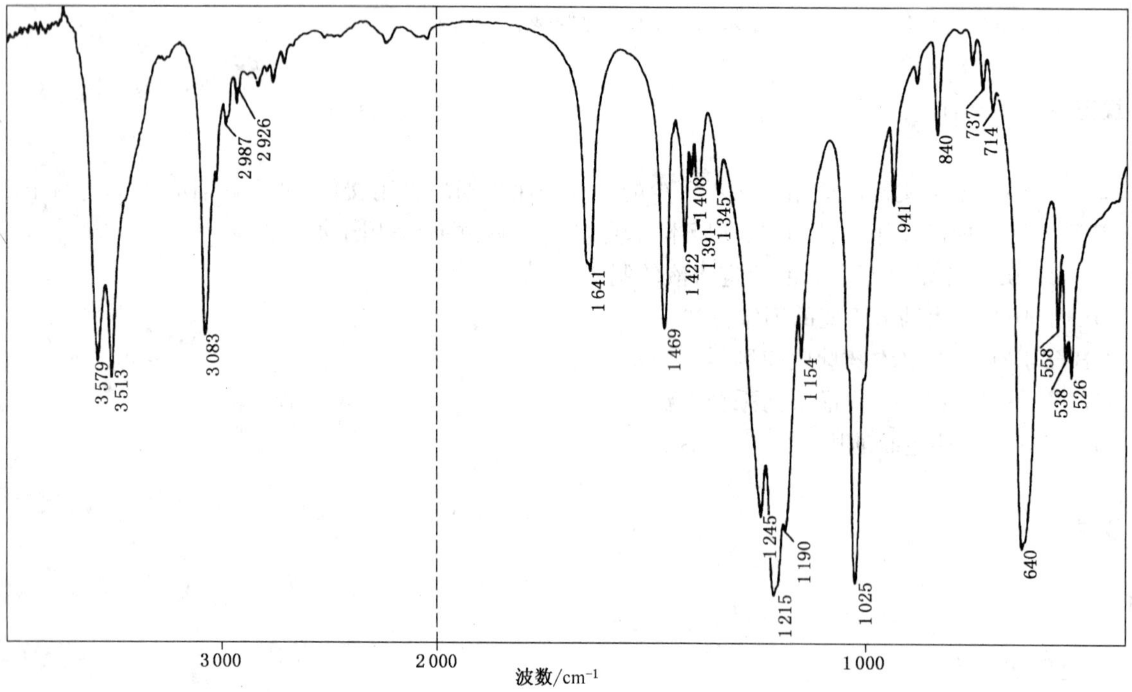

图 1 杀虫单标样的红外光谱图

4.3 杀虫单质量分数的测定

4.3.1 方法提要

试样用流动相溶解,以甲醇+磷酸二氢钾水溶液(pH7.0)为流动相,使用以 Agilent TC C_{18}为填料的不锈钢柱和紫外检测器(220 nm),对试样中的杀虫单进行反相高效液相色谱分离,外标法定量。

4.3.2 试剂和溶液

甲醇:色谱纯;

水:新蒸二次蒸馏水;

氢氧化钾溶液:$c(KOH)=2$ mol/L;

磷酸二氢钾溶液:$c(KH_2PO_4)=0.035$ mol/L,用氢氧化钾溶液调 pH 值至 7.0;

杀虫单标样:已知质量分数 $w\geqslant 99.0\%$。

4.3.3 仪器

高效液相色谱仪:具有可变波长紫外检测器;

色谱数据处理机或色谱工作站；

色谱柱：250 mm×4.6 mm(i.d.)不锈钢柱，内装 Agilent TC C_{18}、5 μm 填充物(或具等同效果的色谱柱)；

过滤器：滤膜孔径约 0.45 μm；

微量进样器：50 μL；

定量进样管：10 μL；

超声波清洗器。

4.3.4 高效液相色谱操作条件

流动相：Ψ(甲醇：磷酸二氢钾溶液)=5：95，用 0.45 μm 滤膜过滤，超声 10 min 后备用；

流速：1.0 mL/min；

柱温：室温(温差变化应不大于 2 ℃)；

检测波长：220 nm；

进样体积：10 μL；

保留时间：5.5 min。

上述操作参数是典型的，可根据不同仪器特点，对给定的操作参数作适当调整，以期获得最佳效果。典型的杀虫单原药高效液相色谱图见图 2。

1——杀虫单。

图 2　杀虫单原药的高效液相色谱图

4.3.5 测定步骤

4.3.5.1 标样溶液的制备

称取 0.1 g(精确至 0.000 2 g)杀虫单标样，置于 50 mL 容量瓶中，用流动相溶解并稀释至刻度，摇匀。

4.3.5.2 试样溶液的制备

称取含杀虫单 0.1 g(精确至 0.000 2 g)的试样，置于 50 mL 容量瓶中，用流动相溶解并稀释至刻度，摇匀。

4.3.5.3 测定

在上述操作条件下，待仪器稳定后，连续注入数针标样溶液，直至相邻两针杀虫单峰面积相对变化小于1.2%后，按照标样溶液、试样溶液、试样溶液、标样溶液的顺序进行测定。

4.3.5.4 计算

将测得的两针试样溶液以及试样前后两针标样溶液中杀虫单峰面积分别进行平均。试样中杀虫单质量分数按式(1)计算：

$$w_1 = \frac{A_2 \cdot m_1 \cdot w}{A_1 \cdot m_2} \quad \cdots\cdots(1)$$

式中：

w_1——试样中杀虫单质量分数，以%表示；

A_2——试样溶液中杀虫单峰面积的平均值；

m_1——杀虫单标样的质量，单位为克(g)；

w——杀虫单标样中杀虫单质量分数，以%表示；

A_1——标样溶液中杀虫单峰面积的平均值；

m_2——试样的质量，单位为克(g)。

4.3.6 允许差

杀虫单质量分数两次平行测定结果之差应不大于1.2%，取其算术平均值作为测定结果。

4.4 氯化钠质量分数的测定

4.4.1 方法提要

试样用水溶解，用硝酸和过氧化氢将硫代硫酸根和杀虫单等干扰物质破坏后，以硫酸铁铵作指示剂，用银量法测定氯化钠质量分数。

4.4.2 试剂和溶液

蔗糖溶液：ρ=250 g/L；

硝酸银标准溶液：$c(AgNO_3)$=0.1 mol/L(按GB/T 601配制)；

硫氰酸铵标准滴定溶液：$c(NH_4SCN)$=0.1 mol/L(按GB/T 601配制)；

硝酸溶液：$\phi(HNO_3)$=50%；

过氧化氢溶液：$w(H_2O_2)$=30%；

硫酸铁铵饱和溶液(加3滴～5滴硫酸)。

4.4.3 测定方法

称取0.5 g试样(精确至0.000 2 g)，置于250 mL锥形瓶中，加入40 mL硝酸溶液，10 mL过氧化氢溶液和80 mL水，加热微沸10 min，冷却至室温。用滴定管加入15 mL硝酸银标准溶液，摇匀。加入8 mL蔗糖溶液，剧烈振摇2 min，加1 mL硫酸铁铵指示剂，在摇动下用硫氰酸铵标准滴定溶液滴定至溶液呈浅棕红色，并保持30 s不变为终点。

4.4.4 计算

试样中氯化钠质量分数按式(2)计算：

$$w_2 = \frac{(c_1 \cdot V_1 - c_2 \cdot V_2) \cdot M}{m \times 1\ 000} \times 100 \qquad \cdots\cdots(2)$$

式中：

w_2——试样中氯化钠质量分数，以 % 表示；

c_1——硝酸银标准溶液的实际浓度，单位为摩尔每升（mol/L）；

V_1——加入硝酸银标准溶液的体积，单位为毫升（mL）；

c_2——硫氰酸铵标准滴定溶液的实际浓度，单位为摩尔每升（mol/L）；

V_2——消耗硫氰酸铵标准滴定溶液的体积，单位为毫升（mL）；

M——氯化钠的摩尔质量，单位为克每摩尔（g/mol），[M(NaCl)＝58.45]；

m——试样的质量，单位为克（g）。

4.5 干燥减量质量分数的测定

4.5.1 仪器

烘箱：105 ℃±2 ℃；

称量瓶：内径 70 mm，高 40 mm；

干燥器。

4.5.2 测定步骤

将称量瓶放入烘箱中烘 1 h，取出置于干燥器内冷却至室温，称量（精确至 0.000 2 g）。重复上述步骤，直至称量瓶恒重为止。在瓶内放置 2 g 试样，铺平，称量（精确至 0.01 g），将称量瓶放入烘箱，不加盖，烘 1 h 后，取出并放入干燥器中冷却至室温，称量（精确至 0.000 2 g）。

4.5.3 计算

试样的干燥减量按式（3）计算：

$$w_3 = \frac{m_1 - m_2}{m} \times 100 \qquad \cdots\cdots(3)$$

式中：

w_3——试样的干燥减量，以 % 表示；

m_1——试样和称量瓶烘干前的质量，单位为克（g）；

m_2——试样和称量瓶烘干后的质量，单位为克（g）；

m——试样的质量，单位为克（g）。

4.5.4 允许差

两次平行测定结果之相对偏差应不大于 30%；取其算术平均值作为测定结果。

4.6 pH 值的测定

按 GB/T 1601 进行。

4.7 产品的检验与验收

应符合 GB/T 1604 的规定，极限数值处理采用修约值比较法。

5 标志、标签、包装、贮运、安全、验收期

5.1 标志、标签、包装

杀虫单原药的标志、标签、包装应符合 GB 3796 的规定；杀虫单原药应用清洁、干燥的聚丙烯桶包

装，每桶净含量为 25 kg 或 50 kg；根据用户要求或订货协议可采用其他形式的包装，但需符合 GB 3796 的规定。

5.2 贮运

杀虫单原药包装件应贮存在通风、干燥的库房中；贮运时，严防潮湿和日晒，不得与食物、种子、饲料混放，避免与皮肤、眼睛接触，防止由口鼻吸入。

5.3 安全

杀虫单是一种沙蚕毒类中等毒性杀虫剂。吞噬或吸入均会中毒，它可以通过皮肤渗入。使用本品应戴防护手套、防毒面具，穿干净的防护服。施药后，应立即用肥皂和水洗净。如发生中毒现象，请立即送医院治疗，阿托品是特效解毒药；必要时做人工呼吸。

5.4 验收期

杀虫单原药验收期为一个月。从交货之日起，在一个月内完成产品质量验收，其各项指标均应符合标准要求。

附 录 A
（资料性附录）
杀虫单的其他名称、结构式和基本物化参数

本产品有效成分杀虫单的其他名称、结构式和基本物化参数如下：

通用名称：杀虫单

ISO 通用名称：Thiosultap-monosodium

化学名称：一水合二甲基-氢代-2-(1,3-二磺酸单钠硫代丙基)铵

结构式：

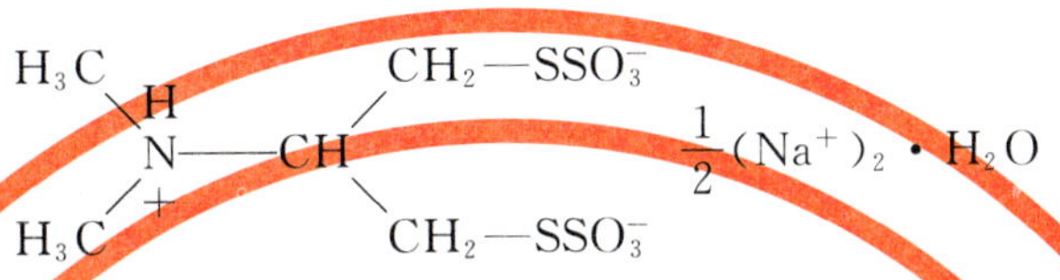

实验式：$C_5H_{14}NO_7S_4Na$

相对分子质量：351.42

生物活性：杀虫

熔点：142.5 ℃（分解）

溶解度(g/L,25 ℃)：水 500,甲醇 20,丙酮 2.5×10^{-4}

稳定性：在 50 ℃下密闭贮存稳定。

ICS 65.100.20
G 25

中华人民共和国国家标准

GB 28129—2011

乙羧氟草醚原药

fluoroglycofen-ethyl technical material

2011-12-30 发布 2012-04-15 实施

中华人民共和国国家质量监督检验检疫总局
中国国家标准化管理委员会 发布

前　言

本标准的第 3 章、第 5 章是强制性的，其余是推荐性的。

本标准按照 GB/T 1.1—2009 给出的规则起草。

请注意本文件的某些内容可能涉及专利。本文件的发布机构不承担识别这些专利的责任。

本标准由中国石油和化学工业协会提出。

本标准由全国农药标准化技术委员会(SAC/TC 133)归口。

本标准负责起草单位:沈阳化工研究院有限公司。

本标准参加起草单位:江苏长青农化股份有限公司。

本标准主要起草人:于亮、李秀杰、吉瑞香、吉玉平。

乙羧氟草醚原药

1 范围

本标准规定了乙羧氟草醚原药的要求、试验方法以及标志、标签、包装、贮运及验收期。

本标准适用于由乙羧氟草醚和生产中产生的杂质组成的乙羧氟草醚原药。

注：乙羧氟草醚的其他名称、结构式和基本物化参数参见附录A。

2 规范性引用文件

下列文件对于本文件的应用是必不可少的。凡是注日期的引用文件，仅注日期的版本适用于本文件。凡是不注日期的引用文件，其最新版本（包括所有的修改单）适用于本文件。

GB/T 601—2002 化学试剂 标准滴定溶液的制备

GB/T 1604 商品农药验收规则

GB/T 1605—2001 商品农药采样方法

GB 3796 农药包装通则

GB/T 19138 农药丙酮不溶物测定方法

3 要求

3.1 外观

灰白色至土黄色颗粒或粉末状固体，无可见的外来物和填加的改性剂。

3.2 技术指标

乙羧氟草醚原药应符合表1要求。

表1 乙羧氟草醚原药质量控制项目指标

项目		指标
乙羧氟草醚质量分数/%	≥	95.0
干燥减量/%	≤	0.5
酸度（以 H_2SO_4 计）/%	≤	0.5
丙酮不溶物质量分数/%	≤	0.3

4 试验方法

4.1 抽样

按GB/T 1605—2001中“商品原药采样”方法进行。用随机数表法确定抽样的包装件，最终抽样量应不少于100 g。

4.2 鉴别试验

下列方法可任选其一。当用一种方法不能鉴别时，应再使用另一种方法加以确定。

红外光谱法——试样与标样在 4 000 cm^{-1}～400cm^{-1}范围的红外吸收光谱图应没有明显区别。标样红外光谱图见图 1。

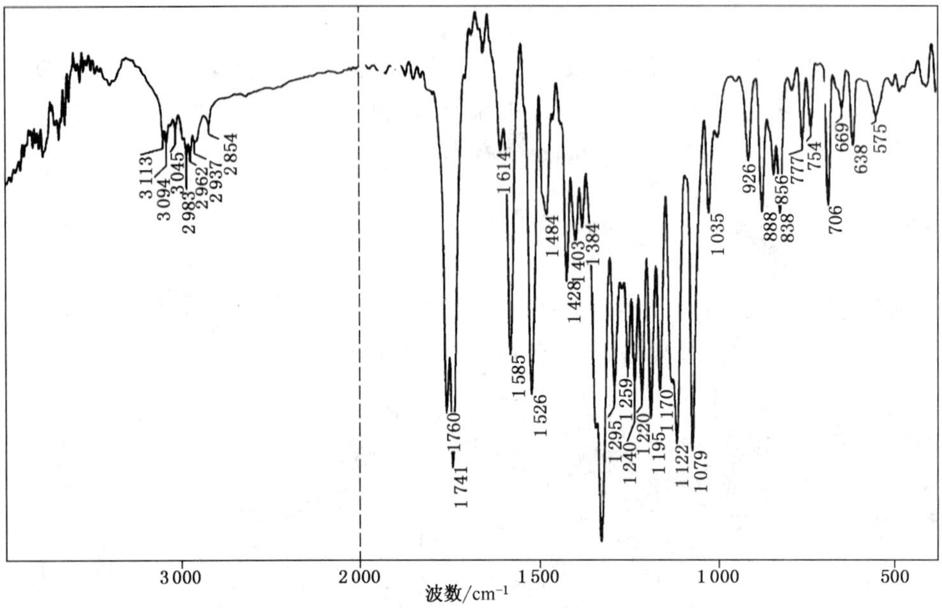

图 1 乙羧氟草醚标样的红外光谱图

高效液相色谱法——本鉴别试验可与乙羧氟草醚质量分数的测定同时进行。在相同的色谱操作条件下，试样溶液中某一色谱峰的保留时间与乙羧氟草醚标样溶液中乙羧氟草醚色谱峰的保留时间，其相对差值应在 1.5%以内。

4.3 乙羧氟草醚质量分数的测定

4.3.1 毛细管气相色谱法（仲裁法）

4.3.1.1 方法提要

试样用三氯甲烷溶解，以邻苯二甲酸双环己酯为内标物，使用 HP-5 涂壁的石英毛细管柱，和氢火焰离子化检测器，对试样中的乙羧氟草醚进行毛细管气相色谱分离和测定。

4.3.1.2 试剂和溶液

三氯甲烷；

乙羧氟草醚标样：已知质量分数 $w \geqslant 99.0\%$；

邻苯二甲酸双环己酯：不含有干扰分析的杂质；

内标溶液：称取 7.5 g 的邻苯二甲酸双环己酯置于 1 000 mL 的容量瓶中，用三氯甲烷溶解、定容、摇匀。

4.3.1.3 仪器

气相色谱仪：具氢火焰离子化检测器；

色谱柱：30 m×0.32 mm (i. d.) 石英毛细柱，内壁涂 HP-5，膜厚 0.25 μm；

色谱数据处理机或色谱工作站。

4.3.1.4 气相色谱操作条件

温度(℃):柱室 230,气化室 260,检测室 280;

气体流量(mL/min):载气 (N_2) 1.8,氢气 30,空气 300,补偿气 25;

分流比:30 : 1;

进样体积:1.0 μL;

保留时间:乙羧氟草醚约 10.8 min,内标物约 7.9 min。

上述气相色谱操作条件,系典型操作参数。可根据不同仪器特点,对给定的操作参数作适当调整,以期获得最佳效果。典型的乙羧氟草醚原药与内标物的气相色谱图见图 2。

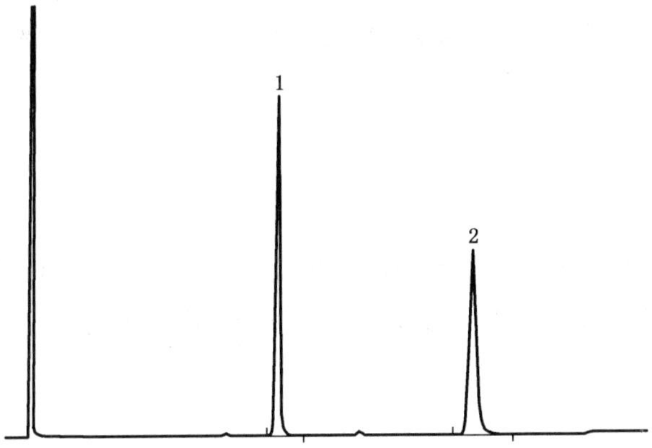

1——内标物;

2——乙羧氟草醚。

图 2 乙羧氟草醚原药与内标物的气相色谱图

4.3.1.5 测定步骤

4.3.1.5.1 标样溶液的配制

称取乙羧氟草醚标样 0.05 g(精确至 0.000 2 g),置于一具塞玻璃瓶中,用移液管准确加入 5 mL 内标溶液,摇匀。

4.3.1.5.2 试样溶液的配制

称取含乙羧氟草醚 0.05 g 的试样 (精确至 0.000 2 g),置于一具塞的玻璃瓶中,用与 4.3.1.5.1 中使用的同一支移液管准确加入 5 mL 内标溶液,摇匀。

4.3.1.5.3 测定

在上述色谱操作条件下,待仪器稳定后,连续注入数针标样溶液,直至相邻两针乙羧氟草醚与内标物的峰面积比的相对变化小于 1.5%后,按照标样溶液、试样溶液、试样溶液、标样溶液的顺序进行分析测定。

4.3.1.5.4 计算

将测得的两针试样溶液以及试样前后两针标样溶液中乙羧氟草醚与内标物的峰面积比分别进行平均。试样中乙羧氟草醚质量分数按式(1)计算:

$$w_1=\frac{r_2\times m_1\times w}{r_1\times m_2} \quad \cdots\cdots\cdots\cdots (1)$$

式中：

w_1 ——试样中乙羧氟草醚的质量分数，以%表示；

r_2 ——试样溶液中乙羧氟草醚与内标物峰面积比的平均值；

m_1 ——标样的质量，单位为克(g)；

w ——标样中乙羧氟草醚的质量分数，以%表示；

r_1 ——标样溶液中乙羧氟草醚与内标物峰面积比的平均值；

m_2 ——试样的质量，单位为克(g)。

4.3.1.6 允许差

两次平行测定结果之差，应不大于1.2%，取其算术平均值作为测定结果。

4.3.2 高效液相色谱法

4.3.2.1 方法提要

试样用乙腈溶解，以甲醇+水+冰乙酸为流动相，使用以 Nova-Pak C_{18} 为填料的不锈钢柱和紫外检测器(230 nm)，对试样中的乙羧氟草醚进行高效液相色谱分离和测定。

4.3.2.2 试剂和溶液

甲醇：色谱纯；

乙腈：色谱纯；

水：新蒸二次蒸馏水；

乙羧氟草醚标样：已知乙羧氟草醚质量分数 $w\geq 99.0\%$。

4.3.2.3 仪器

高效液相色谱仪：具有可变波长紫外检测器；

色谱数据处理机或工作站；

色谱柱：150 mm×3.9 mm(i.d.)不锈钢柱，内装 Nova-Pak C_{18}、5 μm 填充物(或同等效果的色谱柱)；

过滤器：滤膜孔径约0.45 μm；

微量进样器：50 μL；

定量进样管：5 μL；

超声波清洗器。

4.3.2.4 高效液相色谱操作条件

流动相：$\Psi(CH_3OH : H_2O : CH_3COOH)=75:25:0.2$；

流速：1.0 mL/min；

柱温：室温(温差变化应不大于2 ℃)；

检测波长：230 nm；

进样体积：5 μL；

保留时间：乙羧氟草醚约7.0 min。

上述操作参数是典型的，可根据不同仪器特点，对给定的操作参数作适当调整，以期获得最佳效果。

典型的乙羧氟草醚原药高效液相色谱图见图 3。

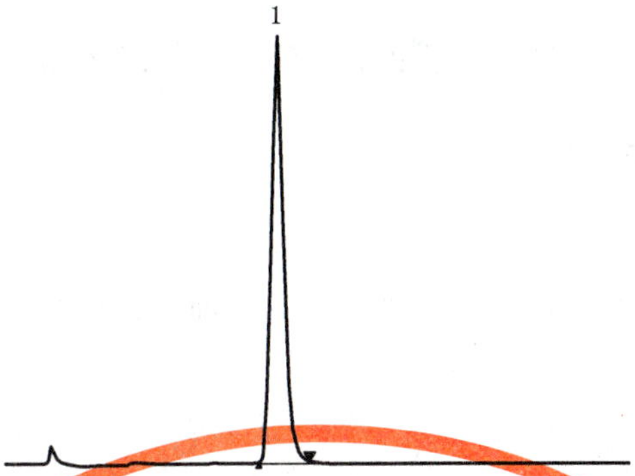

1——乙羧氟草醚。

图 3 乙羧氟草醚原药的高效液相色谱图

4.3.2.5 测定步骤

4.3.2.5.1 标样溶液的制备

称取 0.1 g 乙羧氟草醚标样(精确至 0.000 2 g),置于 50 mL 容量瓶中,用乙腈稀释至刻度,超声波振荡 5 min 使试样溶解,冷却至室温,摇匀。用移液管移取上述溶液 5 mL 于 50 mL 容量瓶中,用乙腈稀释至刻度,摇匀。

4.3.2.5.2 试样溶液的制备

称取含乙羧氟草醚 0.1 g 的试样(精确至 0.000 2 g),置于 50 mL 容量瓶中,用乙腈稀释至刻度,超声波振荡 5 min 使试样溶解,冷却至室温,摇匀。用移液管移取上述溶液 5 mL 于 50 mL 容量瓶中,用乙腈稀释至刻度,摇匀。

4.3.2.5.3 测定

在上述操作条件下,待仪器稳定后,连续注入数针标样溶液,直至相邻两针乙羧氟草醚峰面积相对变化小于 1.5%后,按照标样溶液、试样溶液、试样溶液、标样溶液的顺序进行测定。

4.3.2.5.4 计算

将测得的两针试样溶液以及试样前后两针标样溶液中乙羧氟草醚峰面积分别进行平均。试样中乙羧氟草醚的质量分数按式(2)计算:

$$w_2 = \frac{A_2 \cdot m_1 \cdot w}{A_1 \cdot m_2} \quad \cdots\cdots(2)$$

式中:

w_2——试样中乙羧氟草醚的质量分数,以 % 表示;

A_2——试样溶液中乙羧氟草醚峰面积的平均值;

m_1——乙羧氟草醚标样的质量,单位为克(g);

w ——乙羧氟草醚标样的质量分数,以 % 表示;

A_1——标样溶液中乙羧氟草醚峰面积的平均值;

m_2——试样的质量,单位为克(g)。

4.3.2.6 允许差

乙羧氟草醚质量分数两次平行测定结果之差，应不大于1.2%，取其算术平均值作为测定结果。

4.4 干燥减量质量分数的测定

4.4.1 测定步骤

用已恒重后的称量瓶称取5 g试样(准确至0.01 g)，铺平，厚度不超过3 mm，置于105 ℃±2 ℃的烘箱中干燥1 h后放入干燥器中，冷却至室温，称重。

4.4.2 计算

样品干燥减量 w_3(%)按式(3)计算：

$$w_3 = \frac{m_0 - m_1}{m} \times 100 \quad \cdots\cdots(3)$$

式中：

w_3——样品的干燥减量，以%表示；

m_1——干燥后称量瓶与试样的质量，单位为克(g)；

m_0——称量瓶与试样的质量，单位为克(g)；

m ——试样的质量，单位为克(g)。

4.5 酸度质量分数的测定

4.5.1 试剂和溶液

氢氧化钠标准滴定溶液 $c(NaOH)$ = 0.02 mol/L，按GB/T 601—2002中4.1配制和标定；

乙醇溶液：Ψ(乙醇：水)=95：5

溴甲酚绿乙醇溶液：ρ=1 g/L；

甲基红乙醇溶液：ρ=2 g/L；

指示剂：Ψ(溴甲酚绿溶液：甲基红溶液)=3：1。

4.5.2 测定步骤

称取试样1 g(精确至0.002 g)，置于150 mL锥形瓶中，加入50 mL乙醇溶液，振荡使试样溶解。加入5滴指示剂，用0.02 mol/L氢氧化钠标准滴定溶液滴定，滴定上述溶液由黄色至绿色为终点，同时做空白测定。

4.5.3 计算

试样的酸度，按式(4)计算：

$$w_4 = \frac{c(V_1 - V_0) \times M}{m \times 1\,000} \times 100 \quad \cdots\cdots(4)$$

式中：

w_4——试样的酸度，以%表示；

c ——氢氧化钠标准滴定溶液的实际浓度，单位为摩尔每升(mol/L)；

V_1——滴定试样溶液，消耗氢氧化钠标准滴定溶液的体积，单位为毫升(mL)；

V_0——滴定空白溶液，消耗氢氧化钠标准滴定溶液的体积，单位为毫升(mL)；

M ——硫酸的摩尔质量的数值，单位为克每摩尔(g/mol)，[$M\left(\frac{1}{2}H_2SO_4\right)=49.04$]；

m ——试样的质量，单位为克(g)。

4.6 丙酮不溶物的测定

按 GB/T 19138 进行。

4.7 产品的检验与验收

产品的检验与验收应符合 GB/T 1604 的规定。极限数值的处理采用修约值比较法。产品的检验与验收应符合 GB/T 1604 的规定。极限数值的处理采用修约值比较法。

5 标志、标签、包装、贮运、安全、验收期

5.1 标志、标签、包装

乙羧氟草醚原药的标志、标签、包装应符合 GB 3796 的规定；乙羧氟草醚原药应用编织袋内衬清洁的塑料袋或纸板桶内衬清洁的塑料袋包装，每袋、每桶净含量一般为 50 kg。也可根据用户要求或订货协议采用其他形式的包装，但需符合 GB 3796 的规定。

5.2 贮运

乙羧氟草醚原药包装件应贮存在通风、干燥的库房中；贮运时，严防潮湿和日晒，不得与食物、种子、饲料混放，避免与皮肤、眼睛接触，防止由口鼻吸入。

5.3 安全

本品对皮肤有中等刺激作用，对眼睛有强刺激作用。使用本品时要戴防护镜和胶皮手套穿必要的防护衣物。施药后，应立即用肥皂和水洗净。如皮肤、眼睛不慎沾上本品，应立即用大量清水冲洗。误服者应立即送医院对症治疗。

5.4 验收期

乙羧氟草醚原药验收期为一个月。从交货之日起，在一个月内完成产品质量验收，其各项指标均应符合标准要求。

附 录 A
（资料性附录）
乙羧氟草醚的其他名称、结构式和基本物化参数

本产品有效成分乙羧氟草醚的其他名称、结构式和基本物化参数如下：

通用名称：乙羧氟草醚

ISO 通用名称：fluoroglycofen-ethyl

CAS 登录号：77 501-90-7

化学名称：*O*-〔5-（2-氯-α，α，α-三氟-对-甲苯氧基）-2-硝基苯甲酰基〕羟基乙酸乙酯

结构式：

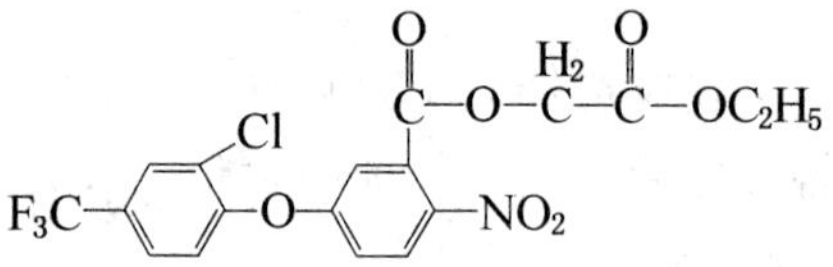

实验式：$C_{18}H_{13}ClF_3NO_7$

相对分子质量：447.8

生物活性：除草剂

熔点：65 ℃

蒸气压：小于 133 Pa（25 ℃）

溶解度（25 ℃）：水中 0.6 mg/L；大多数有机溶剂大于 100 g/kg

稳定性：0.25 mg/L 水溶液在 22 ℃下的 DT_{50} 约 231 d（pH5）、15 d（pH7）、0.15 d（pH9）；其水悬浮液因紫外光而迅速分解；土壤中因微生物而迅速降解，DT_{50} 约 11 h。

ICS 65.100.10
G 25

中华人民共和国国家标准

GB 28130—2011

哒螨灵原药

Pyridaben technical material

2011-12-30 发布　　　　2012-04-15 实施

中华人民共和国国家质量监督检验检疫总局
中国国家标准化管理委员会　发布

前　言

本标准的第 3 章、第 5 章是强制性的，其余是推荐性的。

本标准按照 GB/T 1.1—2009 给出的规则起草。

请注意本文件的某些内容可能涉及专利。本文件的发布机构不承担识别这些专利的责任。

本标准由中国石油和化学工业协会提出。

本标准由全国农药标准化技术委员会(SAC/TC 133)归口。

本标准负责起草单位:沈阳化工研究院有限公司。

本标准参加起草单位:江苏克胜集团股份有限公司、青岛奥迪斯生物科技有限公司。

本标准主要起草人:姜敏怡、吴伟、王海霞、王春玲、李学臣。

哒 螨 灵 原 药

1 范围

本标准规定了哒螨灵原药的要求、试验方法以及标志、标签、包装、贮运及验收期。

本标准适用于由哒螨灵及其生产中产生的杂质组成的哒螨灵原药。

注：哒螨灵的其他名称、结构式和基本物化参数参见附录A。

2 规范性引用文件

下列文件对于本文件的应用是必不可少的。凡是注日期的引用文件，仅注日期的版本适用于本文件。凡是不注日期的引用文件，其最新版本(包括所有的修改单)适用于本文件。

GB/T 601—2002 化学试剂 标准滴定溶液的制备

GB/T 1600 农药水分测定方法

GB/T 1604 商品农药验收规则

GB/T 1605—2001 商品农药采样方法

GB 3796 农药包装通则

GB/T 19138 农药丙酮不溶物测定方法(GB/T 19138—2003,CIPAC MT27,MOD)

3 要求

3.1 外观

白色颗粒或粉末状固体，无可见的外来物和填加的改性剂。

3.2 技术指标

哒螨灵原药应符合表1要求。

表1 哒螨灵原药控制项目指标

项　目		指　标
哒螨灵质量分数/%	≥	95.0
水分质量分数/%	≤	0.5
酸度(以 H_2SO_4 计)/%	≤	0.3
或碱度(以 NaOH 计)/%	≤	0.2
丙酮不溶物质量分数[a]/%	≤	0.5

[a] 正常生产时，丙酮不溶物质量分数每三个月至少测定一次。

4 试验方法

4.1 抽样

按 GB/T 1605—2001 中"商品原药采样"方法进行。用随机数表法确定抽样的包装件，最终抽样量应不少于 100 g。

4.2 鉴别试验

下列方法可任选其一。当用一种方法不能鉴别时，应再使用另一种方法加以确定。

红外光谱法——试样与哒螨灵标样在 4 000 cm^{-1}～400 cm^{-1} 的红外吸收光谱图应没有明显区别。哒螨灵标样红外光谱图见图 1。

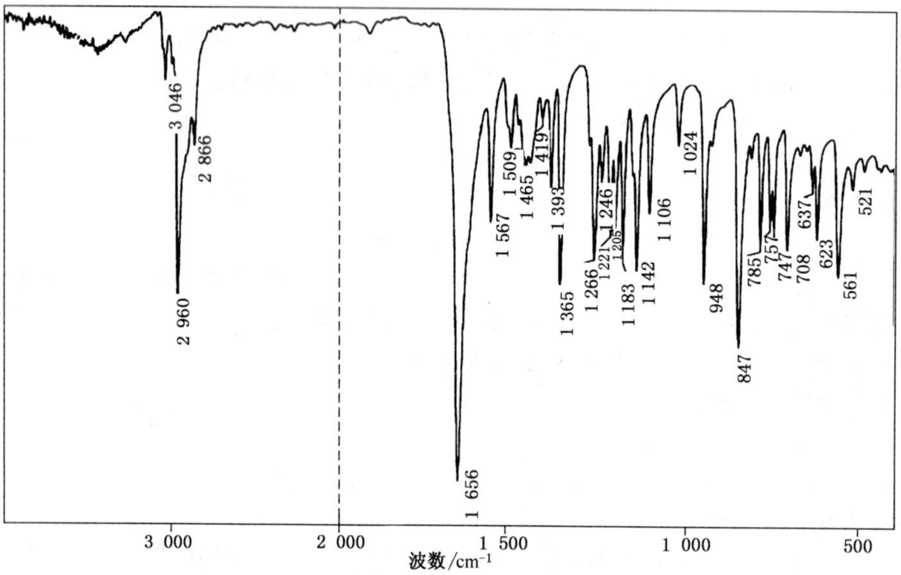

图 1 哒螨灵标样的红外光谱图

高效液相色谱法——本鉴别试验可与哒螨灵质量分数的测定同时进行。在相同的色谱操作条件下，试样溶液中某一色谱峰的保留时间与哒螨灵标样溶液中哒螨灵色谱峰的保留时间，其相对差值应在 1.5%以内。

4.3 哒螨灵质量分数的测定

4.3.1 高效液相色谱法(仲裁法)

4.3.1.1 方法提要

试样用甲醇溶解，以乙腈＋水为流动相，使用以 Nova-Pak C_{18} 为填料的不锈钢柱和紫外检测器(240 nm)，对试样中的哒螨灵进行高效液相色谱分离和测定。

4.3.1.2 试剂和溶液

甲醇；

乙腈：色谱纯；

水：新蒸二次蒸馏水；

哒螨灵标样：已知哒螨灵质量分数 $w \geq 99.0\%$。

4.3.1.3 仪器

高效液相色谱仪：具有可变波长紫外检测器；

色谱数据处理机或工作站；

色谱柱：150 mm×3.9 mm(i. d.)不锈钢柱，内装 Nova-Pak C_{18}，5 μm 填充物(或同等效果的色谱柱)；

过滤器:滤膜孔径约 0.45 μm;

微量进样器:50 μL;

定量进样管:5 μL;

超声波清洗器。

4.3.1.4 高效液相色谱操作条件

流动相:$\Psi(CH_3CN : H_2O)=85 : 15$;

流速:1.0 mL/ min;

柱温:室温(温差变化应不大于 2 ℃);

检测波长:240 nm;

进样体积:5 μL;

保留时间:哒螨灵约 5.6 min。

上述操作参数是典型的,可根据不同仪器特点,对给定的操作参数作适当调整,以期获得最佳效果。典型的哒螨灵原药高效液相色谱图见图 2。

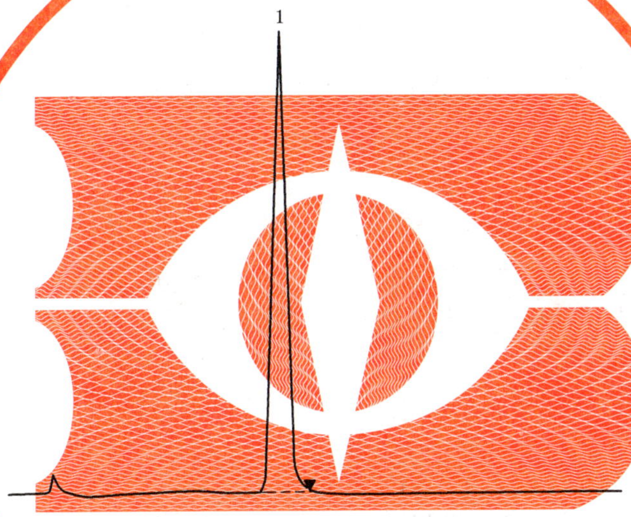

1——哒螨灵。

图 2 哒螨灵原药的高效液相色谱图

4.3.1.5 测定步骤

4.3.1.5.1 标样溶液的制备

称取 0.1 g 哒螨灵标样(精确至 0.000 2 g),置于 50 mL 容量瓶中,用甲醇稀释至刻度,超声波振荡 5 min 使试样溶解,冷却至室温,摇匀。用移液管移取上述溶液 5 mL 于 50 mL 容量瓶中,用甲醇稀释至刻度,摇匀。

4.3.1.5.2 试样溶液的制备

称取含哒螨灵 0.1 g 的试样(精确至 0.000 2 g),置于 50 mL 容量瓶中,用甲醇稀释至刻度,超声波振荡 5 min 使试样溶解,冷却至室温,摇匀。用移液管移取上述溶液 5 mL 于 50 mL 容量瓶中,用甲醇稀释至刻度,摇匀。

4.3.1.5.3 测定

在上述操作条件下,待仪器稳定后,连续注入数针标样溶液,直至相邻两针哒螨灵峰面积相对变化小于 1.2%后，按照标样溶液、试样溶液、试样溶液、标样溶液的顺序进行测定。

4.3.1.6 计算

将测得的两针试样溶液以及试样前后两针标样溶液中哒螨灵峰面积分别进行平均。试样中哒螨灵的质量分数按式(1)计算：

$$w_1 = \frac{A_2 \cdot m_1 \cdot w}{A_1 \cdot m_2} \qquad \cdots\cdots (1)$$

式中：

w_1——试样中哒螨灵的质量分数，以 % 表示；

A_2——试样溶液中，哒螨灵峰面积的平均值；

m_1——哒螨灵标样的质量，单位为克(g)；

w ——哒螨灵标样的质量分数，以 % 表示；

A_1——标样溶液中，哒螨灵峰面积的平均值；

m_2——试样的质量，单位为克(g)。

4.3.1.7 允许差

哒螨灵质量分数两次平行测定结果之差应不大于 1.2%，取其算术平均值作为测定结果。

4.3.2 毛细管气相色谱法

4.3.2.1 方法提要

试样用三氯甲烷溶解，以邻苯二甲酸双环己酯为内标物，使用 DB-1701 涂壁的石英毛细管柱，和氢火焰离子化检测器，对试样中的哒螨灵进行毛细管气相色谱分离和测定。

4.3.2.2 试剂和溶液

三氯甲烷；

哒螨灵标样：已知质量分数 $w \geqslant 99.0\%$；

邻苯二甲酸双环己酯：不含有干扰分析的杂质；

内标溶液：称取 5.0 g 的邻苯二甲酸双环己酯置于 500 mL 的容量瓶中，用三氯甲烷溶解、定容、摇匀。

4.3.2.3 仪器

气相色谱仪：具氢火焰离子化检测器；

色谱柱：30 m×0.32 mm (i.d.) 石英毛细柱，内壁涂 DB-1701，膜厚 0.25 μm；

色谱数据处理机或色谱工作站。

4.3.2.4 气相色谱操作条件

温度(℃)：柱室 240，气化室 270，检测室 280；

气体流量(mL/min)：载气 (N_2)1.8，氢气 30，空气 300，补偿气 25；

分流比：40∶1；

进样体积：2.0 μL；

保留时间：哒螨灵约 8.2 min，内标物约 5.0 min。

上述气相色谱操作条件，系典型操作参数。可根据不同仪器特点，对给定的操作参数作适当调整，以期获得最佳效果。典型的哒螨灵原药与内标物的气相色谱图见图 3。

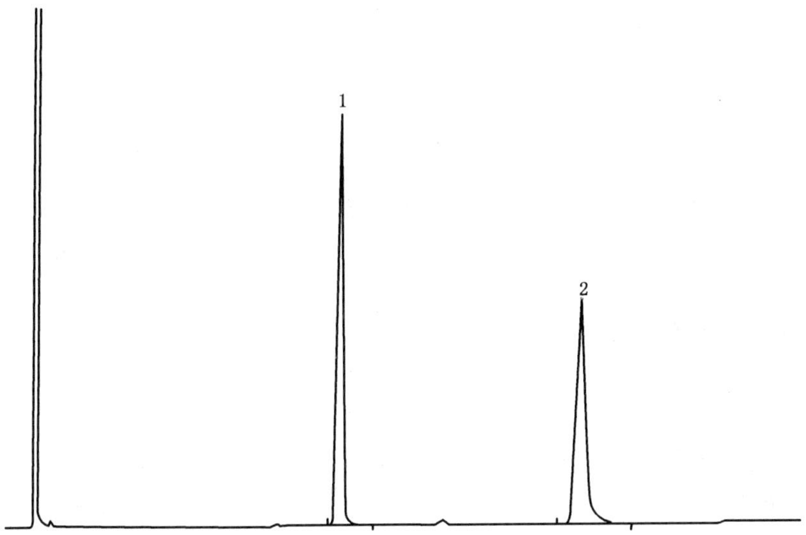

1——内标物；

2——哒螨灵。

图 3 哒螨灵原药与内标物的气相色谱图

4.3.2.5 测定步骤

4.3.2.5.1 标样溶液的配制

称取哒螨灵标样 0.05 g(精确至 0.000 2 g)，置于一具塞玻璃瓶中，用移液管准确加入 5 mL 内标溶液，摇匀。

4.3.2.5.2 试样溶液的配制

称取含哒螨灵 0.05 g 的试样 (精确至 0.000 2 g)，置于一具塞的玻璃瓶中，用与 4.3.2.5.1 中使用的同一支移液管准确加入 5 mL 内标溶液，摇匀。

4.3.2.5.3 测定

在上述色谱操作条件下，待仪器稳定后，连续注入数针标样溶液，直至相邻两针哒螨灵与内标物的峰面积比的相对变化小于 1.5%后，按照标样溶液、试样溶液、试样溶液、标样溶液的顺序进行分析测定。

4.3.2.6 计算

将测得的两针试样溶液以及试样前后两针标样溶液中哒螨灵与内标物的峰面积比分别进行平均。试样中哒螨灵质量分数按式(1′)计算：

$$w'_1 = \frac{r_2 \times m_1 \times w}{r_1 \times m_2} \quad \cdots\cdots (1')$$

式中：

w'_1——试样中哒螨灵质量分数，以 % 表示；

r_2 ——试样溶液中哒螨灵与内标物峰面积比的平均值；

m_1——标样的质量，单位为克(g)；

w ——标样中哒螨灵的质量分数，以 % 表示；

r_1 ——标样溶液中哒螨灵与内标物峰面积比的平均值；

m_2——试样的质量，单位为克(g)。

4.3.2.7 允许差

两次平行测定结果之差，应不大于 1.2%，取其算术平均值作为测定结果。

4.4 水分质量分数的测定

按 GB/T 1600 进行。允许使用精度相当的微量水分测定仪测定。

4.5 酸度(碱度)质量分数的测定

4.5.1 试剂和溶液

氢氧化钠标准滴定溶液 $c(NaOH)=0.02$ mol/L，按 GB/T 601—2002 中 4.1 配制和标定；

盐酸标准滴定溶液 $c(HCl)=0.02$ mol/L，按 GB/T 601—2002 中 4.1 配制和标定；

指示液：溴甲酚绿乙醇溶液，ρ(溴甲酚绿)=1 g/L；

丙酮溶液：取 10 mL 水和 90 mL 丙酮，加 1 mL 指示液，摇匀。用氢氧化钠标准滴定溶液滴定由黄色至蓝色，备用。

4.5.2 测定方法

称取试样 1 g(精确至 0.002 g)，置于 150 mL 锥形瓶中，加入 25 mL 丙酮溶液，摇动使试样溶解。若溶液为黄色按 a)测定溶液的酸度；若溶液为蓝色则按 b)测定溶液的碱度。

a) 酸度：用 0.02 mol/L 氢氧化钠标准滴定溶液滴定，滴定上述溶液至蓝色为终点。

b) 碱度：用 0.02 mol/L 盐酸标准滴定溶液滴定，滴定上述溶液至黄色为终点。

4.5.3 计算

a) 试样酸度按式(2)计算：

$$w_2=\frac{cV_1\times M}{m\times 1\ 000}\times 100 \qquad \cdots\cdots(2)$$

式中：

w_2——试样酸度，以%表示；

c——氢氧化钠标准滴定溶液的实际浓度，单位为摩尔每升(mol/L)；

V_1——滴定试样溶液消耗氢氧化钠标准滴定溶液的体积，单位为毫升(mL)；

M——硫酸的摩尔质量的数值，单位为克每摩尔(g/mol)，$\left[M\left(\frac{1}{2}H_2SO_4\right)=49\right]$；

m——试样的质量，单位为克(g)。

b) 试样碱度按式(2′)计算：

$$w'_2=\frac{cV_1\times M}{m\times 1\ 000}\times 100 \qquad \cdots\cdots(2')$$

式中：

w'_2——试样碱度，以%表示；

c——盐酸标准滴定溶液的实际浓度，单位为摩尔每升(mol/L)；

V_1——滴定试样溶液消耗盐酸标准滴定溶液的体积，单位为毫升(mL)；

M——氢氧化钠的摩尔质量的数值，单位为克每摩尔(g/mol)，$[M(NaOH)=40]$；

m——试样的质量，单位为克(g)。

4.6 丙酮不溶物质量分数的测定

按 GB/T 19138 进行。

4.7 产品的检验与验收

应符合 GB/T 1604 的规定，极限数值处理采用修约值比较法。

5 标志、标签、包装、贮运、安全、验收期

5.1 标志、标签、包装

哒螨灵原药的标志、标签、包装应符合 GB 3796 的规定；哒螨灵原药应用编织袋内衬清洁的塑料袋或纸板桶内衬清洁的塑料袋包装，每袋、每桶净含量一般为 25 kg；根据用户要求或订货协议可采用其他形式的包装，但需符合 GB 3796 的规定。

5.2 贮运

哒螨灵原药包装件应贮存在通风、干燥的库房中；贮运时，严防潮湿和日晒，不得与食物、种子、饲料混放，避免与皮肤、眼睛接触，防止由口鼻吸入。

5.3 安全

本品属中等毒性的杀螨、杀虫剂，吞噬和吸入均有毒，可经皮肤渗入。使用本品时要戴防护镜和胶皮手套穿必要的防护衣物。施药后，应立即用肥皂和水洗净。如皮肤、眼睛不慎沾上本品，应立即用大量清水冲洗。误服者应立即送医院对症治疗。

5.4 验收期

哒螨灵原药验收期为一个月。从交货之日起，在一个月内完成产品质量验收，其各项指标均应符合标准要求。

附 录 A
（资料性附录）
哒螨灵的其他名称、结构式和基本物化参数

本产品有效成分哒螨灵的其他名称、结构式和基本物化参数如下：

ISO 通用名称：Pyridaben

CAS 登录号：96489-71-3

CIPAC 数字代码：583

化学名称：2-特丁基-5-(4-特丁基苄硫基)-4-氯-3(2H)-哒嗪酮

结构式：

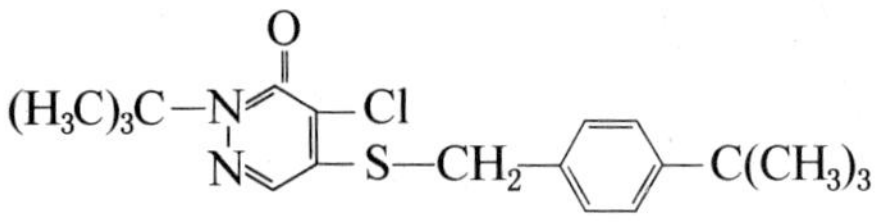

实验式：$C_{19}H_{25}ClN_2OS$

相对分子质量：364.9

生物活性：杀螨、杀虫

熔点：约 111 ℃～112 ℃

蒸气压：<0.25 mPa(20 ℃)

溶解度(20 ℃,g/L)：水中 1.2×10^{-5}，丙酮 460，苯 110，环己烷 320，乙醇 57，正辛烷 63，己烷 10，二甲苯 390

稳定性：在 pH4～pH9 的水溶液和大多数有机溶剂中稳定，50 ℃贮存 3 个月稳定，正常贮存条件下至少两年是稳定的，对光不稳定。

ICS 65.100.10
G 25

中华人民共和国国家标准

GB 28131—2011

溴氰菊酯原药

Deltamethrin technical material

2011-12-30 发布 2012-04-15 实施

中华人民共和国国家质量监督检验检疫总局
中国国家标准化管理委员会 发布

前　言

本标准的第 3 章、第 5 章是强制性的，其余是推荐性的。

本标准按照 GB/T 1.1—2009 给出的规则起草。

本标准使用重新起草法修改采用 FAO 规格 333/TC(May 2005)《溴氰菊酯原药》(Deltamethrin technical material)。

本标准与 FAO 规格 333/TC(May 2005)《溴氰菊酯原药》(Deltamethrin technical material)的主要技术差异及原因如下：

——本标准增加了对干燥减量和 pH 值范围两项指标的控制，技术指标更加全面，FAO 规格未控制这两项指标。

请注意本文件的某些内容可能涉及专利。本文件的发布机构不承担识别这些专利的责任。

本标准由中国石油和化学工业协会提出。

本标准由全国农药标准化技术委员会(SAC/TC 133)归口。

本标准负责起草单位：沈阳化工研究院有限公司。

本标准参加起草单位：江苏扬农化工股份有限公司。

本标准主要起草人：梅宝贵、邢红、黎娜、刘卫荣。

溴氰菊酯原药

1 范围

本标准规定了溴氰菊酯原药的要求、试验方法以及标志、标签、包装、贮运和验收期。

本标准适用于由溴氰菊酯及其生产中产生的杂质组成的溴氰菊酯原药。

注：溴氰菊酯的其他名称、结构式和基本物化参数参见附录A。

2 规范性引用文件

下列文件对于本文件的应用是必不可少的。凡是注日期的引用文件，仅注日期的版本适用于本文件。凡是不注日期的引用文件，其最新版本(包括所有的修改单)适用于本文件。

GB/T 1601 农药pH值的测定方法

GB/T 1604 商品农药验收规则

GB/T 1605—2001 商品农药采样方法

GB 3796 农药包装通则

3 要求

3.1 外观

白色结晶粉末。

3.2 技术指标

溴氰菊酯原药还应符合表1要求。

表1 溴氰菊酯原药控制项目指标

项目	指标
溴氰菊酯质量分数/% ≥	98.5
干燥减量质量分数/% ≤	0.5
pH值范围	4.0～7.0

4 试验方法

4.1 抽样

按GB/T 1605—2001中“商品原药采样”方法进行。用随机数表法确定抽样的包装件，最终抽样量应不少于100 g。

4.2 鉴别试验

高效液相色谱法——本鉴别试验可与溴氰菊酯质量分数的测定同时进行。在相同的色谱操作条件下,试样溶液中某色谱峰的保留时间与标样溶液中溴氰菊酯的保留时间,其相对差值应在1.5%以内。

红外光谱法——试样与溴氰菊酯标样在4 000 cm^{-1}～400 cm^{-1}范围内的红外吸收光谱图应无明显差异。溴氰菊酯标样红外光谱图见图1。

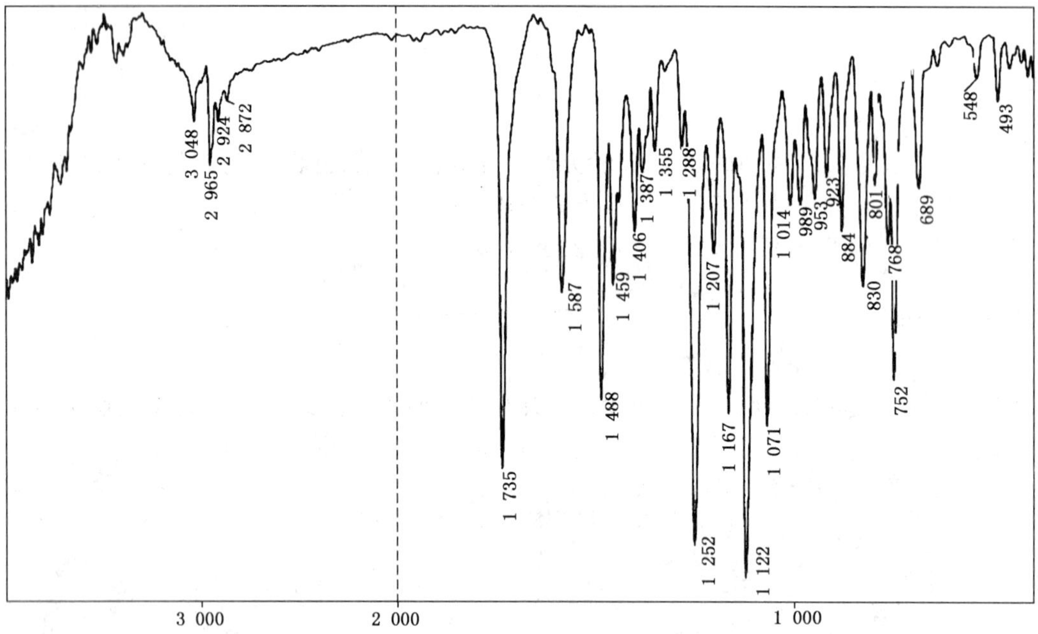

图1 溴氰菊酯标样的红外光谱图

4.3 溴氰菊酯质量分数的测定

4.3.1 方法提要

试样用流动相溶解,以异辛烷＋二氧六环为流动相,使用以Zorbax RX-Sil为填料的不锈钢柱和紫外检测器(254 nm),对试样中的溴氰菊酯进行正相高效液相色谱分离,外标法定量。

4.3.2 试剂和溶液

异辛烷;

二氧六环;

溴氰菊酯标样:已知溴氰菊酯质量分数$w \geqslant 99.0\%$。

4.3.3 仪器

高效液相色谱仪:具有紫外可变波长检测器;

色谱数据处理机;

色谱柱:250 mm ×4.6 mm(i.d.)不锈钢柱,内装Zorbax RX-Sil、5 μm填充物;

过滤器:滤膜孔径约0.45 μm;

微量进样器:50 μL;

定量进样管:10 μL;

超声波清洗器。

4.3.4 高效液相色谱操作条件

流动相:Ψ(异辛烷∶二氧六环)＝90∶10,经滤膜过滤,并进行脱气;

流速：1.0 mL/min；

柱温：室温；

检测波长：254 nm；

进样体积：10 μL；

保留时间：溴氰菊酯 约 5.4 min。

上述操作参数是典型的，可根据不同仪器特点，对给定的操作参数作适当调整，以期获得最佳效果。典型的溴氰菊酯原药正相高效液相色谱图见图 2。

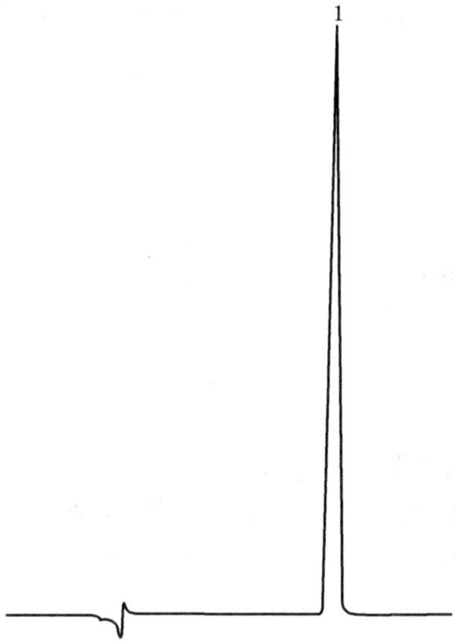

1——溴氰菊酯。

图 2　溴氰菊酯原药的正相高效液相色谱图

4.3.5　测定步骤

4.3.5.1　标样溶液的制备

称取溴氰菊酯标样 0.05 g(精确至 0.000 2 g)，置于 50 mL 容量瓶中，加流动相振摇使之溶解，用流动相稀释至刻度，摇匀。

4.3.5.2　试样溶液的制备

称取含溴氰菊酯 0.05 g 的试样(精确至 0.000 2 g)，置于 50 mL 容量瓶中，加流动相振摇使之溶解，用流动相稀释至刻度，摇匀。

4.3.5.3　测定

在上述操作条件下，待仪器稳定后，连续注入数针标样溶液，直至相邻两针溴氰菊酯峰面积相对变化小于 1.2%后，按照标样溶液、试样溶液、试样溶液、标样溶液的顺序进行测定。

4.3.6　计算

将测得的两针试样溶液以及试样前后两针标样溶液中溴氰菊酯峰面积分别进行平均。试样中溴氰菊酯质量分数按式(1)计算：

$$w_1 = \frac{A_2 \cdot m_1 \cdot w}{A_1 \cdot m_2} \qquad \cdots\cdots(1)$$

式中：

w_1——试样中溴氰菊酯质量分数，以 % 表示；

A_2——试样溶液中溴氰菊酯峰面积的平均值；
m_1——溴氰菊酯标样的质量，单位为克(g)；
w——溴氰菊酯标样中溴氰菊酯质量分数，以 % 表示；
A_1——标样溶液中溴氰菊酯峰面积的平均值；
m_2——试样的质量，单位为克(g)。

4.3.7 允许差

溴氰菊酯质量分数两次平行测定结果之差应不大于1.2%，取其算术平均值作为测定结果。

4.4 干燥减量质量分数的测定

4.4.1 仪器

烘箱：80 ℃±2 ℃；
称量瓶：内径 70 mm，高 40 mm；
干燥器。

4.4.2 测定步骤

将称量瓶放入烘箱中烘 1 h，取出置于干燥器内冷却至室温，称量(精确至 0.000 2 g)。重复上述步骤，直至称量瓶恒重为止。在瓶内放置 2 g 试样，铺平，称量(精确至 0.01 g)，将称量瓶放入烘箱，不加盖，烘 2 h 后，取出并放入干燥器中冷却至室温，称量(精确至 0.000 2 g)。

4.4.3 计算

试样的干燥减量按式(2)计算：

$$w_2 = \frac{m_1 - m_2}{m} \times 100 \qquad \cdots\cdots(2)$$

式中：
w_2——试样的干燥减量，以%表示；
m_1——试样和称量瓶烘干前的质量，单位为克(g)；
m_2——试样和称量瓶烘干后的质量，单位为克(g)；
m——试样的质量，单位为克(g)。

4.4.4 允许差

两次平行测定结果之相对偏差应不大于30%；取其算术平均值作为测定结果。

4.5 pH 值的测定

按 GB/T 1601 进行。

4.6 产品的检验与验收

应符合 GB/T 1604 的规定。极限数值的处理采用修约值比较法。

5 标志、标签、包装、贮运、安全和验收期

5.1 标志、标签、包装

溴氰菊酯原药的标志、标签、包装应符合 GB 3796 的规定；溴氰菊酯原药应用清洁、干燥的聚氨酯

桶包装,每桶净含量应不大于 200 kg;根据用户要求或订货协议可采用其他形式的包装,但需符合 GB 3796 的规定。

5.2 贮运

溴氰菊酯原药包装件应贮存在通风、干燥的库房中;贮运时,严防潮湿和日晒,不得与食物、种子、饲料混放,避免与皮肤、眼睛接触,防止由口鼻吸入。

5.3 安全

溴氰菊酯为中等毒性的拟除虫菊酯类杀虫剂,吸入或接触均有毒,误服可能致命,接触会引起眼痛、皮肤过敏。使用本品时应穿戴防护用品,施药后应用肥皂洗净。本品无特效解毒药,主要是彻底清除毒物和对症治疗。

5.4 验收期

溴氰菊酯原药验收期为一个月。从交货之日起,在一个月内完成产品质量验收,其各项指标均应符合标准要求。

附　录　A
（资料性附录）
溴氰菊酯的其他名称、结构式和基本物化参数

本产品有效成分溴氰菊酯的其他名称、结构式和基本物化参数如下：

ISO 通用名称：Deltamethrin

CIPAC 数字代码：333

化学名称：(S)-α-氰基-3-苯氧基苄基(1R,3R)-3-(2,2-二溴乙烯基)-2,2-二甲基环丙烷羧酸酯

结构式：

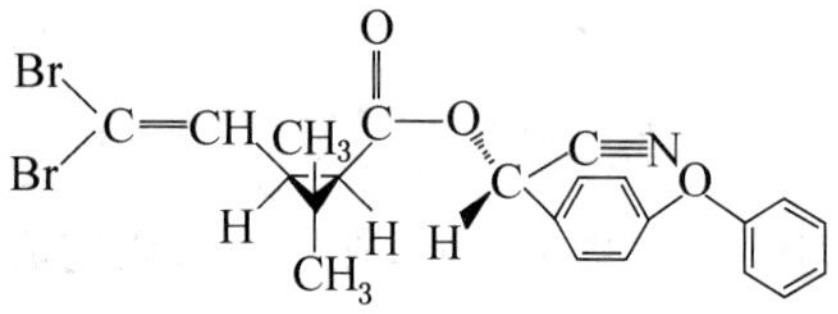

实验式：$C_{22}H_{19}Br_2NO_3$

相对分子质量：505.2

生物活性：杀虫剂

熔点(℃)：98～101

蒸汽压(25 ℃)：2.0×10^{-6} Pa

溶解性(g/L，20 ℃)：水＜2×10^{-6}，丙酮 450，二氯甲烷 700，环己烷 750，二甲基甲酰胺 450，二氧六环 900

稳定性：对光、热较稳定，在中性及微酸性介质中稳定，碱性条件下易分解。

ICS 65.100.10
G 25

中华人民共和国国家标准

GB 28132—2011

吡虫啉微乳剂

Imidacloprid micro-emulsion

2011-12-30 发布　　2012-04-15 实施

中华人民共和国国家质量监督检验检疫总局
中国国家标准化管理委员会　发布

前　言

本标准的第3章、第5章是强制性的，其余是推荐性的。

本标准按照GB/T 1.1—2009给出的规则起草。

请注意本文件的某些内容可能涉及专利。本文件的发布机构不承担识别这些专利的责任。

本标准由中国石油和化学工业协会提出。

本标准由全国农药标准化技术委员会(SAC/TC 133)归口。

本标准负责起草单位：沈阳化工研究院有限公司。

本标准参加起草单位：深圳诺普信农化股份有限公司、山东兆丰年生物科技有限公司、江苏长青农化股份有限公司、青岛海利尔药业有限公司。

本标准主要起草人：侯春青、昝艳坤、王芳、袁伏中、吉瑞香、李学臣、杨华。

吡虫啉微乳剂

1 范围

本标准规定了吡虫啉微乳剂的要求、试验方法以及标志、标签、包装、贮运、安全和保证期。

本标准适用于由吡虫啉原药、水与助剂制成的吡虫啉微乳剂。

注：吡虫啉的其他名称、结构式和基本物化参数参见附录A。

2 规范性引用文件

下列文件对于本文件的应用是必不可少的。凡是注日期的引用文件，仅注日期的版本适用于本文件。凡是不注日期的引用文件，其最新版本(包括所有的修改单)适用于本文件。

GB/T 1601 农药pH值的测定方法

GB/T 1603 农药乳液稳定性测定方法

GB/T 1604 商品农药验收规则

GB/T 1605—2001 商品农药采样方法

GB 4838 农药乳油包装

GB/T 14825 农药悬浮率测定方法

GB/T 19136 农药热贮稳定性测定方法

GB/T 19137 农药低温稳定性测定方法

3 要求

3.1 组成和外观

本品应由符合标准的吡虫啉原药、水与适宜的助剂制成，应为透明或半透明均相液体，无可见的悬浮物和沉淀。

3.2 技术指标

吡虫啉微乳剂应符合表1要求。

表1 吡虫啉微乳剂质量控制项目指标

项目	指标	
吡虫啉质量分数/%	$10.0^{+1.0}_{-1.0}$	$20.0^{+1.2}_{-1.2}$
pH值范围	5.0～8.0	
透明温度范围试验(0 ℃～50 ℃)	合格	
乳液稳定性(稀释500倍)	合格	
持久起泡性(1 min后)/mL ≤	25	
热贮稳定性[a]	合格	
低温稳定性[a]	合格	

[a] 正常生产时，热贮稳定性、低温稳定性试验每三个月至少测定一次。

4 试验方法

4.1 抽样

按 GB/T 1605—2001 中"液体制剂采样"方法进行。用随机数表法确定抽样的包装件；最终抽样量应不少于 200 mL。

4.2 鉴别试验

液相色谱法——本鉴别试验可与吡虫啉质量分数的测定同时进行。在相同的色谱操作条件下，试样溶液中某个色谱峰的保留时间与标样溶液中吡虫啉的色谱峰的保留时间，其相对差值应在 1.5% 以内。

4.3 吡虫啉质量分数的测定

4.3.1 方法提要

试样用流动相溶解，以甲醇＋水为流动相，使用以 C_{18} 为填料的不锈钢柱和紫外检测器在波长 260 nm下，对试样中的吡虫啉进行反相高效液相色谱分离和测定，外标法定量。

4.3.2 试剂和溶液

甲醇：色谱级；

水：新蒸二次蒸馏水；

吡虫啉标样：已知质量分数 $w \geqslant 99.0\%$。

4.3.3 仪器

高效液相色谱仪：具有可变波长紫外检测器；

色谱数据处理机或色谱工作站；

色谱柱：250 mm ×4.6 mm(i.d.)不锈钢柱，内装 C_{18}、5 μm 填充物；

过滤器：滤膜孔径约 0.45 μm；

微量进样器：50 μL；

定量进样管：5 μL；

超声波清洗器。

4.3.4 高效液相色谱操作条件

流动相：Ψ(甲醇：水)＝40：60，经滤膜过滤，并进行脱气；

流速：0.8 mL/ min；

柱温：室温(温差变化应不大于 2 ℃)；

检测波长：260 nm；

进样体积：5 μL；

保留时间：吡虫啉约 6.0 min。

上述操作参数是典型的，可根据不同仪器特点，对给定的操作参数作适当调整，以期获得最佳效果。典型的吡虫啉微乳剂高效液相色谱图见图 1。

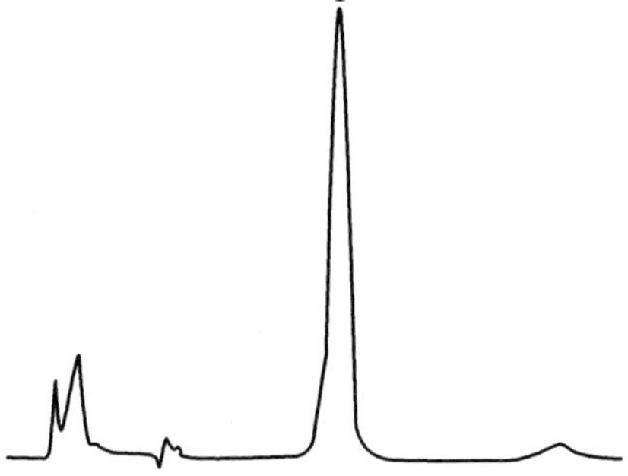

1——吡虫啉。

图 1　吡虫啉微乳剂的高效液相色谱图

4.3.5　测定步骤

4.3.5.1　标样溶液的制备

称取 0.1 g(精确至 0.000 2 g)吡虫啉标样于 100 mL 容量瓶中，用甲醇溶解并稀释至刻度，超声波振荡 5 min 使试样溶解，冷却至室温，摇匀。用移液管移取上述溶液 5 mL 于 50 mL 容量瓶中，用流动相稀释至刻度，摇匀。

4.3.5.2　试样溶液的制备

称取含吡虫啉 0.1 g(精确至 0.000 2 g)的试样于 100 mL 容量瓶中，用甲醇溶解并稀释至刻度，超声波振荡 5 min 使试样溶解，冷却至室温，摇匀。用移液管移取上述溶液 5 mL 于 50 mL 容量瓶中，用流动相稀释至刻度，摇匀。

4.3.5.3　测定

在上述操作条件下，待仪器稳定后，连续注入数针标样溶液，直至相邻两针吡虫啉峰面积相对变化小于 1.2%后，按照标样溶液、试样溶液、试样溶液、标样溶液的顺序进行测定。

4.3.5.4　计算

试样中吡虫啉的质量分数按式(1)计算：

$$w_1 = \frac{A_2 \cdot m_1 \cdot w}{A_1 \cdot m_2} \quad \cdots\cdots (1)$$

式中：

w_1——试样中吡虫啉质量分数，以%表示；

A_2——试样溶液中，吡虫啉峰面积的平均值；

m_1——标样的质量，单位为克(g)；

w ——吡虫啉标样的质量分数，以%表示；

A_1——标样溶液中，吡虫啉峰面积的平均值；

m_2——试样的质量，单位为克(g)。

4.3.6　允许差

吡虫啉质量分数两次平行测定结果之差，10%微乳剂应不大于 0.5%；20%微乳剂应不大于 0.8%，取其算术平均值作为测定结果。

4.4 透明温度范围试验

取 10 mL 样品于装有温度计的 25 mL 试管中，用搅拌棒上下搅动，将试管置于冰水浴上，控制温度保持 0 ℃，观察样品是否出现混浊，再将试管置于水浴中，以 2 ℃/min 的速度慢慢加温至 50 ℃，记录观察样品是否出现混浊。0～50 ℃范围内不出现混浊为合格。

4.5 pH 值的测定

按 GB/T 1601 进行。

4.6 乳液稳定性试验

将试样稀释 500 倍，按 GB/T 1603 进行试验，上无浮油，下无沉淀为合格。

4.7 持久起泡性试验

4.7.1 方法提要

将规定量的试样与标准硬水混合，静置后记录泡沫体积。

4.7.2 试剂

标准硬水：$\rho(Ca^{2+}+Mg^{2+})=342$ mg/L，pH=6.0～7.0，按 GB/T 14825 配制。

4.7.3 仪器和器具

具塞量筒：250 mL(分度值 2 mL，0～250 mL 刻度线 20 cm ～21.5 cm，250 mL 刻度线到塞子底部 4 cm～6 cm)；

工业天平：感量 0.1 g。

4.7.4 测定步骤

在量筒中加入 180 mL 标准硬水，在量筒中称入试样 1.0 g(精确至 0.1 g)，加标准硬水至距离量筒塞底部 9 cm 的刻度线处，盖上塞子，以量筒底部为中心，上下颠倒 30 次(每次 2 s)。放在试验台上静置 1 min，记录泡沫体积。

4.8 热贮稳定性试验

按 GB/T 19136 中“液体制剂”进行。热贮后吡虫啉质量分数应不低于贮前的 97%，乳液稳定性仍应符合标准要求。

4.9 低温稳定性试验

按 GB/T 19137 中“乳剂和均相液体制剂”进行。7 d 后取出，烧杯恢复至室温，轻微搅动，应无可见的颗粒和油状物。

4.10 产品的检验与验收

应符合 GB/T 1604 的规定。极限数值的处理采用修约值比较法。

5 标志、标签、包装、贮运、安全、保证期

5.1 标志、标签、包装

吡虫啉微乳剂的标志、标签和包装应符合 GB 4838 的规定。吡虫啉微乳剂应用带有内塞及外盖的

棕色玻璃瓶或聚酯瓶包装,每瓶净含量一般为 100 g、500 g 等;外包装用瓦楞纸盒或铝塑箱,每箱净含量不超过 10 kg。也可根据用户要求或订货协议采用其他形式的包装,但需符合 GB 4838 的规定。

5.2 贮运

吡虫啉微乳剂包装件应贮存在通风、干燥的库房中。贮运时,严防潮湿和日晒,不得与食物、种子、饲料混放,避免与皮肤、眼睛接触,防止由口鼻吸入。

5.3 安全

本品属低毒制剂。可经皮肤渗入。使用本品时要避免与皮肤接触,施药后应用肥皂和清水冲洗。中毒者应立即送医院对症治疗。

5.4 保证期

在规定的贮运条件下,吡虫啉微乳剂的保证期从生产日期起为两年。

附 录 A
（资料性附录）
吡虫啉的的其他名称、结构式和基本物化参数

本产品有效成分吡虫啉的其他名称、结构式和基本物化参数如下：

ISO 通用名称：Imidacloprid

CAS 登录号：138261-41-3

CIPAC 数字代码：582

化学名称：1-(6-氯-3-吡啶基甲基)-*N*-硝基亚咪唑烷-2-基胺

结构式：

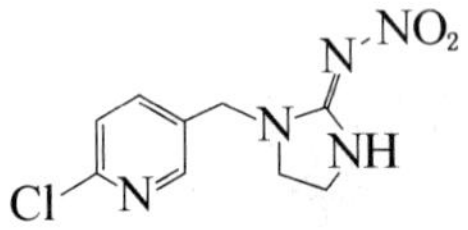

实验式：$C_9H_{10}ClN_5O_2$

相对分子质量：255.7

生物活性：杀虫

熔点：144 ℃

蒸气压(20 ℃)：4×10^{-7} mPa

溶解度(20 ℃,g/L)：水 0.61，甲苯 0.68，二氯甲烷 55，异丙醇 1.2，正己烷小于 0.1

稳定性：pH 值 5～11 时稳定，不易水解。

ICS 65.100.20
G 25

中华人民共和国国家标准

GB 28133—2011

绿麦隆可湿性粉剂

Chlortoluron wettable powders

2011-12-30 发布　　　　2012-04-15 实施

中华人民共和国国家质量监督检验检疫总局
中国国家标准化管理委员会　发布

前　言

本标准的第3章、第5章是强制性的，其余是推荐性的。

本标准按照 GB/T 1.1—2009 给出的规则起草。

本标准使用重新起草法修改采用 FAO specification 217/WP/S(1990)《绿麦隆可湿性粉剂》(Chlorotoluron wettable powders)。

本标准与 FAO specification 217/WP/S(1990)《绿麦隆可湿性粉剂》(Chlorotoluron wettable powders)的主要技术差异及原因如下：

——润湿时间：FAO 规定≤1 min，本标准规定≤90 s，符合我国国情；

——持久起泡性(1 min 后)：FAO 规定≤25 mL，本标准规定≤60mL，更适合我国产品；

——增加了"1,1-二甲基-3-(4-甲基苯基)脲"、"1-甲基-3-(3-氯-4-甲基苯基)脲"、"水分"的要求，比 FAO 规格更加严格。

请注意本文件的某些内容可能涉及专利。本文件的发布机构不承担识别这些专利的责任。

本标准由中国石油和化学工业协会提出。

本标准由全国农药标准化技术委员会(SAC/TC 133)归口。

本标准起草单位：农业部农药检定所、江苏快达农化股份有限公司。

本标准主要起草人：于荣、姜宜飞、王小丽、施永平、陈杰、李岩。

绿麦隆可湿性粉剂

1 范围

本标准规定了绿麦隆可湿性粉剂的要求，试验方法以及标志、标签、包装、贮运、安全、质量保证期。

本标准适用于由绿麦隆原药、适宜的助剂和填料加工成的绿麦隆可湿性粉剂。

注：绿麦隆及杂质的其他名称、结构式和基本物化参数参见附录A。

2 规范性引用文件

下列文件对于本文件的应用是必不可少的。凡是注日期的引用文件，仅注日期的版本适用于本文件。凡是不注日期的引用文件，其最新版本（包括所有的修改单）适用于本文件。

GB/T 1600 农药水分测定方法

GB/T 1601 农药pH值的测定方法

GB/T 1604 商品农药验收规则

GB/T 1605—2001 商品农药采样方法

GB 3796 农药包装通则

GB/T 5451 农药可湿性粉剂润湿性测定方法

GB/T 14825—2006 农药悬浮率测定方法

GB/T 16150 农药粉剂、可湿性粉剂细度测定方法

GB/T 19136 农药热贮稳定性测定方法

GB 20813 农药产品标签通则

3 要求

3.1 组成和外观

本品应由符合标准的绿麦隆原药与适宜的助剂和填料加工制成，为组成均匀的疏松粉末，无团块。

3.2 项目和指标

绿麦隆可湿性粉剂应符合表1要求。

表1 绿麦隆可湿性粉剂控制项目指标

项目		指标
绿麦隆质量分数/%		25.0±1.5
1,1-二甲基-3-(4-甲基苯基)脲质量分数[a]/%	≤	0.3
1-甲基-3-(3-氯-4-甲基苯基)脲质量分数[a]/%	≤	0.3
悬浮率/%	≥	65
水分/%	≤	3.0

表 1（续）

项　　目		指　　标
pH 值		6.0～9.0
润湿时间/s	≤	90
细度(通过 45 μm 试验筛)/%	≥	96
持久起泡性(1 min 后)/mL	≤	60
热贮稳定性[a]		合格
[a] 正常生产时，每三个月至少测定一次。		

4　试验方法

4.1　抽样

按照 GB/T 1605—2001 中"固体制剂采样"方法进行。用随机法确定取样的包装件，最终抽样量不少于 300 g。

4.2　鉴别试验

本鉴别试验可与绿麦隆质量分数的测定同时进行。在相同的色谱操作条件下，试样溶液中某一色谱峰的保留时间与标样溶液中绿麦隆色谱峰的保留时间，其相对差值应在 1.5% 以内。

4.3　绿麦隆质量分数的测定

4.3.1　方法提要

试样用甲醇溶解，以 pH 4.0 磷酸水溶液和乙腈为流动相，使用 C_{18} 为填充物的不锈钢柱和紫外检测器，对试样中的绿麦隆进行高效液相色谱分离和测定。

4.3.2　试剂和溶液

磷酸；
甲醇：色谱级；
乙腈：色谱级；
水：新蒸二次蒸馏水；
绿麦隆标样：已知绿麦隆质量分数 $w \geq 99.0\%$。

4.3.3　仪器

高效液相色谱仪：具可调波长紫外检测器；
色谱数据处理机或色谱工作站；
色谱柱：250 mm×4.6 mm(i.d.)不锈钢柱，内装 SHIMADZU VP-ODS 5 μm 填充物(或具有同等效果的色谱柱)；
过滤器：滤膜孔径约 0.45 μm；
超声波清洗器。

4.3.4 高效液相色谱操作条件

流动相：Ψ[乙腈：水(磷酸调节 pH=4)]=50：50；

流量：1.0 mL/min；

柱温：室温(温度变化应不大于 2 ℃)；

检测波长：243 nm；

进样体积：25 μL。

保留时间：绿麦隆约 5.6 min。

上述操作参数是典型的，可根据不同仪器特点，对给定操作参数作适当调整，以期获得最佳效果。25%绿麦隆可湿性粉剂高效液相色谱图见图 1。

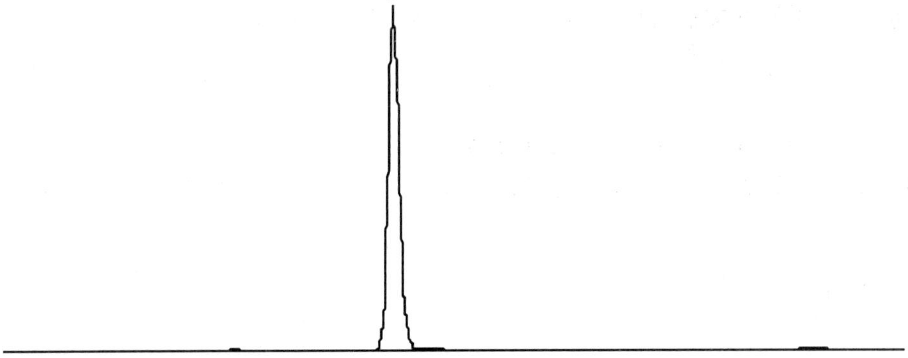

1——绿麦隆。

图 1 25%绿麦隆可湿性粉剂高效液相色谱图

4.3.5 测定步骤

4.3.5.1 标样溶液的配制

称取绿麦隆标样约 0.1 g(精确到 0.000 2 g)，置于 50 mL 容量瓶中，用甲醇超声溶解，定容。移取该溶液 5.0 mL 于另一 50 mL 容量瓶中，用甲醇定容。

4.3.5.2 试样溶液的配制

称取含绿麦隆约 0.1 g 的试样(精确到 0.000 2 g)，置于 50 mL 容量瓶中，用甲醇超声溶解，定容。移取该溶液 5.0 mL 于另一 50 mL 容量瓶中，用甲醇定容。用 0.45 μm 孔径滤膜过滤，滤液为试样溶液。

4.3.5.3 测定

在上述操作条件下，待仪器稳定后，连续注入数针标样溶液，直至相邻两针绿麦隆的峰面积相对变化小于 1.0%，按标样溶液、试样溶液、试样溶液、标样溶液的顺序进行测定。

4.3.6 计算

将测得的两针试样溶液以及试样前后两针标样溶液中绿麦隆峰面积分别进行平均。绿麦隆质量分数按式(1)计算：

$$w_1 = \frac{A_2 \cdot m_1 \cdot w}{A_1 \cdot m_2} \quad \cdots\cdots\cdots(1)$$

式中：

w_1——试样中绿麦隆的质量分数，以%表示；

A_2——试样溶液中，绿麦隆峰面积的平均值；

m_1——标样的质量，单位为克(g)；

w ——标样中绿麦隆的质量分数，以%表示；

A_1——标样溶液中，绿麦隆峰面积的平均值；

m_2——试样的质量，单位为克(g)。

4.3.7 允许差

两次平行测定结果之差，应不大于1.0%，取其算术平均值作为测定结果。

4.4 1，1-二甲基-3-(4-甲基苯基)和1-甲基-3-(3-氯-4-甲基苯基)质量分数的测定

4.4.1 方法提要

试样用甲醇溶解，以pH4.0磷酸水溶液和乙腈为流动相，使用C_{18}为填充物的不锈钢柱和紫外检测器，对试样中的1，1-二甲基-3-(4-甲基苯基)和1-甲基-3-(3-氯-4-甲基苯基)进行高效液相色谱分离和测定。

4.4.2 试剂和溶液

磷酸；

甲醇：色谱级；

乙腈：色谱级；

水：新蒸二次蒸馏水；

1，1-二甲基-3-(4-甲基苯基)脲标样：已知质量分数$w \geqslant 99.0\%$；

1-甲基-3-(3-氯-4-甲基苯基)脲标样：已知质量分数$w \geqslant 99.0\%$。

4.4.3 仪器

高效液相色谱仪：具可调波长紫外检测器；

色谱数据处理机或色谱工作站；

色谱柱：250 mm×4.6 mm(i.d.)不锈钢柱，内装SHIMADZU VP-ODS 5 μm填充物(或具有同等效果的色谱柱)；

过滤器：滤膜孔径约0.45 μm；

超声波清洗器。

4.4.4 高效液相色谱操作条件

流动相：Ψ[乙腈：水(磷酸调节pH=4)]=50：50；

流量：1.0 mL/min；

柱温：室温(温度变化应不大于2 ℃)；

检测波长：243 nm；

进样体积：25 μL；

保留时间：1，1-二甲基-3-(4-甲基苯基)脲约3.7 min；1-甲基-3-(3-氯-4-甲基苯基)脲约5.1 min。

上述操作参数是典型的，可根据不同仪器特点，对给定操作参数作适当调整，以期获得最佳效果。

25%绿麦隆可湿性粉剂中杂质的高效液相色谱图见图2。

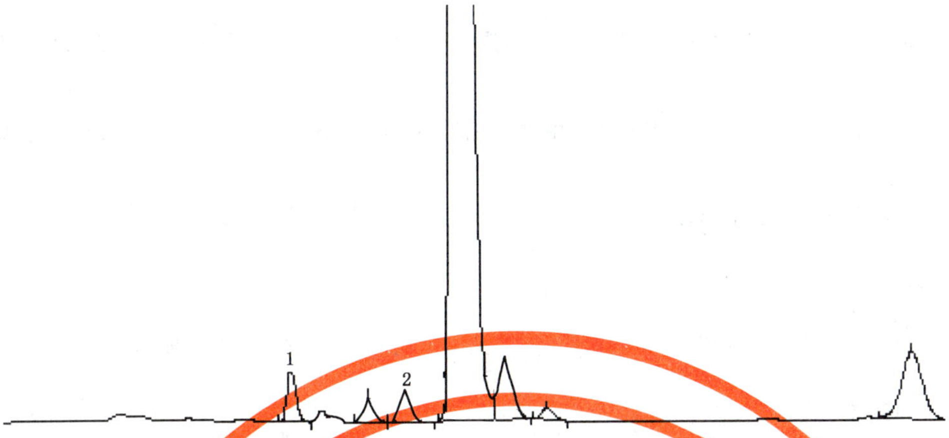

1——1,1-二甲基-3-(4-甲基苯基)脲;
2——1-甲基-3-(3-氯-4-甲基苯基)脲。

图2 25%绿麦隆可湿性粉剂中杂质高效液相色谱图

4.4.5 测定步骤

4.4.5.1 标样溶液的配制

分别称取1,1-二甲基-3-(4-甲基苯基)标样和1-甲基-3-(3-氯-4-甲基苯基)脲标样各约0.04 g(精确至0.000 2 g),置于50 mL容量瓶中,用甲醇超声溶解,定容。移取该溶液1.0 mL于另一50 mL容量瓶中,用甲醇定容。

4.4.5.2 试样溶液的配制

称取25%绿麦隆可湿性粉剂试样约0.27 g(精确到0.000 2 g),置于50 mL容量瓶中,用甲醇超声溶解,定容。用0.45 μm孔径滤膜过滤,滤液为试样溶液。

4.4.5.3 测定

在上述操作条件下,待仪器稳定后,连续注入数针标样溶液,计算各针相对响应值,待相邻两针的相对响应值变化小于1.2%,按标样溶液、试样溶液、试样溶液、标样溶液的顺序进行测定。

4.4.6 计算

将测得的两针试样溶液以及试样前后两针标样溶液中1,1-二甲基-3-(4-甲基苯基)标样和1-甲基-3-(3-氯-4-甲基苯基)脲的峰面积分别进行平均。1,1-二甲基-3-(4-甲基苯基)脲[1-甲基-3-(3-氯-4-甲基苯基)脲]质量分数按式(2)计算:

$$w_{i2}=\frac{A_{i2}\cdot m_{i1}\cdot w_{i0}}{A_{i1}\cdot m_{2}} \qquad \cdots\cdots(2)$$

式中:

w_{i2} ——1,1-二甲基-3-(4-甲基苯基)脲[1-甲基-3-(3-氯-4-甲基苯基)脲]质量分数,以%表示;

A_{i2} ——试样溶液中,1,1-二甲基-3-(4-甲基苯基)脲[1-甲基-3-(3-氯-4-甲基苯基)脲]峰面积的平均值;

m_{i1}——1,1-二甲基-3-(4-甲基苯基)脲[1-甲基-3-(3-氯-4-甲基苯基)脲]标样质量数值的$\frac{1}{50}$,单位为克(g);

w_{i0}——标样中1,1-二甲基-3-(4-甲基苯基)脲[1-甲基-3-(3-氯-4-甲基苯基)脲]的质量分数,以%表示;

A_{i1}——标样溶液中,1,1-二甲基-3-(4-甲基苯基)脲[1-甲基-3-(3-氯-4-甲基苯基)脲]峰面积的平均值;

m_2——试样质量的数值,单位为克(g)。

4.4.7 允许差

两次平行测定结果之相对差,应不大于10%,取其算术平均值作为测定结果。

4.5 悬浮率的测定

按GB/T 14825—2006中"4.1方法1"执行。称样量约1.0 g(精确到0.000 2 g),留在量筒底部$\frac{1}{10}$悬浮液和残留物全部移到100 mL容量瓶中,用甲醇超声溶解,定容。移取该溶液10.0 mL于另一50 mL容量瓶中,用甲醇定容。用0.45 μm孔径滤膜过滤,滤液为试样溶液。按4.3测定绿麦隆质量,按式(3)计算其悬浮率。

$$w_2 = \frac{m_1 - m_2}{m_1} \times \frac{10}{9} \times 100 \qquad \cdots\cdots(3)$$

式中:

w_2——试样的悬浮率,以%表示;

m_1——配制悬浮液所取试样中有效成分质量,单位为克(g);

m_2——留在量筒底部25 mL悬浮液有效成分质量,单位为克(g);

$\frac{10}{9}$——换算系数。

4.6 水分的测定

按GB/T 1600中"共沸蒸馏法"进行。

4.7 pH值的测定

按GB/T 1601中规定的方法进行。

4.8 润湿时间的测定

按GB/T 5451中规定的方法进行。

4.9 细度的测定

按GB/T 16150中"湿筛法"进行。

4.10 持久起泡性试验

4.10.1 方法提要

规定量的试样与标准硬水混合,静置后记录泡沫体积。

4.10.2 试剂

标准硬水：$\rho(Ca^{2+}+Mg^{2+})=342$ mg/L，pH＝6.0～7.0，按 GB/T 14825—2006 配制。

4.10.3 仪器

具塞量筒：250 mL［分度值 2 mL，(0～250) mL 刻度线长度在 20.0 cm～21.5 cm 之间，250 mL 刻度线距塞子底部 4 cm～6 cm］；

工业天平：感量 0.1 g，量程 500 g。

4.10.4 测定步骤

将量筒加标准硬水至 180 mL 刻度线处，再加入试样 1.0 g，精确到 0.2 g。加入硬水至距量筒塞底部 9 cm 的刻度线上，盖上塞后，以量筒底部为中心，上下颠倒 30 次（每次 2 s）。于试验台上静置 1 min，记录泡沫体积。

4.11 热贮稳定性试验

按 GB/T 19136 中"粉体制剂"规定的方法进行。按 4.3 测定绿麦隆质量分数、按 4.5 测定悬浮率。热贮后绿麦隆质量分数、悬浮率指标仍应符合表 1 的要求为合格。

4.12 产品的检验与验收

应符合 GB/T 1604 的有关规定。极限数值处理采用修约值比较法。

5 标志、标签、包装、贮运、安全、质量保证期

5.1 标志、标签

绿麦隆可湿性粉剂的标志、标签应符合 GB 3796、GB 20813 中的有关规定。

5.2 包装

绿麦隆可湿性粉剂用复合袋包装，包装材料宜用塑料/塑料［BOPET(BOPA、BOPP)/dr. PO(改性 PO)］、塑料/铝箔［BOPET(BOPA、BOPP)/dr. AL/ex. PO(改性 PO)］。每袋净含量不宜超过 500 g，外包装为瓦楞纸板箱，每箱净含量不应超过 20 kg。也可根据用户要求，采用其他形式的包装，但要符合 GB 3796 的规定。

5.3 贮运

包装件应贮存在通风、干燥的库房中。贮运时，严防潮湿和日晒，不应与食物、种子、饲料混放，避免与皮肤、眼睛接触，防止由口鼻吸入。

5.4 安全

绿麦隆是一种低毒类除草剂。使用本品应戴好防护用具，使用后应立即用肥皂和水洗净。如该药误入眼睛或接触皮肤，应用大量清水冲洗；若误食中毒，应立即灌喂大量的清水催吐并送医院对症治疗。

5.5 质量保证期

在规定的贮运条件下，绿麦隆可湿性粉剂的质量保证期，从生产日期算起为两年。

附　录　A
（资料性附录）
绿麦隆及杂质的其他名称、结构式和基本物化参数

本产品有效成分绿麦隆的其他名称、结构式和基本物化参数如下：

ISO 通用名称：Chlorotoluron

CIPAC 数字代码：217

CAS 登录号：15545-48-9

化学名称：1,1-二甲基-3-(3-氯-4-甲基苯基)脲

结构式：

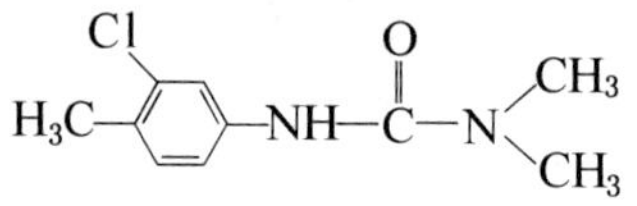

实验式：$C_{10}H_{13}ClN_2O$

相对分子质量：212.7

生物活性：除草

熔点：148.1 ℃

蒸气压：0.005 mPa(25 ℃)

溶解度(25 ℃,g/L)：水 0.074、丙酮 54、二氯甲烷 51、乙醇 48、甲苯 3、正己烷 0.06、正辛醇 21、乙酸乙酯 21

稳定性：对光和紫外线稳定，遇强酸或强碱慢慢分解。

本标准中杂质的名称和结构式如下：

化学名称：1,1-二甲基-3-(4-甲基苯基)脲

结构式：

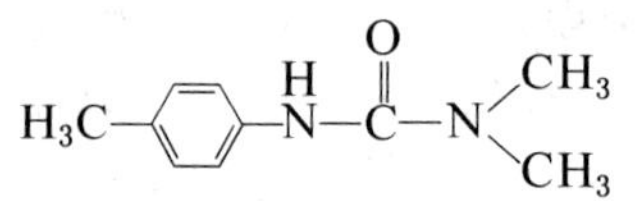

化学名称：1-甲基-3-(3-氯-4-甲基苯基)脲

结构式：

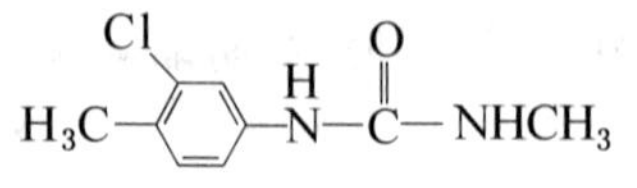

ICS 65.100.20
G 25

中华人民共和国国家标准

GB 28134—2011

绿麦隆原药

Chlorotoluron technical material

2011-12-30 发布 2012-04-15 实施

中华人民共和国国家质量监督检验检疫总局
中国国家标准化管理委员会 发布

前　言

本标准的第3章、第5章是强制性的，其余是推荐性的。

本标准按照GB/T 1.1—2009给出的规则起草。

本标准使用重新起草法修改采用FAO specification 217/TC/S(1990)《绿麦隆原药》(Chlorotoluron technical material)。

本标准与FAO specification 217/TC/S(1990)《绿麦隆原药》(Chlorotoluron technical material)的主要技术差异及原因如下：

——增加了“干燥减量”、“丙酮不溶物”、“pH值”的要求，指标项目更加全面。

请注意本文件的某些内容可能涉及专利。本文件的发布机构不承担识别这些专利的责任。

本标准由中国石油和化学工业协会提出。

本标准由全国农药标准化技术委员会(SAC/TC 133)归口。

本标准起草单位：农业部农药检定所、江苏快达农化股份有限公司。

本标准主要起草人：于荣、姜宜飞、陈铁春、赵永辉、李国平、王小丽、施永平、陈杰、李岩。

绿麦隆原药

1 范围

本标准规定了绿麦隆原药的要求、试验方法以及标志、标签、包装、贮运和验收期。

本标准适用于由绿麦隆及其生产中产生的杂质组成的绿麦隆原药。

注：绿麦隆及杂质的其他名称、结构式和基本物化参数参见附录A。

2 规范性引用文件

下列文件对于本文件的应用是必不可少的。凡是注日期的引用文件，仅注日期的版本适用于本文件。凡是不注日期的引用文件，其最新版本(包括所有的修改单)适用于本文件。

GB/T 1601 农药pH值的测定方法

GB/T 1604 商品农药验收规则

GB/T 1605—2001 商品农药采样方法

GB 3796 农药包装通则

GB/T 19138 农药丙酮不溶物测定方法

GB 20813 农药产品标签通则

3 要求

3.1 组成和外观

绿麦隆原药外观为白色至浅黄色粉末，无可见外来杂质。

3.2 项目和指标

绿麦隆原药应符合表1要求。

表1 绿麦隆原药控制项目指标

项目		指标
绿麦隆质量分数/%	≥	95.0
1,1-二甲基-3-(4-甲基苯基)脲质量分数[a]/%	≤	0.8
1-甲基-3-(3-氯-4-甲基苯基)脲质量分数[a]/%	≤	0.8
干燥减量/%	≤	1.0
丙酮不溶物的质量分数[a]/%	≤	0.5
pH值		6.0～8.0

[a] 正常生产时，每三个月至少测定一次。

4 试验方法

4.1 抽样

按 GB/T 1605—2001 中“商品原药采样”方法进行。用随机法确定采样的包装件，最终抽样量不少于 100 g。

4.2 鉴别试验

本鉴别试验可与绿麦隆质量分数的测定同时进行。在相同的色谱操作条件下，试样溶液中主色谱峰的保留时间与标样溶液中绿麦隆色谱峰的保留时间，其相对差值应在 1.5%以内。

4.3 绿麦隆质量分数的测定

4.3.1 方法提要

试样用甲醇溶解，以 pH4.0 磷酸水溶液和乙腈为流动相，使用 C_{18} 为填充物的不锈钢柱和紫外检测器，对试样中的绿麦隆进行高效液相色谱分离和测定。

4.3.2 试剂和溶液

磷酸：分析纯；
甲醇：色谱级；
乙腈：色谱级；
水：新蒸二次蒸馏水；
绿麦隆标样：已知质量分数 $w \geq 99.0\%$。

4.3.3 仪器

高效液相色谱仪：具可调波长紫外检测器；
色谱数据处理机或色谱工作站；
色谱柱：250 mm×4.6 mm(i.d.)不锈钢柱，内装 SHIMADZU VP-ODS 5 μm 填充物(或具有同等效果的色谱柱)；
过滤器：滤膜孔径约 0.45 μm；
超声波清洗器。

4.3.4 高效液相色谱操作条件

流动相：Ψ[乙腈：水(磷酸调节 pH=4.0)]=50：50；
流量：1.0 mL/min；
柱温：室温(温度变化应不大于 2 ℃)；
检测波长：243 nm；
进样体积：25 μL。
保留时间：绿麦隆约 5.6 min。
上述操作参数是典型的，可根据不同仪器特点，对给定操作参数作适当调整，以期获得最佳效果。

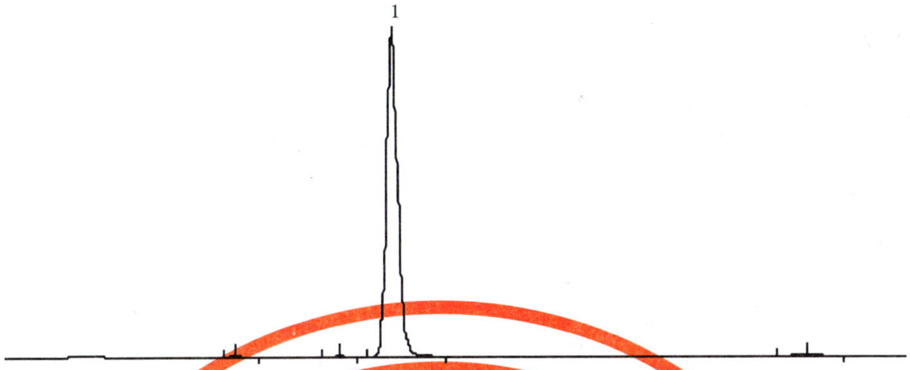

1——绿麦隆。

图 1　绿麦隆原药高效液相色谱图

4.3.5　测定步骤

4.3.5.1　标样溶液的配制

称取绿麦隆标样约 0.1 g(精确到 0.000 2 g),置于 50 mL 容量瓶中,用甲醇溶解并稀释至刻度,摇匀。用移液管吸取上述溶液 5.0 mL 置于另一 50 mL 容量瓶中,用甲醇溶解并稀释至刻度,摇匀。

4.3.5.2　试样溶液的配制

称取含绿麦隆约 0.1 g(精确到 0.000 2 g)的试样,置于 50 mL 容量瓶中,用甲醇溶解并稀释至刻度,摇匀。用移液管吸取上述溶液 5.0 mL 于另一 50 mL 容量瓶中,用甲醇溶解并稀释至刻度,摇匀。

4.3.5.3　测定

在上述操作条件下,待仪器稳定后,连续注入数针标样溶液,直至相邻两针绿麦隆的峰面积相对变化小于 1.0%,按标样溶液、试样溶液、试样溶液、标样溶液的顺序进样分析。

4.3.6　计算

将测得的两针试样溶液以及试样前后两针标样溶液中绿麦隆峰面积分别进行平均。试样中绿麦隆质量分数按式(1)计算:

$$w_1 = \frac{A_2 \cdot m_1 \cdot w}{A_1 \cdot m_2} \quad \cdots\cdots(1)$$

式中:

w_1——试样中绿麦隆质量分数,以%表示;

A_2——试样溶液中绿麦隆峰面积的平均值;

m_1——标样的质量,单位为克(g);

w ——标样中绿麦隆的质量分数,以%表示;

A_1——标样溶液中绿麦隆峰面积的平均值;

m_2——试样的质量,单位为克(g)。

4.3.7　允许差

两次平行测定结果之差,应不大于 1.0%,取其算术平均值作为测定结果。

4.4 1,1-二甲基-3-(4-甲基苯基)和1-甲基-3-(3-氯-4-甲基苯基)质量分数的测定

4.4.1 方法提要

试样用甲醇溶解,以pH4.0磷酸水溶液和乙腈为流动相,使用C_{18}为填充物的不锈钢柱和紫外检测器,对试样中的1,1-二甲基-3-(4-甲基苯基)和1-甲基-3-(3-氯-4-甲基苯基)进行高效液相色谱分离和测定。

4.4.2 试剂和溶液

磷酸;

甲醇:色谱级;

乙腈:色谱级;

水:新蒸二次蒸馏水;

1,1-二甲基-3-(4-甲基苯基)脲标样:已知质量分数$w \geqslant 99.0\%$;

1-甲基-3-(3-氯-4-甲基苯基)脲标样:已知质量分数$w \geqslant 99.0\%$。

4.4.3 仪器

高效液相色谱仪:具可调波长紫外检测器;

色谱数据处理机或色谱工作站;

色谱柱:250 mm×4.6 mm(i.d.)不锈钢柱,内装SHIMADZU VP-ODS 5 μm填充物(或具有同等效果的色谱柱);

过滤器:滤膜孔径约0.45 μm;

超声波清洗器。

4.4.4 高效液相色谱操作条件

流动相:Ψ[乙腈∶水(磷酸调节pH=4.0)]=50∶50;

流量:1.0 mL/min;

柱温:室温(温度变化应不大于2 ℃);

检测波长:243 nm;

进样体积:25 μL。

保留时间:1,1-二甲基-3-(4-甲基苯基)脲约3.7 min;1-甲基-3-(3-氯-4-甲基苯基)脲约5.1 min。

上述操作参数是典型的,可根据不同仪器特点,对给定操作参数作适当调整,以期获得最佳效果。

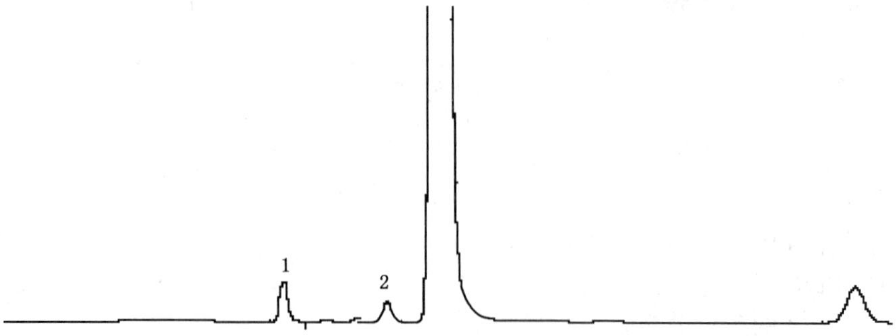

1——1,1-二甲基-3-(4-甲基苯基)脲;

2——1-甲基-3-(3-氯-4-甲基苯基)脲。

图2 绿麦隆原药中杂质高效液相色谱图

4.4.5 测定步骤

4.4.5.1 标样溶液的配制

分别称取1,1-二甲基-3-(4-甲基苯基)脲标样和1-甲基-3-(3-氯-4-甲基苯基)脲标样各约0.04 g,精确到0.000 2 g,置于50 mL容量瓶中,用甲醇超声溶解,定容。移取该溶液1.0 mL于另一50 mL容量瓶中,用甲醇定容,摇匀。

4.4.5.2 试样溶液的配制

称取绿麦隆原药试样约0.1 g,精确到0.000 2 g,置于50 mL容量瓶中,用甲醇超声溶解,定容。用0.45 μm孔径滤膜过滤,滤液为试样溶液。

4.4.5.3 测定

在上述操作条件下,待仪器稳定后,连续注入数针标样溶液,直至相邻两针的峰面积相对变化小于1.2%,按标样溶液、试样溶液、试样溶液、标样溶液的顺序进行测定。

4.4.6 计算

将测得的两针试样溶液以及试样前后两针标样溶液中1,1-二甲基-3-(4-甲基苯基)脲[1-甲基-3-(3-氯-4-甲基苯基)脲]峰面积分别进行平均。1,1-二甲基-3-(4-甲基苯基)脲[1-甲基-3-(3-氯-4-甲基苯基)脲]质量分数按式(2)计算:

$$w_{i2}=\frac{A_{i2}\cdot m_{i1}\cdot w_{i0}}{A_{i1}\cdot m_{2}} \qquad \cdots\cdots(2)$$

式中:

w_{i2}——1,1-二甲基-3-(4-甲基苯基)脲[1-甲基-3-(3-氯-4-甲基苯基)脲]质量分数,以%表示;

A_{i2}——试样溶液中,1,1-二甲基-3-(4-甲基苯基)脲[1-甲基-3-(3-氯-4-甲基苯基)脲]峰面积的平均值;

m_{i1}——1,1-二甲基-3-(4-甲基苯基)脲[1-甲基-3-(3-氯-4-甲基苯基)脲]标样质量数值的$\frac{1}{50}$,单位为克(g);

w_{i0}——标样中1,1-二甲基-3-(4-甲基苯基)脲[1-甲基-3-(3-氯-4-甲基苯基)脲]的质量分数,以%表示;

A_{i1}——标样溶液中,1,1-二甲基-3-(4-甲基苯基)脲[1-甲基-3-(3-氯-4-甲基苯基)脲]峰面积的平均值;

m_2——试样质量的数值,单位为克(g)。

4.4.7 允许差

两次平行测定结果之相对差,应不大于10%,取其算术平均值作为测定结果。

4.5 干燥减量的测定

4.5.1 仪器

烘箱:(105±2)℃;
称量瓶:内径50 mm,高20 mm;
干燥器。

4.5.2 测定步骤

将称量瓶放入烘箱中烘 1 h，取出置于干燥器内冷却至室温，称量(精确至 0.000 2 g)，重复上述步骤，直至称量瓶恒重为止。在称量瓶中放入 10 g 试样(铺平称量，精确至 0.000 2 g)，将称量瓶放入烘箱中，不加盖，烘 1 h，加盖后取出放入干燥器中冷却至室温称量(精确至 0.000 2 g)。

4.5.3 计算

试样中干燥减量按式(3)计算：

$$w_3=\frac{m_1-m_2}{m}\times 100 \qquad \cdots\cdots(3)$$

式中：

w_3——干燥减量，以%表示；

m_1——试样和称量瓶烘干前的质量，单位为克(g)；

m_2——试样和称量瓶烘干后的质量，单位为克(g)；

m ——试样的质量，单位为克(g)。

4.6 丙酮不溶物的测定

按 GB/T 19138 进行。

4.7 pH 值的测定

按 GB/T 1601 进行。

4.8 产品的检验与验收

产品的检验与验收，应符合 GB/T 1604 的规定。极限数值处理，采用修约值比较法。

5 标志、标签、包装、贮运、安全、验收期

5.1 标志、标签

绿麦隆原药的标志、标签应符合 GB 3796、GB 20813 中的有关规定。

5.2 包装

绿麦隆原药宜用复合袋包装，包装材料宜用纸/塑料、塑料/塑料。每袋净含量不宜超过 50 kg。可根据用户要求或订货协议，采用其他形式的包装，但应符合 GB 3796 的规定。

5.3 贮运

包装件应贮存在通风、干燥的库房中。贮运时，严防潮湿和日晒，不应与食物、种子、饲料混放，避免与皮肤、眼睛接触，防止由口鼻吸入。

5.4 安全

绿麦隆是一种低毒类除草剂。如该药误入眼睛或接触皮肤，应用大量清水冲洗；若误食中毒，应立即灌喂大量的清水催吐并送医院对症治疗。

5.5 验收期

绿麦隆原药的验收期为三个月。从交货之日起，在三个月内完成产品的质量验收，其各项指标应符合标准要求。

附　录　A
（资料性附录）
绿麦隆及杂质的其他名称、结构式和基本物化参数

本产品有效成分绿麦隆的其他名称、结构式和基本物化参数如下：

ISO 通用名称：Chlorotoluron

CIPAC 数字代码：217

CAS 登录号：15545-48-9

化学名称：1,1-二甲基-3-(3-氯-4-甲基苯基)脲

结构式：

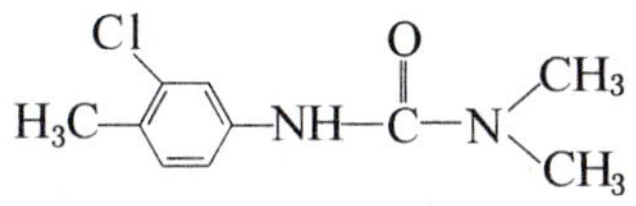

实验式：$C_{10}H_{13}ClN_2O$

相对分子质量：212.7

生物活性：除草

熔点：148.1 ℃

蒸气压：0.005 mPa(25 ℃)

溶解度(25 ℃,g/L)：水 0.074、丙酮 54、二氯甲烷 51、乙醇 48、甲苯 3、正己烷 0.06、正辛醇 21、乙酸乙酯 21

稳定性：对光和紫外线稳定，遇强酸或强碱慢慢分解。

本标准中杂质的名称和结构式基本物化参数如下：

化学名称：1,1-二甲基-3-(4-甲基苯基)脲

结构式：

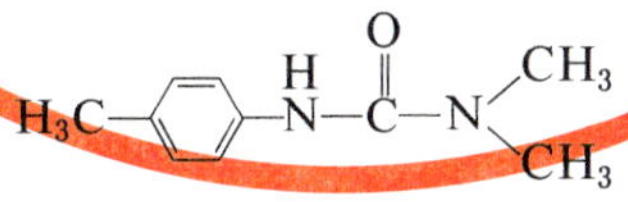

化学名称：1-甲基-3-(3-氯-4-甲基苯基)脲

结构式：

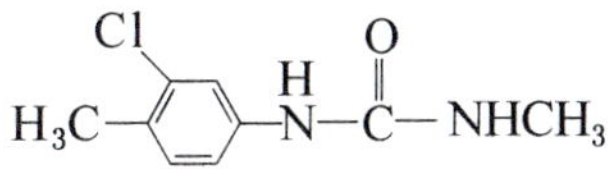

ICS 65.100
G 23

中华人民共和国国家标准

GB/T 28135—2011

农药酸(碱)度测定方法　指示剂法

Testing method of acidity(alkalinity) for pesticides—Indicator method

2011-12-30 发布　　2012-04-15 实施

中华人民共和国国家质量监督检验检疫总局
中国国家标准化管理委员会　发布

前　言

本标准按照 GB/T 1.1—2009 给出的规则起草。

本标准使用重新起草法修改采用 CIPAC MT 31《游离酸度或碱度测定方法——甲基红指示剂法》(Free acidity or alkalinity-31.1,Methyl red indicator method)。

本标准与 CIPAC MT 31 的主要技术差异及原因如下:

——取样量不同:CIPAC MT 31 取样量为约 10 g;本标准考虑到我国实际情况,取样量定为原药 1 g～3 g、制剂 2 g～5 g。

——指示剂不同:CIPAC MT 31 使用的是甲基红指示剂;本标准有两种指示剂供选择,甲基红指示剂或甲基红-溴甲酚绿混合指示剂,适用范围更加广泛。

——溶剂不同:CIPAC MT 31 使用丙酮和水,本标准采用 95%乙醇作溶剂(若乙醇不易溶解则用丙酮溶解)。

本标准由中国石油和化学工业协会提出。

本标准由全国农药标准化技术委员会(SAC/TC 133)归口。

本标准负责起草单位:河南省化工研究所有限责任公司。

本标准参加起草单位:江苏快达农化股份有限公司。

本标准主要起草人:陈平、陈洁、陈杰、保海防。

农药酸(碱)度测定方法　指示剂法

1　范围

本标准规定了农药酸(碱)度的测定方法——指示剂法。

本标准适用于农药原药及其加工制剂中酸度或碱度的测定(仅适用于在乙醇或丙酮中溶解的产品)。

2　规范性引用文件

下列文件对于本文件的应用是必不可少的。凡是注日期的引用文件,仅注日期的版本适用于本文件。凡是不注日期的引用文件,其最新版本(包括所有的修改单)适用于本文件。

GB/T 601　化学试剂　标准滴定溶液的制备

GB/T 603　化学试剂　试验方法中所用制剂及制品的制备

3　试验方法

3.1　方法提要

试样用乙醇溶解(若乙醇不易溶解则用丙酮或丙酮溶液溶解),以甲基红(或混合指示剂)为指示剂,用规定浓度的碱标准滴定溶液或酸标准滴定溶液滴定,测定样品的酸度或碱度。

3.2　试剂和溶液

95%乙醇;

丙酮;

氢氧化钠标准滴定溶液 $c(NaOH)=0.02$ mol/L,按 GB/T 601 配制;

盐酸标准滴定溶液 $c(HCl)=0.02$ mol/L,按 GB/T 601 配制;

甲基红指示剂:1 g/L 乙醇溶液;

混合指示剂:溴甲酚绿乙醇溶液(1 g/L)+甲基红乙醇溶液(2 g/L)=3+1,按 GB/T 603 配制。

3.3　仪器

玻璃量杯:50 mL、100 mL;

锥形瓶:250 mL;

滴定管:25 mL;

超声波清洗器。

3.4　测定

3.4.1　农药原药测定方法

取少量试样用乙醇溶解(若乙醇不易溶解则用 90%或 95%丙酮溶液溶解),加入 3 滴～5 滴甲基红指示剂(或混合指示剂)鉴别,若溶液呈现红色为酸性溶液,测定酸度;若呈现黄色(混合指示剂为绿色)则为碱性溶液,测定碱度。

称取试样 1 g～3 g(精确至 0.002 g)，置于一个 250 mL 锥形瓶中，加入 95%乙醇(或丙酮)50 mL，摇动使试样溶解，加入 3 滴～5 滴甲基红指示剂(或混合指示剂)后立即用标准滴定溶液滴定。

测定酸度，用 0.02 mol/L 氢氧化钠标准滴定溶液滴定至黄色(混合指示剂为绿色)即为终点。测定碱度，用 0.02 mol/L 盐酸标准滴定溶液滴定至红色即为终点。

同时做空白测定，取与测定样品相同的溶剂 50 mL 置于 250 mL 锥形瓶中用 0.02 mol/L 氢氧化钠标准滴定溶液滴定。

3.4.2 农药制剂测定方法

取少量试样用乙醇溶解(若乙醇不易溶解用丙酮溶解)，加入 3 滴～5 滴甲基红指示剂(或混合指示剂)鉴别，呈红色为酸性溶液，测定酸度；呈黄色(混合指示剂为绿色)则为碱性溶液，测定碱度。

称取试样 2 g～5 g(精确至 0.002 g)，置于一个 250 mL 锥形瓶中，加入 95%乙醇(或丙酮)50 mL，摇动使试样溶解(如需要可在超声波水浴中超声震荡使其溶解)，加入 3 滴～5 滴甲基红指示剂(或混合指示剂)后立即用标准滴定溶液滴定。

测定酸度，用 0.02 mol/L 氢氧化钠标准滴定溶液滴定至黄色(混合指示剂为绿色)即为终点，测定碱度，用 0.02 mol/L 盐酸标准滴定溶液滴定至红色即为终点。

同时做空白测定，取与测定样品相同的溶剂 50 mL 置于 250 mL 锥形瓶中用 0.02 mol/L 氢氧化钠标准滴定溶液滴定。

3.5 计算

试样的酸度 w_1(%)，以硫酸计，按式(1)计算：

$$w_1 = \frac{c(V_1 - V_0) \times M_1}{m \times 1\,000} \times 100 \quad \cdots\cdots(1)$$

式中：

w_1 ——试样的酸度，以%表示；

c ——氢氧化钠标准滴定溶液的实际浓度，单位为摩尔每升(mol/L)；

V_1 ——滴定试样溶液，消耗氢氧化钠标准滴定溶液的体积，单位为毫升(mL)；

V_0 ——滴定空白溶液，消耗氢氧化钠标准滴定溶液的体积，单位为毫升(mL)；

m ——试样的质量，单位为克(g)；

M_1——硫酸的摩尔质量的数值，单位为克每摩尔(g/moL)，[$M_1(\frac{1}{2}H_2SO_4)=49.04$]。

试样的碱度 w_2(%)，以氢氧化钠计，按式(2)计算：

$$w_2 = \frac{(V_2 c_1 + V_0 c) \cdot M_2}{m \times 1\,000} \times 100 \quad \cdots\cdots(2)$$

式中：

w_2——试样的碱度，以%表示；

c ——氢氧化钠标准滴定溶液的实际浓度，单位为摩尔每升(mol/L)；

c_1 ——盐酸标准滴定溶液的实际浓度，单位为摩尔每升(mol/L)；

V_2——滴定试样溶液，消耗盐酸标准滴定溶液的体积，单位为毫升(mL)；

V_0——滴定空白溶液，消耗氢氧化钠标准滴定溶液的体积，单位为毫升(mL)；

m ——试样的质量，单位为克(g)；

M_2——氢氧化钠的摩尔质量的数值，单位为克每摩尔(g/moL)，[$M_2(NaOH)=40.01$]。

ICS 65.100
G 23

中华人民共和国国家标准

GB/T 28136—2011

农药水不溶物测定方法

Testing method of material insoluble in water for pesticides

2011-12-30 发布

2012-04-15 实施

中华人民共和国国家质量监督检验检疫总局
中国国家标准化管理委员会 发布

前　言

本标准按照 GB/T 1.1—2009 给出的规则起草。

本标准使用重新起草法修改采用 CIPAC MT 10《水不溶物》。

本标准与 CIPAC MT 10《水不溶物》的主要技术差异和原因为：

——仅修改采用了 CIPAC MT 10 中 10.1 和 10.2 冷、热水中不溶物两种测定方法。CIPAC MT 10 中 10.3 方法主要是采用 150 μm 孔径标准筛测定水不溶物，考虑到国内尚未采用此方法测定农药水不溶物，此次起草暂不采用；CIPAC MT 10 中 10.4 方法为农药水剂中水不溶物测定，本标准冷水中不溶物的测定方法可以代替。

——玻璃砂芯坩埚的规格统一为国内通用的 G_3 型号。CIPAC MT 10 中采用 G_4 玻璃砂芯坩埚存在过滤时间长、易堵塞、难清洗等缺点。

——CIPAC MT 10 中 10.2 方法使用的 200 mL 带塞玻璃量筒在国内为非定型玻璃器皿，本标准方法中规定采用 250 mL 带塞玻璃量筒溶解试样。

——增加了过滤前对玻璃砂芯坩埚的干燥处理，要求在烘箱中 105 ℃干燥 1 h，使之达到恒重。

本标准由中国石油和化学工业联合会提出。

本标准由全国农药标准化技术委员会(SAC/TC 133)归口。

本标准起草单位：江西省化学工业研究所。

本标准主要起草人：丁教、严小平、肖薇薇、龚百梅。

农药水不溶物测定方法

1 范围

本标准规定了农药水不溶物的测定方法。

本标准适用于水溶性农药原药和制剂中不溶物的测定。

2 规范性引用文件

下列文件对于本文件的应用是必不可少的。凡是注日期的引用文件，仅注日期的版本适用于本文件。凡是不注日期的引用文件，其最新版本(包括所有的修改单)适用于本文件。

GB/T 6682—2008 分析实验室用水规格和试验方法(ISO 3696:1987,MOD)

3 试验方法

3.1 一般规定

实验室用水应符合 GB/T 6682—2008 三级水的规格。

3.2 热水中不溶物质量分数的测定

3.2.1 方法提要

用沸水溶解试样，将不溶物过滤，干燥后称重。

3.2.2 仪器

玻璃砂芯坩埚：G_3；

烘箱：105 ℃±2 ℃；

烧杯：250 mL；

玻璃干燥器；

锥形抽滤瓶：500 mL。

3.2.3 测定步骤

将玻璃砂芯坩埚烘干(105 ℃约 1 h)至恒重(精确至 0.000 2 g)，放入玻璃干燥器中冷却待用。称取规定数量的试样(精确至 0.01 g)于烧杯中，加入水 100 mL，加热至沸腾，不断搅拌至所有可溶物溶解，趁热用玻璃砂芯坩埚过滤，用 75 mL 热水分 3 次洗涤残渣，将坩埚于 105 ℃下干燥至恒重(精确至 0.000 2 g)。

3.2.4 计算

水不溶物的质量分数 w_1(%)，按式(1)计算：

$$w_1 = \frac{m_1 - m_0}{m_2} \times 100 \qquad \cdots\cdots (1)$$

式中：

m_0——玻璃砂芯坩埚的质量，单位为克(g)；

m_1——水不溶物与玻璃砂芯坩埚的质量，单位为克(g)；

m_2——试样的质量，单位为克(g)。

3.3 冷水中不溶物质量分数的测定

3.3.1 方法提要

用水溶解试样，将不溶物过滤，干燥后称重。

3.3.2 仪器

玻璃砂芯坩埚：G_3；

烘箱：105 ℃±2 ℃；

烧杯：250 mL；

锥形抽滤瓶：500 mL；

玻璃干燥器；

带塞玻璃量筒：250 mL。

3.3.3 测定步骤

将玻璃砂芯坩埚烘干(105 ℃约 1 h)至恒重(精确至 0.000 2 g)，放入玻璃干燥器中冷却待用。称取规定数量的试样或称取试样 20 g(精确至 0.01 g)于烧杯中，用 200 mL 水转移到量筒中，盖上塞子，猛烈振摇至可溶物溶解，过滤。用 75 mL 水分 3 次洗涤残渣，将玻璃砂芯坩埚于 105 ℃下干燥至恒重(精确至 0.000 2 g)。

3.3.4 计算

水不溶物的质量分数按式(1)计算。

ICS 65.100
G 23

中华人民共和国国家标准

GB/T 28137—2011

农药持久起泡性测定方法

Testing method of persistent foaming for pesticides

2011-12-30 发布　　2012-04-15 实施

中华人民共和国国家质量监督检验检疫总局
中国国家标准化管理委员会　发布

前　　言

本标准按照 GB/T 1.1—2009 给出的规则起草。

本标准使用重新起草法修改采用国际农药分析协作委员会 CIPAC MT 47《持久起泡性》。

本标准与 CIPAC MT 47《持久起泡性》的主要差异有：

——标准硬水使用的不同：本标准规定使用标准硬水 D (342 mg/L)。CIPAC MT 47 规定使用标准硬水 C (500 mg/L)。

——取样量的不同：本标准规定取样量为 1.0 g。CIPAC MT 47 未明确规定取样量。

——量筒颠倒方式的不同：本标准规定量筒的颠倒方式为以量筒中部为中心上下 180°颠倒 30 次(每次 2 s)。CIPAC MT 47 未指出以量筒底部为中心或是以量筒中部为中心。

——量筒静置时间的不同：本标准规定量筒上下颠倒 30 次后，记录静置时间为 1 min±10 s 时的泡沫体积；CIPAC MT 47 规定记录 10 s±1 s，1 min±10 s、3 min±10 s、12 min±10 s 时的泡沫体积。

本标准由中国石油和化学工业联合会提出。

本标准由全国农药标准化技术委员会(SAC/TC 133)归口。

本标准负责起草单位：浙江省化工研究院。

本标准参加起草单位：江苏快达农化股份有限公司、合肥星宇化学有限责任公司。

本标准主要起草人：方路、孙卫萍、冯宇杰、李菊英、孙海、陈杰、丁云好。

农药持久起泡性测定方法

1 范围

本标准规定了农药持久起泡性的测定方法。

本标准适用于施药前需用水稀释的农药产品。

2 规范性引用文件

下列文件对于本文件的应用是必不可少的。凡是注日期的引用文件,仅注日期的版本适用于本文件。凡是不注日期的引用文件,其最新版本(包括所有的修改单)适用于本文件。

GB/T 601 化学试剂 标准滴定溶液的制备

GB/T 603 化学试剂 试验方法中所用制剂及制品的制备

GB/T 5451—2001 农药可湿性粉剂润湿性测定方法

3 试验方法

3.1 方法提要

将规定量的试样与标准硬水混合,静置后记录泡沫体积。

3.2 试剂和溶液

水:三级水;

氧化镁:使用前于 105 ℃干燥 2 h 以上;

碳酸钙:使用前于 105 ℃干燥 2 h 以上;

盐酸溶液:$c(HCl)=0.1$ mol/L,按 GB/T 601 配制;

盐酸溶液:$c(HCl)=1.0$ mol/L,按 GB/T 601 配制;

氢氧化钠溶液:$c(NaOH)=0.1$ mol/L,按 GB/T 601 配制;

氨水溶液:$c(NH_3 \cdot H_2O)=1.0$ mol/L,按 GB/T 603 配制;

甲基红指示液:ρ(甲基红)=1 g/L,按 GB/T 603 配制;

A 溶液:$c(Ca^{2+})=0.04$ mol/L,其配制方法为:准确称取碳酸钙 4.000 g 于 800 mL 烧杯中,加少量水润湿,缓缓加入 1.0 mol/L 盐酸溶液 82 mL,充分搅拌。待碳酸钙全部溶解后,加水 400 mL,煮沸,除去二氧化碳,冷却至室温,加 2 滴甲基红指示液,用氨水中和至橙色,将此溶液转移到 1 000 mL 容量瓶中,用水稀释至刻度,混匀。贮存于聚乙烯瓶中备用。

B 溶液:$c(Mg^{2+})=0.04$ mol/L,其配制方法为:准确称取碳酸钙 1.613 g 于 800 mL 烧杯中,加少量水润湿,缓缓加入 1.0 mol/L 盐酸溶液 82 mL,充分搅拌并缓缓加热。待氧化镁全部溶解后,加入 400 mL,煮沸,除去二氧化碳,冷却至室温,加 2 滴甲基红指示液,用氨水中和至橙色,将此溶液转移到 1 000 mL 容量瓶中,用水稀释至刻度,混匀。贮存于聚乙烯瓶中备用。

标准硬水 D:以含碳酸钙计,342 mg/L,其配置方法为:准确移取 68.5 mL A 溶液和 17.0 mL B 溶液于 1 000 mL 烧杯中,加水 800 mL,滴加 0.1 mol/L 氢氧化钠溶液或 0.1 mol/L 盐酸溶液,调节 pH 为 6.0～7.0(用 pH 计测定)。将此溶液转移到 1 000 mL 容量瓶中,用水稀释至刻度,混匀。

硬水总硬度测定按 GB/T 5451—2001 中“附录 A”进行。

3.3 仪器

具塞量筒：250 mL（分度值 2 mL，0～250 mL 刻度线相距 20 cm～21.5 cm，塞子底部与 250 mL 刻度线相距 4 cm～6 cm）。

电子天平：感量 0.1 g，载量 500 g。

秒表。

3.4 测定步骤

向量筒内加标准硬水（15 ℃～25 ℃）至 180 mL 刻度线处，置量筒于天平上，称入 1.0 g 样品，加硬水至距量筒塞底部 9 cm±0.1 cm 的刻度线处，盖上塞子，以量筒中部为中心，上下 180°颠倒 30 次（每次 2 s）。垂直放在试验台上，静置；记录在 1 min±10 s 时的泡沫体积（精确至 2 mL）。重复测定 3 次，取其算术平均值，作为该样品的持久起泡性测定结果。

3.5 注意事项

3.5.1 颠倒量筒的操作

将已盖上塞子的量筒的上下两端分别用一块布绝缘，再用双手分别握住；颠倒量筒时，应保证每次使量筒从直立状态翻转 180°倒置、再回到原来状态的时间大约在 2 s，操作应平稳均匀地完成，避免任何剧烈操作所带来的量筒内部液体的“跳动”发生。

用秒表记录整个颠倒过程的时间，并应确保在 60 s 左右。

3.5.2 泡沫体积的观察

记录泡沫体积时，外围的少量气泡不计。

如果泡沫超出 250 mL 刻度线，可使用刻度尺量取刻度线以上高度进行估算。

ICS 65.100.20
G 25

中华人民共和国国家标准

GB 28138—2011

硝磺草酮悬浮剂

Mesotrione aqueous suspension concentrate

2011-12-30 发布

2012-04-15 实施

中华人民共和国国家质量监督检验检疫总局
中国国家标准化管理委员会 发布

前　　言

本标准的第 3 章、第 5 章是强制性的，其余是推荐性的。

本标准按照 GB/T 1.1—2009 给出的规则起草。

请注意本文件的某些内容可能涉及专利，本文件的发布机构不承担识别这些专利的责任。

本标准由中国石油和化学工业联合会提出。

本标准由全国农药标准化技术委员会(SAC/TC 133)归口。

本标准负责起草单位：沈阳化工研究院有限公司。

本标准参加起草单位：沈阳科创化学品有限公司、江苏长青农化股份有限公司、利民化工股份有限公司、石家庄市三农化工有限公司、江苏安邦电化有限公司。

本标准主要起草人：侯春青、张雪冰、李东、程春生、吉玉平、张瑞芳、谢月卿、姜育田、陶成斌。

硝磺草酮悬浮剂

1 范围

本标准规定了硝磺草酮悬浮剂的要求、试验方法以及标志、标签、包装、贮运和保证期。

本标准适用于由硝磺草酮原药、助剂和填料加工而成的硝磺草酮悬浮剂。

注：硝磺草酮的其他名称、结构式和基本物化参数参见附录A。

2 规范性引用文件

下列文件对于本文件的应用是必不可少的。凡是注日期的引用文件，仅注日期的版本适用于本文件。凡是不注日期的引用文件，其最新版本(包括所有的修改单)适用于本文件。

GB/T 1601 农药pH值的测定方法

GB/T 1604 商品农药验收规则

GB/T 1605—2001 商品农药采样方法

GB 3796 农药包装通则

GB/T 6682—2008 分析实验室用水规格和试验方法(ISO 3696:1987,MOD)

GB/T 8170—2008 数值修约规则与极限数值的表示和判定

GB/T 14825—2006 农药悬浮率测定方法

GB/T 16150 农药粉剂、可湿性粉剂细度测定方法

GB/T 19136 农药热贮稳定性测定方法

GB/T 19137 农药低温稳定性测定方法

3 要求

3.1 组成和外观

本品应由符合标准的硝磺草酮原药、助剂和填料加工制成，应是可流动的、易测量体积的悬浮液体，存放过程中可能出现沉淀，但经手摇动，应恢复原状，不应有结块。

3.2 技术指标

硝磺草酮悬浮剂还应符合表1要求。

表1 硝磺草酮悬浮剂控制项目指标

项 目		指标	
		10%	15%
硝磺草酮质量分数/%		$10.0^{+0.9}_{-0.9}$	$15.0^{+0.9}_{-0.9}$
悬浮率/%	≥	90	
pH值范围		3.0～6.0	

表 1（续）

项目			指标	
			10%	15%
倾倒性	倾倒后残余物/%	≤	5.0	
	洗涤后残余物/%	≤	0.5	
湿筛试验（通过 75 μm 试验筛）/%		≥	98	
持久起泡性（1 min 后泡沫量）/mL		≤	30	
低温稳定性[a]			合格	
热贮稳定性[a]			合格	
[a] 正常生产时低温稳定性试验，热贮稳定性试验每三个月至少测定一次。				

4 试验方法

安全提示：使用本标准的人员应有实验室工作的实践经验。本标准并未指出所有的安全问题。使用者有责任采取适当的安全和健康措施，并保证符合国家有关法规的规定。

4.1 一般规定

本标准所用试剂和水在没有注明其他要求时，均指分析纯试剂和 GB/T 6682—2008 中规定的三级水。检验结果的判定按 GB/T 8170—2008 中的 4.3.3 修约值比较法进行。

4.2 抽样

按 GB/T 1605—2001 中"液体制剂采样"方法进行。用随机数表法确定抽样的包装件；最终抽样量应不少于 600 mL。

4.3 鉴别试验

液相色谱法——本鉴别试验可与硝磺草酮质量分数的测定同时进行。在相同的色谱操作条件下，试样溶液中某色谱峰的保留时间与标样溶液中硝磺草酮的色谱峰的保留时间，其相对差值应在 1.5% 以内。

4.4 硝磺草酮质量分数的测定

4.4.1 方法提要

试样用流动相溶解，以乙腈＋水（用磷酸调 pH 值至 3）为流动相，使用以 C_{18} 为填料的不锈钢柱和紫外检测器，在波长 270 nm 下，对试样中的硝磺草酮进行反相高效液相色谱分离和测定，外标法定量。

4.4.2 试剂和溶液

乙腈：色谱级；

水：新蒸二次蒸馏水；

磷酸；

硝磺草酮标样：已知质量分数 $w \geqslant 99.0\%$。

4.4.3 仪器

高效液相色谱仪：具有可变波长紫外检测器；

色谱数据处理机或色谱工作站；

色谱柱：250 mm ×4.6 mm(i. d.)不锈钢柱，内装 C_{18}、5 μm 填充物(或具等同效果的色谱柱)；

过滤器：滤膜孔径约 0.45 μm；

微量进样器：50 μL；

定量进样管：5 μL；

超声波清洗器。

4.4.4 高效液相色谱操作条件

流动相：Ψ[乙腈：水(用磷酸调 pH 值至 3)]=40：60，经滤膜过滤，并进行脱气；

流速：1.0 mL/ min；

柱温：室温(温差变化应不大于 2 ℃)；

检测波长：270 nm；

进样体积：5 μL；

保留时间：硝磺草酮约 10.1 min。

上述操作参数是典型的，可根据不同仪器特点，对给定的操作参数作适当调整，以期获得最佳效果。典型的硝磺草酮悬浮剂高效液相色谱图见图 1。

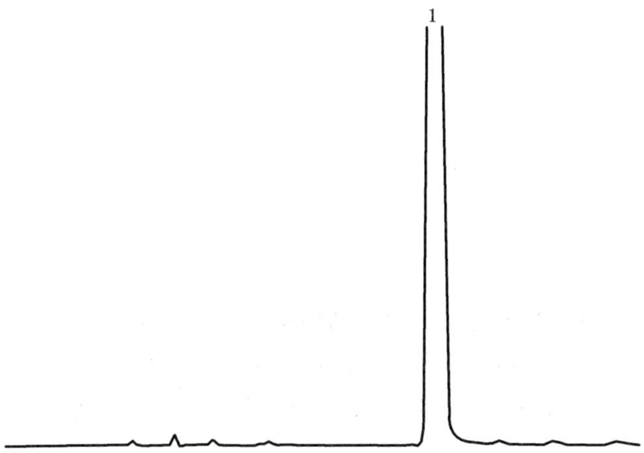

1——硝磺草酮。

图 1 硝磺草酮悬浮剂的高效液相色谱图

4.4.5 测定步骤

4.4.5.1 标样溶液的制备

称取 0.1 g(精确至 0.000 2 g)硝磺草酮标样于 50 mL 容量瓶中，用乙腈定容至刻度，超声波振荡 5 min 使试样溶解，冷却至室温，摇匀。用移液管移取上述溶液 5 mL 于 50 mL 容量瓶中，用流动相稀释至刻度，摇匀。

4.4.5.2 试样溶液的制备

称取含硝磺草酮 0.1 g(精确至 0.000 2 g)的试样于 50 mL 容量瓶中，用乙腈定容至刻度，超声波振荡 5 min,冷却至室温,摇匀,过滤。用移液管移取上述溶液 5 mL 于 50 mL 容量瓶中,用流动相稀释至刻度,摇匀。

4.4.5.3 测定

在上述操作条件下,待仪器稳定后,连续注入数针标样溶液,直至相邻两针硝磺草酮峰面积相对变化小于 1.5%后,按照标样溶液、试样溶液、试样溶液、标样溶液的顺序进行测定。

4.4.5.4 计算

将测得的两针试样溶液以及试样前后两针标样溶液中硝磺草酮峰面积分别进行平均。试样中硝磺草酮的质量分数按式(1)计算:

$$w_1 = \frac{A_2 \cdot m_1 \cdot w}{A_1 \cdot m_2} \quad \cdots\cdots(1)$$

式中:

w_1 ——试样中硝磺草酮的质量分数;

A_2 ——试样溶液中,硝磺草酮峰面积的平均值;

m_1 ——硝磺草酮标样的质量,单位为克(g);

w ——硝磺草酮标样的质量分数;

A_1 ——标样溶液中,硝磺草酮峰面积的平均值;

m_2 ——试样的质量,单位为克(g)。

4.4.6 允许差

硝磺草酮质量分数两次平行测定结果之相对偏差应不大于 4%,取其算术平均值作为测定结果。

4.5 pH 值的测定

按 GB/T 1601 进行。

4.6 悬浮率的测定

按 GB/T 14825—2006 中 4.2 进行。称取含硝磺草酮 0.1 g 的试样(精确至 0.000 2 g),将剩余的 1/10 悬浮液及沉淀物转移至 100 mL 容量瓶中,用 60 mL 乙腈分 3 次将 25 mL 的剩余物全部洗入 100 mL 容量瓶中,在超声波下振荡 5 min,恢复至室温,定容,摇匀,过滤后,按 4.4 测定硝磺草酮的质量,计算其悬浮率。

4.7 湿筛试验

按 GB/T 16150 中的"湿筛法"进行。

4.8 倾倒性的测定

4.8.1 方法提要

将置于容器中的悬浮剂试样放置一定时间后,按照规定程序进行倾倒,测定滞留在容器内试样的量;将容器用水洗涤后,再测定容器内的量。

4.8.2 仪器

具磨口塞量筒:500 mL±2 mL;量筒高度 39 cm,上、下刻度间距离 25 mL(或相当的适用于测定倾倒性的其他容器)。

4.8.3 试验步骤

混合好足量试样，及时将其中的一部分置于已经称量的量筒中（包括塞子）（精确至 0.01 g），装到量筒的 8/10 处，塞紧磨口塞，放置确定的时间（24 h）。打开塞子，将量筒由直立位置旋转 135°倾倒60 s，再倒置 60 s，重新称量量筒和塞子（精确至 0.01 g）。

将相当于 80%量筒体积的水（20 ℃）倒入量筒中，塞紧磨口塞，将量筒颠倒 10 次后，按上述操作倾倒内容物，第三次称量量筒和塞子（精确至 0.01 g）。

4.8.4 计算

试样倾倒后的残余物的质量分数和洗涤后的残余物的质量分数分别按式(2)和式(3)计算：

$$w_2 = \frac{m_2 - m_0}{m_1 - m_0} \times 100 \qquad \cdots\cdots(2)$$

$$w_3 = \frac{m_3 - m_0}{m_1 - m_0} \times 100 \qquad \cdots\cdots(3)$$

式中：

w_2——试样倾倒后的残余物的质量分数，以%表示；

w_3——试样洗涤后的残余物的质量分数，以%表示；

m_2——倾倒后，量筒、磨口塞和残余物的质量，单位为克(g)；

m_0——量筒、磨口塞恒重后的质量，单位为克(g)；

m_1——量筒、磨口塞和试样的质量，单位为克(g)；

m_3——洗涤后，量筒、磨口塞和残余物的质量，单位为克(g)。

4.9 持久起泡性的测定

4.9.1 方法提要

将规定量的试样与标准硬水混合，静置后记录泡沫体积。

4.9.2 试剂

标准硬水：$\rho(Ca^{2+}+Mg^{2+})=342$ mg/L，pH=6.0～7.0，按 GB/T 14825—2006 配制。

4.9.3 仪器和器具

具塞量筒：250 mL（分度值 2 mL，0～250 mL 刻度线 20 cm～21.5 cm，250 mL 刻度线到塞子底部：4 cm～6 cm）；

工业天平：感量 0.1 g。

4.9.4 测定步骤

在量筒中加入 180 mL 标准硬水，在量筒中称入试样 1.0 g（精确至 0.1 g），加标准硬水至距离量筒塞底部 9 cm 的刻度线处，盖上塞子，以量筒底部为中心，上下颠倒 30 次（每次 2 s）。放在试验台上静置 1 min，记录泡沫体积。

4.10 低温稳定性试验

按 GB/T 19137 中“悬浮制剂”进行，湿筛试验仍符合标准要求为合格。

4.11 热贮稳定性试验

按 GB/T 19136 中“其他制剂”进行。热贮后硝磺草酮质量分数应不低于贮前的 95%，悬浮率仍应符合标准要求为合格。

4.12 产品的检验与验收

应符合 GB/T 1604 的规定。

5 标志、标签、包装、贮运、安全和保证期

5.1 标志、标签、包装

硝磺草酮悬浮剂的标志、标签和包装应符合 GB 3796 的规定。硝磺草酮悬浮剂应用聚酯瓶包装，每瓶净含量一般为 50 g、100 g、250 g、400 g。也可根据用户要求或订货协议采用其他形式的包装，但需符合 GB 3796 的规定。

5.2 贮运

硝磺草酮悬浮剂包装件应贮存在通风、干燥的库房中。贮运时，严防潮湿和日晒，不得与食物、种子、饲料混放，避免与皮肤、眼睛接触，防止由口鼻吸入。

5.3 安全

本品属低毒性除草剂。使用本品时要戴防护镜和胶皮手套穿必要的防护衣物。施药后应用肥皂和清水冲洗。误服者应立即送医院对症治疗。

5.4 保证期

在规定的贮运条件下，硝磺草酮悬浮剂的保证期，从生产日期起为两年。

附 录 A
（资料性附录）
硝磺草酮的其他名称、结构式和基本物化参数

本产品有效成分硝磺草酮的其他名称、结构式和基本物化参数如下：

ISO 通用名称：Mesotrione

CAS 登录号：104206-82-8

化学名称：2-(4-甲磺酰基-2-硝基苯甲酰基)环己烷-1,3-二酮

结构式：

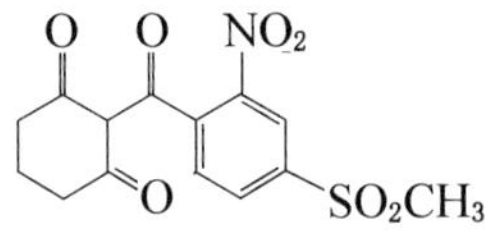

实验式：$C_{14}H_{13}NO_7S$

相对分子质量：339.3

生物活性：除草

熔点：148.7 ℃～152.5 ℃

溶解度(20 ℃,g/L)：水中 0.16 mg/L；二甲苯 1.4，甲苯 2.7，甲醇 3.6，丙酮 76.4，二氯甲烷 82.7，乙腈 96.1

稳定性：在 pH5～9 的水中稳定，原药在 54 ℃贮存 14 d 性质稳定。

ICS 65.100.10
G 25

中华人民共和国国家标准

GB 28139—2011

70%吡虫啉水分散粒剂

70% Imidacloprid water dispersible granules

2011-12-30 发布　　2012-04-15 实施

中华人民共和国国家质量监督检验检疫总局
中国国家标准化管理委员会　发布

前　言

本标准的第 3 章、第 5 章是强制性的，其余是推荐性的。

本标准按照 GB/T 1.1—2009 给出的规则起草。

本标准使用重新起草法修改采用 FAO 规格 582/WG(May 2006)《吡虫啉水分散粒剂》。

本标准与 FAO 规格 582/WG(May 2006)的主要技术差异及原因如下：

——本标准规定润湿时间为≤60 s，FAO 规格规定润湿时间为≤5 s；

——本标准规定细度(通过 75 μm 试验筛)为≥98%，FAO 规格规定细度为≥99.9%；

——FAO 规格规定控制粉尘和流动性两项指标，本标准规定粒度(留在 100 μm 试验筛上)≥90%，替代粉尘和流动性两项指标；

——本标准控制水分质量分数和 pH 值范围两项指标，FAO 规格未控制这两项指标。本标准指标项目比 FAO 规格全面。

请注意本文件的某些内容可能涉及专利，本文件的发布机构不承担识别这些专利的责任。

本标准由中国石油和化学工业联合会提出。

本标准由全国农药标准化技术委员会(SAC/TC 133)归口。

本标准负责起草单位：沈阳化工研究院有限公司。

本标准参加起草单位：浙江海正化工股份有限公司、上海生农生化制品有限公司、东莞市瑞德丰生物科技有限公司、江苏克胜集团股份有限公司、上海禾本药业有限公司、河北双吉化工有限公司、青岛海利尔药业有限公司、南京红太阳股份有限公司、上海悦联化工有限公司。

本标准主要起草人：侯春青、昝艳坤、王天胜、林军、骆风华、吴静、汪青松、郑跃杰、李学臣、刘奎涛、虞祥发。

70%吡虫啉水分散粒剂

1 范围

本标准规定了吡虫啉水分散粒剂的要求、试验方法以及标志、标签、包装、贮运和保证期。

本标准适用于由吡虫啉原药、载体和助剂加工而成的吡虫啉水分散粒剂。

注：吡虫啉的其他名称、结构式和基本物化参数参见附录A。

2 规范性引用文件

下列文件对于本文件的应用是必不可少的。凡是注日期的引用文件，仅注日期的版本适用于本文件。凡是不注日期的引用文件，其最新版本(包括所有的修改单)适用于本文件。

GB/T 1600 农药水分测定方法

GB/T 1601 农药 pH 值的测定方法

GB/T 1604 商品农药验收规则

GB/T 1605—2001 商品农药采样方法

GB 3796 农药包装通则

GB/T 5451 农药可湿性粉剂润湿性测定方法

GB/T 6682—2008 分析实验室用水规格和试验方法(ISO 3696:1987,MOD)

GB/T 8170—2008 数值修约规则与极限数值的表示和判定

GB/T 14825 农药悬浮率测定方法

GB/T 16150 农药粉剂、可湿性粉剂细度测定方法

GB/T 19136 农药热贮稳定性测定方法

3 要求

3.1 组成和外观

本品应由符合标准的吡虫啉原药、载体和助剂制成，应是干燥的，能自由流动，基本无粉尘，无可见的外来杂质和硬块。

3.2 技术指标

吡虫啉水分散粒剂应符合表1要求。

表1 吡虫啉水分散粒剂控制项目指标

项目	指标
吡虫啉质量分数/%	$70.0^{+2.5}_{-2.5}$
水分/% ≤	2.0
pH 值范围	6.0～9.0

表 1（续）

项　　目		指　　标
润湿时间/s	≤	60
细度(通过 75 μm 试验筛)/%	≥	98
悬浮率/%	≥	90
粒度(留在 100 μm 试验筛上)/%	≥	90
分散性/%	≥	80
持久起泡性(1 min 后泡沫量)/mL	≤	20
热贮稳定性[a]		合格
[a] 正常生产时热贮稳定性试验每三个月至少测定一次。		

4 试验方法

安全提示：使用本标准的人员应有实验室工作的实践经验。本标准并未指出所有的安全问题。使用者有责任采取适当的安全和健康措施，并保证符合国家有关法规的规定。

4.1 一般规定

本标准所用试剂和水在没有注明其他要求时，均指分析纯试剂和 GB/T 6682—2008 中规定的三级水。检验结果的判定按 GB/T 8170—2008 中的 4.3.3 修约值比较法进行。

4.2 抽样

按 GB/T 1605—2001 中"固体制剂采样"方法进行。用随机数表法确定抽样的包装件；最终抽样量应不少于 600 g。

4.3 鉴别试验

液相色谱法——本鉴别试验可与吡虫啉质量分数的测定同时进行。在相同的色谱操作条件下，试样溶液中某个色谱峰的保留时间与标样溶液中吡虫啉的色谱峰的保留时间，其相对差值应在 1.5% 以内。

4.4 吡虫啉质量分数的测定

4.4.1 方法提要

试样用流动相溶解，以甲醇＋水为流动相，使用以 C_{18} 为填料的不锈钢柱和紫外检测器，在波长 260 nm 下，对试样中的吡虫啉进行反相高效液相色谱分离和测定，外标法定量。

4.4.2 试剂和溶液

甲醇：色谱级；

水：新蒸二次蒸馏水；

吡虫啉标样：已知质量分数 $w \geq 99.0\%$。

4.4.3 仪器

高效液相色谱仪:具有可变波长紫外检测器;

色谱数据处理机或色谱工作站;

色谱柱:250 mm×4.6 mm(i.d.)不锈钢柱,内装 C_{18}、5 μm 填充物(或具等同效果的色谱柱);

过滤器:滤膜孔径约 0.45 μm;

微量进样器:50 μL;

定量进样管:5 μL;

超声波清洗器。

4.4.4 高效液相色谱操作条件

流动相:Ψ(甲醇∶水)=40∶60,经滤膜过滤,并进行脱气;

流速:0.8 mL/min;

柱温:室温(温差变化应不大于 2 ℃);

检测波长:260 nm;

进样体积:5 μL;

保留时间:吡虫啉约 6.0 min。

上述操作参数是典型的,可根据不同仪器特点,对给定的操作参数作适当调整,以期获得最佳效果。典型的 70%吡虫啉水分散粒剂高效液相色谱图见图 1。

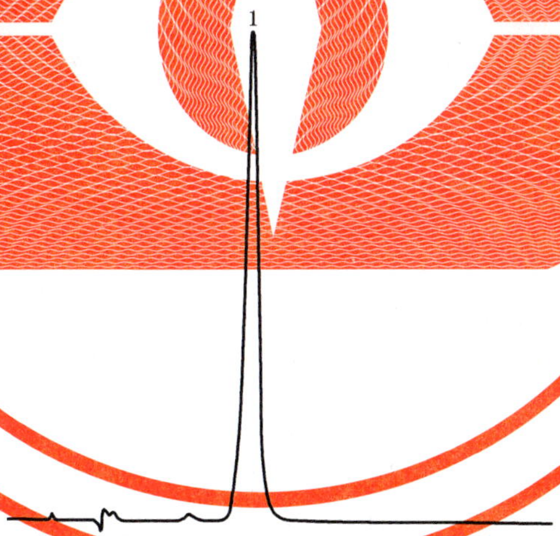

1——吡虫啉。

图 1 70%吡虫啉水分散粒剂的高效液相色谱图

4.4.5 测定步骤

4.4.5.1 标样溶液的制备

称取 0.1 g(精确至 0.000 2 g)吡虫啉标样于 100 mL 容量瓶中,用甲醇定容至刻度,超声波振荡 5 min 使试样溶解,冷却至室温,摇匀。用移液管移取上述溶液 5 mL 于 50 mL 容量瓶中,用流动相稀释至刻度,摇匀。

4.4.5.2 试样溶液的制备

称取含吡虫啉 0.1 g(精确至 0.000 2 g)的试样于 100 mL 容量瓶中,用甲醇定容至刻度,超声波振荡 5 min 使试样溶解，冷却至室温，摇匀。用移液管移取上述溶液 5 mL 于 50 mL 容量瓶中，用流动相稀释至刻度，摇匀。

4.4.5.3 测定

在上述操作条件下，待仪器稳定后，连续注入数针标样溶液，直至相邻两针吡虫啉峰面积相对变化小于 1.2%后，按照标样溶液、试样溶液、试样溶液、标样溶液的顺序进行测定。

4.4.5.4 计算

将测得的两针试样溶液以及试样前后两针标样溶液中吡虫啉峰面积分别进行平均。试样中吡虫啉的质量分数按式(1)计算：

$$w_1 = \frac{A_2 \cdot m_1 \cdot w}{A_1 \cdot m_2} \qquad \cdots\cdots(1)$$

式中：

w_1——试样中吡虫啉质量分数；

A_2——试样溶液中，吡虫啉峰面积的平均值；

m_1——吡虫啉标样的质量，单位为克(g)；

w——吡虫啉标样的质量分数；

A_1——标样溶液中，吡虫啉峰面积的平均值；

m_2——试样的质量，单位为克(g)。

4.4.6 允许差

吡虫啉质量分数两次平行测定结果之差应不大于 1.0%，取其算术平均值作为测定结果。

4.5 水分的测定

按 GB/T 1600 中的“共沸蒸馏法”进行。

4.6 pH 值的测定

按 GB/T 1601 进行。

4.7 悬浮率的测定

按 GB/T 14825—2006 中 4.1 进行。称取含吡虫啉 0.1 g 的试样(精确至 0.000 2 g)，将剩余的 1/10 悬浮液及沉淀物转移至 100 mL 容量瓶中，用 60 mL 甲醇分 3 次将 25 mL 的剩余物全部洗入 100 mL 容量瓶中，在超声下振荡 5 min，恢复至室温，定容，摇匀，过滤后，按 4.4 测定吡虫啉的质量，计算其悬浮率。

4.8 润湿时间的测定

按 GB/T 5451 进行。

4.9 细度的测定

按 GB/T 16150 中的“湿筛法”进行。

4.10 粒度的测定

4.10.1 仪器

标准筛：孔径为(100 μm)；

振筛机：振幅 25 mm，1 400 次/min。

4.10.2 测定步骤

准确称取水分散粒剂试样 100 g(精确至 0.1 g)，置于 100 μm 标准筛上，加盖密封，启动振筛机震荡 5 min，收集筛上物，称量(精确至 0.1 g)。

4.10.3 计算

试样的粒度按式(2)计算：

$$w_2=\frac{m_1}{m}\times 100 \qquad \cdots\cdots(2)$$

式中：

w_2——试样的粒度，以%表示；

m_1——100 μm 筛上物的质量，单位为克(g)；

m ——试样的质量，单位为克(g)。

4.11 分散性的测定

4.11.1 方法提要

将一定量的水分散粒剂加入规定的水中，搅拌混合，制成悬浮液，静置一段时间后，去除顶部 9/10 的悬浮液，将底部 1/10 悬浮液和沉淀烘干，用重量法进行测定。

4.11.2 试剂和仪器

标准硬水：$\rho(Ca^{2+}+Mg^{2+})=342$ mg/L，pH=6.0～7.0，按 GB/T 14825 配制；

烧杯：1 000 mL，内径为(102±2)mm；

电动搅拌机：可控制速度(0～1 000)r/min；

不锈钢搅拌棒(见图 2)：带有 4 个固定搅拌叶片的螺旋桨式搅拌棒，叶片之间角度为 45°；

旋转真空蒸发器；

秒表。

单位为毫米

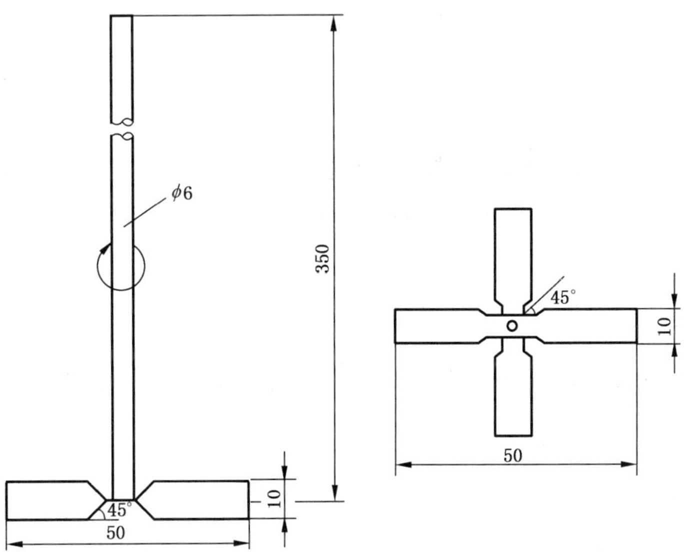

图 2 不锈钢搅拌棒

4.11.3 测定步骤

在 20 ℃±1 ℃下，于烧杯中加入 900 mL 标准硬水，将搅拌棒固定在烧杯中央，搅拌棒叶片距烧杯底部 15 mm，搅拌棒叶片间距和旋转方向能保证搅拌棒推进液体向上翻腾，以 300 r/min 的速度开启搅拌器，将 9 g 水分散粒剂样品(精确至 0.1 g)加入搅拌的水中，继续搅拌 1 min。关闭搅拌，让悬浮液静置 1 min，抽出 9/10 的悬浮液(810 mL)，整个操作应在 30 s～60 s 内完成，并保持玻璃细管的尖端始终在液面下，且尽量不搅动悬浮液，用旋转真空蒸发器蒸掉 90 mL 剩余悬浮液中的水分，在 60 ℃～70 ℃下干燥至恒重，称量(精确至 0.1 g)。

4.11.4 计算

试样的分散性按式(3)计算：

$$w_3 = \frac{10(m - m_1)}{9m} \times 100 \qquad \cdots\cdots(3)$$

式中：

w_3——试样的分散性，以%表示；

m ——所取试样的质量，单位为克(g)；

m_1——干燥后残余物的质量，单位为克(g)。

4.12 持久起泡性试验

4.12.1 方法提要

将规定量的试样与标准硬水混合，静置后记录泡沫体积。

4.12.2 试剂

标准硬水：$\rho(Ca^{2+}+Mg^{2+})$=342 mg/L，pH=6.0～7.0，按 GB/T 14825 配制。

4.12.3 仪器和器具

具塞量筒：250 mL(分度值 2 mL，0～250 mL 刻度线 20 cm ～21.5 cm，250 mL 刻度线到塞子底部 4 cm ～6 cm)；

工业天平：感量 0.1 g。

4.12.4 测定步骤

在量筒中加入 180 mL 标准硬水，在量筒中称入试样 1.0 g(精确至 0.1 g)，加标准硬水至距离量筒塞底部 9 cm 的刻度线处，盖上塞子，以量筒底部为中心，上下颠倒 30 次(每次 2 s)。放在试验台上静置 1 min，记录泡沫体积。

4.13 热贮稳定性试验

按 GB/T 19136 中“粉体制剂”进行。热贮后吡虫啉质量分数应不低于贮前的 97%，悬浮率仍符合标准要求为合格。

4.14 产品的检验与验收

应符合 GB/T 1604 的规定。

5 标志、标签、包装、贮运、安全和保证期

5.1 标志、标签、包装

70%吡虫啉水分散粒剂应用镀铝塑料袋或复合铝膜袋包装，每袋净含量一般为50 g、100 g。也可根据用户要求或订货协议，采用其他形式的包装，但需符合GB 3796的规定。

5.2 贮运

70%吡虫啉水分散粒剂包装件应贮存在通风、干燥的库房中。贮运时，严防潮湿和日晒，不得与食物、种子、饲料混放，避免与皮肤、眼睛接触，防止由口鼻吸入。

5.3 安全

本品属低毒制剂。可经皮肤渗入。使用本品时要避免与皮肤接触，施药后应用肥皂和清水冲洗。中毒者应立即送医院对症治疗。

5.4 保证期

在规定的贮运条件下，70%吡虫啉水分散粒剂的保证期，从生产日期起为两年。

附 录 A
（资料性附录）
吡虫啉的其他名称、结构式和基本物化参数

本产品有效成分吡虫啉的其他名称、结构式和基本物化参数如下：

ISO 通用名称：Imidacloprid

CAS 登录号：138261-41-3

CIPAC 数字代码：582

化学名称：1-(6-氯-3-吡啶基甲基)-*N*-硝基亚咪唑烷-2-基胺

结构式：

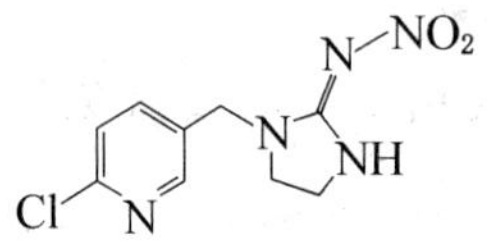

实验式：$C_9H_{10}ClN_5O_2$

相对分子质量：255.7

生物活性：杀虫

熔点：144 ℃

蒸气压(20 ℃)：4×10^{-7} mPa

溶解度(20 ℃,g/L)：水中 0.61,甲苯中 0.68,二氯甲烷中 55,异丙醇中 1.2,正己烷中小于 0.1

稳定性：pH 值 5～11 时稳定,不易水解。

ICS 65.100.10
G 25

中华人民共和国国家标准

GB 28140—2011

75%乙酰甲胺磷可溶粉剂

75% Acephate water soluble powders

2011-12-30 发布　　2012-04-15 实施

中华人民共和国国家质量监督检验检疫总局
中国国家标准化管理委员会　发布

前　言

本标准的第3章、第5章是强制性的，其余是推荐性的。

本标准按照GB/T 1.1—2009给出的规则起草。

请注意本文件的某些内容可能涉及专利，本文件的发布机构不承担识别这些专利的责任。

本标准由中国石油和化学工业联合会提出。

本标准由全国农药标准化技术委员会(SAC/TC 133)归口。

本标准负责起草单位：沈阳化工研究院有限公司。

本标准参加起草单位：湖北沙隆达股份有限公司、浙江嘉化集团股份有限公司、江苏蓝丰生物化工股份有限公司、杭州庆丰农化有限公司。

本标准主要起草人：高晓晖、李东、李达元、廖艳、张树荣、谢印刚、何红东。

75%乙酰甲胺磷可溶粉剂

1 范围

本标准规定了75%乙酰甲胺磷可溶粉剂的要求、试验方法以及标志、标签、包装、贮运、保证期。

本标准适用于由乙酰甲胺磷原药与适宜的助剂和填料加工制成的75%乙酰甲胺磷可溶粉剂。

注：乙酰甲胺磷及杂质乙酰胺、甲胺磷、*O*,*O*,*S*-三甲基硫代磷酸酯的其他名称、结构式和基本物化参数参见附录A。

2 规范性引用文件

下列文件对于本文件的应用是必不可少的。凡是注日期的引用文件，仅注日期的版本适用于本文件。凡是不注日期的引用文件，其最新版本(包括所有的修改单)适用于本文件。

GB/T 1600 农药水分测定方法

GB/T 1601 农药pH值的测定方法

GB/T 1604 商品农药验收规则

GB/T 1605—2001 商品农药采样方法

GB 3796 农药包装通则

GB/T 6682—2008 分析实验室用水规格和试验方法(ISO 3696:1987,MOD)

GB/T 8170—2008 数值修约规则与极限数值的表示和判定

GB/T 19136 农药热贮稳定性测定方法

3 要求

3.1 外观

本品应由符合标准的乙酰甲胺磷原药与适宜的助剂和填料加工制成，为均匀疏松粉末，无可见的外来物和团块。

3.2 技术指标

乙酰甲胺磷可溶粉剂还应符合表1要求。

表1 75%乙酰甲胺磷可溶粉剂控制项目指标

项目		指标
乙酰甲胺磷质量分数/%		$75.0^{+3.0}_{-3.0}$
乙酰胺质量分数/%	≤	0.3
甲胺磷质量分数/%	≤	0.5
O,*O*,*S*-三甲基硫代磷酸酯质量分数[a]/%	≤	0.1
水分质量分数/%	≤	2.0
pH值范围		3.0~7.5

表 1（续）

项　　目		指　　标
溶解程度和溶液稳定性(通过 75 μm 试验筛)[a]/%		
(5 min 后残余物)	≤	2.0
(18 h 后残余物)	≤	0.5
热贮稳定性[a]		合格
[a] 正常生产时，*O*,*O*,*S*-三甲基硫代磷酸酯质量分数、溶解程度和溶液稳定性、热贮稳定性试验每三个月至少测定一次。		

4　试验方法

安全提示：使用本标准的人员应有实验室工作的实践经验。本标准并未指出所有的安全问题。使用者有责任采取适当的安全和健康措施，并保证符合国家有关法规的规定。

4.1　一般规定

本标准所用试剂和水在没有注明其他要求时，均指分析纯试剂和 GB/T 6682—2008 中规定的三级水。检验结果的判定按 GB/T 8170—2008 中的 4.3.3 修约值比较法进行。

4.2　抽样

按 GB/T 1605—2001 中"固体制剂采样"方法进行。用随机数表法确定抽样的包装件；最终抽样量应不少于 300 g。

4.3　鉴别试验

液相色谱法——本鉴别试验可与乙酰甲胺磷质量分数的测定同时进行。在相同的色谱操作条件下，试样溶液中某一色谱峰的保留时间与标样溶液中乙酰甲胺磷色谱峰的保留时间，其相对差值应在 1.5%以内。

4.4　乙酰甲胺磷、乙酰胺和甲胺磷质量分数的测定

4.4.1　方法提要

试样用流动相溶解，以乙腈＋水(pH＝3)为流动相，使用以 C_{18} 为填料的不锈钢柱和紫外检测器(210 nm)，对试样中的乙酰甲胺磷、乙酰胺和甲胺磷进行反相高效液相色谱分离，外标法定量。

4.4.2　试剂和溶液

乙腈：色谱级；

水：新蒸二次蒸馏水；

磷酸；

乙酰甲胺磷标样：已知质量分数 $w \geqslant 99.0\%$；

乙酰胺标样：已知质量分数 $w \geqslant 98.0\%$；

甲胺磷标样：已知质量分数 $w \geqslant 98.0\%$；

乙酰胺标样和甲胺磷标样溶液的制备：分别称取乙酰胺标样 0.06 g、甲胺磷标样 0.1 g(精确至

0.000 2 g)置于 50 mL 容量瓶中，加流动相溶解，并稀释至刻度，摇匀。

4.4.3 仪器

高效液相色谱仪：具有可变波长紫外检测器；

色谱数据处理机或工作站；

色谱柱：250 mm×4.6 mm(i.d.)不锈钢柱，内装 C_{18}、5 μm 填充物(或具等同效果的色谱柱)；

过滤器：滤膜孔径约 0.45 μm；

微量进样器：250 μL；

超声波清洗器。

4.4.4 高效液相色谱操作条件

流动相：Ψ(乙腈：水)＝10：90，用磷酸将水的 pH 值调至 3，混合均匀后，经滤膜过滤，并进行脱气；

流量：1.0 mL/min；

柱温：室温(温差变化应不大于 2 ℃)；

检测波长：210 nm；

进样体积：20 μL；

保留时间：乙酰胺 3.6 min、甲胺磷 5.0 min、乙酰甲胺磷 5.7 min。

上述操作参数是典型的，可根据不同仪器特点，对给定的操作参数作适当调整，以期获得最佳效果。典型的 75%乙酰甲胺磷可溶粉剂高效液相色谱图见图 1。

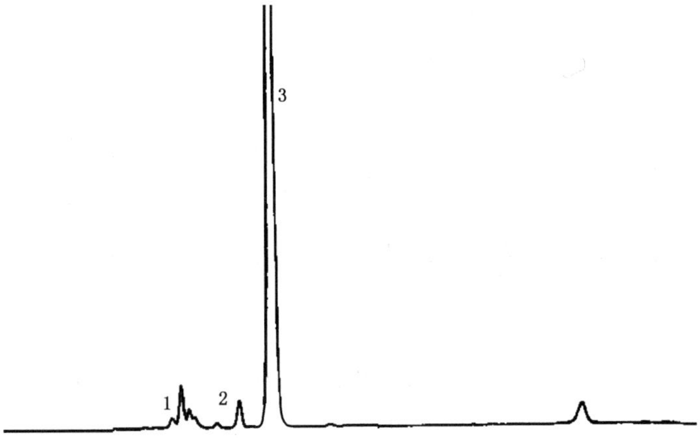

1——乙酰胺；
2——甲胺磷；
3——乙酰甲胺磷。

图 1 75%乙酰甲胺磷可溶粉剂的高效液相色谱图

4.4.5 测定步骤

4.4.5.1 标样溶液的制备

称取乙酰甲胺磷标样 0.06 g(精确至 0.000 2 g)置于 50 mL 容量瓶中，用移液管移取 2.0 mL 乙酰胺标样和甲胺磷标样溶液于同一容量瓶中，用流动相溶解并稀释至刻度，摇匀。

4.4.5.2 试样溶液的制备

称取含乙酰甲胺磷 0.06 g(精确至 0.000 2 g)的试样，置于 50 mL 容量瓶中，用流动相溶解并稀释至刻度，摇匀。

4.4.5.3 测定

在上述操作条件下，待仪器稳定后，连续注入数针标样溶液，直至相邻两针乙酰甲胺磷峰面积相对变化小于 1.2%后，按照标样溶液、试样溶液、试样溶液、标样溶液的顺序进行测定。

4.4.5.4 计算

将测得的两针试样溶液以及试样前后两针标样溶液中乙酰甲胺磷(乙酰胺、甲胺磷)的峰面积分别进行平均。试样中乙酰甲胺磷(乙酰胺、甲胺磷)的质量分数，按式(1)计算：

$$w_1=\frac{A_2\cdot m_1\cdot w}{A_1\cdot m_2}\times f \qquad \cdots\cdots(1)$$

式中：

w_1 ——试样中乙酰甲胺磷(乙酰胺、甲胺磷)的质量分数，以%表示；
A_2 ——试样溶液中，乙酰甲胺磷(乙酰胺、甲胺磷)峰面积的平均值；
m_1 ——标样的质量，单位为克(g)；
w ——标样中乙酰甲胺磷(乙酰胺、甲胺磷)的质量分数，以%表示；
f ——稀释因子，对乙酰甲胺磷 $f=1$，乙酰胺和甲胺磷 $f=0.04$；
A_1 ——标样溶液中，乙酰甲胺磷(乙酰胺、甲胺磷)峰面积的平均值；
m_2 ——试样的质量，单位为克(g)。

4.4.5.5 允许差

乙酰甲胺磷质量分数两次平行测定结果之差应不大于 1.2%，乙酰胺和甲胺磷相对差应不大于 20%，分别取其算术平均值作为测定结果。

4.5 ***O,O,S*-三甲基硫代磷酸酯质量分数的测定**

4.5.1 方法提要

试样用流动相溶解，以乙腈＋水(pH＝3)为流动相，使用以 C_{18} 为填料的不锈钢柱和紫外检测器(210 nm)，对试样中的 *O,O,S*-三甲基硫代磷酸酯进行反相高效液相色谱分离，外标法定量。

4.5.2 试剂和溶液

同 4.4.2；
O,O,S-三甲基硫代磷酸酯标样：已知质量分数 $w\geqslant 95.0\%$。

4.5.3 仪器

同 4.4.3。

4.5.4 高效液相色谱操作条件

同 4.4.4；
保留时间：*O,O,S*-三甲基硫代磷酸酯 15 min。
上述操作参数是典型的，可根据不同仪器特点，对给定的操作参数作适当调整，以期获得最佳效果。

典型的乙酰甲胺磷可溶粉剂高效液相色谱图见图 2。

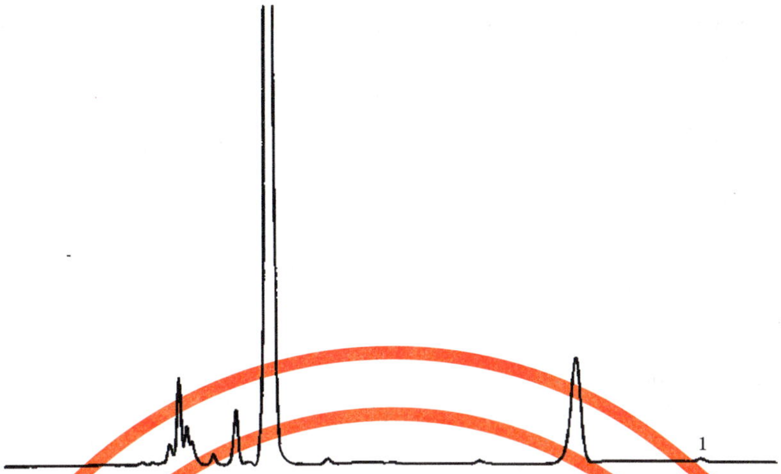

1——O,O,S-三甲基硫代磷酸酯。

图 2 75%乙酰甲胺磷可溶粉剂的高效液相色谱图

4.5.5 测定步骤

4.5.5.1 标样溶液的制备

称取 O,O,S-三甲基硫代磷酸酯标样 0.05 g(精确至 0.000 2 g)置于 50 mL 容量瓶中,用流动相溶解并稀释至刻度,摇匀。

4.5.5.2 试样溶液的制备

称取含 O,O,S-三甲基硫代磷酸酯 0.05 g(精确至 0.000 2 g)的试样,置于 50 mL 容量瓶中,用流动相溶解并稀释至刻度,摇匀。

4.5.5.3 测定

在上述操作条件下,待仪器稳定后,连续注入数针标样溶液,直至相邻两针乙酰甲胺磷峰面积相对变化小于 1.2%后,按照标样溶液、试样溶液、试样溶液、标样溶液的顺序进行测定。

4.5.5.4 计算

将测得的两针试样溶液以及试样前后两针标样溶液中 O,O,S-三甲基硫代磷酸酯的峰面积分别进行平均。试样中 O,O,S-三甲基硫代磷酸酯的质量分数,按式(2)计算:

$$w_2 = \frac{A_2 \cdot m_1 \cdot w}{A_1 \cdot m_2} \qquad \cdots\cdots (2)$$

式中:

w_2 ——试样中 O,O,S-三甲基硫代磷酸酯的质量分数,以%表示;

A_2 ——试样溶液中,O,O,S-三甲基硫代磷酸酯峰面积的平均值;

m_1 ——标样的质量,单位为克(g);

w ——标样中 O,O,S-三甲基硫代磷酸酯的质量分数,以%表示;

A_1 ——标样溶液中,O,O,S-三甲基硫代磷酸酯峰面积的平均值;

m_2 ——试样的质量,单位为克(g)。

4.5.5.5 允许差

O,*O*,*S*-三甲基硫代磷酸酯质量分数两次平行测定结果相对差应不大于 20%,取其算术平均值作为测定结果。

4.6 水分质量分数的测定

按 GB/T 1600 中的“共沸蒸馏法”进行。

4.7 pH 值的测定

按 GB/T 1601 进行。

4.8 溶解程度和溶液稳定性

4.8.1 方法提要

将 75%乙酰甲胺磷可溶性粉剂溶于 25 ℃的标准水中,颠倒 15 次,静置 5 min,用 75 μm 试验筛过滤,定量测定筛上残余物。溶液稳定性的测定是将该溶液静置 18 h 后,再次用 75 μm 试验筛过滤。

4.8.2 仪器

标准筛:孔径 75 μm,直径 76 mm;

刻度量筒:玻璃,具塞,0 mL~250 mL 刻度之间距离 25 cm~21.5 cm,250 mL 刻度线与塞子底部距离为 4 cm~6 cm。

4.8.3 试验溶液的制备

在 250 mL 量筒中加入 2/3 的标准硬水,将其温度热至 25 ℃,加入 5 g 样品,加标准硬水至刻度。盖上塞子。静置 30 s,用手颠倒量筒 15 次(180°),复位,颠倒、复位一次所用时间应不超过 2 s。

4.8.4 5 min 后试验

将量筒中的试验溶液静置 5 min±30 s 后,倒入已恒量的 75μm 试验筛上,将滤液收集到 500 mL 烧杯中,留作下一步试验。用 100 mL 蒸馏水洗涤量筒 5 次,将所有不溶物定量转移到筛上,弃去洗涤液,检查筛上的残余物。如果筛上有残余物,将试验筛于 100 ℃下干燥至恒量,称量。

4.8.5 18 h 后试验

在静置 18 h 后,仔细观察烧杯中滤液是否有沉淀。如果有不溶物,再将该溶液用 75 μm 试验筛过滤,用 100 mL 蒸馏水洗涤试验筛。如果有固体或结晶存在,将筛于 60 ℃下干燥至恒量,称量。

4.8.6 计算

5 min 残余物质量分数和 18 h 后残余物质量分数分别按式(3)和式(4)计算:

$$w_3 = \frac{m_2 - m_1}{m} \times 100 \qquad \cdots\cdots (3)$$

$$w_4 = \frac{m'_2 - m'_1}{m} \times 100 \qquad \cdots\cdots (4)$$

式中:

w_3 ——5 min 后残余物的质量分数,以%表示;

w_4 ——18 h 后残余物的质量分数,以%表示;

m_1、m_1' ——筛子恒量后的质量，单位为克(g)；
m_2、m_2' ——筛子和残余物的质量，单位为克(g)；
m ——试验的质量，单位为克(g)。

4.9 热贮稳定性试验

按 GB/T 19136 中"固体制剂"进行。于热贮后 24 h 内对乙酰甲胺磷、乙酰胺、甲胺磷质量分数、溶解程度和溶液稳定性进行检验，75%乙酰甲胺磷可溶粉剂热贮后，乙酰甲胺磷质量分数应不低于贮前的 95%，乙酰胺质量分数应不高于 0.5%，甲胺磷质量分数应不高于 0.8%，溶解程度和溶液稳定性符合标准要求即为合格。

4.10 产品的检验与验收

应符合 GB/T 1604 的规定。

5 标志、标签、包装、贮运、安全、保证期

5.1 标志、标签、包装

75%乙酰甲胺磷可溶粉剂的标志、标签、包装应符合 GB 3796 的规定。

75%乙酰甲胺磷可溶粉剂内包装用铝铂袋或双层厚质塑料袋。每袋净含量 50 kg，使用纸板桶作外包装。根据用户要求或订货协议，可以采用其他形式的包装，但需符合 GB 3796 的规定。

5.2 贮运

75%乙酰甲胺磷可溶粉剂包装件应贮存在通风、干燥、低温的库房中。贮运时，严防潮湿和日晒，不得与食物、种子、饲料混放，避免与皮肤、眼睛接触，防止由口鼻吸入。

5.3 安全

乙酰甲胺磷属低毒有机磷杀虫剂。使用本品应戴好防护手套、口罩，穿干净防护服。喷雾时要顺风方向进行，防止口鼻吸入，皮肤或身体裸露部位接触本品后，应及时用肥皂和水洗净。如发生中毒现象，应及时去医院治疗。

5.4 保证期

在规定的贮运条件下，75%乙酰甲胺磷可溶粉剂的保证期，从生产日期算起为两年。

附　录　A
（资料性附录）
乙酰甲胺磷及杂质乙酰胺、甲胺磷、*O*,*O*,*S*-三甲基硫代磷酸酯的其他名称、结构式和基本物化参数

本产品有效成分乙酰甲胺磷的其他名称、结构式和基本物化参数如下：

ISO 通用名称：Acephate

CAS 登记号：30560-19-1

CIPAC 数字代码：338

化学名称：*O*,*S*-二甲基-*N*-乙酰基硫代磷酰胺

结构式：

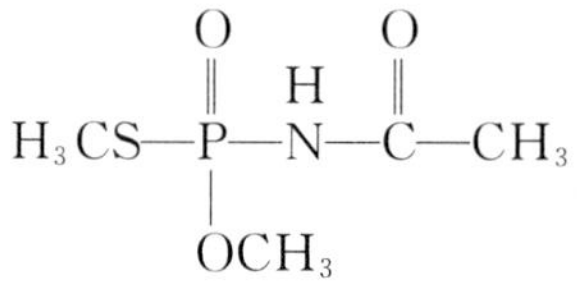

实验式：$C_4H_{10}NO_3PS$

相对分子质量：183.2

生物活性：杀虫

溶点：88 ℃～90 ℃

蒸气压(24 ℃)：0.226 mPa

相对密度(20 ℃)：1.35

溶解度(20 ℃，g/L)：水中 790；丙酮 151；乙醇＞100；乙酸乙酯 35；苯 16；正己烷 0.1

稳定性：在微酸性条件下稳定，半衰期 DT_{50}(40 ℃)60 h(pH＝9)，710 h(pH＝3)。

本产品中杂质乙酰胺的其他名称、结构式和基本物化参数如下：

ISO 通用名称：Acetamide

CAS 登记号：60-35-5

化学名称：乙酰胺

结构式：

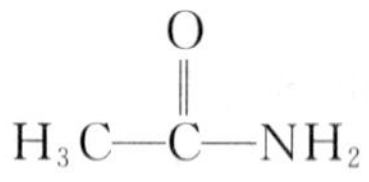

实验式：C_2H_5NO

相对分子质量：59.07

熔点：81 ℃

沸点：222 ℃

蒸气压(65 ℃)：0.13 kPa

相对密度(20 ℃)：1.16

溶解性：溶于水、乙醇、三氯甲烷、吡啶和甘油，微溶于乙醚，不溶于正辛醇。

本产品中杂质甲胺磷的其他名称、结构式和基本物化参数如下：

ISO 通用名称：Methamidophos

CAS 登记号：10265-92-6

CIPAC 数字代码:355

化学名称:*O*,*S* -二甲基胺基硫代磷酸酯

结构式:

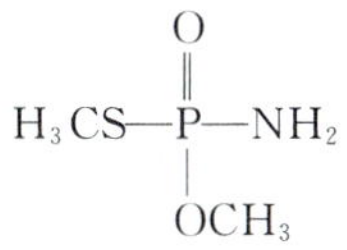

实验式:$C_2H_8NO_2PS$

相对分子质量:141.1

生物活性:杀虫、杀螨

熔点:44.9 ℃

蒸气压:2.3 mPa(20 ℃),4.7 mPa(25 ℃)

相对密度(20 ℃):1.27

溶解度(20 ℃,g/L):水中>200,异丙醇>200,二氯甲烷>200,正己烷 0.1~1,甲苯 2~5

稳定性:在常温下稳定,加热分解,故无沸点。在 pH 3~8 范围内稳定,半衰期 DT_{50} 1.8 a(pH4),120 h(pH7),70 h(pH9)。

本产品中杂质 *O*,*O*,*S*-三甲基硫代磷酸酯的其他名称、结构式和基本物化参数如下:

通用名称:*O*,*O*,*S*-三甲基硫代磷酸酯

CAS 登记号:152-20-5

化学名称:*O*,*O*,*S*-三甲基硫代磷酸酯

结构式:

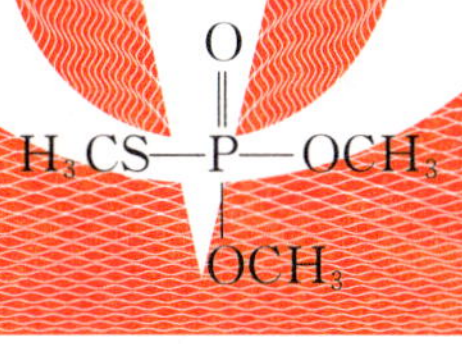

实验式:$C_3H_9O_3PS$

相对分子质量:156.15。

ICS 65.100.10
G 25

中华人民共和国国家标准

GB 28141—2011

吡虫啉可溶液剂

Imidacloprid soluble concentrate

2011-12-30 发布　　　　2012-04-15 实施

中华人民共和国国家质量监督检验检疫总局
中国国家标准化管理委员会　发布

前　言

本标准的第3章、第5章是强制性的，其余是推荐性的。

本标准按照GB/T 1.1—2009给出的规则起草。

本标准使用重新起草法修改采用FAO规格582/SL(May 2006)《吡虫啉可溶液剂》。

本标准与FAO规格582/SL(May 2006)《吡虫啉可溶液剂》的主要技术差异及原因如下：

——本标准控制水分和pH值范围两项指标，FAO规格未控制这两项指标。本标准指标项目比FAO规格全面。

请注意本文件的某些内容可能涉及专利，本文件的发布机构不承担识别这些专利的责任。

本标准由中国石油和化学工业联合会提出。

本标准由全国农药标准化技术委员会(SAC/TC 133)归口。

本标准负责起草单位：沈阳化工研究院有限公司。

本标准参加起草单位：深圳诺普信农化股份有限公司、江苏克胜集团股份有限公司、浙江海正化工股份有限公司、上海悦联化工有限公司、青岛海利尔药业有限公司、南京红太阳股份有限公司、江苏长青农化股份有限公司。

本标准主要起草人：侯春青、昝艳坤、李欧燕、吴重言、王天胜、虞祥发、李学臣、刘奎涛、吉瑞香。

吡虫啉可溶液剂

1 范围

本标准规定了吡虫啉可溶液剂的要求、试验方法以及标志、标签、包装、贮运和保证期。

本标准适用于由吡虫啉原药和助剂溶解在适宜的水溶性有机溶剂中加工成的吡虫啉可溶液剂。

注：吡虫啉的其他名称、结构式和基本物化参数参见附录A。

2 规范性引用文件

下列文件对于本文件的应用是必不可少的。凡是注日期的引用文件，仅注日期的版本适用于本文件。凡是不注日期的引用文件，其最新版本（包括所有的修改单）适用于本文件。

GB/T 1600 农药水分测定方法

GB/T 1601 农药pH值的测定方法

GB/T 1604 商品农药验收规则

GB/T 1605—2001 商品农药采样方法

GB 3796 农药包装通则

GB/T 6682—2008 分析实验室用水规格和试验方法（ISO 3696:1987,MOD）

GB/T 8170—2008 数值修约规则与极限数值的表示和判定

GB/T 14825 农药悬浮率测定方法

GB/T 19136 农药热贮稳定性测定方法

GB/T 19137 农药低温稳定性测定方法

3 要求

3.1 组成和外观

本品应由符合标准的吡虫啉原药和必要的助剂制成，应是稳定的均相液体，无可见的悬浮物和沉淀。

3.2 技术指标

吡虫啉可溶液剂应符合表1要求。

表1 吡虫啉可溶液剂控制项目指标

项目		指标		
		5%	10%	20%
吡虫啉质量分数/%		$5.0^{+0.5}_{-0.5}$	$10.0^{+1.0}_{-1.0}$	$20.0^{+1.2}_{-1.2}$
水分/%	≤	0.5		
pH值范围		5.0～8.0		

表 1（续）

项　目	指　标		
	5%	10%	20%
溶液稳定性	合格		
低温稳定性[a]	合格		
热贮稳定性[a]	合格		
[a] 正常生产时低温稳定性试验，热贮稳定性试验每三个月至少测定一次。			

4 试验方法

安全提示：使用本标准的人员应有实验室工作的实践经验。本标准并未指出所有的安全问题。使用者有责任采取适当的安全和健康措施，并保证符合国家有关法规的规定。

4.1 一般规定

本标准所用试剂和水在没有注明其他要求时，均指分析纯试剂和 GB/T 6682—2008 中规定的三级水。检验结果的判定按 GB/T 8170—2008 中的 4.3.3 修约值比较法进行。

4.2 抽样

按 GB/T 1605—2001 中“液体制剂采样”方法进行。用随机数表法确定抽样的包装件；最终抽样量应不少于 200 mL。

4.3 鉴别试验

液相色谱法——本鉴别试验可与吡虫啉质量分数的测定同时进行。在相同的色谱操作条件下，试样溶液中某色谱峰的保留时间与标样溶液中吡虫啉的色谱峰的保留时间，其相对差值应在 1.5% 以内。

4.4 吡虫啉质量分数的测定

4.4.1 方法提要

试样用流动相溶解，以甲醇＋水为流动相，使用以 C_{18} 为填料的不锈钢柱和紫外检测器，在波长 260 nm下，对试样中的吡虫啉进行反相高效液相色谱分离和测定，外标法定量。

4.4.2 试剂和溶液

甲醇：色谱级；

水：新蒸二次蒸馏水；

吡虫啉标样：已知质量分数 $w \geqslant 99.0\%$。

4.4.3 仪器

高效液相色谱仪：具有可变波长紫外检测器；

色谱数据处理机或色谱工作站；

色谱柱：250 mm×4.6 mm(i.d.)不锈钢柱，内装 C_{18}、5 μm 填充物(或具等同效果的色谱柱)；
过滤器：滤膜孔径约 0.45 μm；
微量进样器：50 μL；
定量进样管：5 μL；
超声波清洗器。

4.4.4 高效液相色谱操作条件

流动相：Ψ(甲醇：水)＝40：60，经滤膜过滤，并进行脱气；
流速：0.8 mL/ min；
柱温：室温(温差变化应不大于 2 ℃)；
检测波长：260 nm；
进样体积：5 μL；
保留时间：吡虫啉约 6.0 min。

上述操作参数是典型的，可根据不同仪器特点，对给定的操作参数作适当调整，以期获得最佳效果。典型的吡虫啉可溶液剂高效液相色谱图见图 1。

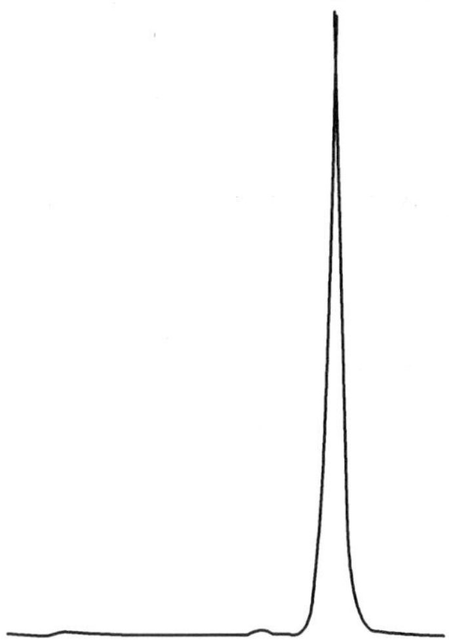

1——吡虫啉。

图 1 吡虫啉可溶液剂的高效液相色谱图

4.4.5 测定步骤

4.4.5.1 标样溶液的制备

称取 0.1 g(精确至 0.000 2 g)吡虫啉标样于 100 mL 容量瓶中，用甲醇定容至刻度，超声波振荡 5 min 使试样溶解，冷却至室温，摇匀。用移液管移取上述溶液 5 mL 于 50 mL 容量瓶中，用流动相稀释至刻度，摇匀。

4.4.5.2 试样溶液的制备

称取含吡虫啉 0.1 g(精确至 0.000 2 g)的试样于 100 mL 容量瓶中，用甲醇定容至刻度，超声波振荡 5 min 使试样溶解，冷却至室温，摇匀。用移液管移取上述溶液 5 mL 于 50 mL 容量瓶中，用流动相稀释至刻度，摇匀。

4.4.5.3 测定

在上述操作条件下，待仪器稳定后，连续注入数针标样溶液，直至相邻两针吡虫啉峰面积相对变化小于 1.2%后，按照标样溶液、试样溶液、试样溶液、标样溶液的顺序进行测定。

4.4.5.4 计算

将测得的两针试样溶液以及试样前后两针标样溶液中吡虫啉峰面积分别进行平均。试样中吡虫啉的质量分数按式(1)计算：

$$w_1=\frac{A_2\cdot m_1\cdot w}{A_1\cdot m_2} \qquad \cdots\cdots(1)$$

式中：

w_1 ——试样中吡虫啉质量分数，以%表示；

A_2 ——试样溶液中，吡虫啉峰面积的平均值；

m_1 ——吡虫啉标样的质量，单位为克(g)；

w ——吡虫啉标样的质量分数，以%表示；

A_1 ——标样溶液中，吡虫啉峰面积的平均值；

m_2 ——试样的质量，单位为克(g)。

4.4.6 允许差

吡虫啉质量分数两次平行测定结果之差应不大于 0.5%，取其算术平均值作为测定结果。

4.5 水分的测定

按 GB/T 1600 中的“卡尔·费休法”进行。

4.6 pH 值的测定

按 GB/T 1601 进行。

4.7 溶液稳定性

4.7.1 试剂和仪器

标准硬水：$\rho(Ca^{2+}+Mg^{2+})=342$ mg/L，pH=6.0～7.0，按 GB/T 14825 配制。

量筒：100 mL。

4.7.2 试验步骤

用移液管吸取 0.5 mL 试样，置于 100 mL 量筒中，用标准硬水稀释至刻度，混匀，将此量筒放入 30 ℃±2 ℃恒温水浴中，静置 1 h，稀释液均一，无析出物为合格。

4.8 低温稳定性试验

按 GB/T 19137 中“乳剂和均相液体制剂”进行。析出物不超过 0.3 mL 为合格。

4.9 热贮稳定性试验

按 GB/T 19136 中“液体制剂”进行。热贮后吡虫啉质量分数应不低于贮前的 97%。

4.10 产品的检验与验收

应符合 GB/T 1604 的规定。

5 标志、标签、包装、贮运、安全和保证期

5.1 标志、标签、包装

吡虫啉可溶液剂应用带有内塞及外盖的棕色玻璃瓶或聚酯瓶包装，每瓶净含量一般为 100 g、500 g 等；外包装用瓦楞纸盒或铝塑箱，每箱净重不超过 10 kg。也可根据用户要求或订货协议，采用其他形式的包装，但需符合 GB 3796 的规定。

5.2 贮运

吡虫啉可溶液剂包装件应贮存在通风、干燥的库房中。贮运时，严防潮湿和日晒，不得与食物、种子、饲料混放，避免与皮肤、眼睛接触，防止由口鼻吸入。

5.3 安全

本品属低毒制剂。可经皮肤渗入。使用本品时要避免与皮肤接触，施药后应用肥皂和清水冲洗。中毒者应立即送医院对症治疗。

5.4 保证期

在规定的贮运条件下，吡虫啉可溶液剂的保证期，从生产日期起为两年。

附　录　A

（资料性附录）

吡虫啉的其他名称、结构式和基本物化参数

本产品有效成分吡虫啉的其他名称、结构式和基本物化参数如下：

ISO 通用名称：Imidacloprid

CAS 登录号：138261-41-3

CIPAC 数字代码：582

化学名称：1-(6-氯-3-吡啶基甲基)-*N*-硝基亚咪唑烷-2-基胺

结构式：

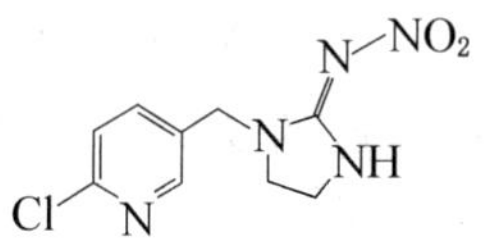

实验式：$C_9H_{10}ClN_5O_2$

相对分子质量：255.7

生物活性：杀虫

熔点：144 ℃

蒸气压(20 ℃)：4×10^{-7} mPa

溶解度(20 ℃，g/L)：水中 0.61，甲苯中 0.68，二氯甲烷中 55，异丙醇中 1.2，正己烷中小于 0.1

稳定性：pH 值 5～11 时稳定，不易水解。

ICS 65.100.10
G 25

中华人民共和国国家标准

GB 28142—2011

吡虫啉可湿性粉剂

Imidacloprid wettable powders

2011-12-30 发布　　2012-04-15 实施

中华人民共和国国家质量监督检验检疫总局
中国国家标准化管理委员会　发布

前　言

本标准的第3章、第5章是强制性的,其余是推荐性的。

本标准按照GB/T 1.1—2009给出的规则起草。

请注意本文件的某些内容可能涉及专利,本文件的发布机构不承担识别这些专利的责任。

本标准由中国石油和化学工业联合会提出。

本标准由全国农药标准化技术委员会(SAC/TC 133)归口。

本标准负责起草单位:沈阳化工研究院有限公司。

本标准参加起草单位:南京红太阳股份有限公司、江苏克胜集团股份有限公司、上海悦联化工有限公司、青岛海利尔药业有限公司、浙江海正化工股份有限公司、江苏长青农化有限公司。

本标准主要起草人:侯春青、昝艳坤、刘奎涛、王春玲、虞祥发、李学臣、王天胜、吉瑞香。

吡虫啉可湿性粉剂

1 范围

本标准规定了吡虫啉可湿性粉剂的要求、试验方法以及标志、标签、包装、贮运和保证期。

本标准适用于由吡虫啉原药、适宜的助剂和填料加工而成的吡虫啉可湿性粉剂。

注：吡虫啉的其他名称、结构式和基本物化参数参见附录 A。

2 规范性引用文件

下列文件对于本文件的应用是必不可少的。凡是注日期的引用文件，仅注日期的版本适用于本文件。凡是不注日期的引用文件，其最新版本(包括所有的修改单)适用于本文件。

GB/T 1601 农药 pH 值的测定方法

GB/T 1604 商品农药验收规则

GB/T 1605—2001 商品农药采样方法

GB 3796 农药包装通则

GB/T 5451 农药可湿性粉剂润湿性测定方法

GB/T 6682—2008 分析实验室用水规格和试验方法(ISO 3696:1987,MOD)

GB/T 8170—2008 数值修约规则与极限数值的表示和判定

GB/T 14825—2006 农药悬浮率测定方法

GB/T 16150 农药粉剂、可湿性粉剂细度测定方法

GB/T 19136 农药热贮稳定性测定方法

3 要求

3.1 组成和外观

本品应由符合标准的吡虫啉原药与适宜的助剂和填料加工制成，为均匀的疏松粉末，不应有团块。

3.2 技术指标

吡虫啉可湿性粉剂应符合表 1 要求。

表 1 吡虫啉可湿性粉剂控制项目指标

项　　目		指　　标				
		10%	20%	25%	50%	70%
吡虫啉质量分数/%		$10.0^{+1.0}_{-1.0}$	$20.0^{+1.2}_{-1.2}$	$25.0^{+1.5}_{-1.5}$	$50.0^{+2.5}_{-2.5}$	$70.0^{+2.5}_{-2.5}$
pH 值范围		6.0～10.0				
润湿时间/s	≤	90				
细度(通过 45 μm 试验筛)/%	≥	98				

表 1(续)

项目	指标				
	10%	20%	25%	50%	70%
悬浮率/% ≥	85				
热贮稳定性[a]	合格				
[a] 正常生产时热贮稳定性试验每三个月至少测定一次。					

4 试验方法

安全提示:使用本标准的人员应有实验室工作的实践经验。本标准并未指出所有的安全问题。使用者有责任采取适当的安全和健康措施,并保证符合国家有关法规的规定。

4.1 一般规定

本标准所用试剂和水在没有注明其他要求时,均指分析纯试剂和 GB/T 6682—2008 中规定的三级水。检验结果的判定按 GB/T 8170—2008 中的 4.3.3 修约值比较法进行。

4.2 抽样

按 GB/T 1605—2001 中"固体制剂采样"方法进行。用随机数表法确定抽样的包装件;最终抽样量应不少于 300 g。

4.3 鉴别试验

液相色谱法——本鉴别试验可与吡虫啉质量分数的测定同时进行。在相同的色谱操作条件下,试样溶液中某个色谱峰的保留时间与标样溶液中吡虫啉的色谱峰的保留时间,其相对差值应在 1.5% 以内。

4.4 吡虫啉质量分数的测定

4.4.1 方法提要

试样用流动相溶解,以甲醇+水为流动相,使用以 C_{18} 为填料的不锈钢柱和紫外检测器,在波长 260 nm下,对试样中的吡虫啉进行反相高效液相色谱分离和测定,外标法定量。

4.4.2 试剂和溶液

甲醇:色谱级;

水:新蒸二次蒸馏水;

吡虫啉标样:已知质量分数 $w \geqslant 99.0\%$。

4.4.3 仪器

高效液相色谱仪:具有可变波长紫外检测器;

色谱数据处理机或色谱工作站;

色谱柱:250 mm ×4.6 mm(i. d.)不锈钢柱,内装 C_{18}、5 μm 填充物(或具等同效果的色谱柱);

过滤器:滤膜孔径约 0.45 μm;

微量进样器:50 μL;

定量进样管:5 μL;

超声波清洗器。

4.4.4 高效液相色谱操作条件

流动相:Ψ(甲醇∶水)=40∶60,经滤膜过滤,并进行脱气;

流速:0.8 mL/min;

柱温:室温(温差变化应不大于 2 ℃);

检测波长:260 nm;

进样体积:5 μL;

保留时间:吡虫啉约 6.0 min。

上述操作参数是典型的,可根据不同仪器特点,对给定的操作参数作适当调整,以期获得最佳效果。典型的吡虫啉可湿性粉剂高效液相色谱图见图 1。

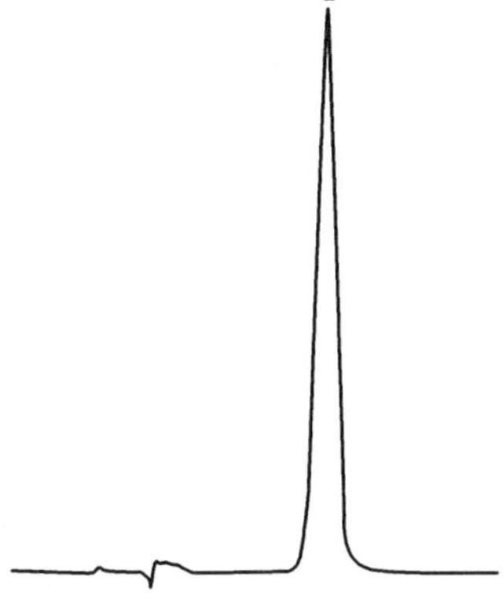

1——吡虫啉。

图 1 吡虫啉可湿性粉剂的高效液相色谱图

4.4.5 测定步骤

4.4.5.1 标样溶液的制备

称取 0.1 g(精确至 0.000 2 g)吡虫啉标样于 100 mL 容量瓶中,用甲醇定容至刻度,超声波振荡 5 min使试样溶解,冷却至室温,摇匀。用移液管移取上述溶液 5 mL 于 50 mL 容量瓶中,用流动相稀释至刻度,摇匀。

4.4.5.2 试样溶液的制备

称取含吡虫啉 0.1 g(精确至 0.000 2 g)的试样于 100 mL 容量瓶中,用甲醇定容至刻度,超声波振荡 5 min 使试样溶解,冷却至室温,摇匀。用移液管移取上述溶液 5 mL 于 50 mL 容量瓶中,用流动相稀释至刻度,摇匀。

4.4.5.3 测定

在上述操作条件下,待仪器稳定后,连续注入数针标样溶液,直至相邻两针吡虫啉峰面积相对变化小于 1.2%后,按照标样溶液、试样溶液、试样溶液、标样溶液的顺序进行测定。

4.4.5.4 计算

将测得的两针试样溶液以及试样前后两针标样溶液中吡虫啉峰面积分别进行平均。试样中吡虫啉的质量分数按式(1)计算：

$$w_1=\frac{A_2\cdot m_1\cdot w}{A_1\cdot m_2} \qquad \cdots\cdots(1)$$

式中：

w_1 ——试样中吡虫啉质量分数，以%表示；

A_2 ——试样溶液中，吡虫啉峰面积的平均值；

m_1 ——吡虫啉标样的质量，单位为克(g)；

w ——吡虫啉标样的质量分数，以%表示；

A_1 ——标样溶液中，吡虫啉峰面积的平均值；

m_2 ——试样的质量，单位为克(g)。

4.4.6 允许差

吡虫啉质量分数两次平行测定结果之差，10%、20%、25%可湿性粉剂应不大于0.5%；50%、70%可湿性粉剂应不大于1.0%，取其算术平均值作为测定结果。

4.5 pH值的测定

按GB/T 1601进行。

4.6 悬浮率的测定

按GB/T 14825—2006中4.1进行。称取含吡虫啉0.1 g的试样(精确至0.000 2 g)，将剩余的1/10悬浮液及沉淀物转移至100 mL容量瓶中，用60 mL甲醇分3次将25 mL的剩余物全部洗入100 mL容量瓶中，在超声波下振荡5 min，恢复至室温，定容，摇匀，过滤后，按4.4测定吡虫啉的质量，计算其悬浮率。

4.7 润湿时间的测定

按GB/T 5451进行。

4.8 细度的测定

按GB/T 16150中的"湿筛法"进行。

4.9 热贮稳定性试验

按GB/T 19136中"粉体制剂"进行。热贮后吡虫啉质量分数应不低于贮前的97%，悬浮率仍应符合标准要求为合格。

4.10 产品的检验与验收

应符合GB/T 1604的规定。

5 标志、标签、包装、贮运、安全和保证期

5.1 标志、标签、包装

吡虫啉可湿性粉剂应用镀铝塑料袋或复合铝箔袋包装，每袋净含量一般不超过100 g。也可根据用

户要求或订货协议，采用其他形式的包装，但需符合 GB 3796 的规定。

5.2 贮运

吡虫啉可湿性粉剂包装件应贮存在通风、干燥的库房中。贮运时，严防潮湿和日晒，不得与食物、种子、饲料混放，避免与皮肤、眼睛接触，防止由口鼻吸入。

5.3 安全

本品属低毒制剂。可经皮肤渗入。使用本品时要避免与皮肤接触，施药后应用肥皂和清水冲洗。中毒者应立即送医院对症治疗。

5.4 保证期

在规定的贮运条件下，吡虫啉可湿性粉剂的保证期，从生产日期起为两年。

附 录 A
（资料性附录）
吡虫啉的其他名称、结构式和基本物化参数

本产品有效成分吡虫啉的其他名称、结构式和基本物化参数如下：

ISO 通用名称：Imidacloprid

CAS 登录号：138261-41-3

CIPAC 数字代码：582

化学名称：1-(6-氯-3-吡啶基甲基)-*N*-硝基亚咪唑烷-2-基胺

结构式：

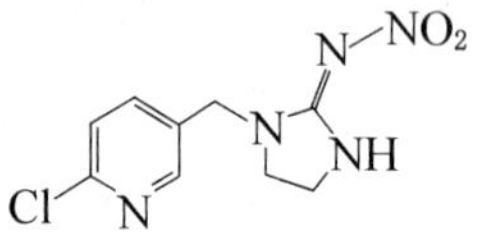

实验式：$C_9H_{10}ClN_5O_2$

相对分子质量：255.7

生物活性：杀虫

熔点：144 ℃

蒸气压(20 ℃)：4×10^{-7} mPa

溶解度(20 ℃，g/L)：水中 0.61，甲苯中 0.68，二氯甲烷中 55，异丙醇中 1.2，正己烷中小于 0.1

稳定性：pH 值 5～11 时稳定，不易水解。

ICS 65.100.10
G 25

中华人民共和国国家标准

GB 28143—2011

吡 虫 啉 乳 油

Imidacloprid emulsifiable concentrates

2011-12-30 发布 2012-04-15 实施

中华人民共和国国家质量监督检验检疫总局
中国国家标准化管理委员会 发布

前　言

本标准的第3章、第5章是强制性的，其余是推荐性的。

本标准按照GB/T 1.1—2009给出的规则起草。

请注意本文件的某些内容可能涉及专利，本文件的发布机构不承担识别这些专利的责任。

本标准由中国石油和化学工业联合会提出。

本标准由全国农药标准化技术委员会(SAC/TC 133)归口。

本标准负责起草单位：沈阳化工研究院有限公司。

本标准参加起草单位：江苏克胜集团股份有限公司、上海悦联化工有限公司、江苏长青农化有限公司、浙江海正化工股份有限公司、青岛海利尔药业有限公司。

本标准主要起草人：侯春青、昝艳坤、王春玲、虞祥发、吉瑞香、王天胜、李学臣。

吡 虫 啉 乳 油

1 范围

本标准规定了吡虫啉乳油的要求、试验方法以及标志、标签、包装、贮运和保证期。

本标准适用于由吡虫啉原药与乳化剂溶解在适宜溶剂中配制成的吡虫啉乳油。

注：吡虫啉的其他名称、结构式和基本物化参数参见附录A。

2 规范性引用文件

下列文件对于本文件的应用是必不可少的。凡是注日期的引用文件，仅注日期的版本适用于本文件。凡是不注日期的引用文件，其最新版本（包括所有的修改单）适用于本文件。

GB/T 1600 农药水分测定方法

GB/T 1601 农药pH值的测定方法

GB/T 1603 农药乳液稳定性测定方法

GB/T 1604 商品农药验收规则

GB/T 1605—2001 商品农药采样方法

GB 4838 农药乳油包装

GB/T 6682—2008 分析实验室用水规格和试验方法(ISO 3696:1987,MOD)

GB/T 8170—2008 数值修约规则与极限数值的表示和判定

GB/T 19136 农药热贮稳定性测定方法

GB/T 19137 农药低温稳定性测定方法

3 要求

3.1 组成和外观

本品应由符合标准的吡虫啉原药制成，为稳定的均相液体，无可见悬浮物和沉淀。

3.2 技术指标

吡虫啉乳油应符合表1要求。

表1 吡虫啉乳油控制项目指标

项目		指标		
		5%	10%	20%
吡虫啉质量分数/%		$5.0^{+0.5}_{-0.5}$	$10.0^{+1.0}_{-1.0}$	$20.0^{+1.2}_{-1.2}$
水分/%	≤	0.5		
pH值范围		5.0～8.0		
乳液稳定性(稀释200倍)		合格		

表 1（续）

项目	指标		
	5%	10%	20%
低温稳定性[a]	合格		
热贮稳定性[a]	合格		
[a] 正常生产时低温稳定性试验，热贮稳定性试验每三个月至少测定一次。			

4 试验方法

安全提示：使用本标准的人员应有实验室工作的实践经验。本标准并未指出所有的安全问题。使用者有责任采取适当的安全和健康措施，并保证符合国家有关法规的规定。

4.1 一般规定

本标准所用试剂和水在没有注明其他要求时，均指分析纯试剂和GB/T 6682—2008中规定的三级水。检验结果的判定按GB/T 8170—2008中的4.3.3修约值比较法进行。

4.2 抽样

按GB/T 1605—2001中“液体制剂采样”方法进行。用随机数表法确定抽样的包装件；最终抽样量应不少于200 mL。

4.3 鉴别试验

液相色谱法——本鉴别试验可与吡虫啉质量分数的测定同时进行。在相同的色谱操作条件下，试样溶液中某色谱峰的保留时间与标样溶液中吡虫啉的色谱峰的保留时间，其相对差值应在1.5%以内。

4.4 吡虫啉质量分数的测定

4.4.1 方法提要

试样用流动相溶解，以甲醇＋水为流动相，使用以C_{18}为填料的不锈钢柱和紫外检测器，在波长260 nm下，对试样中的吡虫啉进行反相高效液相色谱分离和测定，外标法定量。

4.4.2 试剂和溶液

甲醇：色谱级；
水：新蒸二次蒸馏水；
吡虫啉标样：已知质量分数$w \geq 99.0\%$。

4.4.3 仪器

高效液相色谱仪：具有可变波长紫外检测器；
色谱数据处理机或色谱工作站；
色谱柱：250 mm×4.6 mm(i.d.)不锈钢柱，内装C_{18}、5 μm填充物(或具等同效果的色谱柱)；
过滤器：滤膜孔径约0.45 μm；
微量进样器：50 μL；

定量进样管:5 μL;

超声波清洗器。

4.4.4 高效液相色谱操作条件

流动相:Ψ(甲醇 ∶ 水)=40 ∶ 60,经滤膜过滤,并进行脱气;

流速:0.8 mL/min;

柱温:室温(温差变化应不大于 2 ℃);

检测波长:260 nm;

进样体积:5 μL;

保留时间:吡虫啉约 6.0 min。

上述操作参数是典型的,可根据不同仪器特点,对给定的操作参数作适当调整,以期获得最佳效果。典型的吡虫啉乳油高效液相色谱图见图 1。

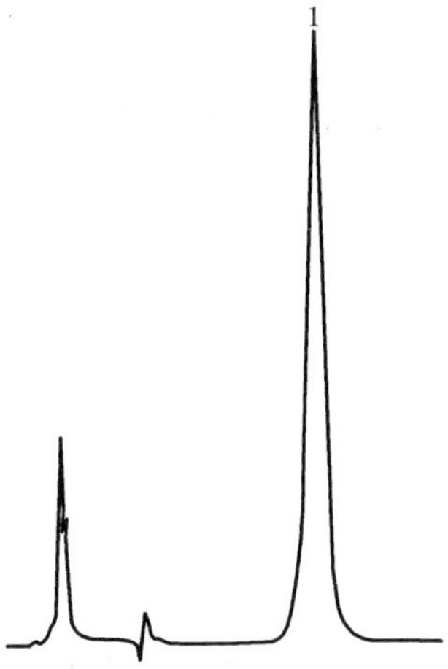

1——吡虫啉。

图 1 吡虫啉乳油的高效液相色谱图

4.4.5 测定步骤

4.4.5.1 标样溶液的制备

称取 0.1 g(精确至 0.000 2 g)吡虫啉标样于 100 mL 容量瓶中,用甲醇定容至刻度,超声波振荡 5 min 使试样溶解,冷却至室温,摇匀。用移液管移取上述溶液 5 mL 于 50 mL 容量瓶中,用流动相稀释至刻度,摇匀。

4.4.5.2 试样溶液的制备

称取含吡虫啉 0.1 g(精确至 0.000 2 g)的试样于 100 mL 容量瓶中,用甲醇定容至刻度,超声波振荡 5 min 使试样溶解,冷却至室温,摇匀。用移液管移取上述溶液 5 mL 于 50 mL 容量瓶中,用流动相稀释至刻度,摇匀。

4.4.5.3 测定

在上述操作条件下,待仪器稳定后,连续注入数针标样溶液,直至相邻两针吡虫啉峰面积相对变化小于 1.2%后,按照标样溶液、试样溶液、试样溶液、标样溶液的顺序进行测定。

4.4.5.4 计算

将测得的两针试样溶液以及试样前后两针标样溶液中吡虫啉峰面积分别进行平均。试样中吡虫啉的质量分数按式(1)计算：

$$w_1 = \frac{A_2 \cdot m_1 \cdot w}{A_1 \cdot m_2} \qquad \cdots\cdots(1)$$

式中：

w_1——试样中吡虫啉质量分数，以%表示；

A_2——试样溶液中，吡虫啉峰面积的平均值；

m_1——吡虫啉标样的质量，单位为克(g)；

w——吡虫啉标样的质量分数，以%表示；

A_1——标样溶液中，吡虫啉峰面积的平均值；

m_2——试样的质量，单位为克(g)。

4.4.6 允许差

吡虫啉质量分数两次平行测定结果之差应不大于0.5%，取其算术平均值作为测定结果。

4.5 水分的测定

按GB/T 1600中的"卡尔·费休法"进行。

4.6 pH值的测定

按GB/T 1601进行。

4.7 乳液稳定性

试样用标准硬水稀释200倍，按GB/T 1603进行试验，量筒中无浮油(膏)、沉油和沉淀析出为合格。

4.8 低温稳定性试验

按GB/T 19137中"乳剂和均相液体制剂"进行。析出物不超过0.3 mL为合格。

4.9 热贮稳定性试验

按GB/T 19136中"液体制剂"进行。热贮后吡虫啉质量分数应不低于贮前的97%。

4.10 产品的检验与验收

应符合GB/T 1604的规定。

5 标志、标签、包装、贮运、安全和保证期

5.1 标志、标签、包装

吡虫啉乳油应用玻璃瓶或塑料聚酯瓶包装，每瓶净含量为500 g或1 000 g；每箱净含量为10 kg或12 kg。也可根据用户要求或订货协议采用其他形式的包装，但需符合GB 4838的规定。

5.2 贮运

吡虫啉乳油包装件应贮存在通风、干燥的库房中。贮运时，严防潮湿和日晒，不得与食物、种子、饲

料混放，避免与皮肤、眼睛接触，防止由口鼻吸入。

5.3 安全

本品属低毒制剂。可经皮肤渗入。使用本品时要避免与皮肤接触，施药后应用肥皂和清水冲洗。中毒者应立即送医院对症治疗。

5.4 保证期

在规定的贮运条件下，吡虫啉乳油的保证期，从生产日期起为两年。

附 录 A

(资料性附录)

吡虫啉的其他名称、结构式和基本物化参数

本产品有效成分吡虫啉的其他名称、结构式和基本物化参数如下：

ISO 通用名称：Imidacloprid

CAS 登录号：138261-41-3

CIPAC 数字代码：582

化学名称：1-(6-氯-3-吡啶基甲基)-*N*-硝基亚咪唑烷-2-基胺

结构式：

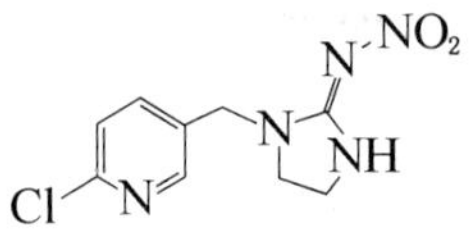

实验式：$C_9H_{10}ClN_5O_2$

相对分子质量：255.7

生物活性：杀虫

熔点：144 ℃

蒸气压(20 ℃)：4×10^{-7} mPa

溶解度(20 ℃,g/L)：水中 0.61，甲苯中 0.68，二氯甲烷中 55，异丙醇中 1.2，正己烷中小于 0.1

稳定性：pH 值 5～11 时稳定，不易水解。

ICS 65.100.10
G 25

中华人民共和国国家标准

GB 28144—2011

吡虫啉悬浮剂

Imidacloprid aqueous suspension concentrate

2011-12-30 发布　　2012-04-15 实施

中华人民共和国国家质量监督检验检疫总局
中国国家标准化管理委员会　发布

前言

本标准的第3章、第5章是强制性的，其余是推荐性的。

本标准按照GB/T 1.1—2009给出的规则起草。

本标准使用重新起草法修改采用FAO规格582/SC(May 2006)《吡虫啉悬浮剂》。

本标准与FAO规格582/SC(May 2006)《吡虫啉悬浮剂》的主要技术差异及原因如下：

——本标准规定持久起泡性(1 min后)≤25 mL，FAO规格规定持久起泡性(1 min后)≤40 mL；

——本标准规定细度(通过75 μm试验筛)为≥98%，FAO规格规定细度为≥99.9%。

请注意本文件的某些内容可能涉及专利，本文件的发布机构不承担识别这些专利的责任。

本标准由中国石油和化学工业联合会提出。

本标准由全国农药标准化技术委员会(SAC/TC 133)归口。

本标准负责起草单位：沈阳化工研究院有限公司。

本标准参加起草单位：江苏克胜集团股份有限公司、陕西标正作物科学有限公司、上海悦联化工有限公司、南京红太阳股份有限公司、浙江海正化工股份有限公司、江苏长青农化股份有限公司、青岛海利尔药业有限公司。

本标准主要起草人：侯春青、昝艳坤、吴伟、赵军、虞祥发、刘奎涛、王天胜、吉瑞香、李学臣、王春玲。

吡 虫 啉 悬 浮 剂

1 范围

本标准规定了吡虫啉悬浮剂的要求、试验方法以及标志、标签、包装、贮运和保证期。

本标准适用于由吡虫啉原药、助剂和填料加工而成的吡虫啉悬浮剂。

注：吡虫啉的其他名称、结构式和基本物化参数参见附录 A。

2 规范性引用文件

下列文件对于本文件的应用是必不可少的。凡是注日期的引用文件，仅注日期的版本适用于本文件。凡是不注日期的引用文件，其最新版本（包括所有的修改单）适用于本文件。

GB/T 1601 农药 pH 值的测定方法

GB/T 1604 商品农药验收规则

GB/T 1605—2001 商品农药采样方法

GB 3796 农药包装通则

GB/T 4472 化工产品密度、相对密度测定通则

GB/T 6682—2008 分析实验室用水规格和试验方法(ISO 3696:1987,MOD)

GB/T 8170—2008 数值修约规则与极限数值的表示和判定

GB/T 14825—2006 农药悬浮率测定方法

GB/T 16150 农药粉剂、可湿性粉剂细度测定方法

GB/T 19136 农药热贮稳定性测定方法

GB/T 19137 农药低温稳定性测定方法

3 要求

3.1 组成和外观

本品应由符合标准的吡虫啉原药、助剂和填料加工制成，应是可流动的、易测量体积的悬浮液体，存放过程中可能出现沉淀，但经手摇动，应恢复原状，不应有结块。

3.2 技术指标

吡虫啉悬浮剂应符合表 1 要求。

表 1 吡虫啉悬浮剂控制项目指标

项目	指标		
	350 g/L	480 g/L	600 g/L
吡虫啉质量分数/%	$31.0^{+1.5}_{-1.5}$	$40.0^{+2.0}_{-2.0}$	$47.0^{+2.3}_{-2.3}$
或质量浓度[a]/(g/L)(20 ℃)	350^{+17}_{-17}	480^{+24}_{-24}	600^{+25}_{-25}

表 1（续）

项目		指标		
		350 g/L	480 g/L	600 g/L
pH 值范围		6.0～9.0		
悬浮率/% ≥		95		
湿筛试验（通过 75 μm 试验筛）/% ≥		98		
持久起泡性（1 min 后泡沫量）/mL ≤		25		
倾倒性/%	倾倒后残余物 ≤	4		
	洗涤后残余物 ≤	0.5		
低温稳定性[b]		合格		
热贮稳定性[b]		合格		

[a] 当质量发生争议时，以质量分数为仲裁。

[b] 正常生产时低温稳定性试验，热贮稳定性试验每三个月至少测定一次。

4 试验方法

安全提示：使用本标准的人员应有实验室工作的实践经验。本标准并未指出所有的安全问题。使用者有责任采取适当的安全和健康措施，并保证符合国家有关法规的规定。

4.1 一般规定

本标准所用试剂和水在没有注明其他要求时，均指分析纯试剂和 GB/T 6682—2008 中规定的三级水。检验结果的判定按 GB/T 8170—2008 中的 4.3.3 修约值比较法进行。

4.2 抽样

按 GB/T 1605—2001 中“液体制剂采样”方法进行。用随机数表法确定抽样的包装件；最终抽样量应不少于 600 mL。

4.3 鉴别试验

液相色谱法——本鉴别试验可与吡虫啉质量分数的测定同时进行。在相同的色谱操作条件下，试样溶液中某色谱峰的保留时间与标样溶液中吡虫啉的色谱峰的保留时间，其相对差值应在 1.5% 以内。

4.4 吡虫啉质量分数的测定

4.4.1 方法提要

试样用流动相溶解，以甲醇＋水为流动相，使用以 C_{18} 为填料的不锈钢柱和紫外检测器，在波长 260 nm 下，对试样中的吡虫啉进行反相高效液相色谱分离和测定，外标法定量。

4.4.2 试剂和溶液

甲醇：色谱级；

水：新蒸二次蒸馏水；

吡虫啉标样：已知质量分数 $w \geq 99.0\%$。

4.4.3 仪器

高效液相色谱仪：具有可变波长紫外检测器；

色谱数据处理机或色谱工作站；

色谱柱：250 mm ×4.6 mm(i.d.)不锈钢柱，内装 C_{18}、5 μm 填充物(或具等同效果的色谱柱)；

过滤器：滤膜孔径约 0.45 μm；

微量进样器：50 μL；

定量进样管：5 μL；

超声波清洗器。

4.4.4 高效液相色谱操作条件

流动相：Ψ(甲醇：水)＝40：60，经滤膜过滤，并进行脱气；

流速：0.8 mL/min；

柱温：室温(温差变化应不大于 2 ℃)；

检测波长：260 nm；

进样体积：5 μL；

保留时间：吡虫啉约 6.0 min。

上述操作参数是典型的，可根据不同仪器特点，对给定的操作参数作适当调整，以期获得最佳效果。典型的吡虫啉悬浮剂高效液相色谱图见图 1。

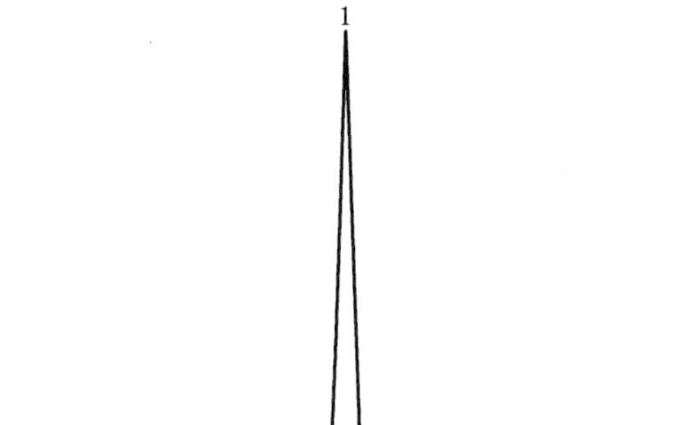

1——吡虫啉。

图 1　吡虫啉悬浮剂的高效液相色谱图

4.4.5 测定步骤

4.4.5.1 标样溶液的制备

称取 0.1 g(精确至 0.000 2 g)吡虫啉标样于 100 mL 容量瓶中，用甲醇溶解并稀释至刻度，超声波振荡 5 min 使试样溶解，冷却至室温，摇匀。用移液管移取上述溶液 5 mL 于 50 mL 容量瓶中，用流动相稀释至刻度，摇匀。

4.4.5.2 试样溶液的制备

称取含吡虫啉 0.1 g(精确至 0.000 2 g)的试样于 100 mL 容量瓶中，用甲醇溶解并稀释至刻度，超声波振荡 5 min 使试样溶解，冷却至室温，摇匀。用移液管移取上述溶液 5 mL 于 50 mL 容量瓶中，用流动相稀释至刻度，摇匀。

4.4.5.3 测定

在上述操作条件下，待仪器稳定后，连续注入数针标样溶液，直至相邻两针吡虫啉峰面积相对变化小于 1.2%后，按照标样溶液、试样溶液、试样溶液、标样溶液的顺序进行测定。

4.4.5.4 计算

将测得的两针试样溶液以及试样前后两针标样溶液中吡虫啉峰面积分别进行平均。试样中吡虫啉的质量分数按式(1)计算，质量浓度按式(1′)计算：

$$w_1 = \frac{A_2 \cdot m_1 \cdot w}{A_1 \cdot m_2} \qquad \cdots\cdots(1)$$

$$\rho_1 = \frac{A_2 \cdot m_1 \cdot \rho \cdot w \cdot 10}{A_1 \cdot m_2} \qquad \cdots\cdots(1')$$

式中：

w_1 ——试样中吡虫啉质量分数，以%表示；

ρ_1 ——试样中吡虫啉质量浓度，以 g/L 表示；

A_2 ——试样溶液中，吡虫啉峰面积的平均值；

m_1 ——吡虫啉标样的质量，单位为克(g)；

w ——吡虫啉标样的质量分数，以%表示；

A_1 ——标样溶液中，吡虫啉峰面积的平均值；

m_2 ——试样的质量，单位为克(g)；

ρ ——20 ℃时试样的密度，单位为克每毫升(g/mL)(按 GB/T 4472 进行测定)。

4.4.6 允许差

吡虫啉质量分数两次平行测定结果之差应不大于 1.0%，取其算术平均值作为测定结果。吡虫啉质量浓度两次平行测定结果之差应不大于 10 g/L，取其算术平均值作为测定结果。

4.5 pH 值的测定

按 GB/T 1601 进行。

4.6 悬浮率的测定

按 GB/T 14825—2006 中 4.2 进行。称取含吡虫啉 0.1 g 的试样(精确至 0.000 2 g)，将剩余的1/10悬浮液及沉淀物转移至 100 mL 容量瓶中，用 60 mL 甲醇分 3 次将 25 mL 的剩余物全部洗入100 mL 容量瓶中，在超声波下振荡 5 min，恢复至室温，定容，摇匀，过滤后，按 4.4 测定吡虫啉的质量，计算其悬浮率。

4.7 湿筛试验

按 GB/T 16150 中的“湿筛法”进行。

4.8 倾倒性的测定

4.8.1 方法提要

将置于容器中的悬浮剂试样放置一定时间后，按照规定程序进行倾倒，测定滞留在容器内试样的量；将容器用水洗涤后，再测定容器内的量。

4.8.2 仪器

具磨口塞量筒：500 mL±2 mL；量筒高度 39 cm，上、下刻度间距离 25 mL（或相当的适用于测定倾倒性的其他容器）。

4.8.3 试验步骤

混合好足量试样，及时将其中的一部分置于已经称量的量筒中（包括塞子）（精确至 0.01 g），装到量筒的 8/10 处，塞紧磨口塞，放置 24 h。打开塞子，将量筒由直立位置旋转 135°倾倒 60 s，再倒置 60 s，重新称量量筒和塞子（精确至 0.01 g）。

将相当于 80% 量筒体积的水（20 ℃）倒入量筒中，塞紧磨口塞，将量筒颠倒 10 次后，按上述操作倾倒内容物，称量量筒和塞子（精确至 0.01 g）。

4.8.4 计算

试样倾倒后的残余物的质量分数和洗涤后的残余物的质量分数分别按式（2）和式（3）计算：

$$w_2=\frac{m_2-m_0}{m_1-m_0}\times 100 \qquad \cdots\cdots(2)$$

$$w_3=\frac{m_3-m_0}{m_1-m_0}\times 100 \qquad \cdots\cdots(3)$$

式中：

w_2——试样倾倒后的残余物的质量分数，以%表示；

w_3——试样洗涤后的残余物的质量分数，以%表示；

m_2——倾倒后，量筒、磨口塞和残余物的质量，单位为克（g）；

m_0——量筒、磨口塞恒重后的质量，单位为克（g）；

m_1——量筒、磨口塞和试样的质量，单位为克（g）；

m_3——洗涤后，量筒、磨口塞和残余物的质量，单位为克（g）。

4.9 持久起泡性的测定

4.9.1 方法提要

将规定量的试样与标准硬水混合，静置后记录泡沫体积。

4.9.2 试剂

标准硬水：$\rho(Ca^{2+}+Mg^{2+})=342$ mg/L，pH=6.0～7.0，按 GB/T 14825—2006 配制。

4.9.3 仪器和器具

具塞量筒：250 mL（分度值 2 mL，0～250 mL 刻度线 20 cm ～21.5 cm，250 mL 刻度线到塞子底部 4 cm～6 cm）；

工业天平：感量 0.1 g。

4.9.4 测定步骤

在量筒中加入 180 mL 标准硬水，在量筒中称入试样 1.0 g(精确至 0.1 g)，加标准硬水至距离量筒塞底部 9 cm 的刻度线处，盖上塞子，以量筒底部为中心，上下颠倒 30 次(每次 2 s)。放在试验台上静置 1 min，记录泡沫体积。

4.10 低温稳定性试验

按 GB/T 19137 中"悬浮制剂"进行，悬浮率和湿筛试验仍符合标准要求为合格。

4.11 热贮稳定性试验

按 GB/T 19136 中"其他制剂"进行。热贮后吡虫啉质量分数应不低于贮前的 90%，悬浮率仍符合标准要求为合格。

4.12 产品的检验与验收

应符合 GB/T 1604 的规定。

5 标志、标签、包装、贮运、安全和保证期

5.1 标志、标签、包装

吡虫啉悬浮剂应用聚酯瓶包装，每瓶净含量一般为 50 g、100 g、250 g、400 g。也可根据用户要求或订货协议采用其他形式的包装，但需符合 GB 3796 的规定。

5.2 贮运

吡虫啉悬浮剂包装件应贮存在通风、干燥的库房中。贮运时，严防潮湿和日晒，不得与食物、种子、饲料混放，避免与皮肤、眼睛接触，防止由口鼻吸入。

5.3 安全

本品属低毒制剂。可经皮肤渗入。使用本品时要避免与皮肤接触，施药后应用肥皂和清水冲洗。中毒者应立即送医院对症治疗。

5.4 保证期

在规定的贮运条件下，吡虫啉悬浮剂的保证期，从生产日期起为两年。

附　录　A
（资料性附录）
吡虫啉的其他名称、结构式和基本物化参数

本产品有效成分吡虫啉的其他名称、结构式和基本物化参数如下：

ISO 通用名称：Imidacloprid

CAS 登录号：138261-41-3

CIPAC 数字代码：582

化学名称：1-(6-氯-3-吡啶基甲基)-*N*-硝基亚咪唑烷-2-基胺

结构式：

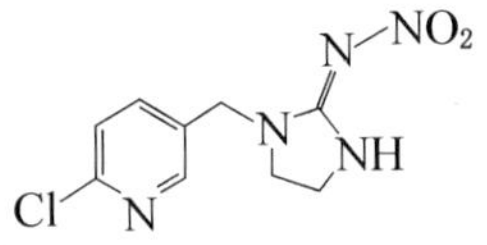

实验式：$C_9H_{10}ClN_5O_2$

相对分子质量：255.7

生物活性：杀虫

熔点：144 ℃

蒸气压(20 ℃)：4×10^{-7} mPa

溶解度(20 ℃,g/L)：水中 0.61,甲苯中 0.68,二氯甲烷中 55,异丙醇中 1.2,正己烷中小于 0.1

稳定性：pH 值 5～11 时稳定,不易水解。

ICS 65.100.30
G 25

中华人民共和国国家标准

GB 28145—2011

赤霉酸可溶粉剂

Gibberellic acid water soluble powders

2011-12-30 发布　　2012-04-15 实施

中华人民共和国国家质量监督检验检疫总局
中国国家标准化管理委员会　发布

前　言

本标准的第3章、第5章是强制性的，其余是推荐性的。

本标准按照GB/T 1.1—2009给出的规则起草。

请注意本文件的某些内容可能涉及专利，本文件的发布机构不承担识别这些专利的责任。

本标准由中国石油和化学工业联合会提出。

本标准由全国农药标准化技术委员会(SAC/TC 133)归口。

本标准起草单位：农业部农药检定所、江西新瑞丰生化有限公司、浙江钱江生物化学股份有限公司、上海同瑞生物科技有限公司。

本标准主要起草人：于荣、王小丽、李友顺、陈铁春、赵永辉、李国平、卢爱苏、朱建新、陈明磊。

赤霉酸可溶粉剂

1 范围

本标准规定了赤霉酸可溶粉剂的要求、试验方法以及标志、标签、包装、贮运和保证期。

本标准适用于由赤霉酸原药、载体和适宜的助剂加工而成的赤霉酸可溶粉剂。

注：赤霉酸的其他名称、结构式和基本物化参数参见附录A。

2 规范性引用文件

下列文件对于本文件的应用是必不可少的。凡是注日期的引用文件，仅注日期的版本适用于本文件。凡是不注日期的引用文件，其最新版本(包括所有的修改单)适用于本文件。

GB/T 1601 农药pH值的测定方法

GB/T 1604 商品农药验收规则

GB/T 1605—2001 商品农药采样方法

GB 3796 农药包装通则

GB/T 5451 农药可湿性粉剂润湿性测定方法

GB/T 6682—2008 分析实验室用水规格和试验方法(ISO 3696:1987,MOD)

GB/T 8170—2008 数值修约规则与极限数值的表示和判定

GB/T 19136 农药热贮稳定性测定方法

3 要求

3.1 组成和外观

本品应由符合标准的赤霉酸原药、载体和助剂制成，应为均匀的粉末。

3.2 技术指标

赤霉酸可溶粉剂应符合表1要求。

表1 赤霉酸可溶粉剂控制项目指标

项目	指标			
	3%	10%	20%	40%
赤霉酸质量分数/%	$3.0^{+0.3}_{-0.3}$	$10.0^{+1.0}_{-1.0}$	$20.0^{+1.2}_{-1.2}$	$40.0^{+2.0}_{-2.0}$
pH值范围	3.0～7.0			
润湿时间/s ≤	40			
溶解程度和溶液稳定性(通过75 μm标准筛)/%				
(5 min后残余物) ≤	5.0			
(18 h后残余物) ≤	1.0			
持久起泡性(1 min后泡沫量)/mL ≤	25			
热贮稳定性试验[a]	合格			

[a] 正常生产时热贮稳定性试验每三个月至少检测一次。

4 试验方法

安全提示：使用本标准的人员应有实验室工作的实践经验。本标准并未指出所有的安全问题。使用者有责任采取适当的安全和健康措施，并保证符合国家有关法规的规定。

4.1 一般规定

本标准所用试剂和水在没有注明其他要求时，均指分析纯试剂和 GB/T 6682—2008 中规定的三级水。检验结果的判定按 GB/T 8170—2008 中的 4.3.3 修约值比较法进行。

4.2 抽样

按 GB/T 1605—2001 中“固体制剂采样”方法进行。用随机法确定采样的包装件，最终抽样量应不少于 300 g。

4.3 鉴别试验

本鉴别试验可与赤霉酸质量分数的测定同时进行。在相同的色谱操作条件下，试样溶液中主色谱峰的保留时间与标样溶液中赤霉酸色谱峰的保留时间，其相对差值应在 1.5%以内。

4.4 赤霉酸质量分数的测定

4.4.1 方法提要

试样用流动相溶解，以甲醇-磷酸水溶液为流动相，使用以 C_{18} 为填料的不锈钢柱和紫外检测器，对试样中的赤霉酸进行反相高效液相色谱分离和测定，外标法定量。

4.4.2 试剂和溶液

磷酸；

甲醇：色谱纯；

水：新蒸二次蒸馏水；

磷酸水溶液：Ψ(水：磷酸)＝2 000：1；

赤霉酸标样：已知质量分数 $w \geqslant 98.0\%$。

4.4.3 仪器

高效液相色谱仪：具有可变波长紫外检测器和定量进样阀；

色谱数据处理机或色谱工作站；

色谱柱：250 mm×4.6 mm(i.d.)不锈钢柱，内装 ZORBAX EXTEND C_{18}、5 μm 填充物(或具有同等效果的其他色谱柱)；

微量进样器：100 μL；

过滤器：滤膜孔径约 0.45 μm；

超声波清洗器。

4.4.4 高效液相色谱操作条件

流动相：Ψ(甲醇：磷酸水溶液)＝35：65；

流量：1.0 mL/min；

柱温：室温（温度变化应不大于 2 ℃）；

检测波长：210 nm；

进样体积：10 μL。

保留时间：赤霉酸约 8.2 min。

上述液相色谱操作条件，系典型操作参数，可根据不同仪器特点，对给定的操作参数作适当调整，以期获得最佳效果。典型的赤霉酸可溶粉剂高效液相色谱图见图 1。

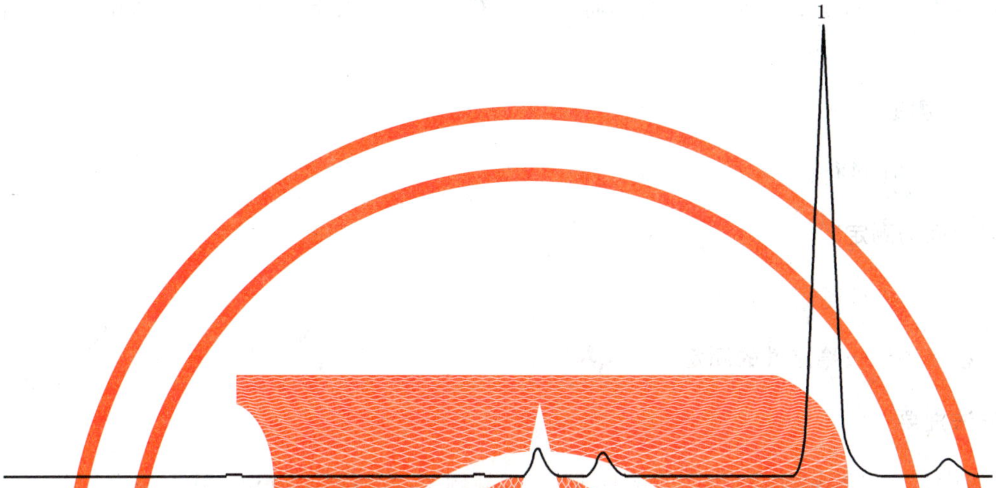

1——赤霉酸。

图 1 赤霉酸可溶粉剂的高效液相色谱图

4.4.5 测定步骤

4.4.5.1 标样溶液的配制

称取赤霉酸标样约 0.05 g（精确至 0.000 2 g），置于 100 mL 容量瓶中，先加 35 mL 甲醇溶解，再用磷酸水溶液稀释至刻度，摇匀。

4.4.5.2 试样溶液的配制

称取含赤霉酸约 0.05 g 的试样（精确至 0.000 2 g），置于 100 mL 容量瓶中，先加 35 mL 甲醇溶解，再用磷酸水溶液稀释至刻度，摇匀。用 0.45 μm 孔径滤膜过滤。

4.4.5.3 测定

在上述操作条件下，待仪器稳定后，连续注入数针标样溶液，直至相邻两针赤霉酸峰面积相对变化小于 1.5%后，按标样溶液、试样溶液、试样溶液、标样溶液的顺序进行测定。

4.4.6 计算

将测得的两针试样溶液以及试样前后两针标样溶液中赤霉酸峰面积分别进行平均。试样中赤霉酸的质量分数 w_1（%），按式（1）计算：

$$w_1 = \frac{A_2 \cdot m_1 \cdot w}{A_1 \cdot m_2} \qquad \cdots\cdots (1)$$

式中：

A_2——试样溶液中，赤霉酸峰面积的平均值；

m_1——赤霉酸标样的质量，单位为克(g)；
w ——标样中赤霉酸的质量分数，%；
A_1——标样溶液中，赤霉酸峰面积的平均值；
m_2——试样的质量，单位为克(g)。

4.4.7 允许差

两次平行测定结果之差，对于3%的赤霉酸可溶粉剂，应不大于0.2%，对于10%和20%的赤霉酸可溶粉剂，应不大于0.6%，对于40%的赤霉酸可溶粉剂，应不大于0.8%，取其算术平均值作为测定结果。

4.5 pH值的测定

按GB/T 1601进行。

4.6 润湿时间的测定

按GB/T 5451进行。

4.7 溶解程度和溶液稳定性的测定

4.7.1 方法提要

溶解程度是将可溶粉剂溶于25 ℃的标准水中，颠倒15次，静置5 min，用75 μm标准筛过滤，定量测定筛上残余物。溶液稳定性的测定是将该溶液静置18 h后，再次用75 μm试验筛过滤，定量测定筛上残余物。

4.7.2 仪器

标准筛：孔径75 μm，直径76 mm；
具塞量筒：250 mL(0 mL～250 mL刻度之间距离为20 cm～21.5 cm，250 mL刻度线与塞子底部距离为4 cm～6 cm)。

4.7.3 试样溶液的制备

在250 mL量筒中加入2/3的标准硬水，将其温热至25 ℃，加入3 g样品，加标准硬水至刻度。盖上塞子。静置30 s，用手颠倒量筒15次(180°)，复位，颠倒、复位一次所用时间应不超过2 s。

4.7.4 5 min后试验

将量筒中的试样溶液静置5 min±30 s后，倒入已恒重的75 μm标准筛上，将滤液收集到500 mL烧杯中，留作下一步试验。用20 mL蒸馏水洗涤量筒5次，将所有不溶物定量转移到筛上，弃去洗涤液，检查筛上的残余物。如果筛上有残余物，将筛于60 ℃下干燥至恒重，称量。

4.7.5 18 h后试验

将滤液静置18 h后，仔细观察烧杯中滤液是否有沉淀。如果有不溶物，再将该溶液用已恒重的75 μm标准筛过滤，用100 mL蒸馏水洗涤试验筛。如果筛上有固体或结晶存在，将筛于60 ℃下干燥至恒重，称量。

4.7.6 计算

5 min后残余物的质量分数 w_2(%)和18 h后残余物的质量分数 w_3(%)，分别按式(2)和式(3)计算：

$$w_2 = \frac{m_2 - m_1}{m} \quad \cdots\cdots(2)$$

式中：

m_1——5 min 后试验中筛子恒重后的质量，单位为克(g)；

m_2——5 min 后试样中筛子和残余物的质量，单位为克(g)；

m ——试样的质量，单位为克(g)。

$$w_3 = \frac{m_2 - m_1}{m} \quad \cdots\cdots(3)$$

式中：

m_1——18 h 后试验中筛子恒重后的质量，单位为克(g)；

m_2——18 h 后试样中筛子和残余物的质量，单位为克(g)；

m ——试样的质量，单位为克(g)。

4.8 持久起泡性试验

4.8.1 方法提要

将 1 g 试样与标准硬水混合，静置后记录泡沫体积。

4.8.2 试剂

标准硬水：$\rho(Ca^{2+} + Mg^{2+}) = 342$ mg/L，pH＝6.0～7.0。

4.8.3 仪器

具塞量筒：250 mL(分度值 2 mL，0 mL～250 mL 刻度之间距离为 20 cm～21.5 cm，250 mL 刻度线与塞子底部距离为 4 cm～6 cm)；

工业天平：感量 0.1 g，载量 500 g。

4.8.4 测定步骤

在量筒中加入 180 mL 标准硬水，称入试样 1.0 g(精确至 0.1 g)，加标准硬水至距离量筒塞底部 9 cm 的刻度线处，盖上塞子，以量筒底部为中心，上下颠倒 30 次(每次 2s)。放在试验台上静置 1 min，记录泡沫体积。

4.9 热贮稳定性试验

按 GB/T 19136 中“粉体制剂”进行。热贮后，赤霉酸质量分数应不低于热贮前质量分数的 95%。

4.10 产品的检验与验收

应符合 GB/T 1604 的规定。

5 标志、标签、包装、贮运、安全和保证期

5.1 标志、标签

赤霉酸可溶粉剂的标志、标签和包装，应符合 GB 3796 的规定。

5.2 包装

赤霉酸可溶粉剂应用清洁、干燥、密封的聚乙稀塑料袋或铝箔袋包装。外包装为瓦楞纸板箱，每箱

净含量不应超过 25 kg。可根据用户要求或订货协议，采用其他形式的包装，但应符合 GB 3796 的规定。

5.3 贮运

赤霉酸可溶粉剂包装件应贮存在通风、阴凉、干燥的库房中，防火、防潮，不得在露天及与有毒物质，易燃易爆物及碱性物质一起堆放。不应与食物、种子、饲料混放。

贮运时，严防潮湿和日晒，避免撞击和雨淋，远离火种。

5.4 安全

本品属低毒类植物生长调节剂。在使用说明书或包装容器上，除要有相应醒目的“低毒”标志外，还应有以下说明：稀释兑水时切勿将本品一次性稀释至使用浓度；本品在偏酸和中性溶液中稳定，切忌与碱性物质混用。如发生中毒，应请医生治疗。

5.5 保证期

在规定的贮运条件下，赤霉酸可溶粉剂的保证期，从生产日期算起为两年。

附　录　A
（资料性附录）
赤霉酸的其他名称、结构式和基本物化参数

本产品有效成分赤霉酸的其他名称、结构式和基本物化参数如下：

ISO 通用名称：Gibberellic acid

CIPAC 数字代码：307

CAS 登录号：77-06-5

化学名称：(1α，2β，4aα，4bβ，10β)-2，4a，7-三羟基-1-甲基-8-亚甲基赤霉-3-烯-1，10-二羧酸-1，4a-内酯

结构式：

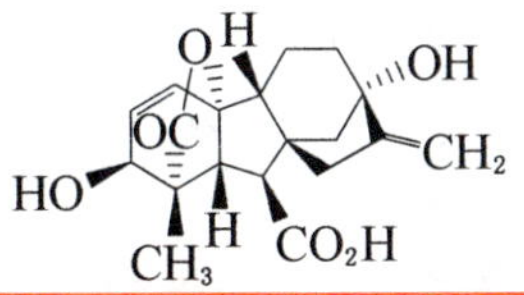

实验式：$C_{19}H_{22}O_6$

相对分子质量：346.4

生物活性：植物生长调节

熔点：223 ℃～225 ℃（分解）

溶解度：水 5 g/L（室温）。可溶于甲醇、乙醇、丙酮、碱性水溶液，微溶于二乙醚和乙酸乙酯，难溶于氯仿。其钾、钠、铵盐易溶于水（钾盐 50 g/L）

稳定性：室温时，在干燥状态下稳定，在水溶液或含酒精的水性溶液中缓慢降解，DT_{50}（20 ℃）约 14 d（pH3～4），14 d（pH7），在碱金属中会转化为生物活性较低的化合物，遇热分解。

ICS 65.100.30
G 25

中华人民共和国国家标准

GB 28146—2011

3% 赤霉酸乳油

3% Gibberellic acid emulsifiable concentrates

2011-12-30 发布　　2012-04-15 实施

中华人民共和国国家质量监督检验检疫总局
中国国家标准化管理委员会　发布

前　　言

本标准的第3章、第5章是强制性的，其余是推荐性的。

本标准按照GB/T 1.1—2009给出的规则起草。

请注意本文件的某些内容可能涉及专利，本文件的发布机构不承担识别这些专利的责任。

本标准由中国石油和化学工业联合会提出。

本标准由全国农药标准化技术委员会(SAC/TC 133)归口。

本标准起草单位：农业部农药检定所、上海同瑞生物科技有限公司、浙江钱江生物化学股份有限公司、江西新瑞丰生化有限公司。

本标准主要起草人：于荣、王小丽、李友顺、陈铁春、赵永辉、姜宜飞、陈明磊、朱建新、万国仁。

3% 赤 霉 酸 乳 油

1 范围

本标准规定了3%赤霉酸乳油的要求、试验方法以及标志、标签、包装、贮运和保证期。

本标准适用于由赤霉酸原药与乳化剂溶解在适宜溶剂中配制成的3%赤霉酸乳油。

注：赤霉酸的其他名称、结构式和基本物化参数参见附录A。

2 规范性引用文件

下列文件对于本文件的应用是必不可少的。凡是注日期的引用文件，仅注日期的版本适用于本文件。凡是不注日期的引用文件，其最新版本（包括所有的修改单）适用于本文件。

GB/T 1600 农药水分测定方法

GB/T 1601 农药 pH 值的测定方法

GB/T 1603 农药乳液稳定性测定方法

GB/T 1604 商品农药验收规则

GB/T 1605—2001 商品农药采样方法

GB 4838 农药乳油包装

GB/T 6682—2008 分析实验室用水规格和试验方法（ISO 3696:1987，MOD）

GB/T 8170—2008 数值修约规则与极限数值的表示和判定

GB/T 19136 农药热贮稳定性测定方法

GB/T 19137 农药低温稳定性测定方法

3 要求

3.1 组成和外观

本品应由符合标准的赤霉酸原药制成，为稳定的均相油状液体，无可见的悬浮物和沉淀。

3.2 技术指标

3%赤霉酸乳油应符合表1要求。

表1 3%赤霉酸乳油控制项目指标

项 目		指 标
赤霉酸质量分数/%		$3.0^{+0.3}_{-0.3}$
水分质量分数/%	≤	5.0
pH 值范围		2.5～4.5
乳液稳定性（稀释200倍）		合格
低温稳定性[a]		合格
热贮稳定性[a]		合格

[a] 低温稳定性试验、热贮稳定性试验在正常生产时，每三个月至少检测一次。

4 试验方法

安全提示：使用本标准的人员应有实验室工作的实践经验。本标准并未指出所有的安全问题。使用者有责任采取适当的安全和健康措施，并保证符合国家有关法规的规定。

4.1 一般规定

本标准所用试剂和水在没有注明其他要求时，均指分析纯试剂和GB/T 6682—2008中规定的三级水。检验结果的判定按GB/T 8170—2008中的4.3.3修约值比较法进行。

4.2 抽样

按GB/T 1605—2001中"液体制剂采样"方法进行。用随机法确定采样的包装件，最终抽样量应不少于200 mL。

4.3 鉴别试验

本鉴别试验可与赤霉酸质量分数的测定同时进行。在相同的色谱操作条件下，试样溶液中主色谱峰的保留时间与标样溶液中赤霉酸色谱峰的保留时间，其相对差值应在1.5%以内。

4.4 赤霉酸质量分数的测定

4.4.1 方法提要

试样用流动相溶解，以甲醇-磷酸水溶液为流动相，使用以C_{18}为填料的不锈钢柱和紫外检测器，对试样中的赤霉酸进行反相高效液相色谱分离和测定，外标法定量。

4.4.2 试剂和溶液

磷酸；

甲醇：色谱纯；

水：新蒸二次蒸馏水；

磷酸水溶液：Ψ(水：磷酸)=2 000：1；

赤霉酸标样：已知质量分数$w \geq 98.0\%$。

4.4.3 仪器

高效液相色谱仪：具有可变波长紫外检测器和定量进样阀；

色谱数据处理机或色谱工作站；

色谱柱：250 mm×4.6 mm(i.d.)不锈钢柱，内装ZORBAX EXTEND C_{18}、5 μm填充物(或具有同等效果的其他色谱柱)；

微量进样器：100 μL；

过滤器：滤膜孔径约0.45 μm；

超声波清洗器。

4.4.4 高效液相色谱操作条件

流动相：Ψ(甲醇：磷酸水溶液)=35：65；

流量：1.0 mL/min；

柱温：室温(温度变化应不大于 2 ℃)；

检测波长：210 nm；

进样体积：10 μL。

保留时间：赤霉酸约 8.2 min。

上述液相色谱操作条件，系典型操作参数，可根据不同仪器特点，对给定的操作参数作适当调整，以期获得最佳效果。典型的 3%赤霉酸乳油高效液相色谱图见图 1。

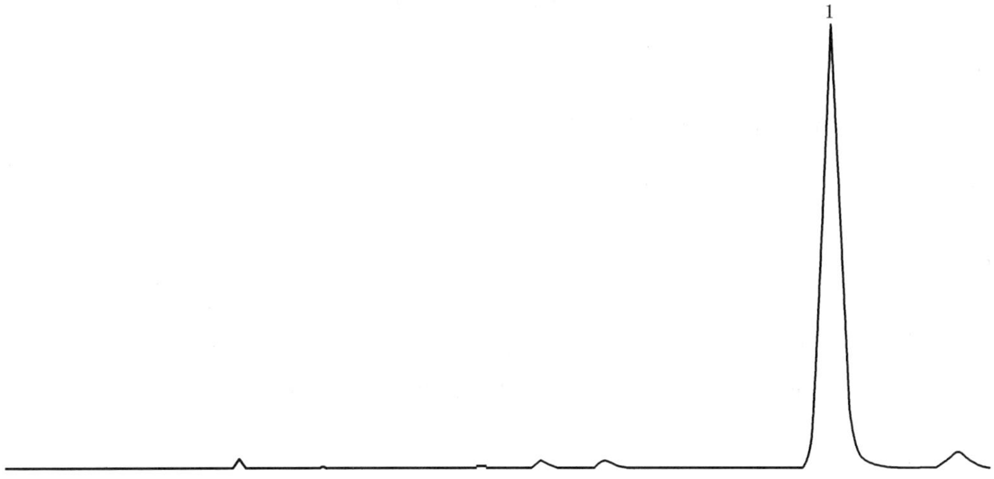

1——赤霉酸。

图 1 3%赤霉酸乳油的高效液相色谱图

4.4.5 测定步骤

4.4.5.1 标样溶液的配制

称取赤霉酸标样约 0.05 g(精确至 0.000 2 g)，置于 100 mL 容量瓶中，先加 35 mL 甲醇溶解，再用磷酸水溶液稀释至刻度，摇匀。

4.4.5.2 试样溶液的配制

称取含赤霉酸约 0.05 g 的试样(精确至 0.000 2 g)，置于 100 mL 容量瓶中，先加 35 mL 甲醇溶解，再用磷酸水溶液稀释至刻度，摇匀。用 0.45 μm 孔径滤膜过滤。

4.4.5.3 测定

在上述操作条件下，待仪器稳定后，连续注入数针标样溶液，直至相邻两针赤霉酸峰面积相对变化小于 1.5%后，按标样溶液、试样溶液、试样溶液、标样溶液的顺序进行测定。

4.4.6 计算

将测得的两针试样溶液以及试样前后两针标样溶液中赤霉酸峰面积分别进行平均。试样中赤霉酸的质量分数 w_1(%)按式(1)计算：

$$w_1 = \frac{A_2 \cdot m_1 \cdot w}{A_1 \cdot m_2} \qquad \cdots\cdots(1)$$

式中：

A_2——试样溶液中，赤霉酸峰面积的平均值；

m_1——赤霉酸标样的质量,单位为克(g);

w ——标样中赤霉酸的质量分数,%;

A_1——标样溶液中,赤霉酸峰面积的平均值;

m_2——试样的质量,单位为克(g)。

4.4.7 允许差

两次平行测定结果之差,应不大于0.2%,取其算术平均值作为测定结果。

4.5 水分的测定

按GB/T 1600中的"卡尔·费休法"进行。

4.6 pH值的测定

按GB/T 1601进行。

4.7 乳液稳定性试验

按GB/T 1603进行试验。在量筒中无浮油(膏)、沉油和沉淀析出为合格。

4.8 低温稳定性试验

按GB/T 19137中"乳剂和均相液体制剂"进行,离心管底部离析物的体积不超过0.3 mL为合格。

4.9 热贮稳定性试验

按GB/T 19136中"液体制剂"进行。热贮后,赤霉酸质量分数应不低于热贮前质量分数的95%;乳液稳定性仍应符合标准要求。

4.10 产品的检验与验收

应符合GB/T 1604的规定。

5 标志、标签、包装、贮运、安全和保证期

5.1 标志、标签

3%赤霉酸乳油的标志、标签和包装,应符合GB 4838的规定。

5.2 包装

3%赤霉酸乳油应用带有内塞和外盖的棕色玻璃瓶或聚酯瓶包装,每瓶净含量为100 mL(g)、200 mL(g)、500 mL(g);外包装用钙塑箱或瓦楞纸箱,每箱净含量不超过15 kg。可根据用户要求或订货协议,采用其他形式的包装,但应符合GB 4838的规定。

5.3 贮运

3%赤霉酸乳油包装件应贮存在通风、阴凉、干燥的库房中,防火、防潮,不得在露天及与有毒物质,易燃易爆物及碱性物质一起堆放。不应与食物、种子、饲料混放。

贮运时,严防潮湿和日晒,避免撞击和雨淋,远离火种。

5.4 安全

本品属低毒类植物生长调节剂。使用本品应戴好防护手套、口罩，穿干净防护服。使用时不得与碱性物品相混，不可与氨水、石硫合剂、纯碱等混合。随用随配，一经配成水溶液不可久存。使用后应立即用清水洗净。如发生中毒现象，应及时去医院治疗。

5.5 保证期

在规定的贮运条件下，3%赤霉酸乳油的保证期，从生产日期算起为两年。

附 录 A
（资料性附录）
赤霉酸的其他名称、结构式和基本物化参数

本产品有效成分赤霉酸的其他名称、结构式和基本物化参数如下：

ISO 通用名称：Gibberellic acid

CIPAC 数字代码：307

CAS 登录号：77-06-5

化学名称：(1α，2β，4aα，4bβ，10β)-2，4a，7-三羟基-1-甲基-8-亚甲基赤霉-3-烯-1，10-二羧酸-1，4a-内酯

结构式：

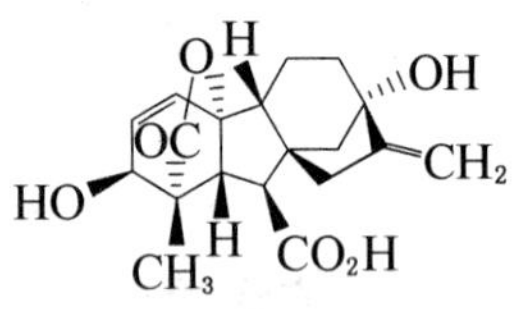

实验式：$C_{19}H_{22}O_6$

相对分子质量：346.4

生物活性：植物生长调节

熔点：223 ℃～225 ℃（分解）

溶解度：水 5 g/L（室温）。可溶于甲醇、乙醇、丙酮、碱性水溶液，微溶于二乙醚和乙酸乙酯，难溶于氯仿。其钾、钠、铵盐易溶于水（钾盐 50 g/L）

稳定性：室温时，在干燥状态下稳定，在水溶液或含酒精的水性溶液中缓慢降解，DT_{50}（20 ℃）约 14 d（pH3～4），14 d（pH7），在碱金属中会转化为生物活性较低的化合物，遇热分解。

ICS 65.100.10
G 25

中华人民共和国国家标准

GB 28147—2011

哒螨灵可湿性粉剂

Pyridaben wettable powders

2011-12-30 发布　　2012-04-15 实施

中华人民共和国国家质量监督检验检疫总局
中国国家标准化管理委员会　发布

前　言

本标准的第3章、第5章是强制性的，其余是推荐性的。

本标准按照GB/T 1.1—2009给出的规则起草。

请注意本文件的某些内容可能涉及专利，本文件的发布机构不承担识别这些专利的责任。

本标准由中国石油和化学工业联合会提出。

本标准由全国农药标准化技术委员会(SAC/TC 133)归口。

本标准负责起草单位：沈阳化工研究院有限公司。

本标准参加起草单位：江苏克胜集团股份有限公司、青岛奥迪斯生物科技有限公司。

本标准主要起草人：姜敏怡、吴伟、王海霞、王春玲、李学臣。

哒螨灵可湿性粉剂

1 范围

本标准规定了哒螨灵可湿性粉剂的要求、试验方法以及标志、标签、包装、贮运和保证期。

本标准适用于由哒螨灵原药、适宜的助剂和填料加工而成的哒螨灵可湿性粉剂。

注：哒螨灵的其他名称、结构式和基本物化参数参见附录 A。

2 规范性引用文件

下列文件对于本文件的应用是必不可少的。凡是注日期的引用文件，仅注日期的版本适用于本文件。凡是不注日期的引用文件，其最新版本(包括所有的修改单)适用于本文件。

GB/T 1601 农药 pH 值的测定方法

GB/T 1604 商品农药验收规则

GB/T 1605—2001 商品农药采样方法

GB 3796 农药包装通则

GB/T 5451 农药可湿性粉剂润湿性测定方法

GB/T 6682—2008 分析实验室用水规格和试验方法(ISO 3696:1987,MOD)

GB/T 8170—2008 数值修约规则与极限数值的表示和判定

GB/T 14825—2006 农药悬浮率测定方法

GB/T 16150 农药粉剂、可湿性粉剂细度测定方法

GB/T 19136 农药热贮稳定性测定方法

3 要求

3.1 组成和外观

本品应由符合标准的哒螨灵原药与适宜的助剂和填料加工制成，为均匀的疏松粉末，不应有团块。

3.2 技术指标

哒螨灵可湿性粉剂应符合表 1 要求。

表 1 哒螨灵可湿性粉剂控制项目指标

项目	指标	
	20%	30%
哒螨灵质量分数/%	$20.0^{+1.2}_{-1.2}$	$30.0^{+1.5}_{-1.5}$
pH 值范围	5.0～9.0	
悬浮率/% ≥	75	
润湿时间/s ≤	90	

表 1（续）

项　目	指　标	
	20%	30%
细度(通过 44 μm 试验筛)/%　　≥	96	
热贮稳定性试验[a]	合格	
[a] 正常生产时，热贮稳定性试验每三个月至少测定一次。		

4 试验方法

安全提示：使用本标准的人员应有实验室工作的实践经验。本标准并未指出所有的安全问题。使用者有责任采取适当的安全和健康措施，并保证符合国家有关法规的规定。

4.1 一般规定

本标准所用试剂和水在没有注明其他要求时，均指分析纯试剂和 GB/T 6682—2008 中规定的三级水。检验结果的判定按 GB/T 8170—2008 中的 4.3.3“修约值比较法”进行。

4.2 抽样

按 GB/T 1605—2001 中“固体制剂采样”方法进行。用随机数表法确定抽样的包装件；最终抽样量应不少于 300 g。

4.3 鉴别试验

气相色谱法——本鉴别试验可与哒螨灵质量分数的测定同时进行。在相同的色谱操作条件下，试样溶液中某一色谱峰的保留时间与标样溶液中哒螨灵色谱峰的保留时间，其相对差值应在 1.5%以内。

液相色谱法——本鉴别试验可与哒螨灵质量分数的测定同时进行。在相同的色谱操作条件下，试样溶液中某一色谱峰的保留时间与标样溶液中哒螨灵色谱峰的保留时间，其相对差值应在 1.5%以内。

4.4 哒螨灵质量分数的测定

4.4.1 高效液相色谱法(仲裁法)

4.4.1.1 方法提要

试样用甲醇溶解，以乙腈＋水为流动相，使用以 Nova-Pak C_{18} 为填料的不锈钢柱和紫外检测器(240 nm)，对试样中的哒螨灵进行高效液相色谱分离和测定。

4.4.1.2 试剂和溶液

甲醇；

乙腈：色谱纯；

水：新蒸二次蒸馏水；

哒螨灵标样：已知哒螨灵质量分数 $w \geq 99.0\%$。

4.4.1.3 仪器

高效液相色谱仪：具有可变波长紫外检测器；

色谱数据处理机或工作站；

色谱柱：150 mm×3.9 mm(i.d.)不锈钢柱，内装 Nova-Pak C_{18}，5 μm 填充物(或同等效果的色谱柱)；

过滤器：滤膜孔径约 0.45 μm；

微量进样器：50 μL；

定量进样管：5 μL；

超声波清洗器。

4.4.1.4 高效液相色谱操作条件

流动相：$\Psi(CH_3CN : H_2O)=85:15$；

流速：1.0 mL/ min；

柱温：室温(温差变化应不大于 2 ℃)；

检测波长：240 nm；

进样体积：5 μL；

保留时间：哒螨灵约 5.6 min。

上述操作参数是典型的，可根据不同仪器特点，对给定的操作参数作适当调整，以期获得最佳效果。典型的哒螨灵可湿性粉剂高效液相色谱图见图 1。

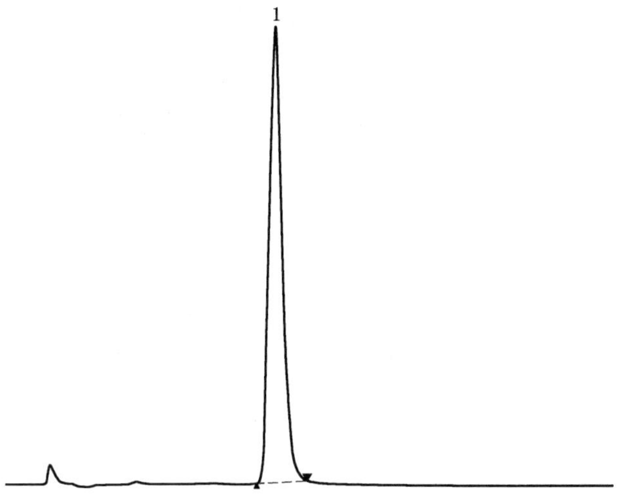

1——哒螨灵。

图 1 哒螨灵可湿性粉剂的高效液相色谱图

4.4.1.5 测定步骤

4.4.1.5.1 标样溶液的制备

称取 0.1 g 哒螨灵标样(精确至 0.000 2 g)，置于 50 mL 容量瓶中，用甲醇稀释至刻度，超声波振荡 5 min 使试样溶解，冷却至室温，摇匀。用移液管移取上述溶液 5 mL 于 50 mL 容量瓶中，用甲醇稀释至刻度，摇匀。

4.4.1.5.2 试样溶液的制备

称取含哒螨灵 0.1 g 的试样(精确至 0.000 2 g)，置于 50 mL 容量瓶中，用甲醇稀释至刻度，超声波振荡 5 min 使试样溶解，冷却至室温，摇匀。用移液管移取上述溶液 5 mL 于 50 mL 容量瓶中，用甲醇稀释至刻度,摇匀。

4.4.1.5.3 测定

在上述操作条件下,待仪器稳定后,连续注入数针标样溶液,直至相邻两针哒螨灵峰面积相对变化小于1.2%后,按照标样溶液、试样溶液、试样溶液、标样溶液的顺序进行测定。

4.4.1.6 计算

将测得的两针试样溶液以及试样前后两针标样溶液中哒螨灵峰面积分别进行平均。试样中哒螨灵的质量分数按式(1)计算:

$$w_1=\frac{A_2\cdot m_1\cdot w}{A_1\cdot m_2} \qquad \cdots\cdots(1)$$

式中:

w_1——试样中哒螨灵的质量分数,以%表示;

A_2——试样溶液中,哒螨灵峰面积的平均值;

m_1——哒螨灵标样的质量,单位为克(g);

w——哒螨灵标样的质量分数,以%表示;

A_1——标样溶液中,哒螨灵峰面积的平均值;

m_2——试样的质量,单位为克(g)。

4.4.1.7 允许差

哒螨灵质量分数两次平行测定结果之差应不大于0.5%,取其算术平均值作为测定结果。

4.4.2 毛细管气相色谱法

4.4.2.1 方法提要

试样用三氯甲烷溶解,以邻苯二甲酸双环己酯为内标物,使用DB-1701涂壁的石英毛细管柱,和氢火焰离子化检测器,对试样中的哒螨灵进行毛细管气相色谱分离和测定。

4.4.2.2 试剂和溶液

三氯甲烷;

哒螨灵标样:已知质量分数 $w\geq 99.0\%$;

邻苯二甲酸双环己酯:不含有干扰分析的杂质;

内标溶液:称取5.0 g的邻苯二甲酸双环己酯置于500 mL的容量瓶中,用三氯甲烷溶解、定容、摇匀。

4.4.2.3 仪器

气相色谱仪:具氢火焰离子化检测器;

色谱柱:30 m×0.32 mm(i.d.)石英毛细柱,内壁涂DB-1701,膜厚0.25 μm;

色谱数据处理机或色谱工作站。

4.4.2.4 气相色谱操作条件

温度(℃):柱室240,气化室270,检测室280;

气体流量(mL/min):载气(N_2)1.8,氢气30,空气300,补偿气25;

分流比:40:1;

进样体积：2.0 μL；

保留时间：哒螨灵约 8.2 min，内标物约 5.0 min。

上述气相色谱操作条件，系典型操作参数。可根据不同仪器特点，对给定的操作参数作适当调整，以期获得最佳效果。典型的哒螨灵可湿性粉剂与内标物的气相色谱图见图 2。

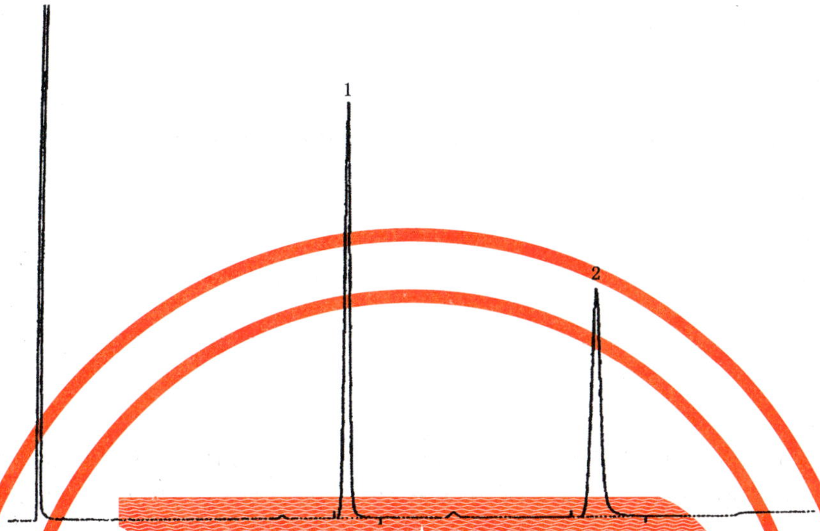

1——内标物；

2——哒螨灵。

图 2　哒螨灵可湿性粉剂与内标物的气相色谱图

4.4.2.5　测定步骤

4.4.2.5.1　标样溶液的配制

称取哒螨灵标样 0.05 g(精确至 0.000 2 g)，置于一具塞玻璃瓶中，用移液管加入 5 mL 内标溶液，摇匀。

4.4.2.5.2　试样溶液的配制

称取含哒螨灵 0.05 g 的试样（精确至 0.000 2 g)，置于一具塞的玻璃瓶中，用与 4.4.2.5.1 中使用的同一支移液管加入 5 mL 内标溶液，摇匀。

4.4.2.5.3　测定

在上述色谱操作条件下，待仪器稳定后，连续注入数针标样溶液，直至相邻两针哒螨灵与内标物的峰面积比的相对变化小于 1.5%后，按照标样溶液、试样溶液、试样溶液、标样溶液的顺序进行分析测定。

4.4.2.6　计算

将测得的两针试样溶液以及试样前后两针标样溶液中哒螨灵与内标物的峰面积比分别进行平均。试样中哒螨灵质量分数按式(1′)计算：

$$w_1' = \frac{r_2 \times m_1 \times w}{r_1 \times m_2} \qquad \cdots\cdots (1')$$

式中：

w_1'——试样中哒螨灵质量分数，以 % 表示；

r_2 ——试样溶液中哒螨灵与内标物峰面积比的平均值；

m_1——标样的质量，单位为克(g)；

w ——标样中哒螨灵的质量分数，以 % 表示；

r_1 ——标样溶液中哒螨灵与内标物峰面积比的平均值；

m_2——试样的质量，单位为克(g)。

4.4.2.7 允许差

两次平行测定结果之差，应不大于 0.5%，取其算术平均值作为测定结果。

4.5 pH 值的测定

按 GB/T 1601 进行。

4.6 悬浮率的测定

4.6.1 液相色谱法

按 GB/T 14825—2006 中 4.2 进行。称取含哒螨灵 0.2 g 的试样(精确至 0.000 2 g)，将量筒底部 25 mL 悬浮液全部转移至 100 mL 容量瓶中，用甲醇溶液定容至刻度，在超声波下振荡 3 min，静置，过滤后，按 4.4.1 测定哒螨灵的质量，计算其悬浮率。

4.6.2 气相色谱法

按 GB/T 14825—2006 中 4.2 进行。称取含哒螨灵 0.2 g 的试样(精确至 0.000 2 g)，将量筒底部 25 mL 悬浮液全部转移至 100 mL 烧杯中，在 105 ℃烘箱中将水烘干。用与 4.4.2.5.1 中使用的同一支移液管准确加入 5 mL 内标溶液，在超声波下振荡 3 min，静置。按 4.4.2 测定哒螨灵的质量，计算其悬浮率。

4.7 润湿时间的测定

按 GB/T 5451 进行。

4.8 细度的测定

按 GB/T 16150 中的“湿筛法”进行。

4.9 热贮稳定性试验

按 GB/T 19136 中“粉体制剂”进行。热贮后哒螨灵质量分数应不低于贮前哒螨灵质量分数的 97%，悬浮率应符合标准要求。

4.10 产品的检验与验收

应符合 GB/T 1604 的规定。

5 标志、标签、包装、贮运、安全、保证期

5.1 标志、标签、包装

哒螨灵可湿性粉剂的标志、标签和包装应符合 GB 3796 的规定；哒螨灵可湿性粉剂采用铝箔袋包装。每箱净含量不超过 10 kg。也可根据用户要求或订货协议，采用其他形式的包装，但需符合

GB 3796 的规定。

5.2 贮运

哒螨灵可湿性粉剂包装件应贮存在通风、干燥的库房中；贮运时，严防潮湿和日晒，不得与食物、种子、饲料混放，避免与皮肤、眼睛接触，防止由口鼻吸入。

5.3 安全

本品属中等毒性的杀螨、杀虫剂，吞噬和吸入均有毒，可经皮肤渗入。使用本品时要戴防护镜和胶皮手套穿必要的防护衣物。施药后，应立即用肥皂和水洗净。如皮肤、眼睛不慎沾上本品，应立即用大量清水冲洗。误服者应立即送医院对症治疗。

5.4 保证期

在规定的贮存、运输条件下，哒螨灵可湿性粉剂的保证期，从生产日期算起为两年。

附 录 A
（资料性附录）
哒螨灵的其他名称、结构式和基本物化参数

本产品有效成分哒螨灵的其他名称、结构式和基本物化参数如下：

ISO 通用名称：Pyridaben

CAS 登录号：96489-71-3

CIPAC 数字代码：583

化学名称：2-特丁基-5-(4-特丁基苄硫基)-4-氯-3(2H)-哒嗪酮

结构式：

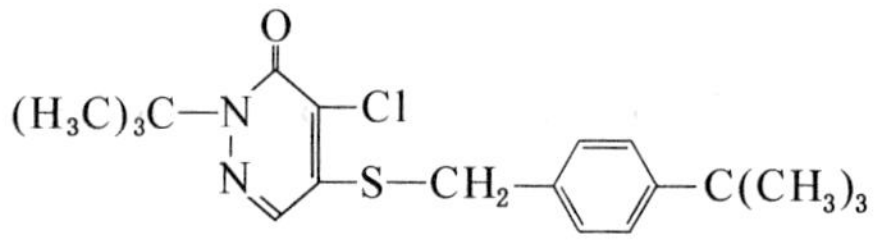

实验式：$C_{19}H_{25}ClN_2OS$

相对分子质量：364.9

生物活性：杀螨、杀虫

熔点：约 111 ℃～112 ℃

蒸气压：<0.25 mPa(20 ℃)

溶解度(20 ℃,g/L)：水中 1.2×10^{-5}，丙酮 460，苯 110，环己烷 320，乙醇 57，正辛烷 63，己烷 10，二甲苯 390

稳定性：在 pH 4～pH 9 的水溶液和大多数有机溶剂中稳定，50 ℃贮存三个月稳定，正常贮存条件下至少两年是稳定的，对光不稳定。

ICS 65.100.10
G 25

中华人民共和国国家标准

GB 28148—2011

哒螨灵乳油

Pyridaben emulsifiable concentrates

2011-12-30 发布　　　　2012-04-15 实施

中华人民共和国国家质量监督检验检疫总局
中国国家标准化管理委员会　发布

前　言

本标准的第3章、第5章是强制性的，其余是推荐性的。

本标准按照GB/T 1.1—2009给出的规则起草。

请注意本文件的某些内容可能涉及专利，本文件的发布机构不承担识别这些专利的责任。

本标准由中国石油和化学工业联合会提出。

本标准由全国农药标准化技术委员会(SAC/TC 133)归口。

本标准负责起草单位：沈阳化工研究院有限公司。

本标准参加起草单位：江苏克胜集团股份有限公司、青岛奥迪斯生物科技有限公司。

本标准主要起草人：姜敏怡、吴重言、王海霞、王春玲、李学臣。

哒 螨 灵 乳 油

1 范围

本标准规定了哒螨灵乳油的要求、试验方法以及标志、标签、包装、贮运和保证期。

本标准适用于由哒螨灵原药与乳化剂溶解在适宜的溶剂中配制而成的哒螨灵乳油。

注：哒螨灵的其他名称、结构式和基本物化参数参见附录A。

2 规范性引用文件

下列文件对于本文件的应用是必不可少的。凡是注日期的引用文件，仅注日期的版本适用于本文件。凡是不注日期的引用文件，其最新版本(包括所有的修改单)适用于本文件。

GB/T 1600 农药水分测定方法

GB/T 1601 农药 pH 值的测定方法

GB/T 1603 农药乳液稳定性测定方法

GB/T 1604 商品农药验收规则

GB/T 1605—2001 商品农药采样方法

GB 4838 农药乳油包装

GB/T 6682—2008 分析实验室用水规格和试验方法(ISO 3696:1987,MOD)

GB/T 8170—2008 数值修约规则与极限数值的表示和判定

GB/T 19136 农药热贮稳定性测定方法

GB/T 19137 农药低温稳定性测定方法

3 要求

3.1 组成和外观

本品应由符合标准的哒螨灵原药与乳化剂溶解在适宜的溶剂中配制而成，应为稳定的均相液体，无可见的悬浮物和沉淀。

3.2 技术指标

哒螨灵乳油应符合表1要求。

表 1 哒螨灵乳油控制项目指标

项目	指标	
	15%	20%
哒螨灵质量分数/%	$15.0^{+1.0}_{-1.0}$	$20.0^{+1.2}_{-1.2}$
水分质量分数/% ≤	0.5	
pH 值范围	4.5～8.5	

表 1（续）

项　　目	指　　标	
	15%	20%
乳液稳定性(稀释 200 倍)	合格	
低温稳定性[a]	合格	
热贮稳定性[a]	合格	
[a] 正常生产时，热贮稳定性试验每三个月至少测定一次。		

4 试验方法

安全提示：使用本标准的人员应有实验室工作的实践经验。本标准并未指出所有的安全问题。使用者有责任采取适当的安全和健康措施，并保证符合国家有关法规的规定。

4.1 一般规定

本标准所用试剂和水在没有注明其他要求时，均指分析纯试剂和 GB/T 6682—2008 中规定的三级水。检验结果的判定按 GB/T 8170—2008 中的 4.3.3"修约值比较法"进行。

4.2 抽样

按 GB/T 1605—2001 中"液体制剂采样"方法进行。用随机数表法确定抽样的包装件；最终抽样量应不少于 250 mL。

4.3 鉴别试验

气相色谱法——本鉴别试验可与哒螨灵质量分数的测定同时进行。在相同的色谱操作条件下，试样溶液中某一色谱峰的保留时间与标样溶液中哒螨灵色谱峰的保留时间，其相对差值应在 1.5% 以内。

液相色谱法——本鉴别试验可与哒螨灵质量分数的测定同时进行。在相同的色谱操作条件下，试样溶液中某一色谱峰的保留时间与标样溶液中哒螨灵色谱峰的保留时间，其相对差值应在 1.5% 以内。

4.4 哒螨灵质量分数的测定

4.4.1 高效液相色谱法(仲裁法)

4.4.1.1 方法提要

试样用甲醇溶解，以乙腈＋水为流动相，使用以 Nova-Pak C_{18} 为填料的不锈钢柱和紫外检测器(240 nm)，对试样中的哒螨灵进行高效液相色谱分离和测定。

4.4.1.2 试剂和溶液

甲醇；

乙腈：色谱纯；

水：新蒸二次蒸馏水；

哒螨灵标样：已知哒螨灵质量分数 $w \geq 99.0\%$。

4.4.1.3 仪器

高效液相色谱仪：具有可变波长紫外检测器；

色谱数据处理机或工作站；

色谱柱：150 mm×3.9 mm(i.d.)不锈钢柱，内装 Nova-Pak C_{18}、5 μm 填充物(或同等效果的色谱柱)；

过滤器：滤膜孔径约 0.45 μm；

微量进样器：50 μL；

定量进样管：5 μL；

超声波清洗器。

4.4.1.4 高效液相色谱操作条件

流动相：$\Psi(CH_3CN : H_2O)=85 : 15$；

流速：1.0 mL/min；

柱温：室温(温差变化应不大于 2 ℃)；

检测波长：240 nm；

进样体积：5 μL；

保留时间：哒螨灵约 5.6 min。

上述操作参数是典型的，可根据不同仪器特点，对给定的操作参数作适当调整，以期获得最佳效果。典型的哒螨灵乳油高效液相色谱图见图 1。

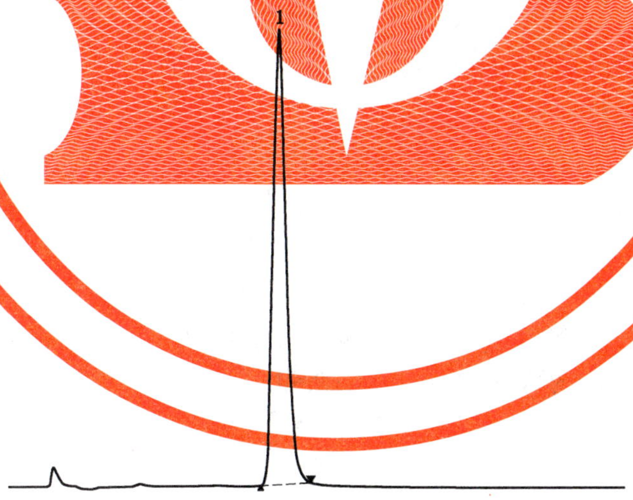

1——哒螨灵。

图 1 哒螨灵乳油的高效液相色谱图

4.4.1.5 测定步骤

4.4.1.5.1 标样溶液的制备

称取 0.1 g 哒螨灵标样(精确至 0.000 2 g)，置于 50 mL 容量瓶中，用甲醇稀释至刻度，超声波振荡 5 min 使试样溶解，冷却至室温，摇匀。用移液管移取上述溶液 5 mL 于 50 mL 容量瓶中，用甲醇稀释至刻度，摇匀。

4.4.1.5.2 **试样溶液的制备**

称取含哒螨灵 0.1 g 的试样(精确至 0.000 2 g),置于 50 mL 容量瓶中,用甲醇稀释至刻度,超声波振荡 5 min 使试样溶解,冷却至室温,摇匀。用移液管移取上述溶液 5 mL 于 50 mL 容量瓶中,用甲醇稀释至刻度,摇匀。

4.4.1.5.3 **测定**

在上述操作条件下,待仪器稳定后,连续注入数针标样溶液,直至相邻两针哒螨灵峰面积相对变化小于 1.2%后,按照标样溶液、试样溶液、试样溶液、标样溶液的顺序进行测定。

4.4.1.6 **计算**

将测得的两针试样溶液以及试样前后两针标样溶液中哒螨灵峰面积分别进行平均。试样中哒螨灵的质量分数按式(1)计算:

$$w_1 = \frac{A_2 \cdot m_1 \cdot w}{A_1 \cdot m_2} \quad \cdots\cdots(1)$$

式中:

w_1 ——试样中哒螨灵的质量分数,以 % 表示;

A_2 ——试样溶液中,哒螨灵峰面积的平均值;

m_1 ——哒螨灵标样的质量,单位为克(g);

w ——哒螨灵标样的质量分数,以 % 表示;

A_1 ——标样溶液中,哒螨灵峰面积的平均值;

m_2 ——试样的质量,单位为克(g)。

4.4.1.7 **允许差**

哒螨灵质量分数两次平行测定结果之差应不大于 0.5%,取其算术平均值作为测定结果。

4.4.2 **毛细管气相色谱法**

4.4.2.1 **方法提要**

试样用三氯甲烷溶解,以邻苯二甲酸双环己酯为内标物,使用 DB-1701 涂壁的石英毛细管柱,和氢火焰离子化检测器,对试样中的哒螨灵进行毛细管气相色谱分离和测定。

4.4.2.2 **试剂和溶液**

三氯甲烷;

哒螨灵标样:已知质量分数 $w \geq 99.0\%$;

邻苯二甲酸双环己酯:不含有干扰分析的杂质;

内标溶液:称取 5.0 g 的邻苯二甲酸双环己酯置于 500 mL 的容量瓶中,用三氯甲烷溶解、定容、摇匀。

4.4.2.3 **仪器**

气相色谱仪:具氢火焰离子化检测器;

色谱柱:30 m×0.32 mm(i.d.)石英毛细柱,内壁涂 DB-1701,膜厚 0.25 μm;

色谱数据处理机或色谱工作站。

4.4.2.4 气相色谱操作条件

温度(℃):柱室 240,气化室 270,检测室 280;

气体流量(mL/min):载气(N_2)1.8,氢气 30,空气 300,补偿气 25;

分流比:40∶1;

进样体积:2.0 μL;

保留时间:哒螨灵约 8.2 min,内标物约 5.0 min。

上述气相色谱操作条件,系典型操作参数。可根据不同仪器特点,对给定的操作参数作适当调整,以期获得最佳效果。典型的哒螨灵乳油与内标物的气相色谱图见图 2。

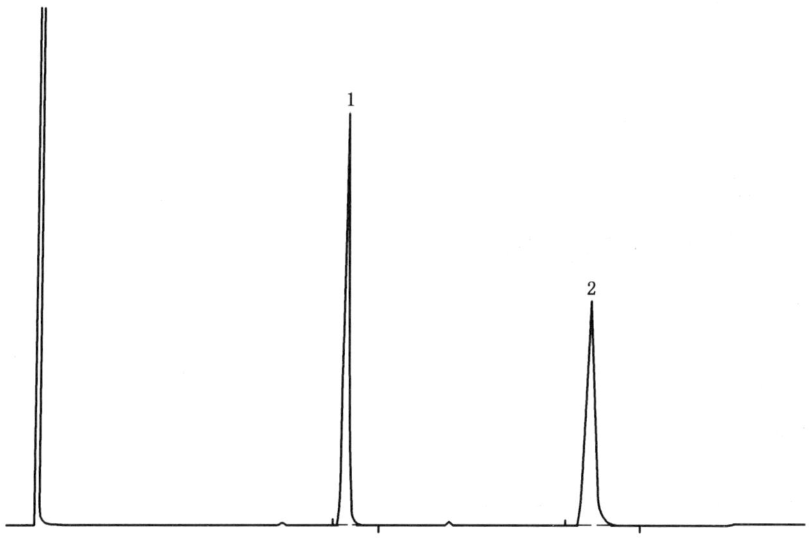

1——内标物;

2——哒螨灵。

图 2 哒螨灵乳油与内标物的气相色谱图

4.4.2.5 测定步骤

4.4.2.5.1 标样溶液的配制

称取哒螨灵标样 0.05 g(精确至 0.000 2 g),置于一具塞玻璃瓶中,用移液管加入 5 mL 内标溶液,摇匀。

4.4.2.5.2 试样溶液的配制

称取含哒螨灵 0.05 g 的试样(精确至 0.000 2 g),置于一具塞的玻璃瓶中,用与 4.4.2.5.1 中使用的同一支移液管加入 5 mL 内标溶液,摇匀。

4.4.2.5.3 测定

在上述色谱操作条件下,待仪器稳定后,连续注入数针标样溶液,直至相邻两针哒螨灵与内标物的峰面积比的相对变化小于 1.5%后,按照标样溶液、试样溶液、试样溶液、标样溶液的顺序进行分析测定。

4.4.2.6 计算

将测得的两针试样溶液以及试样前后两针标样溶液中哒螨灵与内标物的峰面积比分别进行平均。

试样中哒螨灵质量分数按式(1′)计算：

$$w'_1 = \frac{r_2 \times m_1 \times w}{r_1 \times m_2} \quad \cdots\cdots\cdots\cdots (1')$$

式中：

w'_1——试样中哒螨灵质量分数，以 % 表示；

r_2 ——试样溶液中哒螨灵与内标物峰面积比的平均值；

m_1——标样的质量，单位为克(g)；

w ——标样中哒螨灵的质量分数，以 % 表示；

r_1 ——标样溶液中哒螨灵与内标物峰面积比的平均值；

m_2——试样的质量，单位为克(g)。

4.4.2.7 允许差

两次平行测定结果之差，应不大于 0.5%，取其算术平均值作为测定结果。

4.5 水分质量分数的测定

按 GB/T 1600 中的“卡尔·费休法”进行。

4.6 pH 值的测定

按 GB/T 1601 进行。

4.7 乳液稳定性试验

试样用标准硬水稀释 200 倍，按 GB/T 1603 进行试验，量筒中无浮油(膏)、沉油和沉淀析出为合格。

4.8 低温稳定性试验

按 GB/T 19137 中“乳剂和均相液体制剂”进行，离心管底部离析物的体积不超过 0.3 mL 为合格。

4.9 热贮稳定性试验

按 GB/T 19136 中 “液体制剂”进行。热贮后，哒螨灵质量分数不应低于热贮前测得平均含量的 97%；乳液稳定性应符合标准要求。

4.10 产品的检验与验收

应符合 GB/T 1604 的规定。

5 标志、标签、包装、贮运、安全、保证期

5.1 标志、标签、包装

哒螨灵乳油的标志、标签和包装应符合 GB 4838 的规定。哒螨灵乳油应用洁净、干燥的玻璃瓶或聚酯瓶包装，每瓶净含量为 250 mL(g)、100 mL(g)，外用瓦楞纸箱包装，每箱净重不大于 10 kg。也可根据用户要求或订货协议，采用其他形式的包装，但需符合 GB 4838 的规定。

5.2 贮运

哒螨灵乳油包装件应贮存在通风、干燥的库房中；贮运时，严防潮湿和日晒，不得与食物、种子、饲料

混放，避免与皮肤、眼睛接触，防止由口鼻吸入。

5.3 安全

本品属中等毒性的杀螨、杀虫剂，吞噬和吸入均有毒，可经皮肤渗入。使用本品时要戴防护镜和胶皮手套穿必要的防护衣物。施药后，应立即用肥皂和水洗净。如皮肤、眼睛不慎沾上本品，应立即用大量清水冲洗。误服者应立即送医院对症治疗。

5.4 保证期

在规定的贮存、运输条件下，哒螨灵乳油的保证期，从生产日期算起为两年。

附　录　A
（资料性附录）
哒螨灵的其他名称、结构式和基本物化参数

本产品有效成分哒螨灵的其他名称、结构式和基本物化参数如下：

ISO 通用名称：Pyridaben

CAS 登录号：96489-71-3

CIPAC 数字代码：583

化学名称：2-特丁基-5-(4-特丁基苄硫基)- 4-氯-3(2H)-哒嗪酮

结构式：

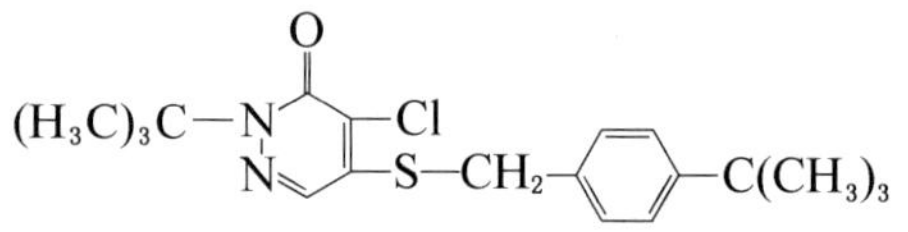

实验式：$C_{19}H_{25}ClN_2OS$

相对分子质量：364.9

生物活性：杀螨、杀虫

熔点：约 111 ℃～112 ℃

蒸气压：＜0.25 mPa(20 ℃)

溶解度(20 ℃,g/L)：水中 1.2×10^{-5}，丙酮 460，苯 110，环己烷 320，乙醇 57，正辛烷 63，己烷 10，二甲苯 390

稳定性：在 pH4～pH9 的水溶液和大多数有机溶剂中稳定，50 ℃贮存三个月稳定，正常贮存条件下至少两年是稳定的，对光不稳定。

ICS 65.100.20
G 25

中华人民共和国国家标准

GB 28149—2011

氯磺隆可湿性粉剂

Chlorsulfuron wettable powders

2011-12-30 发布　　2012-04-15 实施

中华人民共和国国家质量监督检验检疫总局
中国国家标准化管理委员会　发布

前　言

本标准的第 3 章、第 5 章是强制性的，其余是推荐性的。

本标准按照 GB/T 1.1—2009 给出的规则起草。

本标准使用重新起草法修改采用 FAO 规格 391/WP(2003)《氯磺隆可湿性粉剂》。

本标准与 FAO 规格 391/WP(2003)《氯磺隆可湿性粉剂》的主要技术差异及原因如下：

——本标准规定悬浮率≥85％，FAO 规格规定≥60％，严于 FAO 规格；

——FAO 规格未控制水分指标，本标准规定水质量分数≤2.5％，控制水分，防止结块。

请注意本文件的某些内容可能涉及专利，本文件的发布机构不承担识别这些专利的责任。

本标准由中国石油和化学工业联合会提出。

本标准由全国农药标准化技术委员会(SAC/TC 133)归口。

本标准负责起草单位：沈阳化工研究院有限公司。

本标准参加起草单位：江苏省激素研究所股份有限公司、沈阳丰收农药有限公司。

本标准主要起草人：姜敏怡、邢君、孔繁蕾、汪洋。

氯磺隆可湿性粉剂

1 范围

本标准规定了氯磺隆可湿性粉剂的要求、试验方法以及标志、标签、包装、贮运和保证期。

本标准适用于由氯磺隆原药、适宜的助剂和填料加工而成的氯磺隆可湿性粉剂。

注：氯磺隆的其他名称、结构式和基本物化参数参见附录A。

2 规范性引用文件

下列文件对于本文件的应用是必不可少的。凡是注日期的引用文件，仅注日期的版本适用于本文件。凡是不注日期的引用文件，其最新版本(包括所有的修改单)适用于本文件。

GB/T 1600 农药水分测定方法

GB/T 1601 农药pH值的测定方法

GB/T 1604 商品农药验收规则

GB/T 1605—2001 商品农药采样方法

GB 3796 农药包装通则

GB/T 5451 农药可湿性粉剂润湿性测定方法

GB/T 6682—2008 分析实验室用水规格和试验方法(ISO 3696:1987,MOD)

GB/T 8170—2008 数值修约规则与极限数值的表示和判定

GB/T 14825—2006 农药悬浮率测定方法

GB/T 16150 农药粉剂、可湿性粉剂细度测定方法

GB/T 19136 农药热贮稳定性测定方法

3 要求

3.1 组成和外观

本品应由符合标准的氯磺隆原药与适宜的助剂和填料加工制成，为均匀的疏松粉末，不应有团块。

3.2 技术指标

氯磺隆可湿性粉剂还应符合表1要求。

表1 氯磺隆可湿性粉剂控制项目指标

项目	指标		
	10%	20%	25%
氯磺隆质量分数/%	$10.0^{+1.0}_{-1.0}$	$20.0^{+1.2}_{-1.2}$	$25.0^{+1.5}_{-1.5}$
水分质量分数/% ≤	2.5		
pH值范围	6.0～9.0		

表 1（续）

项　　目		指　　标		
		10%	20%	25%
润湿时间/s	≤	60		
细度（通过 44 μm 试验筛）/%	≥	98		
悬浮率/%	≥	85		
热贮稳定性试验[a]		合格		
[a] 正常生产时，热贮稳定性试验每三个月至少测定一次。				

4　试验方法

安全提示：使用本标准的人员应有实验室工作的实践经验。本标准并未指出所有的安全问题。使用者有责任采取适当的安全和健康措施，并保证符合国家有关法规的规定。

4.1　一般规定

本标准所用试剂和水在没有注明其他要求时，均指分析纯试剂和 GB/T 6682—2008 中规定的三级水。检验结果的判定按 GB/T 8170—2008 中的 4.3.3 修约值比较法进行。

4.2　抽样

按 GB/T 1605—2001 中“商品固体制剂采样”方法进行。用随机数表法确定抽样的包装件；最终抽样量应不少于 300 g。

4.3　鉴别试验

液相色谱法——本鉴别试验可与氯磺隆质量分数的测定同时进行。在相同的色谱操作条件下，试样溶液中某个色谱峰的保留时间与标样溶液中氯磺隆的色谱峰的保留时间，其相对差值应在 1.5% 以内。

4.4　氯磺隆质量分数的测定

4.4.1　方法提要

试样用氨水甲醇溶液溶解，以乙腈＋水＋冰乙酸为流动相，使用以 Nova-Pak C_{18} 为填料的不锈钢柱和紫外检测器（230 nm），对试样中的氯磺隆进行高效液相色谱分离和测定。

4.4.2　试剂和溶液

甲醇：色谱纯；

乙腈：色谱纯；

冰乙酸；

水：新蒸二次蒸馏水；

氨水：$w(NH_3)=26\%\sim30\%$；

氨水溶液：Ψ（氨水∶水）＝1∶300；

氨水甲醇溶液：Ψ(氨水溶液：甲醇)=1：4；

氯磺隆标样：已知氯磺隆质量分数 $w \geqslant 98.0\%$。

4.4.3 仪器

高效液相色谱仪：具有可变波长紫外检测器；

色谱数据处理机；

色谱柱：150 mm×3.9 mm(i.d.)不锈钢柱，内装 Nova-Pak C_{18} 填充物(或同等效果的色谱柱)；

过滤器：滤膜孔径约 0.45 μm；

微量进样器：50 μL；

定量进样管：5 μL；

超声波清洗器。

4.4.4 高效液相色谱操作条件

流动相：$\Psi(CH_3CN : H_2O : CH_3COOH)=40 : 60 : 0.5$；

流速：1.0 mL/ min；

柱温：室温(温差变化应不大于 2 ℃)；

检测波长：230 nm；

进样体积：5 μL；

保留时间：氯磺隆约 4.3 min。

上述操作参数是典型的，可根据不同仪器特点，对给定的操作参数作适当调整，以期获得最佳效果。典型的氯磺隆可湿性粉剂高效液相色谱图见图 1。

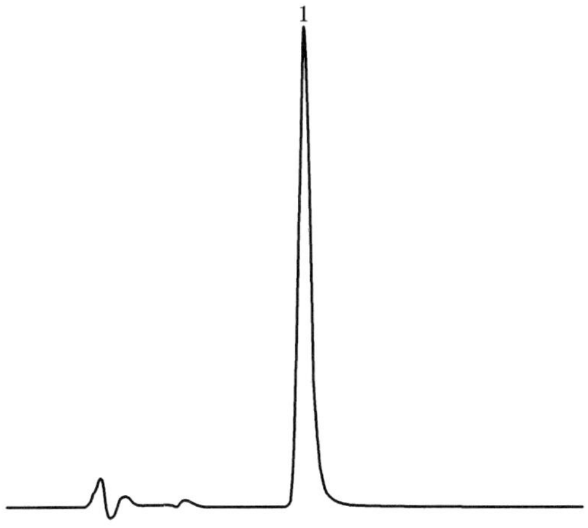

1——氯磺隆。

图 1 氯磺隆可湿性粉剂的高效液相色谱图

4.4.5 测定步骤

4.4.5.1 标样溶液的制备

称取 0.05 g 氯磺隆标样(精确至 0.000 1 g)，置于 100 mL 容量瓶中，用氨水甲醇溶液稀释至刻度，超声波振荡 5 min 使试样溶解，冷却至室温，摇匀。

4.4.5.2 试样溶液的制备

称取含氯磺隆 0.05 g 的试样(精确至 0.000 1 g)，置于 100 mL 容量瓶中，用氨水甲醇溶液稀释至刻度，超声波振荡 5 min 使试样溶解，冷却至室温，摇匀，过滤。

4.4.5.3 测定

在上述操作条件下，待仪器稳定后，连续注入数针标样溶液，直至相邻两针氯磺隆峰面积相对变化小于 1.2%后，按照标样溶液、试样溶液、试样溶液、标样溶液的顺序进行测定。

4.4.6 计算

试样中氯磺隆的质量分数按式(1)计算：

$$w_1 = \frac{A_2 \cdot m_1 \cdot w}{A_1 \cdot m_2} \quad \cdots\cdots (1)$$

式中：

w_1——试样中氯磺隆质量分数，以%表示；

A_2——试样溶液中，氯磺隆峰面积的平均值；

m_1——标样的质量，单位为克(g)；

w ——氯磺隆标样的质量分数，以%表示；

A_1——标样溶液中，氯磺隆峰面积的平均值；

m_2——试样的质量，单位为克(g)。

4.4.7 允许差

氯磺隆质量分数两次平行测定结果之差应不大于 0.5%，取其算术平均值作为测定结果。

4.5 水分的测定

按 GB/T 1600 中的“共沸蒸馏法”进行。

4.6 pH 值的测定

按 GB/T 1601 进行。

4.7 悬浮率的测定

按 GB/T 14825—2006 中 4.1 进行。称取含氯磺隆 0.2 g 的试样(精确至 0.000 1g)，将量筒底部 25 mL 悬浮液全部转移至 100 mL 容量瓶中，用氨水甲醇溶液定容至刻度，在超声波下振荡 3 min，静置，过滤后，按 4.4 测定氯磺隆的质量，计算其悬浮率。

4.8 润湿时间的测定

按 GB/T 5451 进行。

4.9 细度的测定

按 GB/T 16150 中的“湿筛法”进行。

4.10 热贮稳定性试验

按 GB/T 19136 中“固体制剂”进行。热贮后氯磺隆质量分数应不低于贮前平均含量的 97%，悬浮率应符合标准要求为合格。

4.11 产品的检验与验收

应符合 GB/T 1604 的规定。

5 标志、标签、包装、贮运、安全、保证期

5.1 标志、标签、包装

氯磺隆可湿性粉剂的标志、标签、包装应符合 GB 3796 的规定;氯磺隆可湿性粉剂应用镀铝塑料袋或复合铝膜袋包装。也可根据用户要求或订货协议采用其他形式的包装,但需符合 GB 3796 的规定。

5.2 贮运

氯磺隆可湿性粉剂包装件应贮存在通风、干燥的库房中;贮运时,严防潮湿和日晒,不得与食物、种子、饲料混放,避免与皮肤、眼睛接触,防止由口鼻吸入。

5.3 安全

本品属低毒磺酰脲类除草剂。吞噬和吸入均有毒,可经皮肤渗入。使用本品时要避免与皮肤接触,施药后应用肥皂和清水冲洗。中毒者应立即送医院对症治疗。

5.4 保证期

保证期:在规定的贮运条件下,氯磺隆可湿性粉剂的保证期,从生产日期起为两年。

附 录 A
（资料性附录）
氯磺隆的其他名称、结构式和基本物化参数

本产品有效成分氯磺隆的其他名称、结构式和基本物化参数如下：

ISO 通用名称：Chlorsulfuron

CAS 登录号：64902-72-3

CIPAC 数字代码：391

化学名称：1-(2-氯苯磺酰基)-3-(4-甲氧基-6-甲基-1,3,5-三嗪-2-基)脲

结构式：

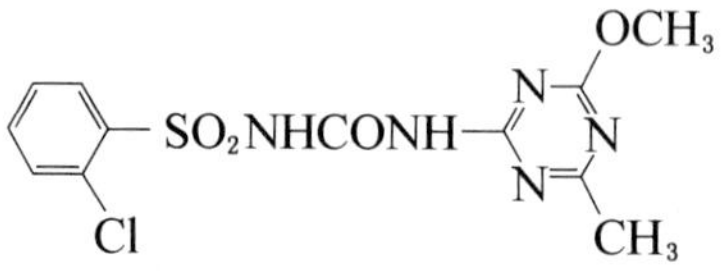

实验式：$C_{12}H_{12}ClN_5O_4S$

相对分子质量：357.8

生物活性：除草

熔点：约 174 ℃～178 ℃

蒸气压(25 ℃)：3 nPa

溶解度(22 ℃,g/L)：丙酮 57；二氯甲烷 102；甲醇 14；甲苯 3；己烷 0.01；水中 0.1～0.125(25 ℃,pH4.1)、0.3(25 ℃,pH5)

稳定性：在干燥的情况下，对光稳定；在土壤中，因水解和微生物降解而破坏；土壤中半衰期为 150 d～160 d。

ICS 65.100.20
G 25

中华人民共和国国家标准

GB 28150—2011

氯磺隆水分散粒剂

Chlorsulfuron water dispersible granules

2011-12-30 发布　　2012-04-15 实施

中华人民共和国国家质量监督检验检疫总局
中国国家标准化管理委员会　发布

前　言

本标准的第3章、第5章是强制性的，其余是推荐性的。

本标准按照GB/T 1.1—2009给出的规则起草。

本标准使用重新起草法修改采用FAO规格391/WG(2003)《氯磺隆水分散粒剂》。

本标准与FAO规格391/WG(2003)《氯磺隆水分散粒剂》的主要技术差异及原因如下：

——本标准规定悬浮率≥90%，FAO规格规定≥60%，严于FAO规格；

——本标准规定润湿时间≤15 s，FAO规格规定≤10 s；持久起泡性(1 min后泡沫量)≤40 mL，FAO规格规定≤60 mL；均根据国内产品的实际水平而定；

——本标准还规定了水分、粒度、pH值范围指标，而FAO未作规定，本标准控制项目较FAO全面。

请注意本文件的某些内容可能涉及专利，本文件的发布机构不承担识别这些专利的责任。

本标准由中国石油和化学工业联合会提出。

本标准由全国农药标准化技术委员会(SAC/TC 133)归口。

本标准负责起草单位：沈阳化工研究院有限公司。

本标准参加起草单位：江苏省激素研究所股份有限公司、江苏省农用激素工程技术研究中心有限公司、沈阳丰收农药有限公司。

本标准主要起草人：姜敏怡、邢君、孔繁蕾、汪洋。

氯磺隆水分散粒剂

1 范围

本标准规定了氯磺隆水分散粒剂的要求、试验方法以及标志、标签、包装、贮运和保证期。

本标准适用于由氯磺隆原药、载体和助剂加工而成的氯磺隆水分散粒剂。

注：氯磺隆的其他名称、结构式和基本物化参数参见附录 A。

2 规范性引用文件

下列文件对于本文件的应用是必不可少的。凡是注日期的引用文件，仅注日期的版本适用于本文件。凡是不注日期的引用文件，其最新版本(包括所有的修改单)适用于本文件。

GB/T 1600 农药水分测定方法

GB/T 1601 农药 pH 值的测定方法

GB/T 1604 商品农药验收规则

GB/T 1605—2001 商品农药采样方法

GB 3796 农药包装通则

GB/T 5451 农药可湿性粉剂润湿性测定方法

GB/T 6682—2008 分析实验室用水规格和试验方法(ISO 3696:1987,MOD)

GB/T 8170—2008 数值修约规则与极限数值的表示和判定

GB/T 14825—2006 农药悬浮率测定方法

GB/T 16150 农药粉剂、可湿性粉剂细度测定方法

GB/T 19136 农药热贮稳定性测定方法

3 要求

3.1 组成和外观

本品应由符合标准的氯磺隆原药与适宜的助剂和填料加工制成，为干燥、易流动的均匀颗粒，无可见的外来物和硬块。

3.2 技术指标

氯磺隆水分散粒剂还应符合表 1 要求。

表 1 氯磺隆水分散粒剂控制项目指标

项目	指标	
	25%	75%
氯磺隆质量分数/%	$25.0^{+1.5}_{-1.5}$	$75.0^{+2.5}_{-2.5}$
水分质量分数/% ≤	2.0	

表 1（续）

项　　目		指　　标	
		25%	75%
pH 值范围		5.0～7.0	
润湿时间/s	≤	15	
湿筛试验(通过 44 μm 试验筛)/%	≥	98	
悬浮率/%	≥	90	
粒度(355 μm～1 430 μm)/%	≥	98	
分散性/%	≥	80	
持久起泡性(1 min 后泡沫量)/mL	≤	40	
热贮稳定性试验[a]		合格	
[a] 正常生产时，热贮稳定性试验每三个月至少测定一次。			

4 试验方法

安全提示：使用本标准的人员应有实验室工作的实践经验。本标准并未指出所有的安全问题。使用者有责任采取适当的安全和健康措施，并保证符合国家有关法规的规定。

4.1 一般规定

本标准所用试剂和水在没有注明其他要求时，均指分析纯试剂和 GB/T 6682—2008 中规定的三级水。检验结果的判定按 GB/T 8170—2008 中的 4.3.3 修约值比较法进行。

4.2 抽样

按 GB/T 1605—2001 中“商品固体制剂采样”方法进行。用随机数表法确定抽样的包装件；最终抽样量应不少于 1 000 g。

4.3 鉴别试验

液相色谱法——本鉴别试验可与氯磺隆质量分数的测定同时进行。在相同的色谱操作条件下，试样溶液中某个色谱峰的保留时间与标样溶液中氯磺隆的色谱峰的保留时间，其相对差值应在 1.5% 以内。

4.4 氯磺隆质量分数的测定

4.4.1 方法提要

试样用氨水甲醇溶液溶解，以乙腈＋水＋冰乙酸为流动相，使用以 Nova-Pak C_{18} 为填料的不锈钢柱和紫外检测器(230 nm)，对试样中的氯磺隆进行高效液相色谱分离和测定。

4.4.2 试剂和溶液

甲醇：色谱纯；

乙腈：色谱纯；

冰乙酸；

水：新蒸二次蒸馏水；

氨水：$w(NH_3)$=26%～30%；

氨水溶液：Ψ(氨水：水)=1：300；

氨水甲醇溶液：Ψ(氨水溶液：甲醇)=1：4；

氯磺隆标样：已知氯磺隆质量分数 $w \geq 98.0\%$。

4.4.3 仪器

高效液相色谱仪：具有可变波长紫外检测器；

色谱数据处理机；

色谱柱：150 mm×3.9 mm(i.d.)不锈钢柱，内装 Nova-Pak C_{18} 填充物(或同等效果的色谱柱)；

过滤器：滤膜孔径约 0.45 μm；

微量进样器：50 μL；

定量进样管：5 μL；

超声波清洗器。

4.4.4 高效液相色谱操作条件

流动相：$\Psi(CH_3CN : H_2O : CH_3COOH)$=40：60：0.5；

流速：1.0 mL/min；

柱温：室温(温差变化应不大于 2 ℃)；

检测波长：230 nm；

进样体积：5 μL；

保留时间：氯磺隆约 4.3 min。

上述操作参数是典型的，可根据不同仪器特点，对给定的操作参数作适当调整，以期获得最佳效果。典型的氯磺隆水分散粒剂高效液相色谱图见图 1。

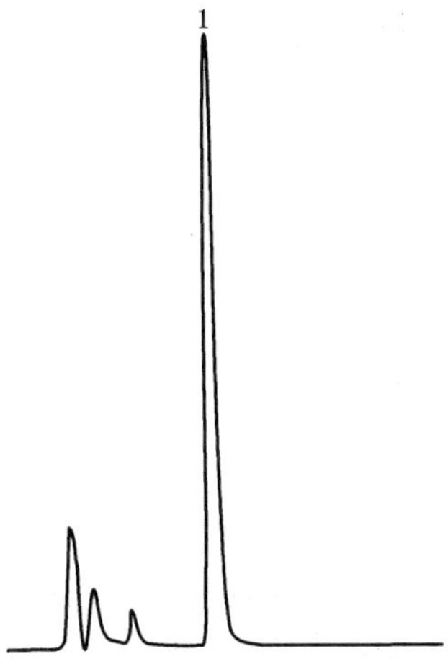

1——氯磺隆。

图 1 氯磺隆水分散粒剂的高效液相色谱图

4.4.5 测定步骤

4.4.5.1 标样溶液的制备

称取 0.05 g 氯磺隆标样(精确至 0.000 1 g)，置于 100 mL 容量瓶中，用氨水甲醇溶液稀释至刻度，超声波振荡 5 min 使试样溶解，冷却至室温，摇匀。

4.4.5.2 **试样溶液的制备**

称取含氯磺隆 0.05 g 的试样(精确至 0.000 1 g)，置于 100 mL 容量瓶中，用氨水甲醇溶液稀释至刻度，超声波振荡 5 min 使试样溶解，冷却至室温，摇匀，过滤。

4.4.5.3 **测定**

在上述操作条件下，待仪器稳定后，连续注入数针标样溶液，直至相邻两针氯磺隆峰面积相对变化小于 1.2%后，按照标样溶液、试样溶液、试样溶液、标样溶液的顺序进行测定。

4.4.6 **计算**

试样中氯磺隆的质量分数按式(1)计算：

$$w_1 = \frac{A_2 \cdot m_1 \cdot w}{A_1 \cdot m_2} \qquad (1)$$

式中：

w_1——试样中氯磺隆质量分数，以%表示；

A_2——试样溶液中，氯磺隆峰面积的平均值；

m_1——标样的质量，单位为克(g)；

w ——氯磺隆标样的质量分数，以%表示；

A_1——标样溶液中，氯磺隆峰面积的平均值；

m_2——试样的质量，单位为克(g)。

4.4.7 **允许差**

氯磺隆质量分数两次平行测定结果之差，75%水分散粒剂应不大于 1.0%；25%水分散粒剂应不大于 0.5%，分别取其算术平均值作为测定结果。

4.5 **水分的测定**

按 GB/T 1600 中的“共沸蒸馏法”进行。

4.6 **pH 值的测定**

按 GB/T 1601 进行。

4.7 **悬浮率的测定**

按 GB/T 14825—2006 中 4.1 进行。称取含氯磺隆 0.2 g 的试样(精确至 0.000 1 g)，将量筒底部 25 mL 悬浮液全部转移至 100 mL 容量瓶中，用氨水甲醇溶液定容至刻度，在超声波下振荡 3 min，静置，过滤后，按 4.4 测定氯磺隆的质量，计算其悬浮率。

4.8 **润湿时间的测定**

按 GB/T 5451 进行。

4.9 **细度的测定**

按 GB/T 16150 中的“湿筛法”进行。

4.10 粒度的测定

4.10.1 仪器

标准筛组:孔径为(355 μm～1 430 μm);
振筛机:振幅 25 mm,1 400 次/min。

4.10.2 测定步骤

将标准筛上下叠装,大粒径筛置于小粒径筛上面,筛下装承接盘,同时将组合好的筛组固定在振筛机上,准确称取水分散粒剂试样 100 g(精确至 0.1 g),置于上面筛上,加盖密封,启动振筛机震荡5 min,收集规定粒径范围内筛上物,称量(精确至 0.1 g)。

4.10.3 计算

试样的粒度按式(2)计算:

$$w_2 = \frac{m_1}{m} \times 100 \qquad \cdots\cdots (2)$$

式中:

w_2——试样的粒度,以%表示;
m_1——规定粒径范围内筛上物质量,单位为克(g);
m——试样的质量,单位为克(g)。

4.11 分散性的测定

4.11.1 方法提要

将一定量的水分散粒剂加入规定的水中,搅拌混合,制成悬浮液,静置一段时间后,去除顶部 9/10 的悬浮液,将底部 1/10 悬浮液和沉淀烘干,用重量法进行测定。

4.11.2 试剂和仪器

标准硬水:$\rho(Ca^{2+}+Mg^{2+})$=342 mg/L,pH=6.0～7.0,按 GB/T 14825—2006 配制;
烧杯:1 000 mL,内径为(102±2)mm;
电动搅拌机:可控制速度(0～1 000)r/min;
不锈钢搅拌棒(见图 2):带有 4 个固定搅拌叶片的螺旋桨式搅拌棒,叶片之间角度为 45°;
旋转真空蒸发器;
秒表。

4.11.3 测定步骤

在 20 ℃±1 ℃下,于烧杯中加入 900 mL 标准硬水,将搅拌棒固定在烧杯中央,搅拌棒叶片距烧杯底部 15 mm,搅拌棒叶片间距和旋转方向能保证搅拌棒推进液体向上翻腾,以 300 r/min 的速度开启搅拌器,将 9 g 水分散粒剂样品(精确至 0.1 g)加入搅拌的水中,继续搅拌 1 min。关闭搅拌,让悬浮液静置 1 min,抽出 9/10 的悬浮液(810 mL),整个操作应在 30 s～60 s 内完成,并保持玻璃细管的尖端始终在液面下,且尽量不搅动悬浮液,用旋转真空蒸发器蒸掉 90 mL 剩余悬浮液中的水分,在 60 ℃～70 ℃下干燥至恒重,称量(精确至 0.1 g)。

4.11.4 计算

试样的分散性按式(3)计算:

$$w_3=\frac{10(m-m_1)}{9m}\times 100 \qquad \cdots\cdots(3)$$

式中：

w_3——试样的分散性，以%表示；

m——所取试样的质量，单位为克(g)；

m_1——干燥后残余物的质量，单位为克(g)。

单位为毫米

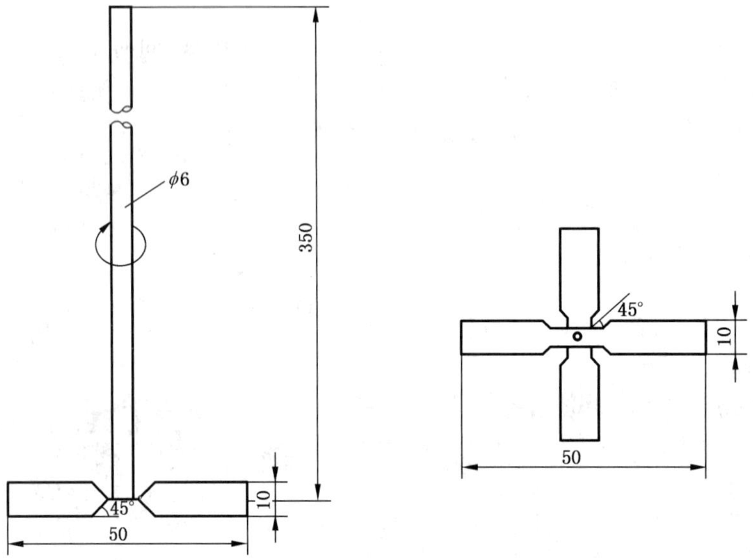

图 2 不锈钢搅拌棒

4.12 持久起泡性试验

4.12.1 方法提要

将规定量的试样与标准硬水混合，静置后记录泡沫体积。

4.12.2 试剂

标准硬水：$\rho(Ca^{2+}+Mg^{2+})=342$ mg/L，pH＝6.0～7.0，按 GB/T 14825—2006 配制。

4.12.3 仪器和器具

具塞量筒：250 mL(分度值 2 mL，0～250 mL 刻度线 20 cm～21.5 cm，250 mL 刻度线到塞子底部 4 cm～6 cm)；

工业天平：感量 0.1 g。

4.12.4 测定步骤

在量筒中加入 180 mL 标准硬水，在量筒中称入试样 1.0 g(精确至 0.1 g)，加标准硬水至距离量筒塞底部 9 cm 的刻度线处，盖上塞子，以量筒底部为中心，上下颠倒 30 次(每次 2 s)。放在试验台上静置 1 min，记录泡沫体积。

4.13 热贮稳定性试验

按 GB/T 19136 中“固体制剂”进行。热贮后氯磺隆质量分数应不低于贮前平均含量的 97%，悬浮率仍应符合标准要求为合格。

4.14 产品的检验与验收

应符合 GB/T 1604 的规定。

5 标志、标签、包装、贮运、安全、保证期

5.1 标志、标签、包装

氯磺隆水分散粒剂的标志、标签、包装应符合 GB 3796 的规定;氯磺隆水分散粒剂应用镀铝塑料袋或复合铝膜袋包装。也可根据用户要求或订货协议,采用其他形式的包装,但需符合 GB 3796 的规定。

5.2 贮运

氯磺隆水分散粒剂包装件应贮存在通风、干燥的库房中;贮运时,严防潮湿和日晒,不得与食物、种子、饲料混放,避免与皮肤、眼睛接触,防止由口鼻吸入。

5.3 安全

本品属低毒磺酰脲类除草剂。吞噬和吸入均有毒,可经皮肤渗入。使用本品时要避免与皮肤接触,施药后应用肥皂和清水冲洗。中毒者应立即送医院对症治疗。

5.4 保证期

保证期:在规定的贮运条件下,氯磺隆水分散粒剂的保证期,从生产日期起为两年。

附 录 A
（资料性附录）
氯磺隆的其他名称、结构式和基本物化参数

本产品有效成分氯磺隆的其他名称、结构式和基本物化参数如下：

ISO 通用名称：Chlorsulfuron

CAS 登录号：64902-72-3

CIPAC 数字代码：391

化学名称：1-(2-氯苯磺酰基)-3-(4-甲氧基-6-甲基-1,3,5-三嗪-2-基)脲

结构式：

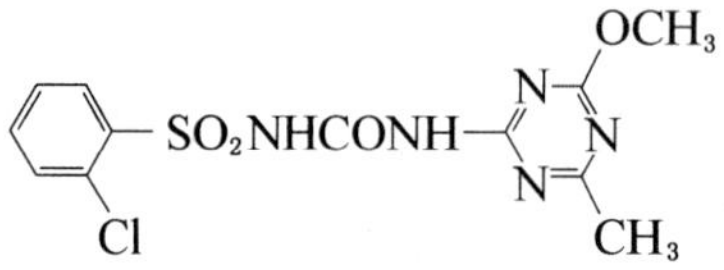

实验式：$C_{12}H_{12}ClN_5O_4S$

相对分子质量：357.8

生物活性：除草

熔点：约 174 ℃～178 ℃

蒸气压(25 ℃)：3 nPa

溶解度(22 ℃,g/L)：丙酮 57；二氯甲烷 102；甲醇 14；甲苯 3；己烷 0.01；水中 0.1～0.125(25 ℃,pH4.1)、0.3(25 ℃,pH5)

稳定性：在干燥的情况下，对光稳定；在土壤中，因水解和微生物降解而破坏；土壤中半衰期为 150 d～160 d。

ICS 65.100.30
G 25

中华人民共和国国家标准

GB 28151—2011

嘧霉胺可湿性粉剂

Pyrimethanil wettable powders

2011-12-30 发布　　2012-04-15 实施

中华人民共和国国家质量监督检验检疫总局
中国国家标准化管理委员会　发布

前 言

本标准的第3章、第5章是强制性的，其余是推荐性的。

本标准按照GB/T 1.1—2009给出的规则起草。

请注意本文件的某些内容可能涉及专利，本文件的发布机构不承担识别这些专利的责任。

本标准由中国石油和化学工业联合会提出。

本标准由全国农药标准化技术委员会(SAC/TC 133)归口。

本标准负责起草单位：沈阳化工研究院有限公司。

本标准参加起草单位：江苏丰登农药有限公司、江苏东宝农药化工有限公司、利民化工股份有限公司、江苏快达农化股份有限公司。

本标准主要起草人：高晓晖、谷兵、耿荣伟、徐开云、张瑞芳、南艳、陈杰。

嘧霉胺可湿性粉剂

1 范围

本标准规定了嘧霉胺可湿性粉剂的要求、试验方法以及标志、标签、包装、贮运、保证期。

本标准适用于由嘧霉胺原药与适宜的助剂和填料加工制成的嘧霉胺可湿性粉剂。

注：嘧霉胺的其他名称、结构式和基本物化参数参见附录A。

2 规范性引用文件

下列文件对于本文件的应用是必不可少的。凡是注日期的引用文件，仅注日期的版本适用于本文件。凡是不注日期的引用文件，其最新版本(包括所有的修改单)适用于本文件。

GB/T 1600 农药水分测定方法

GB/T 1601 农药pH值的测定方法

GB/T 1604 商品农药验收规则

GB/T 1605—2001 商品农药采样方法

GB 3796 农药包装通则

GB/T 5451 农药可湿性粉剂润湿性测定方法

GB/T 6682—2008 分析实验室用水规格和试验方法(ISO 3696:1987,MOD)

GB/T 8170—2008 数值修约规则与极限数值的表示和判定

GB/T 14825 农药悬浮率测定方法

GB/T 16150 农药粉剂、可湿性粉剂细度测定方法

GB/T 19136 农药热贮稳定性测定方法

3 要求

3.1 组成与外观

本品应由符合标准的嘧霉胺原药与适宜的助剂和填料加工制成，为均匀的疏松粉末，不应有团块。

3.2 技术指标

嘧霉胺可湿性粉剂还应符合表1要求。

表1 嘧霉胺可湿性粉剂控制项目指标

项目	指标	
	20%	40%
嘧霉胺质量分数/%	$20.0^{+1.2}_{-1.2}$	$40.0^{+2.0}_{-2.0}$
水分/% ≤	3.0	
pH值范围	6.0～10.0	

表 1（续）

项目		指标	
		20%	40%
悬浮率/%	≥	80	
润湿时间/s	≤	90	
细度(通过 45 μm 标准筛)/%	≥	98	
热贮稳定性[a]/%		合格	

[a] 正常生产时，热贮稳定性试验每三个月至少检测一次。

4 试验方法

安全提示：使用本标准的人员应有实验室工作的实践经验。本标准并未指出所有的安全问题。使用者有责任采取适当的安全和健康措施，并保证符合国家有关法规的规定。

4.1 一般规定

本标准所用试剂和水在没有注明其他要求时，均指分析纯试剂和 GB/T 6682—2008 中规定的三级水。检验结果的判定按 GB/T 8170—2008 中的 4.3.3 修约值比较法进行。

4.2 抽样

按 GB/T 1605—2001 中“固体制剂采样”方法进行。用随机数表法确定抽样的包装件；最终抽样量应不少于 300 g。

4.3 鉴别试验

高效液相色谱法——本鉴别试验可与嘧霉胺质量分数的测定同时进行。在相同的色谱操作条件下，试样溶液中某色谱峰的保留时间与标样溶液中嘧霉胺的保留时间，其相对差值应在 1.5% 以内。

气相色谱法——本鉴别试验可与嘧霉胺质量分数的测定同时进行。在相同的色谱操作条件下，试样溶液中某色谱峰的保留时间与标样溶液中嘧霉胺的保留时间，其相对差值应在 1.5% 以内。

当用以上方法对有效成分鉴别有疑问时，可采用其他有效方法进行鉴别。

4.4 嘧霉胺质量分数的测定

4.4.1 方法提要

试样用流动相溶解，以甲醇＋水＋磷酸为流动相，使用以 C_{18} 为填料的不锈钢柱和紫外检测器(300 nm)，对试样中的嘧霉胺进行高效液相色谱分离，外标法定量。也可使用气相色谱法测定，色谱操作条件参见附录 B。

4.4.2 试剂和溶液

甲醇：色谱纯；

水：新蒸二次蒸馏水；

磷酸；

嘧霉胺标样：已知嘧霉胺质量分数 $w \geqslant 98.0\%$。

4.4.3 仪器

高效液相色谱仪：具有紫外可变波长检测器；
色谱数据处理机；
色谱柱：250 mm×4.6 mm(i.d.)不锈钢柱，内装 C_{18}、5 μm 填充物；
过滤器：滤膜孔径约 0.45 μm；
微量进样器：50 μL；
定量进样管：5 μL；
超声波清洗器。

4.4.4 高效液相色谱操作条件

流动相：Ψ[甲醇：水(用磷酸调 pH=3)]=75：25，经滤膜过滤，并进行脱气；
流速：1.0 mL/min；
柱温：室温；
检测波长：300 nm；
进样体积：5 μL；
保留时间：嘧霉胺约 5.5 min。

上述操作参数是典型的，可根据不同仪器特点，对给定的操作参数作适当调整，以期获得最佳效果。典型的嘧霉胺可湿性粉剂高效液相色谱图见图 1。

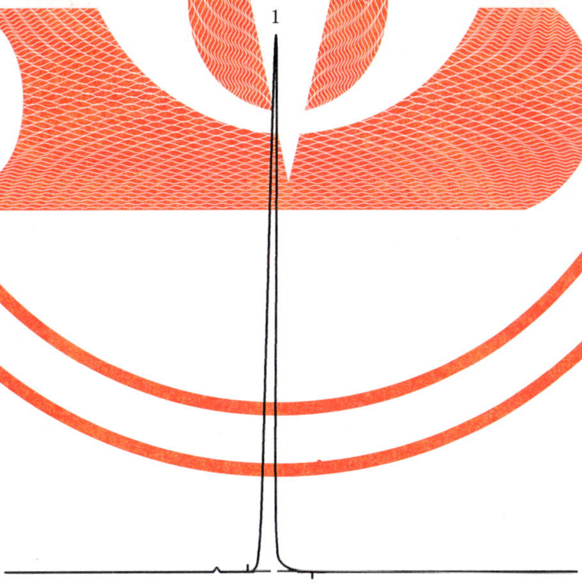

1——嘧霉胺。

图 1 嘧霉胺可湿性粉剂的高效液相色谱图

4.4.5 测定步骤

4.4.5.1 标样溶液的制备

称取嘧霉胺标样 0.1 g(精确至 0.000 1 g)，置于 50 mL 容量瓶中，加流动相振摇并用流动相稀释至刻度，摇匀。用移液管吸取 5 mL 上述试液于另一 50 mL 容量瓶中用流动相稀释至刻度，摇匀。

4.4.5.2 **试样溶液的制备**

称取含嘧霉胺0.1 g的试样(精确至0.000 1 g),置于50 mL容量瓶中,加流动相振摇并用流动相稀释至刻度,摇匀。用移液管吸取5 mL上述试液于另一50 mL容量瓶中用流动相稀释至刻度,摇匀。经滤膜过滤,待用。

4.4.5.3 **测定**

在上述操作条件下,待仪器稳定后,连续注入数针标样溶液,直至相邻两针嘧霉胺峰面积相对变化小于1.2%后,按照标样溶液、试样溶液、试样溶液、标样溶液的顺序进行测定。

4.4.6 **计算**

将测得的两针试样溶液以及试样前后两针标样溶液中嘧霉胺峰面积分别进行平均。试样中嘧霉胺的质量分数按式(1)计算:

$$w_1 = \frac{A_2 \cdot m_1 \cdot w}{A_1 \cdot m_2} \quad \cdots\cdots (1)$$

式中:

w_1——试样中嘧霉胺的质量分数,以%表示;

A_2——试样溶液中,嘧霉胺峰面积的平均值;

m_1——标样的质量,单位为克(g);

w——标样中嘧霉胺的质量分数,以%表示;

A_1——标样溶液中,嘧霉胺峰面积的平均值;

m_2——试样的质量,单位为克(g)。

4.4.7 **允许差**

嘧霉胺质量分数两次平行测定结果之差,20%嘧霉胺可湿性粉剂应不大于0.5%,40%嘧霉胺可湿性粉剂应不大于0.8%,分别取其算术平均值作为测定结果。

4.5 **水分的测定**

按GB/T 1600中的"共沸法"进行。

4.6 **pH值的测定**

按GB/T 1601进行。

4.7 **悬浮率的测定**

按GB/T 14825进行。称取1 g试样(精确至0.000 1 g)。用50 mL甲醇将量筒内剩余的25 mL悬浮液及沉淀物全部转移至100 mL容量瓶中,用甲醇定容至刻度,在超声波下振荡5 min,摇匀,过滤。按4.4测定嘧霉胺质量,计算其悬浮率。(气相色谱法:向剩余的25 mL悬浮液的量筒内准确加入5 mL内标液,再加入5 mL三氯甲烷,振摇使之充分萃取,静置,取下层有机相,参照附录B的方法测定嘧霉胺质量,计算其悬浮率。)

4.8 **润湿时间的测定**

按GB/T 5451进行。

4.9 细度的测定

按 GB/T 16150 中"湿筛法"进行。

4.10 热贮稳定性试验

按 GB/T 19136 中"粉体制剂"进行。热贮后,嘧霉胺质量分数应不低于热贮前测得质量分数的 97%,悬浮率仍应符合标准要求。

4.11 产品的检验与验收

应符合 GB/T 1604 的规定。

5 标志、标签、包装、贮运、安全、保证期

5.1 标志、标签、包装

嘧霉胺可湿性粉剂的标志、标签、包装应符合 GB 3796 的规定。

嘧霉胺可湿性粉剂的包装应用清洁、干燥的铝箔袋或复合膜袋包装,每袋净含量 50 g、100 g、200 g、250 g。也可根据用户要求或订货协议采用其他形式的包装,但需符合 GB 3796 的规定。

5.2 贮运

嘧霉胺可湿性粉剂包装件应贮存在通风、干燥的库房中。贮运时,严防潮湿和日晒,不得与食物、种子、饲料混放,避免与皮肤、眼睛接触,防止由口鼻吸入。

5.3 安全

嘧霉胺为低毒杀菌剂,吞噬和吸入均有毒,对眼睛有刺激性,使用本品时应穿戴防护用品,施药后应用肥皂洗净,一旦误服,应立即送医院对症治疗。

5.4 保证期

在规定的贮运条件下,嘧霉胺可湿性粉剂的保证期,从生产日期算起为两年。

附　录　A
（资料性附录）
嘧霉胺的其他名称、结构式和基本物化参数

本产品有效成分嘧霉胺的其他名称、结构式和基本物化参数如下：

ISO 通用名称：Pyrimethanil

CAS 登记号：53112-28-0

CIPAC 数字代码：714

化学名称：*N*-(4,6-二甲基嘧啶-2-基)苯胺

结构式：

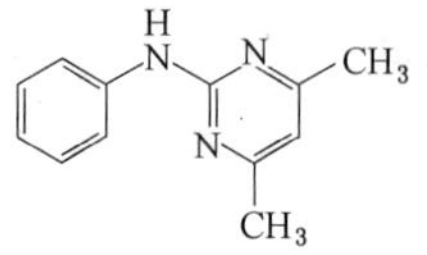

实验式：$C_{12}H_{13}N_3$

相对分子质量：199.25

生物活性：杀菌

熔点：96.3 ℃

蒸汽压(25℃)：2.2×10^{-3} Pa

溶解度(20℃,g/L)：水 0.121(pH=6.1,25 ℃),丙酮 389,乙酸乙酯 617,二氯甲烷 1 000,正己烷 23.7,甲苯 412,甲醇 176

稳定性：水中的稳定性与 pH 值有关,54 ℃保存 14 d 稳定。

附 录 B
（资料性附录）
嘧霉胺质量分数气相色谱测定方法

B.1 方法提要

试样用三氯甲烷溶解，以邻苯二甲酸二正丁酯为内标物，使用 HP-5 为填充物的毛细管柱和氢火焰离子化检测器，对试样中的嘧霉胺进行气相色谱分离和测定，内标法定量。

B.2 试剂和溶液

三氯甲烷；

嘧霉胺标样：已知质量分数 $w \geqslant 98.0\%$；

内标物：邻苯二甲酸二正丁酯，应没有干扰分析的杂质；

内标溶液：称取邻苯二甲酸二正丁酯 3.5 g，置于 250 mL 容量瓶中，用三氯甲烷溶解并稀释至刻度，摇匀。

B.3 仪器

气相色谱仪：具有氢火焰离子化检测器；

色谱处理机或色谱工作站；

色谱柱：30 m×0.32 mm(i.d.)毛细管柱，键合 HP-5(5%苯甲基硅酮)，膜厚 0.25 μm。

B.4 气相色谱操作条件

温度(℃)：柱温 180，气化室 250，检测器室 260；

气体流量(mL/min)：载气(N_2) 2.0，氢气 30，空气 300；

进样量：1.0 μL；

保留时间(min)：嘧霉胺 3.9，内标物 6.3。

上述气相色谱操作条件系典型操作参数。可根据不同仪器特点对给定的操作参数作适当调整，以期获得最佳效果。典型的嘧霉胺可湿性粉剂与内标物气相色谱图见图 B.1。

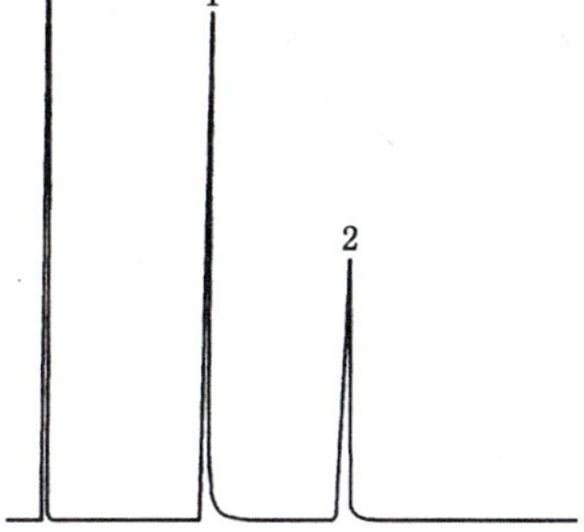

1——嘧霉胺；

2——内标物。

图 B.1 嘧霉胺可湿性粉剂与内标物气相色谱图

B.5 测定步骤

B.5.1 标样溶液的配制

称取嘧霉胺标样 0.05 g(精确至 0.000 1g),置于具塞玻璃瓶中,用移液管加入 5 mL 内标溶液,摇匀。

B.5.2 试样溶液的配制

称取约含嘧霉胺 0.05 g(精确至 0.000 1 g)的试样,置于具塞玻璃瓶中,用移液管加入 5 mL 内标溶液,摇匀。

B.5.3 测定

在上述操作条件下,待仪器基线稳定后,连续注入数针标样溶液,计算各针嘧霉胺与内标物峰面积之比的重复性,待相邻两针嘧霉胺与内标物峰面积的比的相对变化小于 1.2%时,按照标样溶液、试样溶液、试样溶液、标样溶液的顺序进行测定。

B.6 计算

将测得的两针试样溶液以及试样前后两针标样溶液中嘧霉胺和内标物的峰面积比分别进行平均。试样中嘧霉胺的质量分数按式(B.1)计算:

$$w_1 = \frac{r_2 \cdot m_1 \cdot w}{r_1 \cdot m_2} \quad \cdots\cdots\cdots\cdots (B.1)$$

式中:

w_1——试样中嘧霉胺的质量分数,以%表示;

r_2——试样溶液中,嘧霉胺与内标物峰面积比的平均值;

m_1——标样的质量,单位为克(g);

w——标样中嘧霉胺的质量分数,以%表示;

r_1——标样溶液中,嘧霉胺与内标物峰面积比的平均值;

m_2——试样的质量,单位为克(g)。

B.7 允许差

嘧霉胺质量分数两次平行测定结果之差,20%嘧霉胺可湿性粉剂应不大于 0.5%,40%嘧霉胺可湿性粉剂应不大于 0.8%,分别取其算术平均值作为测定结果。

ICS 65.100.30
G 25

中华人民共和国国家标准

GB 28152—2011

嘧霉胺悬浮剂

Pyrimethanil aqueous suspension concentrates

2011-12-30 发布　　2012-04-15 实施

中华人民共和国国家质量监督检验检疫总局
中国国家标准化管理委员会　发布

前　言

本标准的第3章、第5章是强制性的，其余是推荐性的。

本标准按照GB/T 1.1—2009给出的规则起草。

请注意本文件的某些内容可能涉及专利，本文件的发布机构不承担识别这些专利的责任。

本标准由中国石油和化学工业联合会提出。

本标准由全国农药标准化技术委员会(SAC/TC 133)归口。

本标准负责起草单位：沈阳化工研究院有限公司。

本标准参加起草单位：江苏丰登农药有限公司、江苏快达农化股份有限公司、利民化工股份有限公司、江苏耕耘化学有限公司。

本标准主要起草人：高晓晖、昝艳坤、沈建、耿荣伟、张瑞芳、刘慕兰、陈杰。

嘧霉胺悬浮剂

1 范围

本标准规定了嘧霉胺悬浮剂的要求、试验方法以及标志、标签、包装、贮运、保证期。

本标准适用于由嘧霉胺原药与适宜的助剂和填料加工制成的嘧霉胺悬浮剂。

注：嘧霉胺的其他名称、结构式和基本物化参数参见附录A。

2 规范性引用文件

下列文件对于本文件的应用是必不可少的。凡是注日期的引用文件，仅注日期的版本适用于本文件。凡是不注日期的引用文件，其最新版本（包括所有的修改单）适用于本文件。

GB/T 1601 农药pH值的测定方法

GB/T 1604 商品农药验收规则

GB/T 1605—2001 商品农药采样方法

GB 3796 农药包装通则

GB/T 6682—2008 分析实验室用水规格和试验方法（ISO 3696:1987，MOD）

GB/T 8170—2008 数值修约规则与极限数值的表示和判定

GB/T 14825 农药悬浮率测定方法

GB/T 16150 农药粉剂、可湿性粉剂细度测定方法

GB/T 19136 农药热贮稳定性测定方法

GB/T 19137 农药低温稳定性测定方法

3 要求

3.1 组成与外观

本品应由符合标准的嘧霉胺原药、助剂和填料加工制成，应是可流动的、易测量体积的悬浮液体，存放过程中可能出现沉淀，但经摇动后，应恢复原状，不应有结块。

3.2 技术指标

嘧霉胺悬浮剂还应符合表1要求。

表1 嘧霉胺悬浮剂控制项目指标

项　目	指　标		
	20%	30%	40%
嘧霉胺质量分数/%	$20.0^{+1.2}_{-1.2}$	$30.0^{+1.5}_{-1.5}$	$40.0^{+2.0}_{-2.0}$
pH值范围	6.0～10.0		
悬浮率/%　　≥	90		

表 1（续）

项目		指标		
		20%	30%	40%
倾倒性/%	倾倒后残余物 ≤	5.0		
	洗涤后残余物 ≤	0.5		
湿筛试验（通过 75 μm 试验筛）/% ≥		98		
持久起泡性（1 min 后泡沫量）/mL ≤		30		
低温稳定性[a]/%		合格		
热贮稳定性[a]/%		合格		
[a] 正常生产时，低温稳定性、热贮稳定性试验每三个月至少测定一次。				

4 试验方法

安全提示：使用本标准的人员应有实验室工作的实践经验。本标准并未指出所有的安全问题。使用者有责任采取适当的安全和健康措施，并保证符合国家有关法规的规定。

4.1 一般规定

本标准所用试剂和水在没有注明其他要求时，均指分析纯试剂和 GB/T 6682—2008 中规定的三级水。检验结果的判定按 GB/T 8170—2008 中的 4.3.3 修约值比较法进行。

4.2 抽样

按 GB/T 1605—2001 中“液体制剂采样”方法进行。用随机数表法确定抽样的包装件；最终抽样量应不少于 600 mL。

4.3 鉴别试验

高效液相色谱法——本鉴别试验可与嘧霉胺质量分数的测定同时进行。在相同的色谱操作条件下，试样溶液中某色谱峰的保留时间与标样溶液中嘧霉胺的保留时间，其相对差值应在 1.5%以内。

气相色谱法——本鉴别试验可与嘧霉胺质量分数的测定同时进行。在相同的色谱操作条件下，试样溶液中某色谱峰的保留时间与标样溶液中嘧霉胺的保留时间，其相对差值应在 1.5%以内。

当用以上方法对有效成分鉴别有疑问时，可采用其他有效方法进行鉴别。

4.4 嘧霉胺质量分数的测定

4.4.1 方法提要

试样用流动相溶解，以甲醇＋水＋磷酸为流动相，使用以 C_{18} 为填料的不锈钢柱和紫外检测器（300 nm），对试样中的嘧霉胺进行高效液相色谱分离，外标法定量。也可使用气相色谱法测定，色谱操作条件参见附录 B。

4.4.2 试剂和溶液

甲醇：色谱纯；

水：新蒸二次蒸馏水；

磷酸；

嘧霉胺标样：已知嘧霉胺质量分数 $w \geqslant 98.0\%$。

4.4.3 仪器

高效液相色谱仪：具有紫外可变波长检测器；

色谱数据处理机；

色谱柱：250 mm×4.6 mm(i.d.)不锈钢柱，内装 C_{18}、5 μm 填充物；

过滤器：滤膜孔径约 0.45 μm；

微量进样器：50 μL；

定量进样管：5 μL；

超声波清洗器。

4.4.4 高效液相色谱操作条件

流动相：Ψ[甲醇：水(用磷酸调 pH=3)]=75：25，经滤膜过滤，并进行脱气；

流速：1.0 mL/min；

柱温：室温；

检测波长：300 nm；

进样体积：5 μL；

保留时间：嘧霉胺约 5.5 min。

上述操作参数是典型的，可根据不同仪器特点，对给定的操作参数作适当调整，以期获得最佳效果。典型的嘧霉胺悬浮剂高效液相色谱图见图 1。

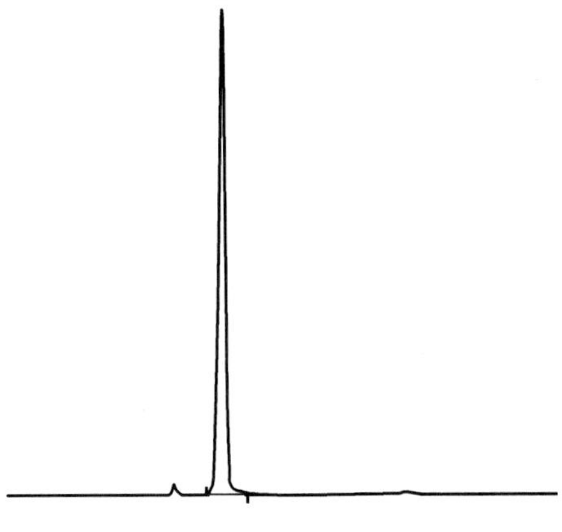

1——嘧霉胺。

图 1 嘧霉胺悬浮剂的高效液相色谱图

4.4.5 测定步骤

4.4.5.1 标样溶液的制备

称取嘧霉胺标样 0.1 g(精确至 0.000 1 g)，置于 50 mL 容量瓶中，加流动相振摇并用流动相稀释至刻度，摇匀。用移液管吸取 5 mL 上述试液于另一 50 mL 容量瓶中用流动相稀释至刻度，摇匀。

4.4.5.2 试样溶液的制备

称取含嘧霉胺 0.1 g 的试样(精确至 0.000 1 g)，置于 50 mL 容量瓶中，加流动相振摇并用流动相稀释至刻度，摇匀。用移液管吸取 5 mL 上述试液于另一 50 mL 容量瓶中用流动相稀释至刻度，摇匀。经滤膜过滤。

4.4.5.3 测定

在上述操作条件下，待仪器稳定后，连续注入数针标样溶液，直至相邻两针嘧霉胺峰面积相对变化小于 1.2%后，按照标样溶液、试样溶液、试样溶液、标样溶液的顺序进行测定。

4.4.6 计算

将测得的两针试样溶液以及试样前后两针标样溶液中嘧霉胺峰面积分别进行平均。试样中嘧霉胺的质量分数按式(1)计算：

$$w_1=\frac{A_2\cdot m_1\cdot w}{A_1\cdot m_2} \quad\cdots\cdots(1)$$

式中：

w_1——试样中嘧霉胺的质量分数，以%表示；

A_2——试样溶液中，嘧霉胺峰面积的平均值；

m_1——标样的质量，单位为克(g)；

w——标样中嘧霉胺的质量分数，以%表示；

A_1——标样溶液中，嘧霉胺峰面积的平均值；

m_2——试样的质量，单位为克(g)。

4.4.7 允许差

嘧霉胺质量分数两次平行测定结果之差，20%嘧霉胺质量分数应不大于 0.5%，30%嘧霉胺质量分数应不大于 0.6%，40%嘧霉胺质量分数应不大于 0.8%，分别取其算术平均值作为测定结果。

4.5 pH 值的测定

按 GB/T 1601 进行。

4.6 悬浮率的测定

按 GB/T 14825 进行。称取 1 g 试样(精确至 0.000 1 g)。用 50 mL 甲醇将量筒内剩余的 25 mL 悬浮液及沉淀物全部转移至 100 mL 容量瓶中，用甲醇定容至刻度，在超声波下振荡 5 min，摇匀，过滤。按 4.4 测定嘧霉胺质量，计算其悬浮率(气相色谱法：将量筒内剩余的 25 mL 悬浮液及沉淀物全部转移至 100 mL 烧杯中，在真空干燥箱 60 ℃下烘至近干，参照附录 B 的方法测定嘧霉胺质量，计算其悬浮率)。

4.7 倾倒性试验

4.7.1 方法提要

将置于容器中的悬浮剂试样放置一定时间后，按照规定的程序进行倾倒，测定滞留在容器内试样的量；将容器用水洗涤后，再测定容器内试样的量。

4.7.2 仪器

具磨口塞量筒：500 mL±2 mL，量筒高度 39 cm，上、下刻度间距 25 cm(或相当的适用于测定倾倒性的其他容器)。

4.7.3 测定步骤

混合好足量试样，及时将其中的一部分置于已称量的量筒(包括塞子)中，装到量筒体积的$\frac{8}{10}$处，塞紧磨口塞，称量，放置 24 h。打开塞子，将量筒由直立位置旋转 135°，倾倒 60 s，再倒置 60 s，重新称量量筒和塞子。

将相当于 80%量筒体积的水(20 ℃)倒入量筒中，塞紧磨口塞，将量筒颠倒 10 次后，按上述操作倾倒内容物，第三次称量量筒和塞子。

4.7.4 计算

倾倒后的残余物质量分数和洗涤后的残余物质量分数分别按式(2)和式(3)计算：

$$w_2 = \frac{m_2 - m_0}{m_1 - m_0} \quad \cdots\cdots(2)$$

$$w_3 = \frac{m_3 - m_0}{m_1 - m_0} \quad \cdots\cdots(3)$$

式中：

w_2——倾倒后的残余物质量分数，以%表示；

m_2——倾倒后，量筒、磨口塞和残余物的质量，单位为克(g)；

m_0——量筒、磨口塞恒重后的质量，单位为克(g)；

m_1——量筒、磨口塞和试样的质量，单位为克(g)；

w_3——洗涤后的残余物质量分数，以%表示；

m_3——洗涤后，量筒、磨口塞和残余物的质量，单位为克(g)。

4.8 湿筛试验

按 GB/T 16150 中"湿筛法"进行。

4.9 持久起泡性

4.9.1 方法提要

将规定量的试样和标准硬水混合，静置后记录泡沫体积。

4.9.2 试剂

标准硬水：$\rho(Ca^{2+} + Mg^{2+}) = 342$ mg/L，pH=6.0～7.0。

4.9.3 仪器

具塞量筒：250 mL(分度值 2 mL，0～250 mL 刻度线 20 cm～21.5 cm，250 mL 刻度线到塞子底部 4 cm～6 cm)；

天平：感量 0.1 g，量程 500 g。

4.9.4 测定步骤

将量筒加标准硬水至 180 mL 刻度线处，置量筒于天平上，称入试样 1.0 g(精确到 0.1 g)，加入硬水至距量筒塞底部 9 cm 的刻度线处，盖上塞后，以量筒底部为中心，上下颠倒 30 次(每次 2 s)。于试验台上静置 1 min，记录泡沫体积。

4.10 低温稳定性试验

按 GB/T 19137 中“悬浮制剂”规定的方法进行。按 4.8 测定湿筛试验，其结果符合标准要求为合格。

4.11 热贮稳定性试验

按 GB/T 19136 中“液体制剂”进行。热贮后，嘧霉胺质量分数应不低于热贮前测得质量分数的 97%，悬浮率仍应符合标准要求。

4.12 产品的检验与验收

应符合 GB/T 1604 的规定。

5 标志、标签、包装、贮运、安全、保证期

5.1 标志、标签、包装

嘧霉胺悬浮剂的标志、标签、包装应符合 GB 3796 的规定。

嘧霉胺悬浮剂的包装应用清洁、干燥的带外盖的塑料瓶包装，每袋净含量 80 g、100 g、200 g。也可根据用户要求或订货协议采用其他形式的包装，但需符合 GB 3796 的规定。

5.2 贮运

嘧霉胺悬浮剂包装件应贮存在通风、干燥的库房中。贮运时，严防潮湿和日晒，不得与食物、种子、饲料混放，避免与皮肤、眼睛接触，防止由口鼻吸入。

5.3 安全

嘧霉胺为低毒杀菌剂，吞噬和吸入均有毒，对眼睛有刺激性，使用本品时应穿戴防护用品，施药后应用肥皂洗净，万一误服，应立即送医院对症治疗。

5.4 保证期

在规定的贮运条件下，嘧霉胺悬浮剂的保证期，从生产日期算起为两年。

附　录　A
（资料性附录）
嘧霉胺的其他名称、结构式和基本物化参数

本产品有效成分嘧霉胺的其他名称、结构式和基本物化参数如下：

ISO 通用名称：Pyrimethanil

CAS 登记号：53112-28-0

CIPAC 数字代码：714

化学名称：*N*-(4,6-二甲基嘧啶-2-基)苯胺

结构式：

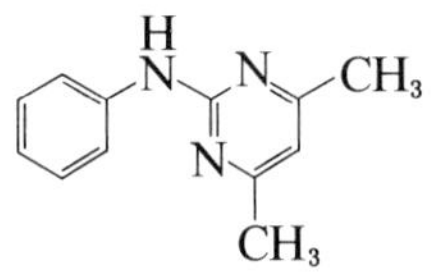

实验式：$C_{12}H_{13}N_3$

相对分子质量：199.25

生物活性：杀菌

熔点：96.3 ℃

蒸汽压(25 ℃)：2.2×10^{-3} Pa

溶解度(20 ℃,g/L)：水 0.121(pH=6.1,25 ℃)，丙酮 389，乙酸乙酯 617，二氯甲烷 1 000，正己烷 23.7，甲苯 412，甲醇 176

稳定性：水中的稳定性与 pH 值有关，54 ℃保存 14 d 稳定。

附 录 B
（资料性附录）
嘧霉胺质量分数气相色谱测定方法

B.1 方法提要

试样用二甲基甲酰胺溶解，以邻苯二甲酸二正丁酯为内标物，使用 HP-5 为填充物的毛细管柱和氢火焰离子化检测器，对试样中的嘧霉胺进行气相色谱分离和测定，内标法定量。

B.2 试剂和溶液

二甲基甲酰胺；
嘧霉胺标样：已知质量分数 $w \geq 98.0\%$；
内标物：邻苯二甲酸二正丁酯，应没有干扰分析的杂质；
内标溶液：称取邻苯二甲酸二正丁酯 3.5 g，置于 250 mL 容量瓶中，用二甲基甲酰胺溶解并稀释至刻度，摇匀。

B.3 仪器

气相色谱仪：具有氢火焰离子化检测器；
色谱处理机或色谱工作站；
色谱柱：30 m×0.32 mm(i.d.)毛细管柱，键合 HP-5(5%苯甲基硅酮)，膜厚 0.25 μm。

B.4 气相色谱操作条件

温度(℃)：柱温 180，气化室 250，检测器室 260；
气体流量(mL/min)：载气(N_2)2.0，氢气 30，空气 300；
进样量：1.0 μL；
保留时间(min)：嘧霉胺 3.9，内标物 6.3。

上述气相色谱操作条件系典型操作参数。可根据不同仪器特点对给定的操作参数作适当调整，以期获得最佳效果。典型的嘧霉胺悬浮剂与内标物气相色谱图见图 B.1。

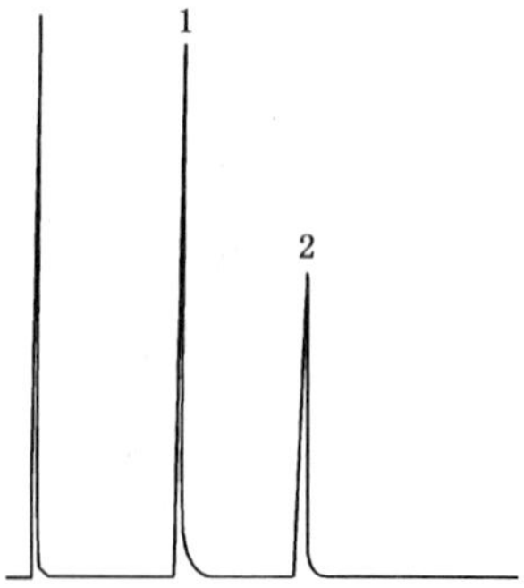

1——嘧霉胺；
2——内标物。

图 B.1 嘧霉胺悬浮剂与内标物气相色谱图

B.5 测定步骤

B.5.1 标样溶液的配制

称取嘧霉胺标样 0.05 g(精确至 0.000 1 g),置于具塞玻璃瓶中,用移液管加入 5 mL 内标溶液,摇匀。

B.5.2 试样溶液的配制

称取约含嘧霉胺 0.05 g(精确至 0.000 1 g)的试样,置于具塞玻璃瓶中,用移液管加入 5 mL 内标溶液,摇匀。

B.5.3 测定

在上述操作条件下,待仪器基线稳定后,连续注入数针标样溶液,计算各针嘧霉胺与内标物峰面积之比的重复性,待相邻两针嘧霉胺与内标物峰面积的比的相对变化小于 1.2%时,按照标样溶液、试样溶液、试样溶液、标样溶液的顺序进行测定。

B.6 计算

将测得的两针试样溶液以及试样前后两针标样溶液中嘧霉胺和内标物的峰面积比分别进行平均。试样中嘧霉胺的质量分数 w_1(%)按式(B.1)计算:

$$w_1=\frac{r_2 \cdot m_1 \cdot w}{r_1 \cdot m_2} \quad \text{(B.1)}$$

式中:

w_1——试样中嘧霉胺的质量分数,以%表示;

r_2——试样溶液中,嘧霉胺与内标物峰面积比的平均值;

m_1——标样的质量,单位为克(g);

w——标样中嘧霉胺的质量分数,以%表示;

r_1——标样溶液中,嘧霉胺与内标物峰面积比的平均值;

m_2——试样的质量,单位为克(g)。

B.7 允许差

嘧霉胺质量分数两次平行测定结果之差,20%嘧霉胺质量分数应不大于 0.5%,30%嘧霉胺质量分数应不大于 0.6%,40%嘧霉胺质量分数应不大于 0.8%,分别取其算术平均值作为测定结果。

ICS 65.100.10
G 25

中华人民共和国国家标准

GB 28153—2011

杀虫单可溶粉剂

Thiosultap-monosodium water soluble powders

2011-12-30 发布　　　　2012-04-15 实施

中华人民共和国国家质量监督检验检疫总局
中国国家标准化管理委员会　发布

前　言

本标准的第3章、第5章是强制性的，其余是推荐性的。

本标准按照GB/T 1.1—2009给出的规则起草。

请注意本文件的某些内容可能涉及专利，本文件的发布机构不承担识别这些专利的责任。

本标准由中国石油和化学工业联合会提出。

本标准由全国农药标准化技术委员会(SAC/TC 133)归口。

本标准负责起草单位:沈阳化工研究院有限公司。

本标准参加起草单位:浙江博仕达作物科技有限公司、江苏天容集团股份有限公司、江苏安邦电化有限公司、江苏丰登农药有限公司。

本标准主要起草人:梅宝贵、张雪冰、徐黎婷、王强、姜育田、耿荣伟、李茂青。

杀虫单可溶粉剂

1 范围

本标准规定了杀虫单可溶粉剂的要求、试验方法以及标志、标签、包装、贮运和保证期。

本标准适用于由杀虫单原药、适宜的助剂和填料加工制成的杀虫单可溶粉剂。

注：杀虫单的其他名称、结构式和基本物化参数参见附录A。

2 规范性引用文件

下列文件对于本文件的应用是必不可少的。凡是注日期的引用文件，仅注日期的版本适用于本文件。凡是不注日期的引用文件，其最新版本(包括所有的修改单)适用于本文件。

GB/T 601 化学试剂 标准滴定溶液的制备

GB/T 1601 农药pH值的测定方法

GB/T 1604 商品农药验收规则

GB/T 1605—2001 商品农药采样方法

GB 3796 农药包装通则

GB/T 6682—2008 分析实验室用水规格和试验方法(ISO 3696:1987,MOD)

GB/T 8170—2008 数值修约规则与极限数值的表示和判定

GB/T 19136 农药热贮稳定性测定方法

3 要求

3.1 组成和外观

本品应由符合标准的杀虫单原药制成，外观为均匀的粉末，无团块。

3.2 技术指标

杀虫单可溶粉剂应符合表1要求。

表1 杀虫单可溶粉剂控制项目指标

项目		指标			
		50.0%	80.0%	90.0%	95.0%
杀虫单质量分数/%		$50.0^{+2.5}_{-2.5}$	$80.0^{+2.5}_{-2.5}$	$90.0^{+2.5}_{-2.5}$	$95.0^{+2.5}_{-2.5}$
氯化钠质量分数/%	≤	1.0	1.7	2.0	2.0
干燥减量/%	≤	3.0			
pH值范围		4.0～6.0			
溶解程度和溶液稳定性(通过75μm标准筛)[a]/%					
(5 min后残余物)	≤	1.0			
(18 h后残余物)	≤	0.2			

表 1（续）

项　目	指　标			
	50.0%	80.0%	90.0%	95.0%
热贮稳定性试验[a]	合格			
[a] 正常生产时，溶解程度和溶液稳定性、热贮稳定性试验每三个月至少测定一次。				

4 试验方法

安全提示：使用本标准的人员应有实验室工作的实践经验。本标准并未指出所有的安全问题。使用者有责任采取适当的安全和健康措施，并保证符合国家有关法规的规定。

4.1 一般规定

本标准所用试剂和水在没有注明其他要求时，均指分析纯试剂和 GB/T 6682—2008 中规定的三级水。试验中所用标准滴定溶液，在没有注明其他要求时，均按 GB/T 601 的规定制备和标定。检验结果的判定按 GB/T 8170—2008 中的 4.3.3 修约值比较法进行。

4.2 抽样

按 GB/T 1605—2001 中"固体制剂采样"方法进行。用随机数表法确定抽样的包装件，最终抽样量应不少于 300 g。

4.3 鉴别试验

高效液相色谱法——本鉴别试验可与杀虫单质量分数的测定同时进行。在相同的色谱操作条件下，试样溶液中某一色谱峰的保留时间与杀虫单标样溶液中杀虫单色谱峰的保留时间相对差值应在 1.5%以内。

4.4 杀虫单质量分数的测定

4.4.1 方法提要

试样用流动相溶解，以甲醇+磷酸二氢钾水溶液(pH 7.0)为流动相，使用以 Agilent TC C_{18} 为填料的不锈钢柱和紫外检测器(220 nm)，对试样中的杀虫单进行反相高效液相色谱分离，外标法定量。

4.4.2 试剂和溶液

甲醇：色谱纯；

水：新蒸二次蒸馏水；

氢氧化钾溶液：$c(KOH)=2$ mol/L；

磷酸二氢钾溶液：$c(KH_2PO_4)=0.035$ mol/L，用氢氧化钾溶液调 pH 值至 7.0；

杀虫单标样：已知质量分数 $w \geq 99.0\%$。

4.4.3 仪器

高效液相色谱仪：具有可变波长紫外检测器；

色谱数据处理机或色谱工作站；

色谱柱:250 mm×4.6 mm (i.d.)不锈钢柱,内装 Agilent TC C_{18}、5 μm 填充物(或具等同效果的色谱柱);

过滤器:滤膜孔径约 0.45 μm;

微量进样器:50 μL;

定量进样管:10 μL;

超声波清洗器。

4.4.4 高效液相色谱操作条件

流动相:Ψ(甲醇:磷酸二氢钾溶液)=5:95,用 0.45 μm 滤膜过滤,超声 10 min 后备用;

流速:1.0 mL/ min;

柱温:室温(温差变化应不大于 2 ℃);

检测波长:220 nm;

进样体积:10 μL;

保留时间:5.5 min。

上述操作参数是典型的,可根据不同仪器特点,对给定的操作参数作适当调整,以期获得最佳效果。典型的杀虫单可溶性粉剂高效液相色谱图见图 1。

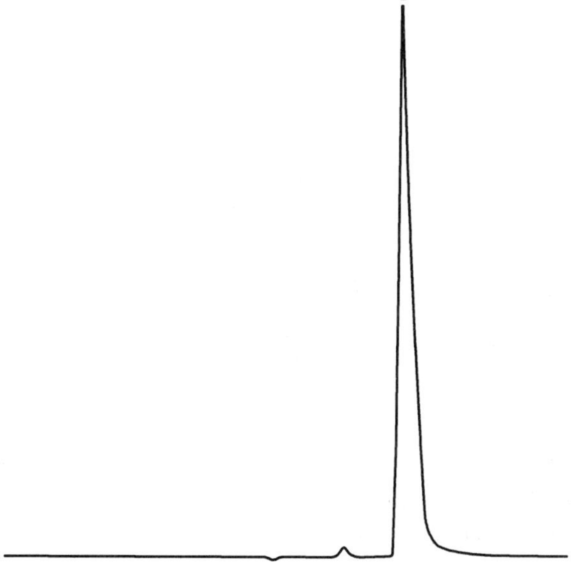

1——杀虫单。

图 1 杀虫单可溶性粉剂的高效液相色谱图

4.4.5 测定步骤

4.4.5.1 标样溶液的制备

称取 0.1 g(精确至 0.000 2 g)杀虫单标样,置于 50 mL 容量瓶中,用流动相溶解并稀释至刻度,摇匀。

4.4.5.2 试样溶液的制备

称取含杀虫单 0.1 g(精确至 0.000 2 g)的试样,置于 50 mL 容量瓶中,用流动相溶解并稀释至刻度，摇匀。

4.4.5.3 测定

在上述操作条件下，待仪器稳定后，连续注入数针标样溶液，直至相邻两针杀虫单峰面积相对变化小于1.2%后，按照标样溶液、试样溶液、试样溶液、标样溶液的顺序进行测定。

4.4.6 计算

将测得的两针试样溶液以及试样前后两针标样溶液中杀虫单峰面积分别进行平均。试样中杀虫单的质量分数按式(1)计算：

$$w_1 = \frac{A_2 \cdot m_1 \cdot w}{A_1 \cdot m_2} \quad \cdots\cdots\cdots\cdots (1)$$

式中：

w_1——试样中杀虫单的质量分数，以%表示；

A_2——试样溶液中杀虫单峰面积的平均值；

m_1——杀虫单标样的质量，单位为克(g)；

w——杀虫单标样的质量分数，以%表示；

A_1——标样溶液中杀虫单峰面积的平均值；

m_2——试样的质量，单位为克(g)。

4.4.7 允许差

杀虫单质量分数两次平行测定结果之相对差应不大于1.5%，取其算术平均值作为测定结果。

4.5 氯化钠质量分数的测定

4.5.1 方法提要

试样用水溶解，用硝酸和过氧化氢将硫代硫酸根和杀虫单等干扰物质破坏后，以硫酸铁铵作指示剂，用银量法测定氯化钠质量分数。

4.5.2 试剂和溶液

蔗糖溶液：ρ=250 g/L；

硝酸银标准溶液：$c(AgNO_3)$=0.1 mol/L；

硫氰酸铵标准滴定溶液：$c(NH_4SCN)$=0.1 mol/L；

硝酸溶液：$\phi(HNO_3)$=50%；

过氧化氢溶液：$w(H_2O_2)$=30%；

硫酸铁铵饱和溶液（加几滴硫酸）。

4.5.3 测定方法

称取1.0 g试样(精确至0.000 2g)，置于250 mL锥形瓶中，加入40 mL硝酸溶液，10 mL过氧化氢溶液和80 mL水，加热微沸10 min，冷却至室温。用滴定管加入15 mL硝酸银标准溶液，摇匀。加入8 mL蔗糖溶液，剧烈振摇2 min，加1 mL硫酸铁铵指示剂，在摇动下用硫氰酸铵标准滴定溶液滴定至溶液呈浅棕红色，并保持30 s不变为终点。

4.5.4 计算

试样中氯化钠质量分数按式(2)计算：

$$w_2 = \frac{(c_1 \cdot V_1 - c_2 \cdot V_2) \cdot M}{m \times 1\,000} \times 100 \quad \cdots\cdots (2)$$

式中：

w_2——试样中氯化钠的质量分数；以%表示；

c_1——硝酸银标准溶液的实际浓度，单位为摩尔每升(mol/L)；

V_1——加入硝酸银标准溶液的体积，单位为毫升(mL)；

c_2——硫氰酸铵标准滴定溶液的实际浓度，单位为摩尔每升(mol/L)；

V_2——消耗硫氰酸铵标准滴定溶液的体积，单位为毫升(mL)；

M——氯化钠的摩尔质量，单位为克每摩尔(g/mol)，[M(NaCl) = 58.45 g/mol]；

m——试样的质量，单位为克(g)。

4.6 干燥减量的测定

4.6.1 仪器

烘箱：105 ℃±2 ℃；

称量瓶：内径 70 mm，高 40 mm；

干燥器。

4.6.2 测定步骤

将称量瓶放入烘箱中烘 1 h，取出置于干燥器内冷却至室温，称量(精确至 0.000 2 g)。重复上述步骤，直至称量瓶恒重为止。在瓶内放置 2 g 试样，铺平，称量(精确至 0.01 g)，将称量瓶放入烘箱，不加盖，烘 1 h 后，取出并放入干燥器中冷却至室温，称量(精确至 0.000 2 g)。

4.6.3 计算

试样中干燥减量按式(3)计算：

$$w_3 = \frac{m_1 - m_2}{m} \times 100 \quad \cdots\cdots (3)$$

式中：

w_3——试样的干燥减量，以 % 表示；

m_1——试样和称量瓶烘干前的质量，单位为克(g)；

m_2——试样和称量瓶烘干后的质量，单位为克(g)；

m——试样的质量，单位为克(g)。

4.6.4 允许差

两次平行测定结果之相对偏差应不大于 30%；取其算术平均值作为测定结果。

4.7 pH 值的测定

按 GB/T 1601 进行。

4.8 溶解程度和溶液稳定性

4.8.1 方法提要

溶解程度是将试样溶于 25 ℃的标准硬水中，颠倒 15 次，静置 5 min，用 75 μm 试验筛过滤，定量测定筛上残余物。溶液稳定性是将该溶液静置 18 h 后，再次用试验筛过滤，定量测定筛上残余物。

4.8.2 仪器

标准筛:孔径 75 μm,直径 76 mm;

具塞量筒:250 mL(0 mL～250 mL 刻度之间距离 20 cm～21.5 cm,250 mL 刻度线与塞子底部距离为 4 cm～6 cm);

标准硬水:$\rho(Ca^{2+}+Mg^{2+})=342$ mg/L,pH=6.0～7.0。

4.8.3 试样溶液的制备

在 250 mL 量筒中加入 2/3 的标准硬水,将其温度调至 25 ℃,加入 5 g 样品,加标准硬水至刻度。盖上塞子。静置 30 s,用手颠倒量筒 15 次,复位。颠倒、复位一次所用时间应不超过 2 s。

4.8.4 5 min 后试验

将量筒中的试样溶液静置 5 min±30 s 后,倒入已恒重的 75 μm 筛子上,将滤液收集到 500 mL 烧杯中,留作下一步试验。用 20 mL 蒸馏水洗涤量筒 5 次,将所有不溶物定量转移到筛上,弃去洗涤液,检查筛上的残余物。如果筛上有残余物,将筛于 60 ℃下干燥至恒重,称量。

4.8.5 18 h 后试验

将滤液静置 18 h 后,仔细观察烧杯中滤液是否有沉淀。如果有不溶物,再将该试样用恒重的75 μm 试验筛过滤,用 20 mL 蒸馏水洗涤试验筛 5 次,如果筛上有固体或结晶存在,将筛于 60 ℃下干燥至恒重,称量。

4.8.6 计算

5 min 后残余物的质量分数按式(4)计算:

$$w_4=\frac{m_2-m_1}{m}\times 100 \qquad \cdots\cdots(4)$$

式中:

w_4——5 min 后残余物的质量分数,以%表示;

m_2——5 min 后试验中筛子和残余物的质量,单位为克(g);

m_1——5 min 后试验中筛子恒重后的质量,单位为克(g);

m——试样的质量,单位为克(g)。

18 h 后残余物的质量分数按式(5)计算:

$$w_5=\frac{m_2-m_1}{m}\times 100 \qquad \cdots\cdots(5)$$

式中:

w_5——18 h 后残余物的质量分数,以%表示;

m_2——18 h 后试验中筛子和残余物的质量,单位为克(g);

m_1——18 h 后试验中筛子恒重后的质量,单位为克(g);

m ——试样的质量,单位为克(g)。

4.9 热贮稳定性试验

按 GB/T 19136 中"其他制剂"进行。热贮后杀虫单质量分数应不低于贮前杀虫单质量分数的 97%。

4.10 产品的检验与验收

应符合 GB/T 1604 的规定。

5 标志、标签、包装、贮运、安全和保证期

5.1 标志、标签、包装

杀虫单可溶粉剂的标志、标签、包装应符合 GB 3796 的规定;杀虫单可溶粉剂应用清洁、干燥、内衬塑料袋的编织袋或铝箔袋包装。大包装每袋净含量为 25 kg。小包装每袋净含量 20g、50 g、100 g。也可根据用户要求或订货协议可采用其他形式的包装,但需符合 GB 3796 的规定。

5.2 贮运

杀虫单可溶粉剂包装件应贮存在通风、干燥的库房中;贮运时,严防潮湿和日晒,不得与食物、种子、饲料混放,避免与皮肤、眼睛接触,防止由口鼻吸入。

5.3 安全

杀虫单是一种沙蚕毒类中等毒性杀虫剂。吞噬或吸入均会中毒,它可以通过皮肤渗入。使用本品应戴防护手套、防毒面具,穿干净的防护服。施药后,应立即用肥皂和水洗净。如发生中毒现象,请立即送医院治疗,阿托品是特效解毒药;必要时做人工呼吸。

5.4 保证期

在规定的贮运条件下,杀虫单可溶粉剂的保证期,从生产日期算起为两年。

附 录 A
（资料性附录）
杀虫单的其他名称、结构式和基本物化参数

本产品有效成分杀虫单的其他名称、结构式和基本物化参数如下：

通用名称：杀虫单

ISO 通用名称：Thiosultap-monosodium

化学名称：一水合二甲基-氢代-2-(1,3-二磺酸单钠硫代丙基)铵

结构式：

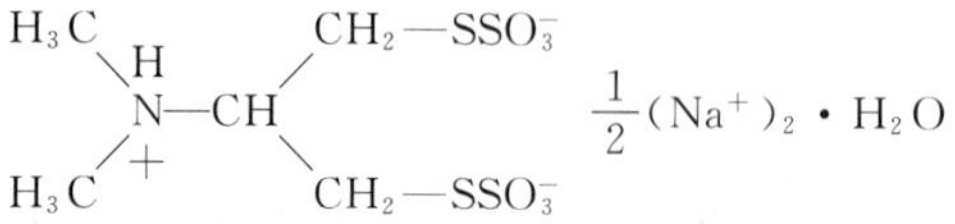

实验式：$C_5H_{14}NO_7S_4Na$

相对分子质量：351.42

生物活性：杀虫

熔点：142.5 ℃(分解)

溶解度(g/L,25 ℃)：水 500,甲醇 20,丙酮 2.5×10^{-4}

稳定性：在 50 ℃下密闭贮存稳定。

ICS 65.100.20
G 25

中华人民共和国国家标准

GB 28154—2011

75%烟嘧磺隆水分散粒剂

75% Nicosulfuron water dispersible granules

2011-12-30 发布　　　　2012-04-15 实施

中华人民共和国国家质量监督检验检疫总局
中国国家标准化管理委员会　发布

前　言

本标准的第3章、第5章是强制性的，其余是推荐性的。

本标准按照GB/T 1.1—2009给出的规则起草。

本标准使用重新起草法修改采用FAO规格709/WG(May 2006)《烟嘧磺隆水分散粒剂》。

本标准与FAO规格709/WG(May 2006)《烟嘧磺隆水分散粒剂》的主要技术差异及原因如下：

——本标准规定悬浮率≥80%，FAO规格规定悬浮率≥70%；

——本标准规定分散性(1 min后)≥90%，FAO规格规定分散性(1 min后)≥70%；

——本标准规定持久起泡性(1 min后泡沫量)为≤40 mL，FAO规格规定持久起泡性为(1 min后)≤60 mL；

——本标准规定粒度(250 μm～1 180 μm)≥95%，FAO规格规定控制粉尘和流动性两项指标，鉴于目前这两项尚无测试方法，本标准用产品粒度替代粉尘和流动性两项指标；

——本标准控制水分质量分数和pH值范围两项指标，FAO规格未控制这两项指标。

请注意本文件的某些内容可能涉及专利，本文件的发布机构不承担识别这些专利的责任。

本标准由中国石油和化学工业联合会提出。

本标准由全国农药标准化技术委员会(SAC/TC 133)归口。

本标准负责起草单位：沈阳化工研究院有限公司。

本标准参加起草单位：安徽丰乐农化有限责任公司、淄博新农基农药化工有限公司、合肥久易农业开发有限公司、江苏瑞禾化学有限公司、江苏快达农化股份有限公司。

本标准主要起草人：于亮、马亚光、金劲松、田俊生、沈运河、虞国新、陈杰。

75%烟嘧磺隆水分散粒剂

1 范围

本标准规定了烟嘧磺隆水分散粒剂的要求、试验方法以及标志、标签、包装、贮运、保证期。

本标准适用于由烟嘧磺隆原药、载体和助剂加工而成的烟嘧磺隆水分散粒剂。

注：烟嘧磺隆的其他名称、结构式和基本物化参数参见附录A。

2 规范性引用文件

下列文件对于本文件的应用是必不可少的。凡是注日期的引用文件，仅注日期的版本适用于本文件。凡是不注日期的引用文件，其最新版本(包括所有的修改单)适用于本文件。

GB/T 1600 农药水分测定方法

GB/T 1601 农药 pH 值的测定方法

GB/T 1604 商品农药验收规则

GB/T 1605—2001 商品农药采样方法

GB 3796 农药包装通则

GB/T 5451 农药可湿性粉剂润湿性测定方法

GB/T 6682—2008 分析实验室用水规格和试验方法(ISO 3696:1987，MOD)

GB/T 8170—2008 数值修约规则与极限数值的表示和判定

GB/T 14825—2006 农药悬浮率测定方法

GB/T 16150 农药粉剂、可湿性粉剂细度测定方法

GB/T 19136 农药热贮稳定性测定方法

3 要求

3.1 组成和外观

本品应为符合标准的烟嘧磺隆原药与适宜的助剂和填料加工制成，为干的、能自由流动的固体颗粒，基本无粉末，无可见的外来杂质和硬块。

3.2 技术指标

烟嘧磺隆水分散粒剂还应符合表1要求。

表1 烟嘧磺隆水分散粒剂控制项目指标

项目		指标
烟嘧磺隆质量分数/%		$75.0^{+2.5}_{-2.5}$
水分质量分数/%	≤	3.0
pH 值范围		4.0～7.0

表 1（续）

项目		指标
润湿时间/s	≤	20
细度(通过 75 μm 试验筛)/%	≥	98
悬浮率/%	≥	80
粒度(250 μm～1 180 μm)/%	≥	95
分散性/%	≥	90
持久起泡性(1 min 后泡沫量)/mL	≤	40
热贮稳定性[a]		合格
[a] 正常生产时，热贮稳定性试验每三个月至少测定一次。		

4 试验方法

安全提示：使用本标准的人员应有实验室工作的实践经验。本标准并未指出所有的安全问题。使用者有责任采取适当的安全和健康措施，并保证符合国家有关法规的规定。

4.1 一般规定

本标准所用试剂和水在没有注明其他要求时，均指分析纯试剂和 GB/T 6682—2008 中规定的三级水。检验结果的判定按 GB/T 8170—2008 中的 4.3.3 修约值比较法进行。

4.2 抽样

按 GB/T 1605—2001 中“商品固体制剂采样”方法进行。用随机数表法确定抽样的包装件；最终抽样量应不少于 1 000 g。

4.3 鉴别试验

液相色谱法——本鉴别试验可与烟嘧磺隆质量分数的测定同时进行。在相同的色谱操作条件下，试样溶液中某个色谱峰的保留时间与标样溶液中烟嘧磺隆的色谱峰的保留时间，其相对差值应在 1.2%以内。

4.4 烟嘧磺隆质量分数的测定

4.4.1 方法提要

试样用乙腈氨水溶液溶解，以乙腈＋水＋冰乙酸为流动相，使用以 Symmetry C_{18} 为填料的不锈钢柱和紫外检测器(240 nm)，对试样中的烟嘧磺隆进行高效液相色谱分离和测定。

4.4.2 试剂和溶液

乙腈(色谱纯)；

水：新蒸二次蒸馏水；

冰乙酸；

氨水($NH_3 \cdot H_2O$)：$w(NH_3)$＝26%～30%；

氨水溶液：$\Psi(H_2O : NH_3 \cdot H_2O)=300:1$；

乙腈氨水溶液：Ψ(乙腈：氨水溶液)$=50:50$；

烟嘧磺隆标样：已知烟嘧磺隆质量分数 $w \geqslant 97.0\%$（在 105 ℃下，烘干 1 h 后使用）。

4.4.3 仪器

高效液相色谱仪：具有可变波长紫外检测器；

色谱数据处理机或工作站；

色谱柱：250 mm×4.6 mm(i.d.)不锈钢柱，内装 Symmetry C_{18}、5 μm 填充物（或同等效果的色谱柱）；

过滤器：滤膜孔径约 0.45 μm；

微量进样器：50 μL；

定量进样管：5 μL；

超声波清洗器。

4.4.4 高效液相色谱操作条件

流动相：$\Psi(CH_3CN : H_2O)=40:60$，冰乙酸调 pH 值至 3.0；

流速：1.0 mL/min；

柱温：室温（温差变化应不大于 2 ℃）；

检测波长：240 nm；

进样体积：5 μL；

保留时间：烟嘧磺隆约 6.0 min。

上述操作参数是典型的，可根据不同仪器特点，对给定的操作参数作适当调整，以期获得最佳效果。典型的烟嘧磺隆水分散粒剂高效液相色谱图见图 1。

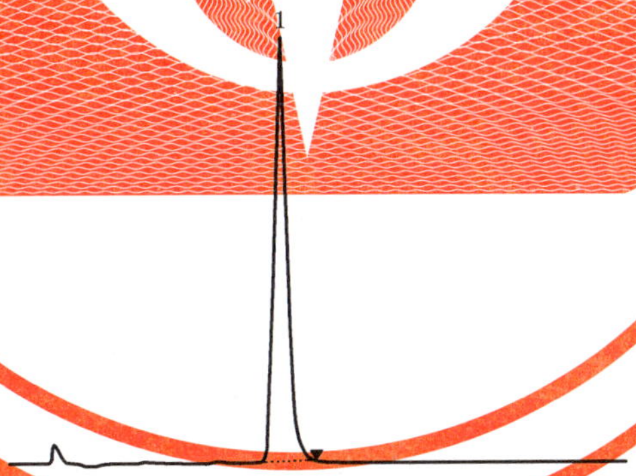

1——烟嘧磺隆。

图 1 烟嘧磺隆水分散粒剂的高效液相色谱图

4.4.5 测定步骤

4.4.5.1 标样溶液的制备

称取 0.05 g 烟嘧磺隆标样（精确至 0.000 2 g），置于 50 mL 容量瓶中，加入 40 mL 乙腈氨水溶液，超声波振荡 5 min 使试样溶解，冷却至室温，摇匀，用乙腈氨水稀释至刻度。用移液管移取上述溶液 10 mL 于 50 mL 容量瓶中，用乙腈氨水溶液稀释至刻度，摇匀。

4.4.5.2 试样溶液的制备

称取含烟嘧磺隆 0.05 g 的试样（精确至 0.000 2 g），置于 50 mL 容量瓶中，加入 40 mL 乙腈氨水溶液，超声波振荡 5 min 使试样溶解，冷却至室温，摇匀，用乙腈氨水稀释至刻度。用移液管移取上述溶液 10 mL 于 50 mL 容量瓶中，用乙腈氨水溶液稀释至刻度，摇匀。

4.4.5.3 测定

在上述操作条件下，待仪器稳定后，连续注入数针标样溶液，直至相邻两针烟嘧磺隆峰面积相对变化小于 1.2%后，按照标样溶液、试样溶液、试样溶液、标样溶液的顺序进行测定。

4.4.6 计算

试样中烟嘧磺隆的质量分数按式(1)计算：

$$w_1 = \frac{A_2 \cdot m_1 \cdot w}{A_1 \cdot m_2} \qquad \cdots\cdots(1)$$

式中：

w_1——试样中烟嘧磺隆质量分数，以%表示；

A_2——试样溶液中，烟嘧磺隆峰面积的平均值；

m_1——标样的质量，单位为克(g)；

w ——烟嘧磺隆标样的质量分数，以%表示；

A_1——标样溶液中，烟嘧磺隆峰面积的平均值；

m_2——试样的质量，单位为克(g)。

4.4.7 允许差

烟嘧磺隆质量分数两次平行测定结果之差，应不大于 1.2%，取其算术平均值作为测定结果。

4.5 水分的测定

按 GB/T 1600 中的“共沸蒸馏法”进行。

4.6 pH 值的测定

按 GB/T 1601 进行。

4.7 悬浮率的测定

按 GB/T 14825—2006 中 4.1 进行。称取含烟嘧磺隆 0.1 g 的试样(精确至 0.000 1g)，将剩余的 1/10 悬浮液及沉淀物转移至 100 mL 容量瓶中，用 60 mL 乙腈氨水溶液分 3 次将 25 mL 的剩余物全部洗入 100 mL 容量瓶中，在超声下振荡 5 min，恢复至室温，定容，摇匀，过滤后，按 4.4 测定烟嘧磺隆的质量，计算其悬浮率。

4.8 润湿时间的测定

按 GB/T 5451 进行。

4.9 细度的测定

按 GB/T 16150 中的“湿筛法”进行。

4.10 粒度的测定

4.10.1 仪器

标准筛组：孔径为(250 μm～1 480 μm)；

振筛机：振幅 25 mm，1 400 次/min。

4.10.2 测定步骤

将标准筛上下叠装，大粒径筛置于小粒径筛上面，筛下装承接盘，同时将组合好的筛组固定在振筛机上，准确称取颗粒剂试样 100 g(精确至 0.1 g)，置于上面筛上，加盖密封，启动振筛机震荡 5 min，收集规定粒径范围内筛上物，称量(精确至 0.1 g)。

4.10.3 计算

试样的粒度按式(2)计算：

$$w_2 = \frac{m_1}{m} \times 100 \quad \cdots\cdots(2)$$

式中：

w_2——试样的粒度，以%表示；

m_1——规定粒径范围内筛上物质量，单位为克(g)；

m ——试样的质量，单位为克(g)。

4.11 分散性的测定

4.11.1 方法提要

将一定量的水分散粒剂加入规定的水中，搅拌混合，制成悬浮液，静置一段时间后，去除顶部 9/10 的悬浮液，将底部 1/10 悬浮液和沉淀烘干，用重量法进行测定。

4.11.2 试剂和仪器

标准硬水：$\rho(Ca^{2+}+Mg^{2+})$=342 mg/L，pH=6.0～7.0，按 GB/T 14825—2006 配制；

烧杯：1 000 mL，内径为(102±2)mm；

电动搅拌机：可控制速度(0～1 000)r/min；

不锈钢搅拌棒：带有 4 个固定搅拌叶片的螺旋桨式搅拌棒，叶片之间角度为 45°(见图 2)；

旋转真空蒸发器；

秒表。

单位为毫米

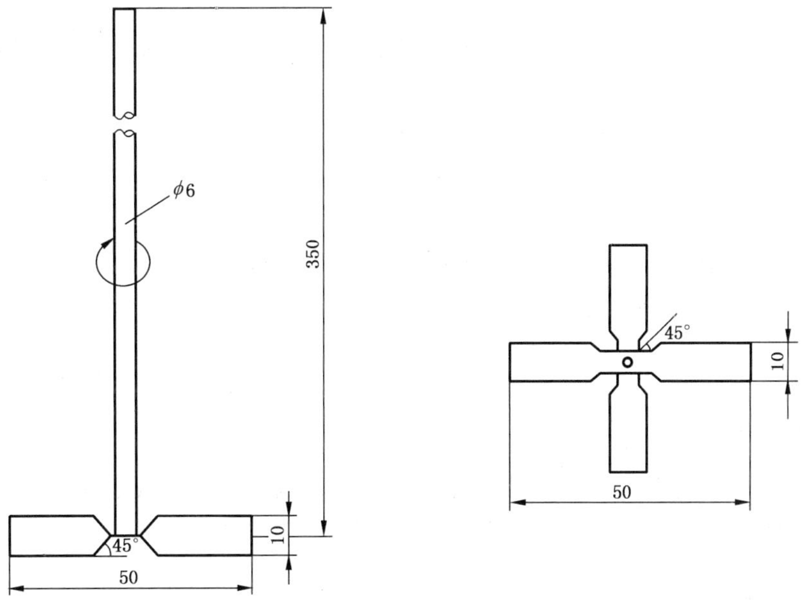

图 2 不锈钢搅拌棒

4.11.3 测定步骤

在 20 ℃±1 ℃下，于烧杯中加入 900 mL 标准硬水，将搅拌棒固定在烧杯中央，搅拌棒叶片距烧杯底部 15 mm，搅拌棒叶片间距和旋转方向能保证搅拌棒推进液体向上翻腾，以 300 r/min 的速度开启搅拌器，将 9 g 水分散粒剂样品(精确至 0.1 g)加入搅拌的水中，继续搅拌 1 min。关闭搅拌，让悬浮液静置 1 min，抽出 9/10 的悬浮液(810 mL)，整个操作应在 30 s～60 s 内完成，并保持玻璃细管的尖端始终在液面下，且尽量不搅动悬浮液，用旋转真空蒸发器蒸掉 90 mL 剩余悬浮液中的水分，在 90 ℃～100 ℃下干燥至恒重，称量(精确至 0.1g)。

4.11.4 计算

试样的分散性按式(3)计算：

$$w_3 = \frac{10(m - m_1)}{9m} \times 100 \qquad \cdots\cdots(3)$$

式中：

w_3——试样的分散性，以%表示；

m——所取试样的质量，单位为克(g)；

m_1——干燥后残余物的质量，单位为克(g)。

4.12 持久起泡性试验

4.12.1 方法提要

将规定量的试样与标准硬水混合，静置后记录泡沫体积。

4.12.2 试剂

标准硬水：$\rho(Ca^{2+}+Mg^{2+})=342$ mg/L，pH=6.0～7.0，按 GB/T 14825—2006 配制。

4.12.3 仪器和器具

具塞量筒：250 mL(分度值 2 mL，0～250 mL 刻度线 20 cm ～21.5 cm，250 mL 刻度线到塞子底部 4 cm ～6 cm)；

工业天平：感量 0.1 g。

4.12.4 测定步骤

在量筒中加入 180 mL 标准硬水，在量筒中称入试样 1.0 g(精确至 0.1 g)，加标准硬水至距离量筒塞底部 9 cm 的刻度线处，盖上塞子，以量筒底部为中心，上下颠倒 30 次(每次 2 s)。放在试验台上静置 1 min，记录泡沫体积。

4.13 热贮稳定性试验

按 GB/T 19136 中“固体制剂”进行。热贮后烟嘧磺隆质量分数应不低于贮前的 95%，悬浮率仍应符合标准要求为合格。

4.14 产品的检验与验收

产品的检验与验收，应符合 GB/T 1604 的规定。

5 标志、标签、包装、贮运、安全、保证期

5.1 标志、标签、包装

烟嘧磺隆水分散粒剂的标志、标签、包装应符合 GB 3796 的规定；烟嘧磺隆水分散粒剂应用编织袋内衬清洁的塑料袋或纸板桶内衬清洁的塑料袋包装，每袋、每桶净含量一般为 20 kg。也可根据用户要求或订货协议采用其他形式的包装，但需符合 GB 3796 的规定。

5.2 贮运

烟嘧磺隆水分散粒剂包装件应贮存在通风、干燥的库房中；贮运时，严防潮湿和日晒，不得与食物、种子、饲料混放，避免与皮肤、眼睛接触，防止由口鼻吸入。

5.3 安全

本品属中等毒性除草剂。吞噬和吸入均有毒，可经皮肤渗入。使用本品时要戴防护镜和胶皮手套，穿必要的防护衣物。施药后应用肥皂和清水冲洗。误服者应立即送医院对症治疗。

5.4 保证期

保证期：在规定的贮运条件下，烟嘧磺隆水分散粒剂的保证期，从生产日期起为两年。

附　录　A
（资料性附录）
烟嘧磺隆的其他名称、结构式和基本物化参数

本产品有效成分烟嘧磺隆的其他名称、结构式和基本物化参数如下：

通用名称：烟嘧磺隆

ISO 通用名称：Nicosulfuron

CAS 登录号：111991-09-4

化学名称：2-(4,6-二甲氧基嘧啶-2-基氨基甲酰氨基磺酰)-*N*,*N*-二甲基烟酰胺

结构式：

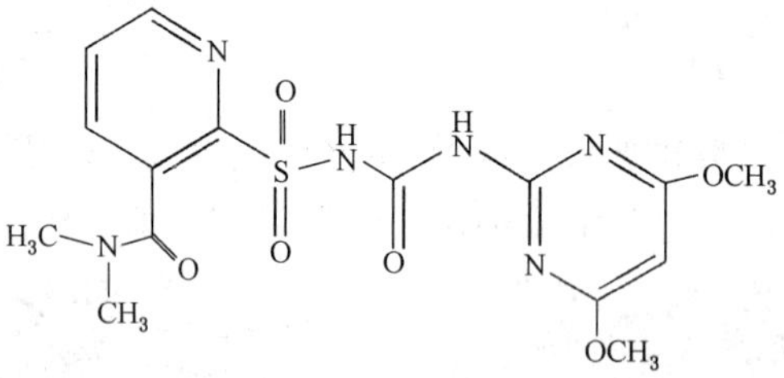

实验式：$C_{15}H_{18}N_6O_6S$

相对分子质量：410.4

生物活性：除草剂

熔点：141 ℃～144 ℃

蒸气压：1.6×10^{-11} Pa(20 ℃)

溶解度(25 ℃，g/kg)：水 3.59(pH＝5 缓冲溶液)、12.2(pH＝7 缓冲溶液)、39.2(pH＝9 缓冲溶液)；丙酮 18；乙醇 4.5；氯仿、二甲基甲酰胺 64；乙腈 23；甲苯 0.37；正己烷＜0.02；二氯甲烷 160

稳定性：水溶液在 25 ℃下的 DT_{50} 约 15 d(pH5)，在 pH7、pH9 下稳定。

ICS 65.100.20
G 25

中华人民共和国国家标准

GB 28155—2011

烟嘧磺隆可分散油悬浮剂

Nicosulfuron oil-based suspension concentrates

2011-12-30 发布　　2012-04-15 实施

中华人民共和国国家质量监督检验检疫总局
中国国家标准化管理委员会　发布

前　言

本标准的第 3 章、第 5 章是强制性的，其余是推荐性的。

本标准按照 GB/T 1.1—2009 给出的规则起草。

请注意本文件的某些内容可能涉及专利，本文件的发布机构不承担识别这些专利的责任。

本标准由中国石油和化学工业联合会提出。

本标准由全国农药标准化技术委员会(SAC/TC 133)归口。

本标准负责起草单位：沈阳化工研究院有限公司。

本标准参加起草单位：合肥星宇化学有限责任公司、安徽丰乐农化有限责任公司、江苏长青农化股份有限公司、山东京博农化有限公司、新沂中凯农用化工有限公司、江苏省激素研究所股份有限公司、江苏东宝农药化工有限公司、江苏瑞禾化学有限公司、江苏快达农化股份有限公司。

本标准主要起草人：于亮、邢君、王传品、王玉平、吉玉平、何少辉、王海艳、孔繁蕾、徐开云、虞国新、陈杰。

烟嘧磺隆可分散油悬浮剂

1 范围

本标准规定了烟嘧磺隆可分散油悬浮剂的要求、试验方法以及标志、标签、包装、贮运、保证期。

本标准适用于由烟嘧磺隆原药与适宜的助剂和填料加工制成的烟嘧磺隆可分散油悬浮剂。

注：烟嘧磺隆的其他名称、结构式和基本物化参数参见附录A。

2 规范性引用文件

下列文件对于本文件的应用是必不可少的。凡是注日期的引用文件，仅注日期的版本适用于本文件。凡是不注日期的引用文件，其最新版本(包括所有的修改单)适用于本文件。

GB/T 1601 农药pH值的测定方法

GB/T 1604 商品农药验收规则

GB/T 1605—2001 商品农药采样方法

GB 3796 农药包装通则

GB/T 4472 化工产品密度、相对密度测定通则

GB/T 6682—2008 分析实验室用水规格和试验方法(ISO 3696:1987,MOD)

GB/T 8170—2008 数值修约规则与极限数值的表示和判定

GB/T 14825—2006 农药悬浮率测定方法

GB/T 16150 农药粉剂、可湿性粉剂细度测定方法

GB/T 19136 农药热贮稳定性测定方法

GB/T 19137 农药低温稳定性测定方法

3 要求

3.1 组成和外观

本品应由符合标准的烟嘧磺隆原药制成，为可流动性、易测体积类白色的悬浮液体，存放过程中可能出现沉淀，但经摇动后，应恢复原状，不应有结块。

3.2 技术指标

烟嘧磺隆可分散油悬浮剂还应符合表1要求。

表1 烟嘧磺隆可分散油悬浮剂控制项目指标

项目	指标	
	40 g/L	100 g/L
烟嘧磺隆质量分数/%	$4.1^{+0.4}_{-0.4}$	$10.0^{+1.0}_{-1.0}$
或质量浓度[a](20 ℃)/(g/L)	40^{+4}_{-4}	100^{+10}_{-10}

表 1（续）

项目			指标	
			40 g/L	100 g/L
pH 值范围			3.0～7.0	
悬浮率/%		≥	90	
湿筛试验(通过 75 μm 试验筛)/%		≥	98	
持久起泡性(1 min 后泡沫量)/mL		≤	30	
分散稳定性			合格	
倾倒性[b]/%	倾倒后残余物	≤	5.0	
	洗涤后残余物	≤	0.8	
热贮稳定性[b]			合格	
低温稳定性[b]			合格	

[a] 当质量发生争议时，以质量分数为仲裁。

[b] 正常生产时，倾倒性、热贮稳定性试验、低温稳定性试验每三个月至少测定一次。

4 试验方法

安全提示：使用本标准的人员应有实验室工作的实践经验。本标准并未指出所有的安全问题。使用者有责任采取适当的安全和健康措施，并保证符合国家有关法规的规定。

4.1 一般规定

本标准所用试剂和水在没有注明其他要求时，均指分析纯试剂和 GB/T 6682—2008 中规定的三级水。检验结果的判定按 GB/T 8170—2008 中的 4.3.3 修约值比较法进行。

4.2 抽样

按 GB/T 1605—2001 中“液体制剂采样”方法进行。用随机数表法确定抽样的包装件，最终抽样量应不少于 600 mL。

4.3 鉴别试验

高效液相色谱法——本鉴别试验可与烟嘧磺隆质量分数的测定同时进行。在相同的色谱操作条件下，试样溶液中某色谱峰的保留时间与标样溶液中烟嘧磺隆色谱峰的保留时间，其相对差值应在 1.5% 以内。

4.4 烟嘧磺隆质量分数的测定

4.4.1 方法提要

试样用乙腈溶解，以乙腈＋水＋冰乙酸为流动相，使用以 Symmetry C_{18} 为填料的不锈钢柱和紫外检测器(240 nm)，对试样中的烟嘧磺隆进行高效液相色谱分离和测定。

4.4.2 试剂和溶液

乙腈：色谱级；

水：新蒸二次蒸馏水；

冰乙酸；

氨水（$NH_3 \cdot H_2O$）：$w(NH_3)$＝26％～30％；

氨水溶液：$\Psi(H_2O : NH_3 \cdot H_2O)$＝300∶1；

乙腈氨水溶液：Ψ（乙腈∶氨水溶液）＝50∶50；

烟嘧磺隆标样：已知质量分数 $w \geqslant 97.0\%$（在 105 ℃下，烘干 1 h 后使用）。

4.4.3 仪器

高效液相色谱仪：具有可变波长紫外检测器；

色谱数据处理机或工作站；

色谱柱：250 mm×4.6 mm(i.d.)不锈钢柱，内装 Symmetry C_{18}、5 μm 填充物；

过滤器：滤膜孔径约 0.45 μm；

微量进样器：50 μL；

定量进样管：5 μL；

超声波清洗器。

4.4.4 高效液相色谱操作条件

流动相：$\Psi(CH_3CN : H_2O)$＝40∶60，冰乙酸调 pH 值至 3.0；

流速：1.0 mL/min；

柱温：室温（温差变化应不大于 2 ℃）；

检测波长：240 nm；

进样体积：5 μL；

保留时间：烟嘧磺隆约 6.0 min。

上述操作参数是典型的，可根据不同仪器特点，对给定的操作参数作适当调整，以期获得最佳效果。典型的烟嘧磺隆可分散油悬浮剂高效液相色谱图见图 1。

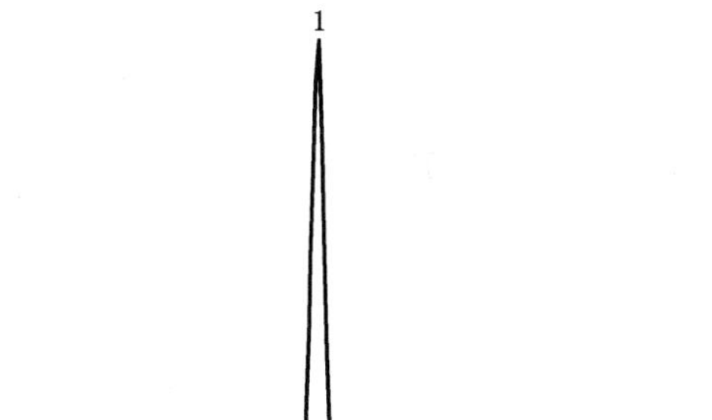

1——烟嘧磺隆。

图 1 烟嘧磺隆可分散油悬浮剂的高效液相色谱图

4.4.5 测定步骤

4.4.5.1 标样溶液的制备

称取 0.05 g 烟嘧磺隆标样（精确至 0.000 1 g），置于 50 mL 容量瓶中，加入 40 mL 乙腈氨水溶液，超声波振荡 5 min 使试样溶解，冷却至室温，摇匀，用乙腈氨水稀释至刻度。用移液管移取上述溶液 10 mL 于 50 mL 容量瓶中，用乙腈氨水溶液稀释至刻度，摇匀。

4.4.5.2 **试样溶液的制备**

称取含烟嘧磺隆 0.05 g 的试样(精确至 0.000 1 g)，置于 50 mL 容量瓶中，加入 40 mL 乙腈氨水溶液，超声波振荡 5 min 使试样溶解，冷却至室温，摇匀，用乙腈氨水稀释至刻度。用移液管移取上述溶液 10 mL 于 50 mL 容量瓶中，用乙腈氨水溶液稀释至刻度，摇匀。

4.4.5.3 **测定**

在上述操作条件下，待仪器稳定后，连续注入数针标样溶液，直至相邻两针烟嘧磺隆峰面积相对变化小于 1.2%后，按照标样溶液、试样溶液、试样溶液、标样溶液的顺序进行测定。

4.4.6 **计算**

将测得的两针试样溶液以及试样前后两针标样溶液中烟嘧磺隆峰面积分别进行平均。试样中烟嘧磺隆的质量分数 w_1 按式(1)计算，质量浓度按式(1′)计算：

$$w_1 = \frac{A_2 \cdot m_1 \cdot w}{A_1 \cdot m_2} \qquad \cdots\cdots(1)$$

$$\rho_1 = \frac{A_2 \cdot m_1 \cdot \rho \cdot w \times 10}{A_1 \cdot m_2} \qquad \cdots\cdots(1')$$

式中：

w_1——烟嘧磺隆的质量分数，以%表示；

A_2——试样溶液中，烟嘧磺隆峰面积的平均值；

m_1——标样的质量，单位为克(g)；

ρ_1——烟嘧磺隆的质量浓度，单位为克每毫升(g/mL)；

ρ——20 ℃时试样的密度，单位为克每毫升(g/mL)(按 GB/T 4472 中“密度计法”进行测定)；

w——标样中烟嘧磺隆的质量分数，以%表示；

A_1——标样溶液中，烟嘧磺隆峰面积的平均值；

m_2——试样的质量，单位为克(g)。

4.4.7 **允许差**

烟嘧磺隆质量分数(质量浓度)两次平行测定结果之相对差应不大于 4%，取其算术平均值作为测定结果。

4.4.8 **pH 值的测定**

按 GB/T 1601 进行。

4.4.9 **悬浮率的测定**

按 GB/T 14825—2006 中 4.3 进行。称取含烟嘧磺隆 0.1 g 的试样(精确至 0.000 1 g)，将剩余的 $\frac{1}{10}$悬浮液及沉淀物转移至 100 mL 容量瓶中，用 60 mL 乙腈氨水溶液分 3 次将 25 mL 的剩余物全部洗入 100 mL 容量瓶中，在超声波下振荡 5 min，恢复至室温，定容，摇匀，过滤后，按 4.4 测定烟嘧磺隆的质量，计算其悬浮率。

4.4.10 **湿筛试验**

按 GB/T 16150 中的“湿筛法”进行。

4.4.11 持久起泡性

4.4.11.1 方法提要

将规定量的试样与标准硬水混合，静置后记录泡沫体积。

4.4.11.2 试剂

标准硬水：$\rho(Ca^{2+}+Mg^{2+})=342$ mg/L，pH＝6.0～7.0，按 GB/T 14825—2006 配制。

4.4.11.3 仪器和器具

具塞量筒：250 mL(分度值 2 mL，0～250 mL 刻度线 20 cm～21.5 cm，250 mL 刻度线到塞子底部 4 cm～6 cm)；

工业天平：感量 0.1 g。

4.4.11.4 测定步骤

在量筒中加入 180 mL 标准硬水，在量筒中称入试样 1.0 g(精确至 0.1 g)，加标准硬水至距离量筒塞底部 9 cm 的刻度线处，盖上塞子，以量筒底部为中心，上下颠倒 30 次(每次 2 s)。放在试验台上静置 1 min，记录泡沫体积。

4.4.12 分散稳定性

4.4.12.1 方法提要

按规定浓度制备分散液，分别置于两刻度乳化管中，直立静置一段时间，再颠倒乳化管数次，观察最初、放置一定时间和重新分散后该分散液的分散性。

4.4.12.2 仪器与试剂

乳化管：锥形底硼硅玻璃离心管，长 15 cm，刻度至 100 mL；

橡胶塞：与乳化管配套，带有 80 mm 长玻璃排气管(外径 4.5 mm，内径 2.5 mm，见图 2)；

刻度量筒：250 mL；

可调节灯：配 60 W 珍珠泡；

标准硬水：$\rho(Ca^{2+}+Mg^{2+})=342$ mg/L，按 GB/T 14825—2006 配制。

4.4.12.3 操作步骤

在室温下，分别向两个 250 mL 刻度量筒中加标准硬水至 240 mL 刻度线，用移液管向每个量筒中滴加试样 5 g(或其他规定数量)，滴加时移液管尖端尽量贴近水面，但不要在水面之下。最后加标准硬水至刻度。配戴布手套，以量筒中部为轴心，上下颠倒 30 次，确保量筒中液体温和地流动，不发生反冲，每次颠倒需 2 s(用秒表观察所用时间)，用其中一个量筒做沉淀和乳膏试验，另一个量筒做再分散试验。

1) 最初分散性：观察分散液，记录沉淀、乳膏或浮油。

2) 放置一定时间后分散性：

沉淀体积的测定：

分散液制备好后，立即将 100 mL 分散液转移至乳化管中，盖上塞子，在室温下(23 ℃±2 ℃)直立 30 min，用灯照亮乳化管，调整光线角度和位置，达到对两相界面的最佳观察，如果有沉淀(通常反射光比透射光更易观察到沉淀)，记录沉淀体积(精确至±0.05 mL)。

单位为毫米

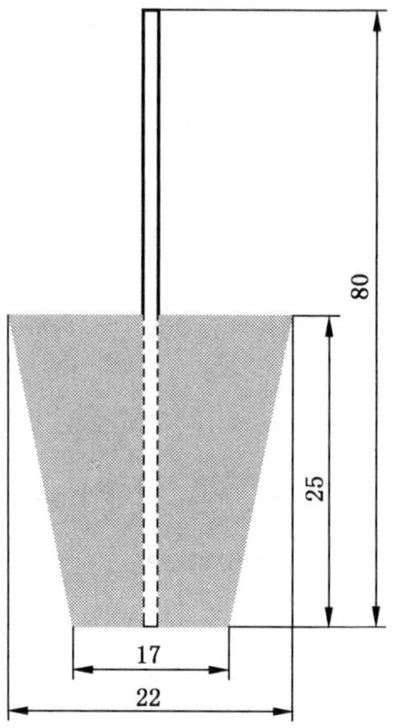

图 2 带有玻璃排气管的橡胶塞

顶部乳膏(或浮油)体积的测定：

分散液制备好后，立即将其倒入乳化管中，至离管顶端 1 mm，戴好保护手套，塞上带有排气管的橡胶塞，排除乳化管中所有空气，去掉溢出的分散液，将乳化管倒置，在室温下保持 30 min，没有液体从乳化管排出就不必密封玻璃管的开口端，记录已形成的乳膏或浮油的体积。测定乳化管总体积，并以式(2)校正测量出的乳膏或浮油的体积。

测量乳膏或浮油的体积时的校正因子，按式(2′)计算：

$$F = \frac{100}{V_0} \quad \cdots\cdots(2)$$

$$V_{2'} = F \times V_2 \quad \cdots\cdots(2')$$

式中：

F ——乳化管总体积的校正因子；

V_0 ——乳化管总体积；

$V_{2'}$ ——测定沉淀体积和乳膏或浮油的体积；

V_2 ——测量的沉淀体积和乳膏或浮油的体积。

3) 重新分散性测定：

分散液制备好后，将第二只量筒在室温下静置 24 h，按前述方法颠倒量筒 30 次，将分散液加到另外的乳化管中，静置 30 min 后，按前述方法测定沉淀体积和乳膏或浮油的体积。

4.4.12.4 测定结果

最初分散性	分散完全
一定时间后分散性(30 min 后)	沉淀≤5 mL
	乳膏或浮油≤3 mL
重新分散性(24 h 后)	沉淀≤1 mL
	乳膏或浮油≤2 mL

测定结果符合上述要求为合格。

4.4.13 倾倒性的测定

4.4.13.1 方法提要

将置于容器中的悬浮剂试样放置一定时间后，按照规定程序进行倾倒，测定滞留在容器内试样的量；将容器用水洗涤后，再测定容器内的量。

4.4.13.2 仪器

具磨口塞量筒：500 mL±2 mL；量筒高度 39 cm，上、下刻度间距离 25 mL（或相当的适用于测定倾倒性的其他容器）。

4.4.13.3 试验步骤

混合好足量试样，及时将其中的一部分置于已经称量的量筒中（包括塞子）（精确至 0.01 g），装到量筒的$\frac{8}{10}$处，塞紧磨口塞，放置确定的时间（24 h）。打开塞子，将量筒由直立位置旋转 135°倾倒 60 s，再倒置 60 s，重新称量量筒和塞子（精确至 0.01 g）。

将相当于 80%量筒体积的水（20 ℃）倒入量筒中，塞紧磨口塞，将量筒颠倒 10 次后，按上述操作倾倒内容物，第三次称量量筒和塞子（精确至 0.01 g）。

4.4.13.4 计算

试样倾倒后的残余物的质量分数和洗涤后的残余物的质量分数分别按式（3）和式（4）计算：

$$w_3 = \frac{m_2 - m_0}{m_1 - m_0} \times 100 \qquad \cdots\cdots (3)$$

$$w_4 = \frac{m_3 - m_0}{m_1 - m_0} \times 100 \qquad \cdots\cdots (4)$$

式中：

w_3——试样倾倒后的残余物的质量分数，以%表示；

w_4——洗涤后的残余物的质量分数，以%表示；

m_2——倾倒后，量筒、磨口塞和残余物的质量，单位为克（g）；

m_0——量筒、磨口塞恒重后的质量，单位为克（g）；

m_1——量筒、磨口塞和试样的质量，单位为克（g）；

m_3——洗涤后，量筒、磨口塞和残余物的质量，单位为克（g）。

4.4.14 低温稳定性试验

按 GB/T 19137 中“悬浮制剂”进行，湿筛试验仍符合标准要求为合格。

4.4.15 热贮稳定性试验

按 GB/T 19136 中“液体制剂”进行。热贮后（45 ℃±2 ℃）42 d 烟嘧磺隆质量分数应不低于贮前的 95%，悬浮率仍应符合标准要求为合格。

4.5 产品的检验与验收

产品的检验与验收应符合 GB/T 1604 的规定。

5 标志、标签、包装、贮运、安全、保证期

5.1 标志、标签、包装

烟嘧磺隆可分散油悬浮剂用洁净、干燥的玻璃瓶或聚酯瓶包装，每瓶净含量为 10 mL(g)、50 mL(g)、500 mL(g)，外用瓦楞纸箱包装，每箱净容量 4 L、10 L 或 100 L、200 L 大桶包装。也可根据用户要求或订货协议采用其他形式的包装，但需符合 GB 3796 的规定。

5.2 贮运

烟嘧磺隆可分散油悬浮剂包装件应贮存在通风、干燥的库房中；贮运时，严防潮湿和日晒，不得与食物、种子、饲料混放，避免与皮肤、眼睛接触，防止由口鼻吸入。

5.3 安全

本品属中等毒性除草剂。吞噬和吸入均有毒，可经皮肤渗入。使用本品时要戴防护镜和胶皮手套穿必要的防护衣物。施药后应用肥皂和清水冲洗。误服者应立即送医院对症治疗。

5.4 保证期

在规定的贮运条件下，烟嘧磺隆可分散油悬浮剂的保证期，从生产日期起为两年。

附 录 A
（资料性附录）
烟嘧磺隆的其他名称、结构式和基本物化参数

本产品有效成分烟嘧磺隆的其他名称、结构式和基本物化参数如下：

通用名称：烟嘧磺隆

ISO 通用名称：Nicosulfuron

CAS 登录号：111991-09-4

化学名称：2-(4,6-二甲氧基嘧啶-2-基氨基甲酰氨基磺酰)-*N*,*N*-二甲基烟酰胺

结构式：

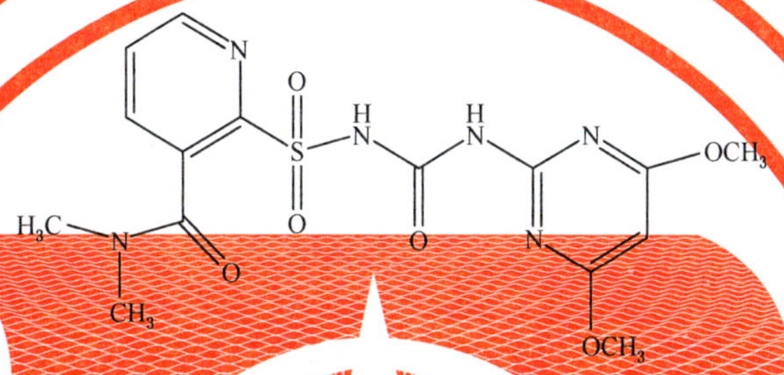

实验式：$C_{15}H_{18}N_6O_6S$

相对分子质量：410.4

生物活性：除草剂

熔点：141 ℃～144 ℃

蒸气压：1.6×10^{-11} Pa(20 ℃)

溶解度(25 ℃,g/kg)：水 3.59(pH＝5 缓冲溶液)、12.2(pH＝7 缓冲溶液)、39.2(pH＝9 缓冲溶液)；丙酮 18；乙醇 4.5；氯仿、二甲基甲酰胺 64；乙腈 23；甲苯 0.37；正己烷<0.02；二氯甲烷 160

稳定性：水溶液在 25 ℃下的 DT_{50} 约 15 d(pH5)，在 pH7、pH9 下稳定。

ICS 65.100.20
G 25

中华人民共和国国家标准

GB 28156—2011

乙羧氟草醚乳油

Fluoroglycofen-ethyl emulsifiable concentrates

2011-12-30 发布　　2012-04-15 实施

中华人民共和国国家质量监督检验检疫总局
中国国家标准化管理委员会　发布

前 言

本标准的第3章、第5章是强制性的，其余是推荐性的。

本标准按照GB/T 1.1—2009给出的规则起草。

请注意本文件的某些内容可能涉及专利，本文件的发布机构不承担识别这些专利的责任。

本标准由中国石油和化学工业联合会提出。

本标准由全国农药标准化技术委员会(SAC/TC 133)归口。

本标准负责起草单位：沈阳化工研究院有限公司。

本标准参加起草单位：江苏长青农化股份有限公司。

本标准主要起草人：于亮、李秀杰、吉瑞香、吉玉平。

乙羧氟草醚乳油

1 范围

本标准规定了乙羧氟草醚乳油的要求、试验方法以及标志、标签、包装、贮运和保证期。

本标准适用于由乙羧氟草醚原药与乳化剂溶解在适宜的溶剂中配制而成的乙羧氟草醚乳油。

注：乙羧氟草醚的其他名称、结构式和基本物化参数参见附录A。

2 规范性引用文件

下列文件对于本文件的应用是必不可少的。凡是注日期的引用文件，仅注日期的版本适用于本文件。凡是不注日期的引用文件，其最新版本（包括所有的修改单）适用于本文件。

GB/T 1600 农药水分测定方法

GB/T 1601 农药 pH 值的测定方法

GB/T 1603 农药乳液稳定性测定方法

GB/T 1604 商品农药验收规则

GB/T 1605—2001 商品农药采样方法

GB 4838 农药乳油包装

GB/T 6682—2008 分析实验室用水规格和试验方法(ISO 3696:1987,MOD)

GB/T 8170—2008 数值修约规则与极限数值的表示和判定

GB/T 19136 农药热贮稳定性测定方法

GB/T 19137 农药低温稳定性测定方法

3 要求

3.1 组成和外观

本品应由符合标准的乙羧氟草醚原药与乳化剂溶解在适宜的溶剂中配制而成，应为稳定的均相液体，无可见的悬浮物和沉淀。

3.2 技术指标

乙羧氟草醚乳油应符合表1要求。

表1 乙羧氟草醚乳油质量控制项目指标

项目	指标	
乙羧氟草醚质量分数/%	$10.0^{+1.0}_{-1.0}$	$20.0^{+1.2}_{-1.2}$
水分质量分数/% ≤	0.5	
pH 值范围	4.0～6.0	
乳液稳定性(稀释200倍)	合格	

表 1（续）

项　　目	指　　标
低温稳定性[a]	合格
热贮稳定性[a]	合格
[a] 正常生产时，低温稳定性和热贮稳定性试验，每六个月至少进行一次测定。	

4 试验方法

安全提示：使用本标准的人员应有实验室工作的实践经验。本标准并未指出所有的安全问题。使用者有责任采取适当的安全和健康措施，并保证符合国家有关法规的规定。

4.1 一般规定

本标准所用试剂和水在没有注明其他要求时，均指分析纯试剂和 GB/T 6682—2008 中规定的三级水。检验结果的判定按 GB/T 8170—2008 中的 4.3.3 修约值比较法进行。

4.2 抽样

按 GB/T 1605—2001 中“液体制剂采样”方法进行。用随机数表法确定抽样的包装件；最终抽样量应不少于 250 mL。

4.3 鉴别试验

液相色谱法——本鉴别试验可与乙羧氟草醚质量分数的测定同时进行。在相同的色谱操作条件下，试样溶液中某一色谱峰的保留时间与标样溶液中乙羧氟草醚色谱峰的保留时间，其相对差值应在 1.5% 以内。

气相色谱法——本鉴别试验可与乙羧氟草醚质量分数的测定同时进行。在相同的色谱操作条件下，试样溶液中某一色谱峰的保留时间与标样溶液中乙羧氟草醚色谱峰的保留时间，其相对差值应在 1.5% 以内。

4.4 乙羧氟草醚质量分数的测定

4.4.1 毛细管气相色谱法（仲裁法）

4.4.1.1 方法提要

试样用三氯甲烷溶解，以邻苯二甲酸双环己酯为内标物，使用 HP-5 涂壁的石英毛细管柱，和氢火焰离子化检测器，对试样中的乙羧氟草醚进行毛细管气相色谱分离和测定。

4.4.1.2 试剂和溶液

三氯甲烷；

乙羧氟草醚标样：已知质量分数 $w \geqslant 99.0\%$；

邻苯二甲酸双环己酯：不含有干扰分析的杂质；

内标溶液：称取 7.5 g 的邻苯二甲酸双环己酯置于 1 000 mL 的容量瓶中，用三氯甲烷溶解、定容、摇匀。

4.4.1.3 仪器

气相色谱仪：具氢火焰离子化检测器；

色谱柱：30 m×0.32 mm(i.d.)石英毛细柱，内壁涂 HP-5，膜厚 0.25μm；

色谱数据处理机或色谱工作站。

4.4.1.4 气相色谱操作条件

温度(℃)：柱室 230，气化室 260，检测室 280；

气体流量(mL/min)：载气(N_2)1.8，氢气 30，空气 300，补偿气 25；

分流比：30∶1；

进样体积：1.0 μL；

保留时间：乙羧氟草醚约 10.8 min，内标物约 7.9 min。

上述气相色谱操作条件，系典型操作参数。可根据不同仪器特点，对给定的操作参数作适当调整，以期获得最佳效果。典型的乙羧氟草醚乳油与内标物的气相色谱图见图 1。

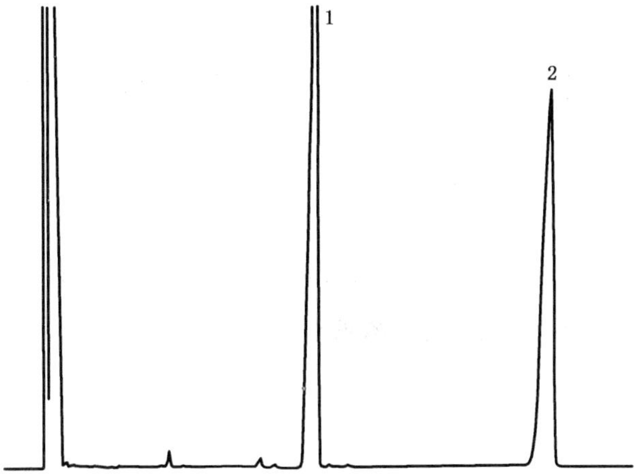

1——内标物；

2——乙羧氟草醚。

图 1 乙羧氟草醚乳油与内标物的气相色谱图

4.4.1.5 测定步骤

4.4.1.5.1 标样溶液的配制

称取乙羧氟草醚标样 0.05 g(精确至 0.000 2 g)，置于一具塞玻璃瓶中，用移液管准确加入 5 mL 内标溶液，摇匀。

4.4.1.5.2 试样溶液的配制

称取含乙羧氟草醚 0.05 g 的试样(精确至 0.000 2 g)，置于一具塞的玻璃瓶中，用与 4.4.1.5.1 中使用的同一支移液管准确加入 5 mL 内标溶液，摇匀。

4.4.1.5.3 测定

在上述色谱操作条件下，待仪器稳定后，连续注入数针标样溶液，直至相邻两针乙羧氟草醚与内标物的峰面积比的相对变化小于1.2%后，按照标样溶液、试样溶液、试样溶液、标样溶液的顺序进行分析测定。

4.4.1.5.4 计算

将测得的两针试样溶液以及试样前后两针标样溶液中乙羧氟草醚与内标物的峰面积比分别进行平均。试样中乙羧氟草醚质量分数按式(1)计算：

$$w_1=\frac{r_2\times m_1\times w}{r_1\times m_2} \qquad \cdots\cdots(1)$$

式中：

w_1——试样中乙羧氟草醚质量分数，以%表示；

r_2——试样溶液中乙羧氟草醚与内标物峰面积比的平均值；

m_1——标样的质量，单位为克(g)；

w——标样中乙羧氟草醚的质量分数，以%表示；

r_1——标样溶液中乙羧氟草醚与内标物峰面积比的平均值；

m_2——试样的质量，单位为克(g)。

4.4.1.6 允许差

两次平行测定结果之差应不大于0.5%，取其算术平均值作为测定结果。

4.4.2 高效液相色谱法

4.4.2.1 方法提要

试样用乙腈溶解，以甲醇+水+冰乙酸为流动相，使用以Nova-Pak C_{18}为填料的不锈钢柱和紫外检测器(230 nm)，对试样中的乙羧氟草醚进行高效液相色谱分离和测定。

4.4.2.2 试剂和溶液

甲醇：色谱纯；

乙腈：色谱纯；

冰乙酸；

水：新蒸二次蒸馏水；

乙羧氟草醚标样：已知乙羧氟草醚质量分数 $w\geqslant$99.0%。

4.4.2.3 仪器

高效液相色谱仪：具有可变波长紫外检测器；

色谱数据处理机或工作站；

色谱柱：150 mm×3.9 mm(i.d.)不锈钢柱，内装Nova-Pak C_{18}、5 μm填充物(或同等效果的色谱柱)；

过滤器：滤膜孔径约0.45 μm；

微量进样器：50 μL；

定量进样管：5 μL；

超声波清洗器。

4.4.2.4 高效液相色谱操作条件

流动相：$\Psi(CH_3OH : H_2O : CH_3COOH)$=75 : 25 : 0.2；

流速:1.0 mL/ min;

柱温:室温(温差变化应不大于 2 ℃);

检测波长:230 nm;

进样体积:5 μL;

保留时间:乙羧氟草醚约 7.0 min。

上述操作参数是典型的,可根据不同仪器特点,对给定的操作参数作适当调整,以期获得最佳效果。典型的乙羧氟草醚乳油高效液相色谱图见图 2。

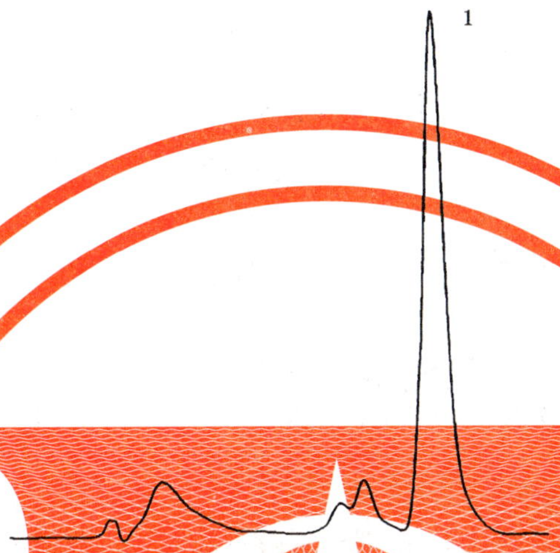

1——乙羧氟草醚。

图 2 乙羧氟草醚乳油的高效液相色谱图

4.4.2.5 测定步骤

4.4.2.5.1 标样溶液的制备

称取 0.1 g 乙羧氟草醚标样(精确至 0.000 2 g),置于 50 mL 容量瓶中,用乙腈稀释至刻度,超声波振荡 5 min 使试样溶解,冷却至室温,摇匀。用移液管移取上述溶液 5 mL 于 50 mL 容量瓶中,用乙腈稀释至刻度,摇匀。

4.4.2.5.2 试样溶液的制备

称取含乙羧氟草醚 0.1 g 的试样(精确至 0.000 2 g),置于 50 mL 容量瓶中,用乙腈稀释至刻度,超声波振荡 5 min 使试样溶解,冷却至室温,摇匀。用移液管移取上述溶液 5 mL 于 50 mL 容量瓶中,用乙腈稀释至刻度,摇匀。

4.4.2.5.3 测定

在上述操作条件下,待仪器稳定后,连续注入数针标样溶液,直至相邻两针乙羧氟草醚峰面积相对变化小于 1.2%后按照标样溶液、试样溶液、试样溶液、标样溶液的顺序进行测定。

4.4.2.5.4 计算

将测得的两针试样溶液以及试样前后两针标样溶液中乙羧氟草醚峰面积分别进行平均。试样中乙羧氟草醚的质量分数 w_2 按式(2)计算:

$$w_2=\frac{A_2 \cdot m_1 \cdot w}{A_1 \cdot m_2} \qquad \cdots\cdots(2)$$

式中：

w_2——试样中乙羧氟草醚的质量分数，以 % 表示；

A_2——试样溶液中乙羧氟草醚峰面积的平均值；

m_1——乙羧氟草醚标样的质量，单位为克(g)；

w——乙羧氟草醚标样的质量分数，以 % 表示；

A_1——标样溶液中乙羧氟草醚峰面积的平均值；

m_2——试样的质量，单位为克(g)。

4.4.2.6 允许差

乙羧氟草醚质量分数两次平行测定结果之差应不大于 0.5%，取其算术平均值作为测定结果。

4.5 水分质量分数的测定

按 GB/T 1600 中的“卡尔·费休法”进行。

4.6 pH 值的测定

按 GB/T 1601 进行。

4.7 乳液稳定性试验

试样用标准硬水稀释 200 倍，按 GB/T 1603 进行试验。量筒中无浮油(膏)、沉油和沉淀析出为合格。

4.8 低温稳定性试验

按 GB/T 19137 中“乳剂和均相液体制剂”进行，离心管底部离析物的体积不超过 0.3 mL 为合格。

4.9 热贮稳定性试验

按 GB/T 19136 中 “液体制剂”进行。热贮后，乙羧氟草醚质量分数不应低于热贮前测得乙羧氟草醚质量分数的 97%；乳液稳定性符合标准要求。

4.10 产品的检验和验收

产品的检验与验收应符合 GB/T 1604 的规定。

5 标志、标签、包装、贮运、安全和保证期

5.1 标志、标签、包装

乙羧氟草醚乳油的标志、标签和包装应符合 GB 4838 的规定。

乙羧氟草醚乳油用洁净、干燥的玻璃瓶或聚酯瓶包装，每瓶净含量为 10 mL(g)、50 mL(g)、500 mL(g)，外用瓦楞纸箱包装，每箱净容量 4 L、10 L 或 100 L、200 L 大桶包装。也可根据用户要求或订货协议采用其他形式的包装，但需符合 GB 4838 的规定。

5.2 贮运

乙羧氟草醚乳油包装件应贮存在通风、干燥的库房中。贮运时，严防潮湿和日晒，不得与食物、种子、饲料混放，避免与皮肤、眼睛接触，防止由口鼻吸入。

5.3 安全

本品对皮肤有中等刺激作用，对眼睛有强刺激作用。使用本品时要戴防护镜和胶皮手套，穿必要的防护衣物。施药后，应立即用肥皂和水洗净。如皮肤、眼睛不慎沾上本品，应立即用大量清水冲洗。误服者应立即送医院对症治疗。

5.4 保证期

在规定的贮存、运输条件下，乙羧氟草醚乳油的保证期，从生产日期算起为两年。

附 录 A
（资料性附录）
乙羧氟草醚的其他名称、结构式和基本物化参数

乙羧氟草醚的其他名称、结构式和基本物化参数如下：

通用名称：乙羧氟草醚

ISO 通用名称：Fluoroglycofen-ethyl

CAS 登录号：77 501-90-7

化学名称：*O*-〔5-(2-氯-α,α,α-三氟-对-甲苯氧基)-2-硝基苯甲酰基〕羟基乙酸乙酯

结构式：

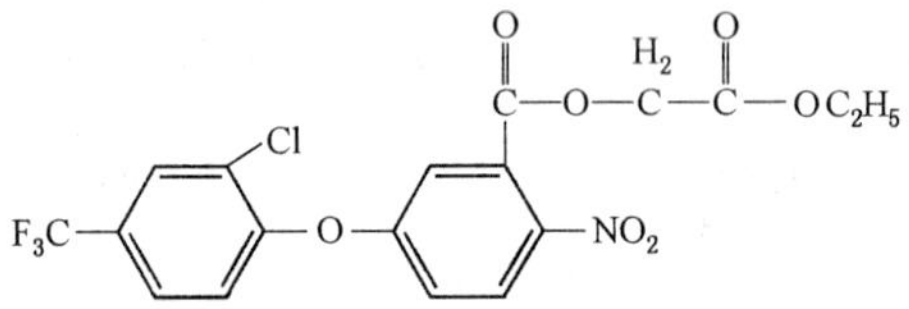

实验式：$C_{18}H_{13}ClF_3NO_7$

相对分子质量：447.8

生物活性：除草剂；

熔点：65 ℃；

蒸气压：小于 133 Pa(25 ℃)

溶解度(25℃)：水中 0.6 mg/L；大多数有机溶剂大于 100 g/kg

稳定性：0.25 mg/L 水溶液在 22 ℃下的 DT_{50} 约 231 d(pH5)、15 d(pH7)、0.15 d(pH9)；其水悬浮液因紫外光而迅速分解；土壤中因微生物而迅速降解，DT_{50} 约 11 h。

ICS 65.100.10
G 25

中华人民共和国国家标准

GB 28157—2011

乙酰甲胺磷乳油

Acephate emulsifiable concentrates

2011-12-30 发布　　2012-04-15 实施

中华人民共和国国家质量监督检验检疫总局
中国国家标准化管理委员会　发布

前　言

本标准的第3章、第5章是强制性的，其余是推荐性的。

本标准按照 GB/T 1.1—2009 给出的规则起草。

请注意本文件的某些内容可能涉及专利，本文件的发布机构不承担识别这些专利的责任。

本标准由中国石油和化学工业联合会提出。

本标准由全国农药标准化技术委员会(SAC/TC 133)归口。

本标准负责起草单位：沈阳化工研究院有限公司。

本标准参加起草单位：湖北沙隆达股份有限公司、浙江嘉化集团股份有限公司、江苏蓝丰生物化工股份有限公司、杭州庆丰农化有限公司。

本标准主要起草人：高晓晖、李东、李达元、廖艳、张树荣、谢印刚、何红东。

乙酰甲胺磷乳油

1 范围

本标准规定了乙酰甲胺磷乳油的要求、试验方法以及标志、标签、包装、贮运、保证期。

本标准适用于由乙酰甲胺磷原药与乳化剂溶解在适宜的溶剂中配制而成的乙酰甲胺磷乳油。

注：乙酰甲胺磷及杂质乙酰胺、甲胺磷、*O*,*O*,*S*-三甲基硫代磷酸酯的其他名称、结构式和基本物化参数参见附录A。

2 规范性引用文件

下列文件对于本文件的应用是必不可少的。凡是注日期的引用文件，仅注日期的版本适用于本文件。凡是不注日期的引用文件，其最新版本(包括所有的修改单)适用于本文件。

GB/T 601　化学试剂　标准滴定溶液的制备

GB/T 1600　农药水分测定方法

GB/T 1603　农药乳液稳定性测定方法

GB/T 1604　商品农药验收规则

GB/T 1605—2001　商品农药采样方法

GB 4838　农药乳油包装

GB/T 6682—2008　分析实验室用水规格和试验方法(ISO 3696:1987,MOD)

GB/T 8170—2008　数值修约规则与极限数值的表示和判定

GB/T 19136　农药热贮稳定性测定方法

GB/T 19137　农药低温稳定性测定方法

3 要求

3.1 外观

本品应由符合标准的乙酰甲胺磷原药制成，为稳定的均相液体，无可见的悬浮物和沉淀物。

3.2 技术指标

乙酰甲胺磷乳油还应符合表1要求。

表1　乙酰甲胺磷乳油控制项目指标

项　目		指　标	
		30%乳油	40%乳油
乙酰甲胺磷质量分数/%		$30.0^{+3.0}_{-2.0}$	$40.0^{+4.0}_{-2.7}$
乙酰胺质量分数/%	≤	0.3	0.4
甲胺磷质量分数/%	≤	0.8	1.0
O,*O*,*S*-三甲基硫代磷酸酯质量分数[a]/%	≤	0.1	0.2

表 1（续）

项目	指标	
	30%乳油	40%乳油
水分质量分数/% ≤	0.6	
酸度质量分数(以 H_2SO_4 计)/% ≤	0.5	
乳液稳定性(200 倍)	合格	
低温稳定性[a]	合格	
热贮稳定性[a]	合格	
[a] 正常生产时，*O*,*O*,*S*-三甲基硫代磷酸酯质量分数、低温稳定性和热贮稳定性试验每三个月至少测定一次。		

4 试验方法

安全提示：使用本标准的人员应有实验室工作的实践经验。本标准并未指出所有的安全问题。使用者有责任采取适当的安全和健康措施，并保证符合国家有关法规的规定。

4.1 一般规定

本标准所用试剂和水在没有注明其他要求时，均指分析纯试剂和 GB/T 6682—2008 中规定的三级水。试验中所用标准滴定溶液，在没有注明其他要求时，均按 GB/T 601 的规定制备和标定。检验结果的判定按 GB/T 8170—2008 中的 4.3.3 修约值比较法进行。

4.2 抽样

按 GB/T 1605—2001 中“液体制剂采样”方法进行。用随机数表法确定抽样的包装件；最终抽样量应不少于 250 mL。

4.3 鉴别试验

液相色谱法——本鉴别试验可与乙酰甲胺磷质量分数的测定同时进行。在相同的色谱操作条件下，试样溶液中某一色谱峰的保留时间与标样溶液中乙酰甲胺磷色谱峰的保留时间，其相对差值应在 1.5%以内。

4.4 乙酰甲胺磷、乙酰胺和甲胺磷质量分数的测定

4.4.1 方法提要

试样用流动相溶解，以乙腈＋水（pH＝3）为流动相，使用以 C_{18} 为填料的不锈钢柱和紫外检测器（210 nm），对试样中的乙酰甲胺磷、乙酰胺和甲胺磷进行反相高效液相色谱分离，外标法定量。

4.4.2 试剂和溶液

乙腈：色谱级；
水：新蒸二次蒸馏水；
磷酸；
乙酰甲胺磷标样：已知质量分数 $w \geqslant 99.0\%$；

乙酰胺标样：已知质量分数 $w \geq 98.0\%$；

甲胺磷标样：已知质量分数 $w \geq 98.0\%$；

乙酰胺标样和甲胺磷标样溶液的制备：分别称取乙酰胺标样 0.06 g、甲胺磷标样 0.1 g(精确至 0.000 2 g)置于 50 mL 容量瓶中，加流动相溶解，并稀释至刻度，摇匀。

4.4.3 仪器

高效液相色谱仪：具有可变波长紫外检测器；

色谱数据处理机或工作站；

色谱柱：250 mm×4.6 mm(i.d.)不锈钢柱，内装 C_{18}、5 μm 填充物(或具等同效果的色谱柱)；

过滤器：滤膜孔径约 0.45 μm；

微量进样器：250 μL；

超声波清洗器。

4.4.4 高效液相色谱操作条件

流动相：Ψ(乙腈∶水)＝10∶90，用磷酸将水的 pH 值调至 3，混合均匀后，经滤膜过滤，并进行脱气；

流量：1.0 mL/min；

柱温：室温(温差变化应不大于 2 ℃)；

检测波长：210 nm；

进样体积：20 μL；

保留时间：乙酰胺 3.6 min、甲胺磷 5.0 min、乙酰甲胺磷 5.7 min。

上述操作参数是典型的，可根据不同仪器特点，对给定的操作参数作适当调整，以期获得最佳效果。典型的乙酰甲胺磷乳油高效液相色谱图见图 1。

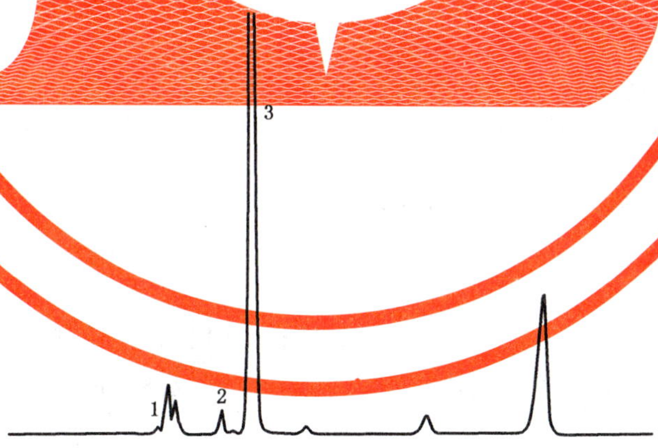

1——乙酰胺；

2——甲胺磷；

3——乙酰甲胺磷。

图 1 乙酰甲胺磷乳油的高效液相色谱图

4.4.5 测定步骤

4.4.5.1 标样溶液的制备

称取乙酰甲胺磷标样 0.06 g(精确至 0.000 2 g)置于 50 mL 容量瓶中，用移液管移取 2.0 mL 乙酰胺标样和甲胺磷标样溶液于同一容量瓶中，用流动相溶解并稀释至刻度，摇匀。

4.4.5.2 试样溶液的制备

称取含乙酰甲胺磷 0.06 g(精确至 0.000 2 g)的试样，置于 50 mL 容量瓶中，用流动相溶解并稀释至刻度，摇匀。

4.4.5.3 测定

在上述操作条件下，待仪器稳定后，连续注入数针标样溶液，直至相邻两针乙酰甲胺磷峰面积相对变化小于 1.2%后，按照标样溶液、试样溶液、试样溶液、标样溶液的顺序进行测定。

4.4.5.4 计算

将测得的两针试样溶液以及试样前后两针标样溶液中乙酰甲胺磷(乙酰胺、甲胺磷)的峰面积分别进行平均。试样中乙酰甲胺磷(乙酰胺、甲胺磷)的质量分数按式(1)计算：

$$w_1 = \frac{A_2 \cdot m_1 \cdot w}{A_1 \cdot m_2} \times f \qquad \cdots\cdots\cdots\cdots (1)$$

式中：

w_1——试样中乙酰甲胺磷(乙酰胺、甲胺磷)的质量分数，以%表示；
A_2——试样溶液中，乙酰甲胺磷(乙酰胺、甲胺磷)峰面积的平均值；
m_1——标样的质量，单位为克(g)；
w ——标样中乙酰甲胺磷(乙酰胺、甲胺磷)的质量分数，以%表示；
f ——稀释因子，对乙酰甲胺磷 $f=1$，乙酰胺和甲胺磷 $f=0.04$；
A_1——标样溶液中，乙酰甲胺磷(乙酰胺、甲胺磷)峰面积的平均值；
m_2——试样的质量，单位为克(g)。

4.4.5.5 允许差

乙酰甲胺磷质量分数两次平行测定结果之差应不大于 0.8%，乙酰胺和甲胺磷相对差应不大于 20%，分别取其算术平均值作为测定结果。

4.5 *O,O,S*-三甲基硫代磷酸酯质量分数的测定

4.5.1 方法提要

试样用流动相溶解，以乙腈＋水(pH＝3)为流动相，使用以 C_{18} 为填料的不锈钢柱和紫外检测器(210 nm)，对试样中的 *O,O,S*-三甲基硫代磷酸酯进行反相高效液相色谱分离，外标法定量。

4.5.2 试剂和溶液

同 4.4.2。
O,O,S-三甲基硫代磷酸酯标样：已知质量分数 $w \geq 95.0\%$。

4.5.3 仪器

同 4.4.3。

4.5.4 高效液相色谱操作条件

同 4.4.4；
保留时间：*O,O,S*-三甲基硫代磷酸酯 15 min。

上述操作参数是典型的，可根据不同仪器特点，对给定的操作参数作适当调整，以期获得最佳效果。典型的乙酰甲胺磷乳油高效液相色谱图见图 2。

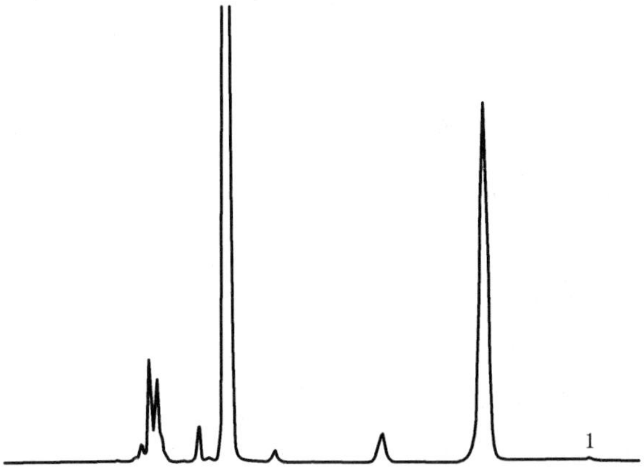

1——O,O,S-三甲基硫代磷酸酯。

图 2　乙酰甲胺磷乳油的高效液相色谱图

4.5.5　测定步骤

4.5.5.1　标样溶液的制备

称取 O,O,S-三甲基硫代磷酸酯标样 0.05 g(精确至 0.000 2 g)置于 50 mL 容量瓶中，用流动相溶解并稀释至刻度，摇匀。

4.5.5.2　试样溶液的制备

称取含 O,O,S-三甲基硫代磷酸酯 0.05 g(精确至 0.000 2 g)的试样，置于 50 mL 容量瓶中，用流动相溶解并稀释至刻度，摇匀。

4.5.5.3　测定

在上述操作条件下，待仪器稳定后，连续注入数针标样溶液，直至相邻两针乙酰甲胺磷峰面积相对变化小于 1.2%后，按照标样溶液、试样溶液、试样溶液、标样溶液的顺序进行测定。

4.5.5.4　计算

将测得的两针试样溶液以及试样前后两针标样溶液中 O,O,S-三甲基硫代磷酸酯的峰面积分别进行平均。试样中 O,O,S-三甲基硫代磷酸酯的质量分数按式(2)计算：

$$w_2 = \frac{A_2 \cdot m_1 \cdot w}{A_1 \cdot m_2} \qquad \cdots\cdots (2)$$

式中：

w_2——试样中 O,O,S-三甲基硫代磷酸酯的质量分数，以%表示；

A_2——试样溶液中，O,O,S-三甲基硫代磷酸酯峰面积的平均值；

m_1——标样的质量，单位为克(g)；

w——标样中 O,O,S-三甲基硫代磷酸酯的质量分数，以%表示；

A_1——标样溶液中，O,O,S-三甲基硫代磷酸酯峰面积的平均值；

m_2——试样的质量，单位为克(g)。

4.5.5.5 允许差

O,*O*,*S*-三甲基硫代磷酸酯质量分数两次平行测定结果相对差应不大于 20%,取其算术平均值作为测定结果。

4.6 水分质量分数的测定

按 GB/T 1600 中的"卡尔·费休法"进行。

4.7 酸度质量分数的测定

4.7.1 试剂和溶液

乙醇溶液:$\phi(C_2H_5OH)=95\%$;

氢氧化钠标准滴定溶液 $c(NaOH) = 0.02$ mol/L;

指示液:甲基红乙醇溶液,ρ(甲基红)=2 g/L。

4.7.2 测定步骤

称取试样 2 g(精确至 0.000 2g),置于一个 250 mL 锥形瓶中,加入乙醇溶液 50 mL,摇动使试样溶解。加入 5 滴指示液,用氢氧化钠标准滴定溶液滴定,溶液由红色变为橙黄色即为终点。同时做空白测定。

4.7.3 计算

试样的酸度按式(3)计算:

$$w_3 = \frac{c(V_1 - V_0) \cdot M}{m \times 1\ 000} \times 100 \qquad \cdots\cdots\cdots\cdots (3)$$

式中:

w_3——试样的酸度,以%表示;

c ——氢氧化钠标准滴定溶液的实际浓度,单位为摩尔每升(mol/L);

V_1——滴定试样溶液,消耗氢氧化钠标准滴定溶液的体积,单位为毫升(mL);

V_0——滴定空白溶液,消耗氢氧化钠标准滴定溶液的体积,单位为毫升(mL);

M ——硫酸(H_2SO_4)的摩尔质量的数值,单位为克每摩尔(g/mol),$\left[M\left(\frac{1}{2}H_2SO_4\right)=49\right]$;

m ——试样的质量,单位为克(g)。

4.8 乳液稳定性的试验

试样用标准硬水稀释 200 倍,按 GB/T 1603 进行试验,量筒中无浮油(膏)、沉油和沉淀析出为合格。

4.9 低温稳定性

按 GB/T 19137 中"乳剂和均相液体制剂"进行。离心管底部离析物的体积不超过 0.3 mL 为合格。

4.10 热贮稳定性试验

按 GB/T 19136 中"液体制剂"进行。热贮后,30%、40%乙酰甲胺磷乳油中乙酰甲胺磷质量分数应不低于贮前的 90%,乙酰胺质量分数、甲胺磷质量分数、乳液稳定性仍应符合标准要求即为合格。

4.11 产品的检验与验收

应符合 GB/T 1604 的规定。

5 标志、标签、包装、贮运、安全、保证期

5.1 标志、标签、包装

乙酰甲胺磷乳油的标志、标签、包装应符合 GB 4838 的规定。

乙酰甲胺磷乳油应用带有内塞及外盖的玻璃瓶包装，每瓶净含量为 250 g、500 g 等；外包装用钙塑箱或瓦楞纸箱，每箱净含量应不超过 15 kg。根据用户要求或订货协议，可以采用其他形式的包装，但需符合 GB 4838 的规定。

5.2 贮运

乙酰甲胺磷乳油包装件应贮存在通风、干燥、低温的库房中。贮运时，严防潮湿和日晒，不得与食物、种子、饲料混放，避免与皮肤、眼睛接触，防止由口鼻吸入。

5.3 安全

乙酰甲胺磷属低毒有机磷杀虫剂。使用本品应戴好防护手套、口罩，穿干净防护服。喷雾时要顺风方向进行，防止口鼻吸入，皮肤或身体裸露部位接触本品后，应及时用肥皂和水洗净。如发生中毒现象，应及时去医院治疗。

5.4 保证期

在规定的贮运条件下，乙酰甲胺磷乳油的保证期，从生产日期算起为两年。

附 录 A
（资料性附录）
乙酰甲胺磷及杂质乙酰胺、甲胺磷、*O*,*O*,*S*-三甲基硫代磷酸酯的其他名称、结构式和基本物化参数

本产品有效成分乙酰甲胺磷的其他名称、结构式和基本物化参数如下：

ISO 通用名称：Acephate

CAS 登记号：30560-19-1

CIPAC 数字代码：338

化学名称：*O*,*S*-二甲基-*N*-乙酰基硫代磷酰胺

结构式：

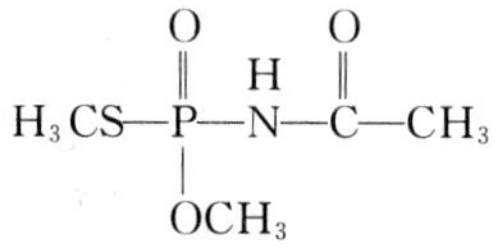

实验式：$C_4H_{10}NO_3PS$

相对分子质量：183.2

生物活性：杀虫

溶点：88 ℃～90 ℃

蒸气压(24 ℃)：0.226 mPa

相对密度(20 ℃)：1.35

溶解度(20 ℃,g/L)：水中 790；丙酮 151；乙醇>100；乙酸乙酯 35；苯 16；正己烷 0.1

稳定性：在微酸性条件下稳定，半衰期 DT_{50}(40 ℃)60 h(pH=9)，710 h(pH=3)。

本产品中杂质乙酰胺的其他名称、结构式和基本物化参数如下：

ISO 通用名称：Acetamide

CAS 登记号：60-35-5

化学名称：乙酰胺

结构式：

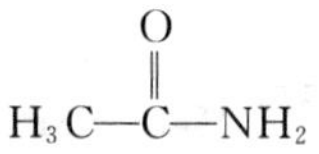

实验式：C_2H_5NO

相对分子质量：59.07

熔点：81 ℃

沸点：222 ℃

蒸气压(65 ℃)：0.13 kPa

相对密度(20 ℃)：1.16

溶解性：溶于水、乙醇、三氯甲烷、吡啶和甘油，微溶于乙醚，不溶于正辛醇。

本产品中杂质甲胺磷的其他名称、结构式和基本物化参数如下：

ISO 通用名称：Methamidophos

CAS 登记号：10265-92-6

CIPAC 数字代码：355

化学名称:*O*,*S* -二甲基胺基硫代磷酸酯

结构式:

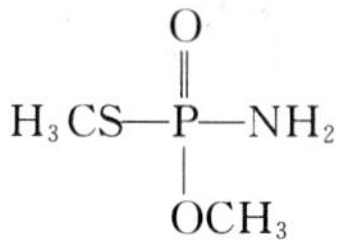

实验式:$C_2H_8NO_2PS$

相对分子质量:141.1

生物活性:杀虫、杀螨

溶点:44.9 ℃

蒸气压:2.3 mPa(20 ℃),4.7 mPa(25 ℃)

相对密度(20 ℃):1.27

溶解度(20 ℃,g/L):水中>200,异丙醇>200,二氯甲烷>200,正己烷 0.1~1,甲苯 2~5

稳定性:在常温下稳定,加热分解,故无沸点。在 pH3~8 范围内稳定,半衰期 DT50 1.8 a(pH4),120 h(pH7),70 h(pH9)。

本产品中杂质 *O*,*O*,*S*-三甲基硫代磷酸酯的其他名称、结构式和基本物化参数如下:

通用名称:*O*,*O*,*S*-三甲基硫代磷酸酯

CAS 登记号:152-20-5

化学名称:*O*,*O*,*S*-三甲基硫代磷酸酯

结构式:

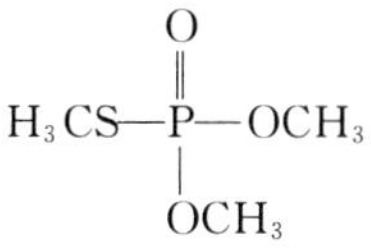

实验式:$C_3H_9O_3PS$

相对分子质量:156.15。

ICS 01.140.30
L 04

中华人民共和国国家标准

GB/T 28158—2011

国际贸易业务的职业分类与资质管理

Occupational classification and qualification management of international trade

2011-12-30 发布　　2012-07-01 实施

中华人民共和国国家质量监督检验检疫总局
中国国家标准化管理委员会　发布

前　　言

本标准按照 GB/T 1.1—2009 给出的规则起草。

本标准由全国电子业务标准化技术委员会(SAC/TC 83)提出并归口。

本标准起草单位:中国对外贸易经济合作企业协会、中国标准化研究院。

本标准主要起草人:郑樑、陈文培、张晓利、熊虹艳、刘颖、王捷、瞿志明、徐晓进、贾巍巍、胡涵景、章建方、马建红。

引　　言

本标准为推进我国国际贸易的规范化和标准化，提升国际贸易人员素质和企业管理水平制定。本标准主要依据 GB/T 6565—2009《职业分类与代码》和中华人民共和国主席令[2004]第十五号《中华人民共和国对外贸易法》制定，将国际贸易人员职业类别细化为国际贸易业务运营类、单证类、财会类和翻译类，并对这四个类别规定了职业资质要求以及管理要求。

国际贸易业务的职业分类与资质管理

1 范围

本标准规定了国际贸易业务的职业分类和职业资质要求及管理。

本标准适用于国际贸易业务的职业分类与管理。

2 规范性引用文件

下列文件对于本文件的应用是必不可少的。凡是注日期的引用文件，仅注日期的版本适用于本文件。凡是不注日期的引用文件，其最新版本(包括所有的修改单)适用于本文件。

GB/T 6565—2009 职业分类与代码

中华人民共和国主席令[2004]第十五号《中华人民共和国对外贸易法》

国办发[2007]36号《国务院办公厅关于加快推进行业协会商会改革和发展的若干意见》

3 术语和定义

下列术语和定义适用于本文件。

3.1

国际贸易 international trade

货物进出口及其相关的技术进出口和国际服务贸易。

3.2

国际贸易师 international trade manager

从事国际贸易业务策划、经营和管理并具备相应资质的人员。

3.3

国际贸易单证师 international trade documentation manager

从事国际贸易业务单证缮制和审核并办理相关事宜并具备相应资质的人员。

3.4

国际贸易会计师 international trade accountant

从事国际贸易会计核算和财务管理并具备相应资质的人员。

3.5

国际贸易翻译 international trade translator

从事国际贸易业务中外国与中国语言和文字互译并具备相应资质的人员。

4 职业分类与分级

4.1 总则

本标准依据GB/T 6565—2009的规定，并结合国际贸易从业人员各项职业的工作内容，将国际贸易从业人员各项职业分为如表1所示的四个类别和四个职业等级。四个类别为国际贸易业务运营类、国际贸易单证类、国际贸易财会类、国际贸易翻译类。四个职业等级为一级、二级、三级、四级，其中一级为最高级。

表 1　国际贸易从业人员职业类别与等级

等级	类别			
	国际贸易业务运营类	国际贸易单证类	国际贸易财会类	国际贸易翻译类
一级	高级国际贸易师	高级国际贸易单证师	高级国际贸易会计师	高级国际贸易翻译
二级	国际贸易师	国际贸易单证师	国际贸易会计师	国际贸易翻译
三级	助理国际贸易师	助理国际贸易单证师	助理国际贸易会计师	助理国际贸易翻译
四级	国际贸易业务员	国际贸易单证员	国际贸易会计员	
	国际贸易跟单员	加工贸易报审员	外汇业务核销员	
	国际贸易秘书		出口退税办税员	

4.2　工作内容

4.2.1　国际贸易业务运营类

4.2.1.1　高级国际贸易师

高级国际贸易师包括以下主要工作内容：

a）制定并完善企业国际化战略；

b）制定并实施企业国际贸易总体业务规划；

c）指导、协调企业内各部门制定业务方案；

d）承揽并组织实施重大贸易项目。

4.2.1.2　国际贸易师

国际贸易师包括以下主要工作内容：

a）确定目标市场战略，策划相关贸易项目；

b）合理调配业务资源，指导监督贸易项目负责人员实现预期效益；

c）发掘和培育国外客户，寻找国际贸易机会，组织所负责项目的谈判、签约和项目实施。

4.2.1.3　助理国际贸易师

助理国际贸易师包括以下主要工作内容：

a）了解分管项目的市场需求、贸易环境及商品信息；

b）收集、筛选客户信息并建立合作关系；

c）进行贸易洽谈，落实分管工作。

4.2.1.4　国际贸易业务员

国际贸易业务员包括以下主要工作内容：

a）协助业务主管收集客户信息；

b）按照业务主管要求办理国际贸易所需的各类文件及相关事宜；

c）参与贸易洽谈。

4.2.1.5 国际贸易跟单员

国际贸易跟单员包括以下主要工作内容：

a) 了解分管贸易合同的相关条款；

b) 协助业务主管选择出口商品和供货单位；

c) 根据合同要求，协调监督商品生产过程；

d) 履行定购合同并安排发货事宜。

4.2.1.6 国际贸易秘书

国际贸易秘书包括以下主要工作内容：

a) 联络、接待客户；

b) 起草、收发贸易文函；

c) 负责业务文件的运转和管理；

d) 辅助业务主管处理日常工作。

4.2.2 国际贸易单证类

4.2.2.1 高级国际贸易单证师

高级国际贸易单证师包括以下主要工作内容：

a) 对企业贸易单证工作进行统一部署；

b) 编制需企业制定的单证样式和填制规范；

c) 指导、审核并解决单证业务中的疑难问题。

4.2.2.2 国际贸易单证师

国际贸易单证师包括以下主要工作内容：

a) 释读、审核贸易合同及国际结算的相关要求，制作出口货物明细表；

b) 缮制、审核国际贸易各种单证；

c) 解决单证业务中的相关问题。

4.2.2.3 助理国际贸易单证师

助理国际贸易单证师包括以下主要工作内容：

a) 释读、审核贸易合同及国际结算的相关要求和出口货物明细表，缮制国际贸易各种单证；

b) 完成单证交付，处理单证传递、交付中的相关问题。

4.2.2.4 国际贸易单证员

国际贸易单证员包括以下主要工作内容：

a) 根据贸易合同及国际结算的相关要求和出口货物明细表，缮制国际贸易各种单证；

b) 完成单证交付及相关业务手续。

4.2.2.5 加工贸易报审员

加工贸易报审员包括以下主要工作内容：

a) 整理加工贸易单据、办理加工贸易业务批准及合同报审等事宜；

b) 办理加工贸易合同备案、合同核销、银行台账、加工贸易相关出口退(免)税等相关事宜。

4.2.3 国际贸易财会类

4.2.3.1 高级国际贸易会计师

高级国际贸易会计师包括以下主要工作内容：

a) 协助企业领导制定并完善企业国际化战略和业务发展规划；
b) 组织制定并监督落实国际贸易企业财会管理、内部控制及其他经济管理制度；
c) 分析评估国际贸易企业经营质量，指导开展国际贸易企业资产管理、税务筹划等业务；
d) 协助企业领导审定执行国际贸易企业财务预、决算方案，主持审定国际贸易企业重大财务决策方案；
e) 审核国际贸易企业的重要财务报表和报告，与企业负责人共同对财务报表和报告的真实性负责；
f) 指导国际贸易企业筹建与清算。

4.2.3.2 国际贸易会计师

国际贸易会计师包括以下主要工作内容：

a) 制定并执行国际贸易企业财会管理和相关内部控制管理制度，领导所属部门完成会计核算和财务管理的具体业务；
b) 组织实施企业资产管理、税务筹划等具体业务，配合业务人员开展国际贸易方案策划、成本利润分析、业务监管等工作；
c) 指导开展企业内部审计工作，监控本企业及下属单位财务运作和资金收支情况，整理相关信息以供业务主管和企业领导分析；
d) 组织编制国际贸易企业财务预算、决算方案和各类会计报表；
e) 具体承办国际贸易企业的筹建与清算业务。

4.2.3.3 助理国际贸易会计师

助理国际贸易会计师包括以下主要工作内容：

a) 承办国际贸易业务会计核算与财务管理的具体业务，承办企业内部审计业务；
b) 承办并指导完成国际收支申报、国际结算等项具体业务；
c) 编制完成各类会计报表、预决算方案；
d) 协助业务人员开展单项业务成本核算工作。

4.2.3.4 国际贸易会计员

国际贸易会计员包括以下主要工作内容：

a) 根据会计法规和国家统一的会计制度与规定处理日常账务单据，完成记账业务，办理税务业务；
b) 承办出纳业务；
c) 为各类会计报表、预决算方案提供基础数据；
d) 承办国际收支申报、国际结算等项具体业务。

4.2.3.5 外汇业务核销员

外汇业务核销员包括以下主要工作内容：

a) 申领出口收汇核销单；

b） 办理出口收汇核销事宜；
c） 办理进口付汇核销事宜；
d） 承担电子口岸操作等相关工作。

4.2.3.6 出口退税办税员

出口退税办税员包括以下主要工作内容：
a） 进行免抵退税的会计核算；
b） 办理出口退税相关单证整理、备案事宜；
c） 承担出口退税数据申报等相关工作。

4.2.4 国际贸易翻译类

4.2.4.1 高级国际贸易翻译

高级国际贸易翻译包括以下主要工作内容：
a） 翻译、撰写国际贸易业务中重要复杂的文件和资料；
b） 协助企业领导审核并签发外语文件；
c） 承担或指导重大商务会议、商务活动的翻译工作；
d） 协助企业领导策划并参与重要项目的商务谈判、签约和执行；
e） 指导解决企业翻译工作中重大疑难问题。

4.2.4.2 国际贸易翻译

国际贸易翻译包括以下主要工作内容：
a） 翻译、撰写国际贸易业务相关的文件和资料；
b） 审核外语文件；
c） 承担商务会议、商务活动的翻译工作；
d） 协助策划并参与商务谈判、签约和执行；
e） 指导解决业务部门工作中有关翻译的疑难问题。

4.2.4.3 助理国际贸易翻译

助理国际贸易翻译包括以下主要工作内容：
a） 翻译、撰写国际贸易业务相关的常用文件；
b） 协助完成商务会议、商务活动的翻译工作。

5 职业资质要求

5.1 国际贸易业务运营类

5.1.1 高级国际贸易师

5.1.1.1 基本条件

高级国际贸易师应符合以下条件中的一项：
a） 具有国际贸易或其他相关专业大专、高职学历（或同等学力）并在国际贸易相关业务岗位上累计工作时间不低于8年；
b） 具有国际贸易或其他相关专业本科学历（或同等学力）并在国际贸易相关业务岗位上累计工

作时间不低于 7 年；
c) 具有国际贸易或其他相关专业硕士及以上学位(或同等学力)并在国际贸易相关业务岗位上累计工作时间不低于 5 年；
d) 具有国际贸易业务营运类二级资质并在国际贸易相关业务岗位上累计工作时间不低于 3 年。

5.1.1.2 业务技能

高级国际贸易师除具备与本资质同一类别且级别低于本资质的其他资质的业务技能外，还应具备以下能力：
a) 根据国内外政治与经济发展趋势制定并监督推进本企业国际化战略的能力；
b) 制定本企业国际贸易业务规划和工作程序的能力；
c) 建立国际贸易风险防范监控机制的能力；
d) 妥善解决国际商务活动中重大问题的能力；
e) 全面的跨文化交际和组织协调能力；
f) 全面的商务外语综合应用能力。

5.1.1.3 业务知识

高级国际贸易师除具备与本资质同一类别且级别低于本资质的其他资质的业务知识外，还应具备以下知识：
a) 熟悉国际政治经济变化发展趋势；
b) 熟悉国际商务领域的基础理论和应用方法；
c) 了解企业跨国经营的理论与方法。

5.1.2 国际贸易师

5.1.2.1 基本条件

国际贸易师应符合以下条件中的一项：
a) 具有国际贸易或其他相关专业大专、高职学历(或同等学力)并在国际贸易相关业务岗位上累计工作时间不低于 4 年；
b) 具有国际贸易或其他相关专业本科学历(或同等学力)并在国际贸易相关业务岗位上累计工作时间不低于 3 年；
c) 具有国际贸易或其他相关专业硕士及以上学位(或同等学力)并在国际贸易相关业务岗位上累计工作时间不低于 1 年；
d) 具有国际贸易业务营运类三级资质并在国际贸易相关业务岗位上累计工作时间不低于 3 年。

5.1.2.2 业务技能

国际贸易师除具备与本资质同一类别且级别低于本资质的其他资质的业务技能外，还应具备以下能力：
a) 收集信息，分析并确定国内外目标市场战略的能力；
b) 根据目标市场战略，策划开发国际贸易项目的能力；
c) 预见、识别、分析并规避国际贸易风险的能力；
d) 策划、组织与实施公共关系活动的能力；
e) 策划、组织并使用商务外语进行业务谈判的能力，并具备掌控谈判的能力；
f) 较强跨文化交际的能力；

g) 熟练应用商务外语的能力。

5.1.2.3 业务知识

国际贸易师除具备与本资质同一类别且级别低于本资质的其他资质的业务知识外，还应具备以下知识：

a) 熟悉国际贸易相关的法律法规、国际公约、国际标准和国际惯例；
b) 熟悉国际贸易基础理论和应用方法。

5.1.3 助理国际贸易师

5.1.3.1 基本条件

助理国际贸易师应符合以下条件中的一项：

a) 具有国际贸易或其他相关专业大专、高职及以上学历(或同等学力)并在国际贸易相关业务岗位上累计工作时间不低于1年；
b) 具有国际贸易业务营运类四级资质。

5.1.3.2 业务技能

助理国际贸易师除具备与本资质同一类别且级别低于本资质的其他资质的业务技能外，还应具备以下能力：

a) 根据市场战略，协助调研目标市场和开发贸易产品的能力；
b) 寻找并推荐目标客户的能力；
c) 协助制定业务方案并执行分管工作的能力；
d) 核算贸易项目效益的能力；
e) 一定的跨文化交际能力；
f) 较好应用商务外语的能力。

5.1.3.3 业务知识

助理国际贸易师除具备与本资质同一类别且级别低于本资质的其他资质的业务知识外，还应具备以下知识：

a) 熟悉国际营销、国际金融、国际经贸地理知识；
b) 了解我国国际贸易的相关法律、法规、标准与政策。

5.1.4 国际贸易业务员

5.1.4.1 基本条件

国际贸易业务员应符合以下条件：

具有国际贸易及相关专业中专、中职及以上学历。

5.1.4.2 业务技能

国际贸易业务员应具备以下能力：

a) 根据国际贸易业务方案，收集信息、寻找客户的能力；
b) 根据贸易合同办理国际贸易各业务环节所需文件及其他相关手续的能力；
c) 电子商务应用技能；
d) 跨文化交际基础能力；

e） 基础的商务外语应用能力。

5.1.4.3 业务知识

国际贸易业务员应具备以下知识：

a） 熟悉国际贸易业务流程；
b） 熟悉国际商务礼仪；
c） 熟悉相关国际贸易商品知识；
d） 了解相关国际贸易规定和惯例；
e） 了解国际贸易单证相关标准。

5.1.5 国际贸易跟单员

5.1.5.1 基本条件

国际贸易跟单员应符合以下条件：

具有国际贸易及相关专业中专、中职及以上学历。

5.1.5.2 业务技能

国际贸易跟单员应具备以下能力：

a） 能根据出口合同寻找相应商品的生产单位；
b） 能按合同规定与生产单位协调，掌握出口商品生产过程，控制出口商品的生产时间与质量；
c） 能根据贸易合同与单证跟踪业务流程的相关环节并按规定检验、接收货物，寻找并综合评估物流服务，办理货物托运及相关事宜；
d） 良好的洽商沟通能力；
e） 电子商务应用技能；
f） 基础的商务外语应用能力。

5.1.5.3 业务知识

国际贸易跟单员应具备以下知识：

a） 熟悉国际贸易业务流程；
b） 了解相关国际贸易规定和惯例；
c） 了解国际贸易单证相关标准；
d） 了解市场营销知识；
e） 了解国际商务礼仪；
f） 了解相关国际贸易商品知识。

5.1.6 国际贸易秘书

5.1.6.1 基本条件

国际贸易秘书应符合以下条件：

具有国际贸易、秘书及相关专业中专、中职及以上学历。

5.1.6.2 业务技能

国际贸易秘书应具备以下能力：

a） 能辅助管理办公室日常事务；

b) 管理业务文件正常运转的能力；

c) 会议管理的能力；

d) 熟练使用办公软件和电子商务的应用技能；

e) 较好的商务外语应用能力；

f) 一定的跨文化交际能力。

5.1.6.3 业务知识

国际贸易秘书应具备以下知识：

a) 熟悉国际商务礼仪；

b) 熟悉办理国际贸易文案的知识；

c) 了解国际贸易业务流程；

d) 了解国际贸易谈判相关事宜。

5.2 国际贸易单证类

5.2.1 高级国际贸易单证师

5.2.1.1 基本条件

高级国际贸易单证师应符合以下条件中的一项：

a) 具有国际贸易或其他相关专业大专、高职学历(或同等学力)并在国际贸易相关业务岗位上累计工作时间不低于8年；

b) 具有国际贸易或其他相关专业本科学历(或同等学力)在国际贸易相关业务岗位上累计工作时间不低于7年；

c) 具有国际贸易或其他相关专业硕士及以上学位(或同等学力)并在国际贸易相关业务岗位上累计工作时间不低于5年；

d) 具有国际贸易单证类二级资质并在国际贸易相关业务岗位上累计工作时间不低于3年。

5.2.1.2 业务技能

高级国际贸易单证师除具备与资质同一类别且级别低于本资质的其他资质的业务技能外，还应具备以下能力：

a) 根据国际贸易合同及业务需求独立编制所需单证及其流程的能力；

b) 识别各类单证存在的问题并提出相应解决方案的能力；

c) 与外商及相关单位和部门协调解决有关单证业务问题的能力；

d) 全面指导企业贸易单证缮制业务的能力；

e) 识别、分析并规避国际贸易风险的能力；

f) 熟练使用办公软件和电子商务的能力。

5.2.1.3 业务知识

高级国际贸易单证师除具备与本资质同一类别且级别低于本资质的其他资质的业务知识外，还应具备以下知识：

a) 掌握国际贸易相关的法律、法规、标准及国际惯例；

b) 掌握国际贸易业务所使用的单证及流程；

c) 掌握国际贸易相关各业务环节所需外语。

5.2.2 国际贸易单证师

5.2.2.1 基本条件

国际贸易单证师应符合以下条件中的一项：

a) 具有国际贸易或其他相关专业大专、高职学历(或同等学力)并在国际贸易相关业务岗位上累计工作时间不低于4年；

b) 具有国际贸易或其他相关专业本科学历(或同等学力)在国际贸易相关业务岗位上累计工作时间不低于3年；

c) 具有国际贸易或其他相关专业硕士及以上学位(或同等学力)并在国际贸易相关业务岗位上累计工作时间不低于1年；

d) 具有国际贸易单证类三级资质并在国际贸易相关业务岗位上累计工作时间不低于3年。

5.2.2.2 业务技能

国际贸易单证师除具备与本资质同一类别且级别低于本资质的其他资质的业务技能外，还应具备以下能力：

a) 根据国际贸易合同，及时、准确、规范地独立或指导其他专业人员缮制所需单证的能力；

b) 识别单证中常见问题并予以解决的能力；

c) 发现信用证存在问题并提出修改意见的能力；

d) 使用办公软件和电子商务的能力。

5.2.2.3 业务知识

国际贸易单证师除具备与本资质同一类别且级别低于本资质的其他资质的业务知识外，还应具备以下知识：

a) 熟悉国际贸易相关的法律、法规、标准及国际惯例；

b) 熟悉国际贸易业务所使用的单证及流程；

c) 熟悉国际贸易业务相关各类单证所需外语。

5.2.3 助理国际贸易单证师

5.2.3.1 基本条件

助理国际贸易单证师应符合以下条件中的一项：

a) 具有国际贸易或其他相关专业大专、高职及以上学历(或同等学力)并在国际贸易相关业务岗位上累计工作时间不低于1年；

b) 具有国际贸易单证类四级资质。

5.2.3.2 业务技能

助理国际贸易单证师除具备与本资质同一类别且级别低于本资质的其他资质的业务技能外，还应具备以下能力：

a) 缮制单证的能力；

b) 协助国际贸易单证师处理信用证及其他支付方式问题的能力；

c) 使用办公软件及电子商务基本功能的能力。

5.2.3.3 业务知识

助理国际贸易单证师除具备与本资质同一类别且级别低于本资质的其他资质的业务知识外，还应具备以下知识：

a) 了解国际贸易相关法律、法规、标准及国际惯例；

b) 了解国际贸易业务所使用的单证及流程；

c) 了解国际贸易业务相关各类单证所需外语。

5.2.4 国际贸易单证员

5.2.4.1 基本条件

国际贸易单证员应符合以下条件：

具有国际贸易及相关专业中专、中职及以上学历。

5.2.4.2 业务技能

国际贸易单证员应具备以下能力：

a) 协助国际贸易单证师办理单证所需事宜的能力；

b) 在助理国际贸易单证师指导下缮制单证的能力；

c) 使用办公软件和电子商务核心功能的能力。

5.2.4.3 业务知识

国际贸易单证员应具备以下知识：

a) 了解国际贸易业务常用的单证及流程；

b) 了解国际贸易业务相关常用单证所需外语。

5.2.5 加工贸易报审员

5.2.5.1 基本条件

加工贸易报审员应符合以下条件：

具有国际贸易及相关专业中专、中职及以上学历。

5.2.5.2 业务技能

加工贸易报审员应具备以下能力：

a) 能整理加工贸易的各类单证和单据；

b) 能办理加工贸易业务批准证等政府主管部门的业务报审工作；

c) 能办理加工贸易合同备案、核销工作；

d) 能办理加工贸易银行台账的业务；

e) 使用办公软件和电子商务应用能力。

5.2.5.3 业务知识

加工贸易报审员应具备以下知识：

a) 熟悉国际贸易业务流程；

b) 了解相关国际贸易规定和惯例；

c) 了解加工贸易政策和规定；

d) 了解国际贸易单证相关标准；
e) 基础的商务外语应用能力。

5.3 国际贸易财会类

5.3.1 高级国际贸易会计师

5.3.1.1 基本条件

高级国际贸易会计师应符合以下条件中的一项：

a) 具有财会或其他相关专业大专、高职学历（或同等学力）并在国际贸易相关会计岗位上累计工作时间不低于8年；
b) 具有财会或其他相关专业本科学历（或同等学力）并在国际贸易相关会计岗位上累计工作时间不低于7年；
c) 具有财会或其他相关专业硕士及以上学位（或同等学力）并在国际贸易相关会计岗位上累计工作时间不低于5年；
d) 具有国际贸易财会类二级资质并在国际贸易相关财会岗位上累计工作时间不低于3年。

5.3.1.2 业务技能

高级国际贸易会计师除具备与本资质同一类别且级别低于本资质的其他资质的业务技能外，还应具备以下能力：

a) 制定并协调推行企业国际化战略和业务规划中财务配套方案的能力；
b) 设计国际贸易企业财会管理思路并指导下属开展会计核算和财务管理具体业务的能力；
c) 分析评估预决算方案并综合评估企业经营状况，起草国际贸易企业财务分析报告的能力；
d) 为国际贸易企业重大经营活动提供财务决策信息，对活动计划进行评估，对活动过程实施财务监督的能力；
e) 设计国际贸易企业筹建与清算方案并监督实施的能力；
f) 较好的商务外语应用能力。

5.3.1.3 业务知识

高级国际贸易会计师除具备与本资质同一类别且级别低于本资质的其他资质的业务知识外，还应具备以下知识：

a) 全面熟悉财会专业理论和管理知识；
b) 全面熟悉我国财经法律、法规、制度以及国际会计核算、财务管理的规则与惯例；
c) 熟悉国际政治经济变化发展趋势；
d) 熟悉国际商务领域的基础理论和应用方法。

5.3.2 国际贸易会计师

5.3.2.1 基本条件

国际贸易会计师应符合以下条件中的一项：

a) 具有财会或其他相关专业大专、高职学历（或同等学力）并在国际贸易相关会计岗位上累计工作时间不低于4年；
b) 具有财会或其他相关专业本科学历（或同等学力）并在国际贸易相关会计岗位上累计工作时间不低于3年；

c) 具有财会或其他相关专业硕士及以上学位(或同等学力)并在国际贸易相关会计岗位上累计工作时间不低于1年；
d) 具有国际贸易财会类三级资质并在国际贸易相关会计岗位上累计工作时间不低于3年。

5.3.2.2 业务技能

国际贸易会计师除具备与本资质同一类别且级别低于本资质的其他资质的业务技能外，还应具备以下能力：
a) 根据企业国际化战略制定企业国际贸易财会管理和内控管理制度的能力；
b) 建立国际贸易企业财务预测与决策、评价与考核体系的能力；
c) 组织下属开展国际贸易会计核算与财务管理基本业务的能力；
d) 根据企业国际化战略设计并组织实施资产管理、税务筹划等具体业务的能力；
e) 组织编制国际贸易企业各项财务报表，拟定企业预决算方案的能力；
f) 制定并组织落实企业内部审计方案并形成审计分析报告的能力；
g) 开展国际贸易企业筹建与清算工作的能力；
h) 一定的商务外语应用能力。

5.3.2.3 业务知识

国际贸易会计师除具备与本资质同一类别且级别低于本资质的其他资质的业务知识外，还应具备以下知识：
a) 熟悉国际贸易企业财务管理的理论与方法；
b) 熟悉我国财经法律、法规与制度；
c) 熟悉国际营销、国际金融、国际商务领域的知识；
d) 熟悉我国国际贸易的相关法律、法规、标准与政策；
e) 熟悉国际贸易及相关专业领域的理论与实务知识。

5.3.3 助理国际贸易会计师

5.3.3.1 基本条件

助理国际贸易会计师应符合以下条件中的一项：
a) 具有财会或其他相关专业大专、高职及以上学历(或同等学力)并在国际贸易相关会计岗位上累计工作时间不低于1年；
b) 具有国际贸易财会类四级资质。

5.3.3.2 业务技能

助理国际贸易会计师除具备与本资质同一类别且级别低于本资质的其他资质的业务技能外，还应具备以下能力：
a) 执行国际贸易企业各项财会制度，开展国际贸易业务会计核算与财务管理具体业务的能力；
b) 制作国际贸易企业资产负债表、利润分析表、现金流量表及其他相关报表的能力；
c) 综合分析国际贸易企业各项财务指标，按程序承担审计工作各环节业务内容的能力；
d) 基础商务外语应用能力；
e) 熟练使用电子数据库等信息管理工具开展国际贸易业务的财务统计、分析等项工作的能力。

5.3.3.3 业务知识

助理国际贸易会计师除具备与本资质同一类别且级别低于本资质的其他资质的业务知识外，还应具备以下知识：

a） 熟悉国际贸易企业财务管理的相关知识；

b） 了解企业内部审计的相关知识；

c） 了解我国财经法律、法规与制度。

5.3.4 国际贸易会计员

5.3.4.1 基本条件

国际贸易会计员应符合以下条件：

具有财会及相关专业中专、中职及以上学历。

5.3.4.2 业务技能

国际贸易会计员应具备以下能力：

a） 处理日常账目单据、记账、税务办理等业务的能力；

b） 办理各种出纳业务的能力；

c） 办理国际收支申报、国际结算等项业务的能力；

d） 对出口货物进行退（免）税核算的能力；

e） 对出口商品收购价格进行核算的能力；

f） 熟练使用办公软件和财务电算化软件的能力；

g） 基础的商务外语应用能力。

5.3.4.3 业务知识

国际贸易会计员应具备以下知识：

a） 熟悉我国国际贸易实务操作的相关规定与方法；

b） 熟悉国家会计法规及其他相关准则、规定；

c） 熟悉国际贸易规定和惯例；

d） 熟悉国际结算等专业知识；

e） 熟悉国际贸易会计核算实务工作的方法规定。

5.3.5 外汇业务核销员

5.3.5.1 基本条件

外汇业务核销员应符合以下条件：

具有国际贸易、财会及相关专业中专、中职及以上学历。

5.3.5.2 业务技能

外汇业务核销员应具备以下能力：

a） 能办理出口收汇核销单的申领与核销工作；

b） 能办理进口付汇备案手续和进口付汇核销单的核销工作；

c） 熟练使用办公软件和电子商务应用能力；

d） 基础的商务外语应用能力。

5.3.5.3 业务知识

外汇业务核销员应具备以下知识：

a） 熟悉国际贸易业务流程；
b） 熟悉出口收汇核销管理操作规程；
c） 熟悉进口付汇核销管理操作规程；
d） 具有财务、税务及外汇管理专业基础知识；
e） 了解相关国际贸易规定和惯例；
f） 了解国际结算等专业知识。

5.3.6 出口退税办税员

5.3.6.1 基本条件

出口退税办税员应符合以下条件：
具有国际贸易、财会及相关专业中专、中职及以上学历。

5.3.6.2 业务技能

出口退税办税员应具备以下能力：
a） 能进行出口货物退（免）税的业务管理，办理出口货物退（免）税单证配备事宜；
b） 能进行出口货物退（免）税专门软件操作，办理出口货物退（免）税报审事宜；
c） 熟练使用办公软件的能力；
d） 基础的商务外语应用能力。

5.3.6.3 业务知识

出口退税办税员应具备以下知识：
a） 熟悉国际贸易业务流程；
b） 具有财务、税务及外汇管理专业基础知识；
c） 熟悉出口收汇核销管理操作规程；
d） 熟悉出口货物退税税种、税率；
e） 了解相关国际贸易规定和惯例；
f） 了解国际结算等专业知识。

5.4 国际贸易翻译类

5.4.1 高级国际贸易翻译

5.4.1.1 基本条件

高级国际贸易翻译应符合以下条件中的一项：
a） 具有国际贸易、外语或其他相关专业大专、高职学历（或同等学力）并在国际贸易或翻译相关业务岗位上累计工作时间不低于8年；
b） 具有国际贸易、外语或其他相关专业本科学历（或同等学力）并在国际贸易或翻译相关业务岗位上累计工作时间不低于7年；
c） 具有国际贸易、外语或其他相关专业硕士及以上学位（或同等学力）并在国际贸易或翻译相关业务岗位上累计工作时间不低于5年；
d） 具有国际贸易翻译类二级资质并在国际贸易或翻译相关业务岗位上累计工作时间不低于3年。

5.4.1.2 业务技能

高级国际贸易翻译除具备国际贸易翻译、助理国际贸易翻译的业务技能外，还应具备以下能力：

a) 了解国际政治经济发展趋势的能力；

b) 全面负责企业翻译工作并解决企业翻译工作中重大疑难问题的能力；

c) 承担并指导企业重要商务会议、商务活动翻译工作的能力；

d) 熟练使用外语协助企业领导开展商务谈判，并具有策划、组织、实施及协调谈判的能力；

e) 全面的跨文化交际能力。

5.4.1.3 业务知识

高级国际贸易翻译除具备国际贸易翻译、助理国际贸易翻译的业务知识外，还应具备以下知识：

a) 熟悉国际政治、经济、文化以及国际商务领域的综合知识；

b) 熟悉国际贸易及相关专业领域的理论与实务知识；

c) 全面掌握在国际商务环境下熟练使用商务外语的相关知识；

d) 全面了解跨文化交际方面的知识。

5.4.2 国际贸易翻译

5.4.2.1 基本条件

国际贸易翻译应符合以下条件中的一项：

a) 具有国际贸易、外语或其他相关专业大专、高职学历（或同等学力）并在国际贸易或翻译相关业务岗位上累计工作时间不低于4年；

b) 具有国际贸易、外语或其他相关专业本科学历（或同等学力）并在国际贸易或翻译相关业务岗位上累计工作时间不低于3年；

c) 具有国际贸易或其他相关专业硕士及以上学位（或同等学力）并在国际贸易或翻译相关业务岗位上累计工作时间不低于1年；

d) 具有国际贸易翻译类三级资质并在国际贸易或翻译相关业务岗位上累计工作时间不低于3年。

5.4.2.2 业务技能

国际贸易翻译除具备助理国际贸易翻译的业务技能外，还应具备以下能力：

a) 在国际贸易环境下较强的母语与外语互译能力；

b) 担任商务会议、商务活动翻译工作的能力；

c) 熟练使用外语识读、翻译、分析国际商务领域相关资料和信息的能力；

d) 熟练使用外语识读、起草、修改国际贸易具体业务相关文件的能力；

e) 熟练使用外语协助业务主管开展商务谈判的能力；

f) 较强的跨文化交际能力。

5.4.2.3 业务知识

国际贸易翻译除具备助理国际贸易翻译的业务知识外，还应具备以下知识：

a) 熟悉国际营销、国际金融、国际经贸地理知识；

b) 熟悉我国国际贸易的相关法律、法规、标准与政策；

c) 熟悉国际贸易相关的法律法规、国际公约、国际标准和国际惯例；

d） 熟悉与业务内容相关的外语背景知识；
e） 熟悉跨文化交际的方面的知识。

5.4.3 助理国际贸易翻译

5.4.3.1 基本条件

助理国际贸易翻译应符合以下条件中的一项：

a） 具有国际贸易、外语或其他相关专业大专、高职及以上学历（或同等学力）并在国际贸易相关业务岗位上累计工作时间不低于1年；
b） 具有国际贸易各类别四级资质。

5.4.3.2 业务技能

助理国际贸易翻译应具备以下能力：

a） 使用商务外语辅助开展国际贸易业务工作的能力；
b） 能协助担任商务会议、商务活动的基础翻译工作；
c） 使用外语识读、翻译贸易活动中常用文件的能力；
d） 协助业务主管开展商务谈判的能力；
e） 使用外语进行电子商务运营的能力；
f） 一定的跨文化交际能力。

5.4.3.3 业务知识

助理国际贸易翻译应具备以下知识：

a） 熟悉国际贸易业务流程以及相关的规定与惯例；
b） 熟悉国际商务礼仪；
c） 熟悉在国际贸易环境下正确使用商务外语听、说、读、写、译各项技能的知识；
d） 了解跨文化交际的基础知识。

6 职业资质认定与管理

6.1 实施原则

根据中华人民共和国主席令[2004]第十五号《中华人民共和国对外贸易法》、国办发[2007]36号《国务院办公厅关于加快推进行业协会商会改革和发展的若干意见》以及本标准的相关要求实施认定工作。

6.2 认定方法

认定方法包括以下主要内容：

a） 符合本标准第5章“职业资质要求”的人员经认定获得相应职业资质。国家另有规定的按规定执行。
b） 认定程序由本人自愿申请、业务培训、业务知识与业务技能考核等环节组成。每次认定设定有效期。
c） 根据本标准审核职业资质的基本条件并组织统一考试测试业务技能和业务知识。
d） 将具备相应职业资质的人员统一注册登记，同时发给与注册登记信息一致的证书。
e） 对持有职业资质的人员实行继续教育制度，通过继续教育的人员可延长所认定资质的有效期。

f) 对不符合基本条件的在校生可逐步实施培训认证制度，经过规定课程培训并获取认证证书的在校生可参加指定种类职业资质的认定。

6.3 认定工作管理

认定工作管理包括以下主要内容：

a) 根据本标准要求确定培训方法并编制相应的教材与考试指南。

b) 经认证的职业资质培训师可从事相应资质的培训和执考工作。

c) 经认证的机构可组织开展相应资质的培训与考试工作。

d) 建立全国国际贸易从业人员数据库，统一管理持有职业资质人员、培训师和培训机构的相关信息。形成国际贸易从业人员数据统计和定期发布制度。

e) 推行国际贸易从业人员的就业准入制度，国际贸易从业人员在上岗前先行参加职业资质认定。

f) 根据国际贸易业务发展调整职业资质内容，编制国际贸易行业重点领域的人才发展规划。

g) 国际贸易从业人员职业资质标准和院校国际贸易相关专业标准相衔接，以本标准为依据开展相关专业教育质量评估工作。

ICS 31.030
L 90

中华人民共和国国家标准

GB/T 28159—2011

电子级磷酸

Electronic grade phosphoric acid

2011-12-30 发布　　　　2012-07-01 实施

中华人民共和国国家质量监督检验检疫总局
中国国家标准化管理委员会　发布

前　　言

本标准是根据 GB/T 1.1—2009 给出的规则起草。

请注意本文件的某些内容可能涉及专利。本文件的发布机构不承担识别这些专利的责任。

本标准由全国半导体设备和材料标准化委员会(TC 203)提出并归口。

本标准负责起草单位:四川成洪磷化工有限责任公司、江苏江阴市润玛电子材料有限公司、湖北兴发化工集团股份有限公司、苏州电子材料厂有限公司、苏州晶瑞化学有限公司。

本标准主要起草人:李全东、肖遥、王文武、戈士勇、何珂、李少平、钟尉、尤家栋、刘兵。

电子级磷酸

1 范围

本标准规定了电子级磷酸的要求、试验方法、检验规则以及标志、包装、运输、贮存等。

本标准适用于电子工业用磷酸。

本标准不涉及使用安全性问题，本标准的使用人应负责建立适当的安全健康条款及使用范围的限制。

2 规范性引用文件

下列文件对于本文件的应用是必不可少的。凡是注日期的引用文件，仅注日期的版本适用于本文件。凡是不注日期的引用文件，其最新版本(包括所有的修改单)适用于本文件。

GB/T 191 包装储运图示标志

GB/T 601 化学试剂 标准滴定溶液的制备

GB/T 603 化学试剂 试验方法中所用制剂及制品的制备

GB/T 1282—1996 化学试剂 磷酸

GB 3149—2004 食品添加剂 磷酸

GB/T 6678 化工产品采样总则

GB/T 8170 数值修约规则与极限数值的表示和判定

GB/T 11446.1 电子级水

GB 15258 化学品安全标签编写规定

GB 50472 电子工业洁净厂房设计规范

3 产品分类

标准规定的电子级磷酸分为两种规格：E1 为普通电子级磷酸，E2 为高纯电子级磷酸。

4 要求

4.1 外观：无色、无臭、黏稠状液体。

4.2 电子级磷酸应符合表 1 要求。

表 1 要求

项目		指标	
		E1	E2
磷酸(H_3PO_4)质量分数(85%)/(%)		85～87	85～87
易氧化物(以 H_3PO_3 计)质量分数/%	≤	0.005	0.001
硝酸盐(NO_3^-)质量分数/(mg/kg)	≤	5	0.5

表 1（续）

项目		指标	
		E1	E2
硫酸盐(SO_4^{2-})质量分数/(mg/kg)	≤	10	5
氯化物(Cl^-)质量分数/(mg/kg)	≤	1	0.5
铝(Al)质量分数/(μg/kg)	≤	200	50
硼(B)质量分数/(μg/kg)	≤	—	50
锑(Sb)质量分数/(μg/kg)	≤	3 000	300
砷(As)质量分数/(μg/kg)	≤	100	20
钡(Ba)质量分数/(μg/kg)	≤	100	20
镉(Cd)质量分数/(μg/kg)	≤	100	20
钙(Ca)质量分数/(μg/kg)	≤	1 000	50
铬(Cr)质量分数/(μg/kg)	≤	100	20
钴(Co)质量分数/(μg/kg)	≤	100	20
铜(Cu)质量分数/(μg/kg)	≤	50	20
镓(Ga)质量分数/(μg/kg)	≤	100	10
金(Au)质量分数/(μg/kg)	≤	100	10
铁(Fe)质量分数/(μg/kg)	≤	300	50
铅(Pb)质量分数/(μg/kg)	≤	100	20
锂(Li)质量分数/(μg/kg)	≤	100	10
镁(Mg)质量分数/(μg/kg)	≤	100	20
锰(Mn)质量分数/(μg/kg)	≤	100	20
镍(Ni)质量分数/(μg/kg)	≤	100	20
钾(K)质量分数/(μg/kg)	≤	100	20
银(Ag)质量分数/(μg/kg)	≤	100	20
钠(Na)质量分数/(μg/kg)	≤	500	50
锡(Sn)质量分数/(μg/kg)	≤	—	10
锶(Sr)质量分数/(μg/kg)	≤	100	20
钛(Ti)质量分数/(μg/kg)	≤	100	50
锌(Zn)质量分数/(μg/kg)	≤	100	50
颗粒(粒径,数量)/(μm,pcs/mL)		—	—

5 试验方法

5.1 安全提示

本试验方法中使用的部分试剂具有毒性、腐蚀性及易燃，操作者须小心谨慎！如溅到皮肤上应立即用水冲洗，严重者应立即治疗。使用易燃品时，严禁使用明火加热。

5.2 一般规定

本标准所用试剂在没有注明其他要求时均指优级纯试剂。所用水为 GB/T 11446.1 规定的 EW-Ⅰ级电子级超纯水,25 ℃在线电阻率不小于 18.2 MΩ·cm。试验中所用标准溶液、制剂及制品,在没有注明其他要求时,均按照 GB/T 601、GB/T 603 的规定配制。ICP-MS 操作和颗粒测定均需在不低于 GB 50472 中规定的 1 000 级洁净室进行,其溶液的配制及样品的处理宜在不低于 GB 50472 中规定的 100 级环境下进行。

5.3 外观

在自然光条件下用目视法进行判定。

5.4 磷酸含量

5.4.1 重量法(仲裁法)

按 GB 3149—2004 中 4.4.1 规定的方法进行。

5.4.2 容量法

5.4.2.1 方法提要

根据磷酸性质,以百里香酚酞为指示液,用氢氧化钠标准滴定溶液直接滴定,以确定磷酸含量。

5.4.2.2 试剂和材料

5.4.2.2.1 氢氧化钠标准滴定溶液:$c(NaOH) \approx 0.5$ mol/L;

5.4.2.2.2 百里香酚酞指示液:1 g/L。

5.4.2.3 分析步骤

称取约 1 g 试样,精确至 0.000 2 g。移入 250 mL 具塞锥型玻璃烧瓶中,用 80 mL 的超纯水稀释,加入 0.5 mL 百里酚酞指示剂溶液,用 0.5 mol/L 的氢氧化钠标准溶液滴定至溶液刚呈浅蓝色即为终点。同时做一空白值。

5.4.2.4 分析结果的表述

磷酸(H_3PO_4)质量分数(x_1)按式 (1)计算:

$$x_1 = \frac{V \cdot c \times 49.00}{m \times 1\ 000} \times 100\% \qquad \cdots\cdots (1)$$

式中:

c ——氢氧化钠标准滴定溶液的实际浓度,单位为摩尔每升(mol/L);

V ——消耗氢氧化钠标准滴定溶液的体积,单位为毫升(mL);

m ——试样的质量,单位为克(g);

49.00——磷酸的摩尔质量[$M(1/2H_3PO_4)$],单位为克每摩尔(g/mol)。

取平行测定结果的算术平均值为测定结果,两次平行测定结果的绝对差值不大于 0.2%。

5.5 易氧化物含量

按 GB/T 3149—2004 中 4.8 规定的方法进行。

5.6 金属离子含量

5.6.1 方法原理

电感耦合等离子体-质谱法(ICP-MS)对电子级磷酸中痕量金属离子的测定有很高的灵敏度，并可以同时测定多个痕量金属离子。测定时样品由载气(氩气)引入雾化系统进行雾化后，以气溶胶形式进入等离子中小区，在离子体火炬高温和惰性气氛中被去溶剂化、汽化解离和电离，转化成带正电荷的正离子，经离子采集系统进入质谱仪，质谱仪根据质荷比进行分离，由离子质谱峰的强度定量样品中相应离子的含量。

样品分析采用标准加入法，标准曲线的线性范围在 20 ng/L～500 ng/L。

5.6.2 试剂和材料

5.6.2.1 硝酸：金属离子含量不大于 1 μg/L 的超纯硝酸，选取相应浓度的持证标准溶液。

5.6.2.2 硝酸溶液(1+19，体积比)：取符合 5.6.2.1 的硝酸 150 mL 加入 950 mL 超纯水。

5.6.2.3 调谐液：1 μg/L，由仪器供应商提供或者持证调谐溶液。

5.6.2.4 调谐工作溶液：取符合 5.6.2.3 的调谐液 20 mL 于聚四氟乙烯洁净瓶中。此液 4 ℃冷藏、反复使用可保持 7 天。

5.6.2.5 多元素标准储备液：选取表 1 中金属离子已知浓度为 100 μg/mL 的标准溶液，或者选取其他浓度的持证标准溶液。

5.6.2.6 多元素标准工作液：取符合 5.6.2.5 的标准储备液 100 μL 于聚四氟乙烯洁净瓶中，加入符合 5.6.2.1 的硝酸 2 mL，用超纯水稀释至 100 mL，摇匀。此标准工作液中金属离子为 100 μg/L。此液 4 ℃ 冷藏、反复使用可保持 7 天。

5.6.2.7 高纯氩气、氢气、氦气及仪器要求的其他气体，纯度不小于 99.995%。

5.6.2.8 磷酸标准样品(质控样)：浓度 1%的磷酸标准溶液，选取持证磷酸标准溶液，或者实验室间比对认可的质控样。

5.6.3 仪器设备

5.6.3.1 电感耦合等离子体-质谱仪(ICP-MS)，配置碰撞反应系统 (ORS)(推荐仪器检出限：低质量数元素(Be)$<5\times10^{-9}$，中高质量数元素(In、Bi)$<1\times10^{-9}$；丰度灵敏度：低质量数元素$\leqslant1\times10^{-6}$，高质量数元素$\leqslant5\times10^{-7}$；稳定性：短期 RSD≤4%(20 min)，长期 RSD≤5%(2 h)，24 h 质量轴偏离±0.1 amu；抗干扰能力：氧化物比值≤3%，双电荷比值≤8%。)

5.6.3.2 精密取样枪：100 μL，1 000 μL，5 mL。

5.6.3.3 超纯水净化器，带 0.1 μm 终端过滤器，在线制备不低于 18.2 MΩ·cm(25 ℃)超纯水。

5.6.4 分析步骤

5.6.4.1 样品测试液

分次称取 10 g 待测试样，精确至 0.000 2 g，分别置于 6 个 100 mL 的聚四氟乙烯高纯瓶中，加2 mL 超纯硝酸，依次加入 0 mL、0.1 mL、0.2 mL、0.4 mL、0.6 mL、1.0 mL 符合 5.6.2.6 的多元素标准工作液，用超纯水稀释至 100.00 g，摇匀。

5.6.4.2 空白试液

在聚四氟乙烯高纯瓶中加入 2 mL 超纯硝酸，用超纯水稀释至 100 mL(100.00 g)，摇匀。

所有器皿及取样枪枪头均要用符合5.6.2.2的高纯硝酸溶液浸泡24 h,用超纯水反复冲洗晾干后，方可使用。

5.6.4.3 测定

调整仪器工作条件,用符合5.6.2.4的调谐工作溶液调整仪器测量参数,调谐应达到仪器的工作要求;选择待测元素质量数,对待测元素的同位素的选择需根据样品基体中可能出现的干扰情况,选取干扰少的相宜气体模式测定,以及丰度较高的同位素进行测定。以分析峰的响应值为纵坐标,待测元素标液加入量为横坐标,利用仪器配备的化学工作站(随机配的色谱软件)对测试结果绘制标准曲线,将标准曲线延长交于横坐标的交点于原点的距离所相应的含量,即为样品测试液待测元素的含量,再以此计算样品中待测元素的含量。

在同样的分析条件下进行空白试验,依据仪器说明书的操作要求扣除空白干扰。

标准曲线的线性相关系数不得低于0.995,若测定结果超出线性范围,应该将测试液重新配制,或改变样品加入浓度重测。

注:调整仪器时宜优先对符合5.6.2.8的磷酸标准样品比对测定,主要元素的测定结果与已知浓度的绝对差值宜不超过一定的百分比限度值(相对已知浓度),否则重新调整仪器。元素已知浓度≥1×10^{-7},限度值≤10%;元素已知浓度1×10^{-8}~5×10^{-98},限度值≤20%;元素已知浓度1×10^{-9}~1×10^{-8},限度值≤30%。

5.6.5 检出限、精密度和回收率

5.6.5.1 检出限(LOQ)

1% H_3PO_4 各元素的检出限见附录A表A.1。

5.6.5.2 精密度(RSD)

在重复条件下获得的两次独立测定结果的绝对差值不得超过算术平均值的30%;各元素精密度试验数据见附录A表A.2。

5.6.5.3 回收率

电感耦合等离子体-质谱法回收率应在75%~125%范围;各元素精密度试验数据见附录A表A.2。

5.7 阴离子含量

5.7.1 容量法

按GB/T 1282—1996的相关要求操作,检出限$\rho(Cl^-)$0.01 mg/L、$w(NO_3^-)$0.05 mg/kg、$\rho(SO_4^{2-})$0.4 mg/L。

5.7.1.1 氯化物

5.7.1.1.1 试剂和材料

a) 硝酸:1+1溶液;

b) 硝酸银:17 g/L溶液;

c) 氯化物标准溶液[$\rho(Cl^-)$=1 000 mg/L],选取相应浓度的持证标准溶液。

5.7.1.1.2 分析步骤

a) 样品制备

称取 20 g 试样(12 mL),精确至 0.000 2 g,移入 100 mL 容量瓶中,定容,摇匀,吸取 10 mL 溶液置于 50 mL 比色管中,用水稀释至约 40 mL,加 2 mL 硝酸溶液和 1 mL 硝酸银溶液,用水稀释至刻度摇匀。

b) 标准比对溶液

取含下列数量的氯化物标准溶液:

E1 0.02 mg Cl^-;

E2 0.001 mg Cl^-。

与样品同时同样处理。

c) 分析结果的表述

按照 a)和 b)配制的溶液放置 10 min,溶液所呈浊度不得大于对应的标准比对溶液。

5.7.1.2 硝酸盐测定

5.7.1.2.1 试剂和材料

a) 靛蓝二磺酸钠溶液[$c(C_{16}H_8N_2Na_2O_8S_2)=0.001$ mol/L]:按 GB/T 1282—1996 中 5.7 规定的配制;

b) 氯化钠溶液[$\rho(NaCl)=100$ g/L];

c) 硝酸盐标准溶液[$\rho(NO_3^-)=1\ 000$ mg/L],选取相应浓度的持证标准溶液。

5.7.1.2.2 分析步骤

a) 样品制备

称取 20 g 试样(12 mL),精确至 0.000 2 g,移入 100 mL 容量瓶中,定容,摇匀,吸取 25 mL 溶液置于 50 mL 比色管中,用水稀释至约 30 mL,加 1 mL 氯化钠溶液[$c(NaCl)=100$ g/L]和 1 mL 靛蓝二磺酸钠溶液[$c(C_{16}H_8N_2Na_2O_8S_2)=0.001$ mol/L]溶液,在摇动下,于 10 s～15 s 时间内加入 10 mL 浓硫酸,用水稀释至刻度摇匀。

b) 标准比对溶液

取含下列数量的硝酸盐标准溶液:

E1 0.1 mg NO_3^-;

E2 0.002 5 mg NO_3^-。

与样品同时同样处理。

c) 分析结果的表述

按照 a)和 b)配制的溶液放置 10 min,溶液所呈蓝色不得浅于对应的标准比对溶液。

5.7.1.3 硫酸盐

5.7.1.3.1 试剂和材料

a) 无水乙醇;

b) 氯化钡:250 g/L 溶液;

c) 硫酸盐标准溶液[$\rho(SO_4^{2-})=1\ 000$ mg/L],选取相应浓度的持证标准溶液。

5.7.1.3.2 分析步骤

a) 样品制备

称取 20 g 试样(12 mL),精确至 0.000 2 g,移入 100 mL 容量瓶中,定容,摇匀,吸取 10 mL 溶液置于 50 mL 比色管中,用水稀释至约 40 mL,加 5 mL 无水乙醇和 1 mL 盐酸溶液(1+1),在不断摇动下滴加 3 mL 氯化钡溶液,用水稀释至刻度摇匀。

b) 标准比对溶液

取含下列数量的硫酸盐标准溶液:

E1　0.06 mg SO_4^{2-};

E2　0.01 mg SO_4^{2-}。

稀释至 20 mL,以下按 5.7.1.3.2a)条中从"加 5 mL 无水乙醇……"开始,至"……摇匀"止进行。

c) 分析结果的表述

按照 a)和 b)配制的溶液放置 10 min,溶液所呈浊度不得大于对应的标准比对溶液。

5.7.2 离子色谱法(定量法)

5.7.2.1 方法原理

离子色谱仪采用样品环管定体积进样,样品溶液通过专用离子抑制柱,将痕量杂质阴离子用离子排斥柱从磷酸中分离出来,再将分离收集的组分通过离子交换浓缩柱进行浓缩,经电导检测器中形成高斯分布型色谱峰。色谱峰的面积(或峰高)正比于组分的浓度,仪器的积分仪拾得此信号给出组分的定量结果。宜采用标准加入法,测定样品中的杂质阴离子。

5.7.2.2 试剂和材料

5.7.2.2.1 阴离子标准工作溶液

分别吸取用氯化物(Cl^-)、硝酸盐(NO_3^-)、硫酸盐(SO_4^{2-})标准工作溶液,现用现配成混合标准工作溶液 $\rho(Cl^-)$10 mg/L、$\rho(NO_3^-)$50 mg/L、$\rho(SO_4^{2-})$100 mg/L,可根据试样中阴离子浓度确定相宜浓度。

5.7.2.2.2 离子色谱柱

采用仪器配套的离子色谱柱:保护柱、分析柱、C 浓缩柱、捕获柱、排斥柱。

5.7.2.2.3 淋洗液

超纯水,20 mmol/L～60 mmol/L 氢氧化钾(宜用淋洗液发生器产生)。

5.7.2.3 设备和仪器

离子色谱仪,配有淋洗液自动发生器、电导检测器和色谱工作站、阴离子自动再生抑制器、浓缩泵、外接式六通阀,仪器检出限:Cl^- 0.002 μg/mL,NO_3^- 和 SO_4^{2-} 0.001 μg/mL。

5.7.2.4 分析步骤

5.7.2.4.1 离子色谱条件

见表 2。

表 2　离子色谱条件[1]

柱温	30 ℃	电流设置	50 mA
检测器	抑制型检测器	抑制柱	外加水循环模式
淋洗速率	0.50 mL/min～1.00 mL/min	样品量	200 μL
排斥柱分离速率	0.5 mL/min	排斥柱切换时间	9 min 30 s～9 min 45 s
淋洗方法：先单独用 20 nM KOH 淋洗 30 min，后改为 60 nM 淋洗 10 min，最后回到 20 nM 淋洗 5 min			

5.7.2.4.2　测定

称取一定量的磷酸，按 1∶1 质量比用超纯水稀释，得样品试液。取等体积样品试液 6 份，加入系列符合 5.7.2.2.1 要求的混合标准工作液，配制表 3 所列浓度的标准曲线溶液。在选定的色谱条件下，测定标准曲线溶液的色谱峰。以阴离子的峰面积对其质量浓度绘制标准曲线，从标准曲线上外推加入的标准离子浓度为 0 时对应的浓度即为样品中阴离子浓度。

表 3　标准曲线溶液(推荐)

项　　目	离子浓度/(μg/mL)					
	1	2	3	4	5	6
氯化物(Cl^-)	0	0.05	0.20	0.50	1.00	1.50
硫酸盐(SO_4^{2-})	0	1.00	2.00	5.00	10.00	15.00
硝酸盐(NO_3^-)	0	0.5	1.00	2.00	5.00	8.00

5.7.2.4.3　空白试验

除不加试样外，采用完全相同的测定步骤进行平行操作。

5.7.2.4.4　结果计算

样品溶液中阴离子浓度以质量分数(x_2)计，单位以毫克每千克(mg/kg)表示，按式(2)计算：

$$x_2 = \frac{(S_1 - S_0) \times V \times t}{m} \qquad (2)$$

式中：

S_1——样品离子的响应值在标准曲线上对应的质量浓度，单位为毫克每升(mg/L)；

S_0——空白离子的响应值在标准曲线上对应的质量浓度，单位为毫克每升(mg/L)；

V——样品溶液总体积，单位为毫升(mL)；

t——样品稀释倍数；

m——样品质量，单位为克(g)。

5.7.2.4.5　检出限、精密度和回收率

a)　检出限：方法检出限 $w(Cl^-)$0.007 μg/g，$w(NO_3^-)$0.003 μg/g，$w(SO_4^{2-})$0.003 μg/g。

1)　非商业性声明：表 2 所列数据是在 Dionex ICS-1500 离子色谱仪上完成的，此处所列试验用仪器型号仅为了提供参考，并不涉及商业目的，鼓励使用者尝试不同厂家和型号的仪器。

b) 精密度：相对标准偏差(RSD)为 Cl^-<3%、NO_3^-<3%、SO_4^{2-}<6%。

c) 回收率：加标准回收率为 99%～102%。

5.8 颗粒测定

5.8.1 仪器和设备

激光液体颗粒测定仪器：精度 0.2 μm，带除气泡装置。

5.8.2 测定步骤

按照仪器操作规程，设定仪器清洗程序和测定程序。先用超纯水清洗仪器，使测定 0.2 μm 颗粒达到小于 20 pcs/mL 后，取 20 mL 样品进行颗粒测定。

6 检验规则

6.1 组批与抽样

6.1.1 每一合同批次或交货批次为一批次。

6.1.2 抽样宜在线采样，在生产线上包装机台的采样口进行。成品抽样时，按照 GB/T 6678 的规定确定采样单元数，采样前先确认包装中产品温度应高于 10 ℃。采样在室温 20 ℃左右的净化房中进行。采样方法为将包装置于 GB 50472 中规定的 100 级超净工作环境(层流罩或净化间)，放置时间不少于 30 min，让其稳定后开盖采样。采样时，用专用洁净采样器自包装桶口插入料层深度的四分之三处采样。

6.1.3 所采样品不少于 100 g，将所采样品混匀，分装于两个清洁干燥的高纯聚乙烯瓶或聚四氟乙烯瓶中，密封。瓶上粘贴标签，注明：生产厂名、产品名称、批号、采样日期和采样者姓名(生产厂自己采样品可简化标签)。一瓶用于检验，另一瓶保存 3 个月备查。

6.2 检验项目

6.2.1 出厂检验由生产厂的质量监督检验部门按本标准的要求进行检验，生产厂应保证每批出厂的产品都符合本标准的要求。

6.2.2 有下列情况之一时，进行型式检验。

a) 原料、工艺、设备有较大变化时；

b) 长期停产恢复生产时；

c) 质量监督部门提出要求时。

7 标志、标签

7.1 电子级磷酸包装桶上应有牢固、清晰的标志，内容包括：生产厂名、厂址、产品名称“电子级磷酸”字样、生产许可证号、净重、批号或生产日期、本标准编号以及 GB/T 191 及 GB 15258 中规定的“腐蚀性物品”标志。标签格式应符合 GB 15258 中规定。

7.2 每批出厂的电子级磷酸都应附有质量证明书。内容包括：生产厂名、产品名称、净重、批号或生产日期，产品质量符合本标准的证明和本标准编号。

8 包装、运输、贮存、操作

8.1 电子级磷酸采用包装专用高纯容器：密封、小开口、高密度聚乙烯(HDPE)桶，全聚四氟乙烯或覆盖聚四氟乙烯内膜桶，外材质为316 L的不锈钢内衬聚四氟乙烯或高密度聚乙烯的槽车。

8.2 电子级磷酸在运输过程中，要轻提轻放，严禁烈日曝晒和猛烈撞击，严禁与有毒物质混运，防止污染。搬运时要轻提轻放，防止破损。

8.3 电子级磷酸在贮存过程中，适宜室温(20 ℃左右)贮存，严禁与碱类、有毒物品及其他易腐蚀物品混放在一起，防止阳光曝晒。

8.4 磷酸包装、取样、放出等转移操作应在不低于10 ℃的环境下进行，避免带入引起磷酸结晶的晶种、异物等，甚至低温(10 ℃以下)的器具及空气也应避免直接进入磷酸中。

附 录 A
（资料性附录）
仪器工作条件

仪器工作条件见表 A.1～表 A.3。

表 A.1 各元素检出限[2)]

单位为纳克每千克(ng/kg)

元 素	检出限	元 素	检出限	元 素	检出限	元 素	检出限
Li	0.38	Ca	14	Cu	1.7	Au	0.7
B	10	Ti	25	Zn	2.7	Pb	0.8
Na	5	Cr	30	As	5	Ag	0.3
Mg	4	Mn	1.8	Sr	0.2	Sb	20
Al	6	Fe	20	Cd	1		
K	3	Co	0.56	Ba	0.2		

表 A.2 精密度试验[2)]

元 素	相对标准偏差/%	元 素	相对标准偏差/%
Li	1.36～3.22	Fe	0.78～2.14
B	1.56～3.18	Co	1.41～3.12
Na	1.21～2.41	Cu	1.81～3.52
Mg	0.81～2.12	Zn	1.56～2.98
Al	1.22～2.32	As	0.56～1.74
K	1.61～2.82	Sr	1.87～3.05
Ca	0.88～2.02	Cd	0.88～2.54
Ti	1.32～3.32	Ba	1.82～3.32
Cr	0.56～1.89	Au	1.56～2.72
Mn	0.86～2.31	Pb	0.32～2.02

2) 非商业性声明：附录 A 表 A.1、表 A.2 和表 A.3 所列数据是在 Agilent ICP-MS 7500CS 电感耦合等离子体-质谱仪 NG 模式完成的，此处所列试验用仪器型号仅为了提供参考，并不涉及商业目的，鼓励使用者尝试不同厂家和型号的仪器。

表 A.3　回收率试验

元素	质子数	原浓度 μg/kg	添加浓度 μg/kg	回收率 %	元素	质子数	原浓度 μg/kg	添加浓度 μg/kg	回收率 %
Li	7	1.0	1.0	88.82～109.28	Co	59	0.1	1.0	88.88～111.56
			5.0	92.15～108.23				5.0	92.75～107.53
			10.0	98.56～101.23				10.0	91.54～106.83
B	10	0.5	1.0	85.85～114.20	Ni	60	1.5	1.0	92.84～107.22
			5.0	91.45～109.25				5.0	95.35～104.64
			10.0	97.56～102.73				10.0	98.06～101.43
Na	23	7.5	1.0	92.89～105.21	Zn	64	2.4	1.0	84.72～115.21
			5.0	97.14～102.22				5.0	91.11～108.83
			10.0	99.65～100.73				10.0	95.51～103.54
Mg	24	4.5	1.0	89.89～105.88	Cu	65	0.2	1.0	88.72～110.32
			5.0	96.15～103.73				5.0	92.35～106.27
			10.0	98.87～101.03				10.0	97.59～102.29
Al	27	5.2	1.0	88.87～110.02	As	75	1.0	1.0	93.87～106.29
			5.0	93.12～106.24				5.0	92.75～106.06
			10.0	98.16～101.27				10.0	98.24～101.19
K	39	6.2	1.0	87.87～111.08	Au	79	0.1	1.0	88.47～111.27
			5.0	93.12～106.73				5.0	94.25～106.38
			10.0	97.46～101.53				10.0	93.86～105.24
Ca	40	15.7	1.0	89.85～106.24	Sr	88	0.1	1.0	89.89～108.26
			5.0	95.16～102.93				5.0	92.11～107.03
			10.0	98.59～104.21				10.0	92.56～105.15
Ti	46	4.5	1.0	86.72～112.27	Cd	111	1.2	1.0	92.82～107.38
			5.0	91.05～109.24				5.0	92.75～108.01
			10.0	94.56～106.73				10.0	94.36～103.73
V	51	1.0	1.0	92.84～105.28	Sb	121	20.5	1.0	87.22～110.77
			5.0	92.15～106.53				5.0	94.05～105.20
			10.0	99.51～101.01				10.0	96.45～103.27
Cr	52	2.1	1.0	94.52～107.22	Ba	137	1.0	1.0	93.82～106.29
			5.0	96.12～103.53				5.0	92.55～105.93
			10.0	98.36～102.21				10.0	95.76～104.23
Mn	55	1.0	1.0	94.81～104.68	Tl	205	0.1	1.0	96.21～103.71
			5.0	95.13～103.61				5.0	97.45～102.28
			10.0	96.51～104.03				10.0	99.16～100.29
Fe	56	12.2	1.0	95.87～104.18	Pb	208	0.1	1.0	93.81～106.25
			5.0	97.15～102.13				5.0	92.91～105.28
			10.0	99.86～100.53				10.0	94.16～105.73

附　录　B
（资料性附录）
离子色谱图

标准物质离子色谱图见图 B.1。

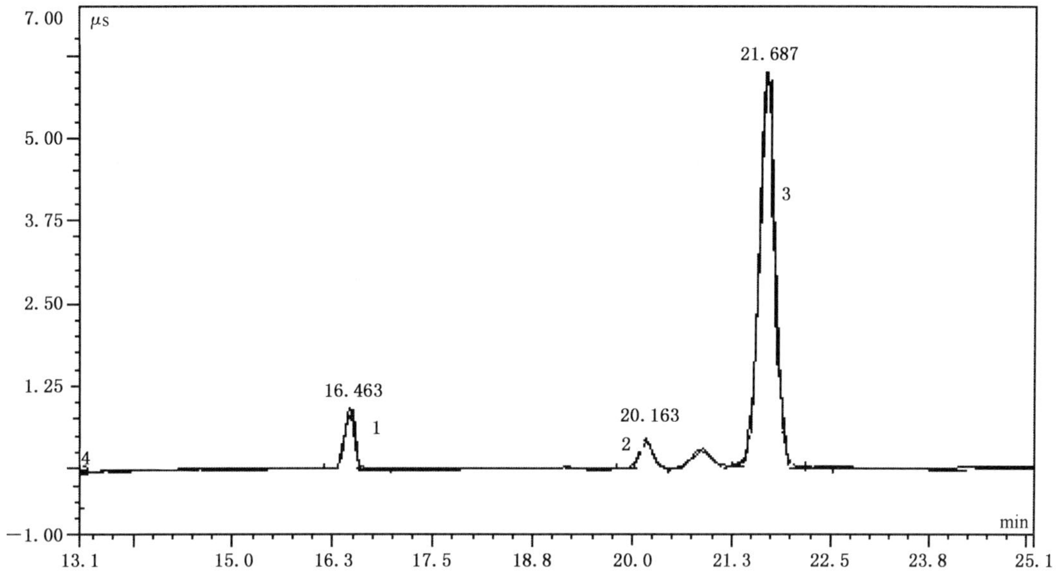

1——Cl^-；

2——NO_3^-；

3——SO_4^{2-}。

图 B.1　标准物质离子色谱图

ICS 33.160
M 63

中华人民共和国国家标准

GB/T 28160—2011

数字电视广播电子节目指南规范

Specification of electronic programme guide for digital television broadcasting

2011-12-30 发布　　2012-06-01 实施

中华人民共和国国家质量监督检验检疫总局
中国国家标准化管理委员会　发布

前　言

本标准按照 GB/T 1.1—2009 给出的规则起草。

本标准由国家广播电影电视总局提出。

本标准由全国广播电影电视标准化技术委员会(SAC/TC 239)归口。

本标准起草单位:国家广播电影电视总局数字(高清晰度)电视标准工作组、中央电视台、国家广播电影电视总局广播电视规划院、国家广播电影电视总局广播科学研究院、北京永新同方公司、北京中视联数字系统有限公司、中国科学院声学研究所、天柏宽带网络科技有限公司。

本标准主要起草人:丁文华、宋宜纯、梅剑平、包天珍、朱佩江、郑敏华、张勤、张淮野、张泰乐、李劲松、杨磊、高占建、阎军、智卫、薛斌、刘奔、罗韬、夏国光、靳华、崔俊生、宁金辉、孙岩。

数字电视广播电子节目指南规范

1 范围

本标准规定了应用于数字电视广播的基本EPG信息的内容格式和传输方式，以及应用于交换的扩展EPG信息的内容格式。对于应用于数字电视广播的扩展EPG内容格式和传输方式，由于与中间件和其他一些正在研究中的数字电视标准密切相关，本标准中目前未作规定。

本标准没有规定EPG的生成和显示方式，运营商和数字电视接收终端制造商可以自由选择生成和显示方式。

本标准适用于数字电视广播前端向接收终端传递基本EPG信息和数字电视广播前端之间交换EPG信息。

2 规范性引用文件

下列文件对于本文件的应用是必不可少的。凡是注日期的引用文件，仅注日期的版本适用于本文件。凡是不注日期的引用文件，其最新版本(包括所有的修改单)适用于本文件。

GB/T 2659—2000 世界各国和地区名称代码

GB/T 4880.1—2005 语种名称代码 第1部分：2字母代码

GB/T 4880.2—2000 语种名称代码 第2部分：3字母代码

GB/T 4880.3—2009 语种名称代码 第3部分：所有语种的3字母代码

GB/T 7408—2005 数据元和交换格式 信息交换 日期和时间表示法

GB/T 8565.1—1988 信息处理 文本通信用编码字符集 第1部分：总则

GB 13000.1 信息技术 通用多八位编码字符集(UCS) 第1部分：体系结构与基本多文种平面

GB/T 15273.1—1994 信息处理 八位单字节编码图形字符集 第1部分：拉丁字母一

GB/T 17975.1—2010 信息技术 运动图像及其伴音信息的通用编码 第1部分：系统

GB 20600—2006 数字电视地面广播传输系统帧结构、信道编码和调制

GB/T 28161—2011 数字电视广播业务信息规范

GY/Z 175—2001 数字电视广播条件接收系统规范

GY/T 201—2004 数字电视系统中的数据广播规范

ISO 639-2 语言名称编码 第2部分：Alpha-3编码(Codes for the representation of the names of languages—Part 2:Alpha-3 code)

ETSI ETR 162 数字视频广播(DVB)：DVB系统业务信息(SI)编码分配(Digital video broadcasting (DVB):Allocation of service information (SI) codes for DVB systems)

ETSI TR 101 211 数字视频广播(DVB)：业务信息(SI)的实现和应用指南(Digital video broadcasting (DVB):Guidelines on implementation and usage of service information (SI))

3 术语和定义、缩略语

3.1 术语和定义

下列术语和定义适用于本文件。

3.1.1

基本 EPG 信息 basic EPG information

以文本格式表示的与节目描述有关的网络信息、业务群信息、业务描述信息和事件信息，可以完全通过 SI 的有关表和描述符表示和传输。

3.1.2

业务群 bouquet

同一实体在市场中提供的业务集合。

3.1.3

广播者 broadcaster

业务提供者 service provider

组织一系列事件或节目，并按时间表或者实际需要将其传送给观众的机构。

3.1.4

组件 component

基本流 elementary stream

构成一个事件的一个或多个实体。例如：视频、音频、图文等。

3.1.5

条件接收系统 conditional access（CA）system

可以控制用户接收业务、节目和事件的系统。

3.1.6

传送系统 delivery system

传送一路或多路复用流的物理媒体。例如，卫星系统、宽带同轴电缆、光纤、一个发射点的地面通道等。

3.1.7

电子节目指南 electronic programme guide；EPG

一种电视节目信息导航系统。用户通过 EPG 能够了解到节目的相关信息（包括节目名称、播放时间、内容梗概等），并且实现对节目的快速检索和访问。

3.1.8

事件 event

一组给定了起始时间和结束时间，属于同一业务的基本广播数据流。例如，一场足球比赛的半场、新闻快报或娱乐表演的第一部分等。

3.1.9

扩展 EPG 信息 extended EPG information

以多种媒体文件格式表示的与节目描述有关的信息。扩展 EPG 信息中包括基本 EPG 信息的全部内容。

3.1.10

MPEG-2

见 GB/T 17975.1—2000。第 1 部分定义系统编码，第 2 部分定义视频编码，第 3 部分定义音频编码。

3.1.11

复用流 multiplex

由一路或多路业务的所有数据合成一路物理通道内的一个码流。

3.1.12

网络 network

一个传输系统，可以传输一组 MPEG-2 传送流。例如，某个有线电视系统中的所有数字频道。

3.1.13

网络标识符 network_id

一个网络的唯一标识符。

3.1.14

原始网络标识符 original_network_id

一个原始网络的唯一标识符。

3.1.15

节目 program

由广播者提供的一个或多个连续的事件。例如,新闻广播、娱乐广播等。

3.1.16

预留 reserved

当术语"reserved"在定义编码比特流的子句中使用时,表示该值在将来ISO标准扩展定义时有可能被用到。除非另有说明,本标准中所有的"reserved"位都被置为"1"。

3.1.17

预留使用 reserved_future_use

当术语"reserved_future_use"在定义编码比特流的子句中使用时,表示该值在将来本标准扩展定义时有可能被用到。除非另有说明,本标准中所有的"reserved_future_use"位都被置为"1"。

3.1.18

段 section

段是一个语法结构,用于将本标准中定义的所有业务信息映射成为GB/T 17975.1—2000的TS包。

3.1.19

业务 service

在广播者的控制下,可以按照时间表分步广播的一系列节目。

3.1.20

业务标识符 service_id

在传送流中,业务信息的唯一标识。

3.1.21

业务信息 service information;SI

用于描述传送系统、内容和广播数据流的计划/时间表等的数据。它包括MPEG-2的PSI信息及独立定义的扩展部分。

3.1.22

子表 sub_table

具有相同表标识符(table_id)和相同子表标识符的段的集合。

3.1.23

表 table

由具有相同的表标识符(table_id)的一系列子表构成。

3.1.24

传送流 transport stream;TS

由GB/T 17975.1—2000定义的数据结构,是数字电视广播标准的基础。

3.1.25

传送流标识符 transport_stream_id

一个原始网络中的传送流的唯一标识。

3.1.26

XML 模式　XML schemas

XML 环境下的数据建模工具，提供了一种定义 XML 文档结构、内容和语法的方法。

3.2　缩略语

BAT：业务群关联表(Bouquet Association Table)
bslbf：比特串，左位在先(bit string，left bit first)
CA：条件接收(Conditional Access)
CAT：条件接收表(Conditional Access Table)
CRC：循环冗余校验(Cyclic Redundancy Check)
DIT：间断信息表(Discontinuity Information Table)
EIT：事件信息表(Event Information Table)
EPG：电子节目指南(Electronic Program Guide)
ETSI：欧洲电信标准学会(European Telecommunication Standards Institute)
ISO：国际标准化组织(International Organization for Standardization)
MJD：修正的儒略日期(Modified Julian Date)
MPEG：运动图像专家组(Moving Pictures Expert Group)
NIT：网络信息表(Nerwork Information Table)
NVOD：准视频点播(Near Video On Demand)
PAT：节目关联表(Program Association Table)
PID：包标识符(Packet Identifier)
PMT：节目映射表(Program Map Table)
PSI：节目特定信息(Program Specific Information)
RST：运行状态表(Running Status Table)
rpchof：余数多项式系数，最高阶在先(remainder polynomial coefficients，highest order first)
SDT：业务描述表(Service Description Table)
SI：业务信息(Service Information)
SIT：选择信息表(Selection Information Table)
ST：填充表(Stuffing Table)
TDT：时间和日期表(Time and Date Table)
TOT：时间偏移表(Time Offset Table)
TS：传送流(Transport Stream)
TSDT：传送流描述表(Transport Stream Description Table)
UTC：世界协调时(Universal Time，Co-ordinated)
uimsbf：无符号整数，最高位在先(unsigned integer，most significant bit first)
XML：可扩展标识语言(Extensible Markup Language)

4　EPG 信息

4.1　EPG 信息的构成

EPG 信息分为基本 EPG 信息和扩展 EPG 信息两种。

基本 EPG 信息是指以文本格式表示的与节目描述有关的网络信息、业务群信息、业务描述信息和事件信息，可以完全通过 GB/T 28161—2011 中规定的 NIT、BAT、SDT 和 EIT 进行表示和传输。基本

EPG 信息的组成结构见图 1。

扩展 EPG 信息是在基本 EPG 信息基础上的扩充，包含了基本 EPG 信息的全部内容。扩展 EPG 信息中可包含以多种媒体文件格式表示的与节目描述有关的信息。当用于数字电视平台之间交换 EPG 信息时，按 XML 格式描述全部 EPG 信息。

在 EPG 系统中，基本 EPG 信息是必需的，扩展 EPG 信息是可选的。

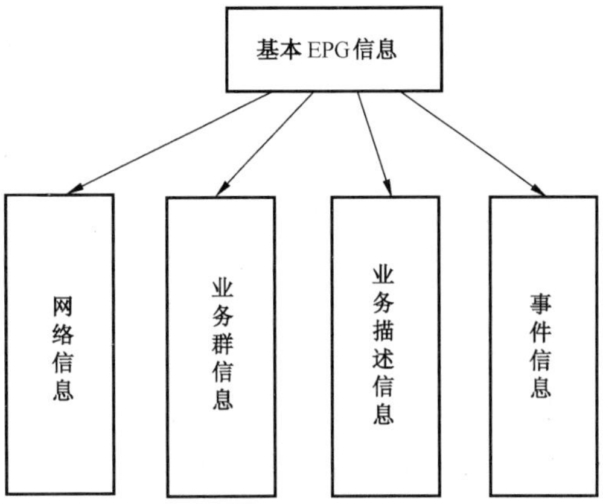

图 1 基本 EPG 信息的组成结构

4.2 基本 EPG 信息的传输

基本 EPG 信息采用表传输方式。

GB/T 28161—2011 中 NIT、BAT、SDT、EIT 都被分成为一个或若干个段表示，然后插入到 TS 包中。

段是一种用来把 SI 信息表映射成 TS 包的语法结构。这些信息语法结构符合 GB/T 17975.1—2000 定义的专用段语法结构。

4.2.1 说明

段的长度是可变的。除 EIT 表外，每个表中的段限长为 1 024 字节，但 EIT 中的段限长为 4 096 字节。每一个段由以下元素的组合唯一标识：

a) 表标识符(table_id)：
   1) 表标识符标识段所属的表。
   2) 一些表标识符已分别被 ISO 和 GB/T 28161—2011 定义。表标识符的其他值可以由用户根据特定目的自行分配。表标识符值的列表见表 2。
b) 表标识符扩展(table_id_extension)：
   1) 表标识符扩展用于标识子表。
   2) 子表的解释见 3.1.22。
c) 段号(section_number)：
   1) 段号字段用于解码器将特定子表的段以原始顺序重新组合。本标准建议段按顺序传输，除非某些子表的段需要比其他的段更频繁地传输，例如出于随机存取的考虑。
   2) 在本标准中指定的各种 SI 信息表和 EPG 映射表，段编号也适用于子表。
d) 版本号(version_number)：
   1) 当本标准中规定的 SI 信息表和 EPG 映射表所描述的传送流特征发生变化时(例如：新事件开始，给定业务的组成的基本流发生变化)，应发送更新了的业务信息数据。新版本的业务信息以传送一子表为标志，它与前子表具有相同的标识符，但版本号改为下一值。

2) 本标准中规定的业务信息表，版本号适用于一个子表的所有段。

e) 当前/后续指示符(current_next_indicator)：

每一段都要标以“当前”有效或“后续”有效。它使得新的 SI 版本可以在传送流特征发生变化之前传输，让解码器能够为变化做准备。然而，一个段的下一个版本的提前传输不是必需的，但如果被传输，它将成为该段的下一个正确版本。

4.2.2 段到传送流(TS)包的映射

段可直接映射到 TS 包中。段可能起始于 TS 包有效负载的起始处，但这并不是必需的，因为 TS 包有效负载的第一个段的起始位置是由 pointer_field 字段指定的。一个 TS 包内不允许存在多于一个的 pointer_field 字段，其余段的起始位置均可从第一个段及其后各段的长度中计算出来，这是因为语法规定一个 TS 包中的段之间不应有空隙。

在任一 PID 值的 TS 包中，一个段应在下一个段允许开始之前结束，否则就无法识别数据属于哪个段标题。若一个段在 TS 包的末尾前结束了，但又不便打开另一个段，则提供一种填充机制来填满剩余空间。该机制对包中剩下的每个字节均填充为 0×FF。这样 table_id 就不允许取值为 0×FF，以免与填充相混淆。一旦一个段的末尾出现了字节 0×FF，该 TS 包的剩余字节必然都被填充为 0×FF，从而允许解码器丢弃 TS 包的剩余部分。填充也可用一般的 adaptation_field 机制实现。

段在传送流中的映射机制及功能应符合 GB/T 17975.1—2000 的 2.4.4 的规定。

4.2.3 PID 及表标识符字段编码

用于传送 PSI、SI 信息段和 EPG 信息段的 TS 包的 PID 值见表 1。

表 1 PID 分配

表	PID 值
PAT	0×0 000
CAT	0×0 001
TSDT	0×0 002
预留	0×0 003 至 0×000F
NIT，ST	0×0 010
SDT，BAT，ST	0×0 011
EIT，ST	0×0 012
RST，ST	0×0 013
TDT，TOT，ST	0×0 014
网络同步	0×0 015
预留使用	0×0 016 至 0×001B
带内信令	0×001C
测量	0×001D
DIT	0×001E
SIT	0×001F

本标准中 SI 信息表和 EPG 映射表的表标识符值(table_id)的分配情况见表 2。

表 2 表标识符值(table_id)的分配

值	描述
0×00	节目关联段
0×01	条件接收段
0×02	节目映射段
0×03	传送流描述段
0×04～0×3F	预留
0×40	现行网络信息段
0×41	其他网络信息段
0×42	现行传送流业务描述段
0×43～0×45	预留使用
0×46	其他传送流业务描述段
0×47～0×49	预留使用
0×4A	业务群关联段
0×4B～0×4D	预留使用
0×4E	现行传送流事件信息段,当前/后续
0×4F	其他传送流事件信息段,当前/后续
0×50～0×5F	现行传送流事件信息段,时间表
0×60～0×6F	其他传送流事件信息段,时间表
0×70	时间-日期段
0×71	运行状态段
0×72	填充段
0×73	时间偏移段
0×74～0×7D	预留使用
0×7E	不连续信息段
0×7F	选择信息段
0×80～0×8F	CA 系统使用
0×90～0×FE	用户定义
0×FF	预留

4.2.4 重复率

在考虑随机存取的系统中,即使结构没有发生变化,也建议对 EPG 中有关的 SI 段重复传输数次。

4.2.4.1 有线和卫星的业务信息段重复率

在有线和卫星传输系统中,建议采用以下最小重复率:

a) 所有 NIT 的段应每 10 s 至少传输一次,包括其他网络的 NIT 的段;

b) 所有 BAT 的段应每 10 s 至少传输一次；
c) 所有当前传送流的 SDT 的段应每 2 s 至少传输一次；
d) 所有其他传送流的 SDT 的段应每 10 s 至少传输一次；
e) 所有当前传送流的 EIT 当前/后续表的段应每 2 s 至少传输一次；
f) 所有其他传送流的 EIT 当前/后续表的段应每 10 s 至少传输一次；
g) 所有未来 8 日内的 EIT 时间表的段应每 10 s 至少传输一次，包括 8 日内其他传送流的 EIT 时间表的段；
h) 所有超过未来 8 日的 EIT 时间表的段应每 30 s 至少传输一次，包括超过未来 8 日的其他传送流的 EIT 时间表的段；
i) 所有 TDT 和 TOT 的段应每 30 s 至少传输一次。

4.2.4.2 地面的业务信息段重复率

在地面传输系统中，建议采用以下最小重复率：

a) 所有 NIT 的段应每 10 s 至少传输一次，包括其他网络的 NIT 的段；
b) 所有 BAT 的段应每 10 s 至少传输一次；
c) 所有当前传送流的 SDT 的段应每 2 s 至少传输一次；
d) 所有其他传送流的 SDT 的段应每 10 s 至少传输一次；
e) 所有当前传送流的 EIT 当前/后续表的段应每 2 s 至少传输一次；
f) 所有其他传送流的 EIT 当前/后续表的段应每 20 s 至少传输一次；
g) 所有当前传送流的第一日内的 EIT 时间表的段应每 10 s 至少传输一次；
h) 所有其他传送流的第一日内的 EIT 时间表的段应每 60 s 至少传输一次；
i) 除第一天外所有当前传送流 EIT 时间表的段应每 60 s 至少传输一次；
j) 除第一天外所有其他传送流 EIT 时间表的段应每 300 s 至少传输一次；
k) 所有 TDT 和 TOT 的段应每 30 s 至少传输一次。

5 网络信息

网络信息包含了与通过一个给定的网络传输的复用流/传送流的物理结构相关的信息，以及与网络自身特性相关的信息。

网络信息通过在 GB/T 28161—2011 中定义的 NIT 和在表中插入的描述符进行描述。NIT 可以由多个子表构成，每个子表对应一个具体的网络。表与描述符的具体结构、语义见GB/T 28161—2011。

网络信息分为网络基本信息和传送流信息。网络信息组成见图 2。

5.1 网络基本信息

5.1.1 网络标识

网络标识在整个国家范围内唯一确定一个网络，用以区别其他的网络。网络标识通过 NIT 表中的网络标识符(network_id)进行描述。网络标识符的编码方法及分配见 GB/T 28161—2011 的附录 D。

5.1.2 网络名称

每个网络都有一个网络名称。网络名称通过 NIT 中的网络名称描述符(network_name_descriptor)进行描述。

5.1.3 多语言网络名称

每个网络都可以有由多种语言描述的网络名称，数字电视接收终端可以根据需要，选择相应的语言显示网络名称。多语言网络名称通过 NIT 中的多语言网络名称描述符(multilingual_network_name descriptor)进行描述。

5.1.4 链接信息

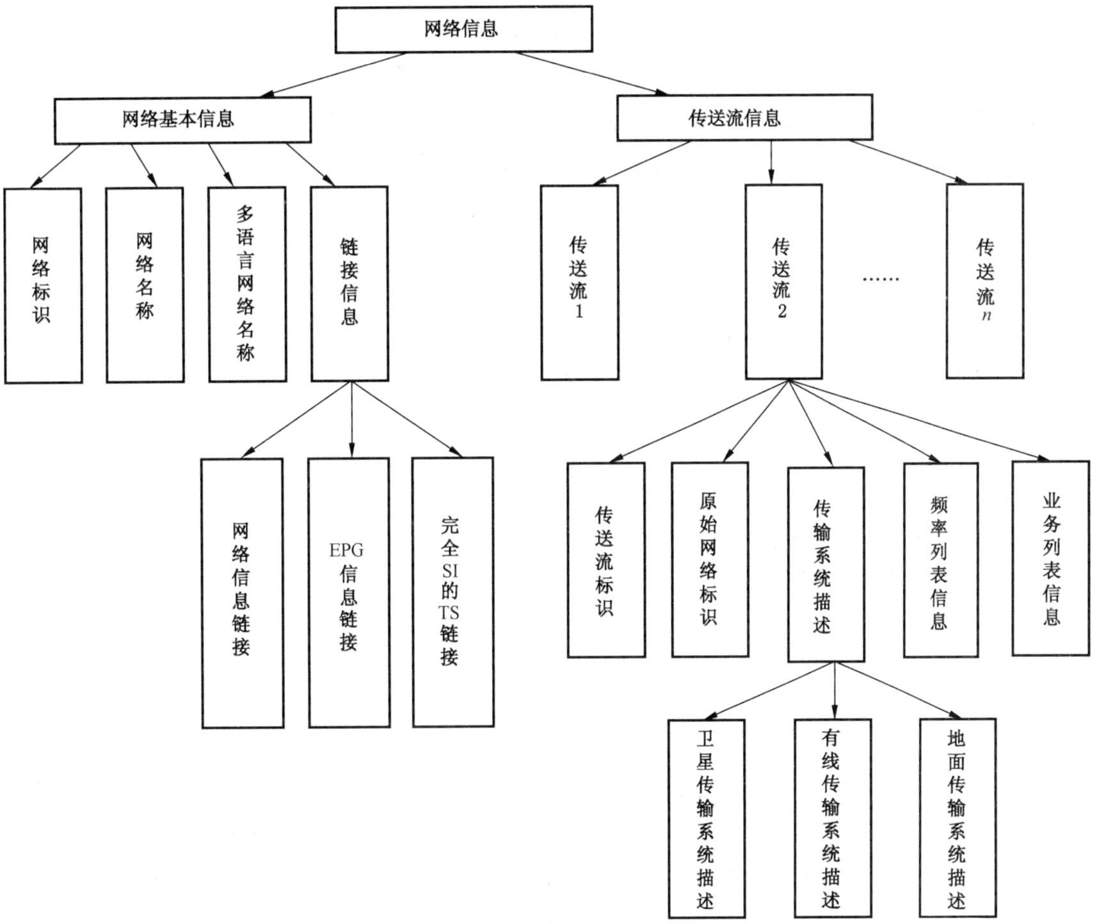

图 2 网络信息

用于给出与包含网络附加信息、EPG 信息的业务的链接关系，或用于给出与包含了全部网络 SI 信息的传送流的链接关系。链接信息通过 NIT 表中的链接描述符(linkage_descriptor)进行描述。

5.2 传送流信息

每个网络都包含一到多个传送流。对一个具体的传送流，它包含传送流标识、原始网络标识、传送流物理特性、传送流所含业务列表等信息。

5.2.1 TS 标识与原始网络标识

在一个网络中，传送流标识与原始网络标识共同唯一标识了一个传送流。这两个标识出现在 NIT 中，对应的字段为 transport_stream_id 和 original_network_id。

5.2.2 传输系统描述

传输系统描述给出了传送流在卫星、有线或者地面三种传输网络中传输时传输通道的参数。对一个传送流而言，无论采用哪一种传输网络，传输通道的物理参数总是唯一的。具体描述如下：

a) 如果传送流在卫星传输网络中传输，使用以下参数对传输通道进行描述：频率、轨道位置、东西标志、极化方式、调制方式、符号率、前向纠错内码。这些参数由 NIT 表中的卫星传输系统描述符(satellite_delivery_system_descriptor)描述。

b) 如果传送流在有线传输网络中传输，使用以下参数对传输通道进行描述：频率、前向纠错外码、调制方式、符号率、前向纠错内码。这些参数由 NIT 表中的有线传输系统描述符(cable_delivery_system_descriptor)描述。

c) 如果传送流在地面传输网络中传输，使用以下参数对传输通道进行描述：频率、前向纠错编码、调制方式、载波数目、帧头模式、符号率、交织模式。这些参数由 NIT 表中的地面传输系统描述符(terrestrial_delivery_system_descriptor)描述。

5.2.3 频率列表信息

频率列表信息给出了由多个频率传送的某个复用流的附加频率的完整列表。频率列表信息通过 NIT 表中的频率列表描述符(frequency_list_descriptor)描述。

5.2.4 业务列表信息

业务列表信息给出了网络中包含的全部业务的标识及类型。

业务列表信息通过 NIT 表中的业务列表描述符(service_list_descriptor)描述。每个业务通过字段 service_id 唯一标识，通过字段 service_type 指明该业务的类型。service_id 相当于 PMT 表中的 program_number，但业务类型值为 0×04(service_type＝0×04)时(即 NVOD 参考业务)除外，在这种情况下，service_id 没有对应的 program_number。

5.3 网络信息在 NIT 表中的表示

NIT 表在传输时被切分成网络信息段(network_information_section)。任何构成 NIT 表的段，都由 PID 为 0×0 010 的 TS 包传输。描述现行网络的 NIT 表的任何段的 table_id 值应为 0×40，且具有相同的 table_id_extension(network_id)。指向一个现行网络之外的其他网络的 NIT 表的任何段的 table_id 值应取 0×41。网络信息在 NIT 段中的语法表示见表 3。

表 3 网络信息在 NIT 段中的表示

语　法	位数	助记符
network_information_section(){		
table_id	8	uimsbf
section_syntax_indicator	1	bslbf
reserved_future_use	1	bslbf
reserved	2	bslbf
section_length	12	uimsbf
network_id	16	uimsbf
reserved	2	bslbf
version_number	5	uimsbf
current_next_indicator	1	bslbf
section_number	8	uimsbf

表 3（续）

语　　法	位数	助记符
last_section_number	8	uimsbf
reserved_future_use	4	bslbf
network_descriptors_length	12	uimsbf
for(i=0;i<N;i++)　{		
[linkage_descriptor()]		
[multilingual_network_name_descriptor()]		
[network_name_descriptor()]		
}		
reserved_future_use	4	bslbf
transport_stream_loop_length	12	uimsbf
for(i=0;i<N;i++){		
transport_stream_id	16	uimsbf
original_network_id	16	uimsbf
reserved_future_use	4	bslbf
transport_descriptors_length	12	uimsbf
for(j=0;j<N;j++)　{		
[delivery_system_descriptor()]		
[frequency_list_descriptor()]		
[service_list_descriptor()]		
}		
}		
CRC_32	32	rpchof
}		
[ ]中的条目为可选，下同。		

5.4　网络信息所关联的描述符

5.4.1　链接描述符　**linkage_descriptor**

该描述符中的 linkage_type 值代表链接的类型，具体说明如下：

a)　当 linkage_type=1 时，链接指向一个包含网络附加信息的业务。例如，当用户需要网络附加信息时，数字电视接收终端通过该描述符切换到含有网络附加信息的业务。

b)　当 linkage_type=2 时，链接指向一个包含本网络的 EPG 信息的业务。

c)　当 linkage_type=4 时，链接指向一个包含了全部网络 SI 信息的传送流。

定义见 GB/T 28161—2011。

5.4.2　多语言网络名称描述符　**multilingual_network_name_descriptor**

该描述符用一种语言或多种语言描述网络名称。

定义见 GB/T 28161—2011。

5.4.3 网络名称描述符 network_name_descriptor

该描述符描述网络的名称。

定义见 GB/T 28161—2011。

5.4.4 传送系统描述符 delivery_system_descriptor

该描述符用于描述传输传送流的网络的物理特性参数，供数字电视接收终端调谐使用，包括卫星传输系统描述符（satellite_delivery_system_descriptor）、有线传输系统描述符（cable _delivery_system_descriptor）和地面传输系统描述符（terrestrial _delivery_system_descriptor）三种。delivery_system_descriptor 在 NIT 第二层循环中出现一次。

定义见 GB/T 28161—2011。

5.4.5 频率列表描述符 frequency_list_descriptor

该描述符用于给出在某个卫星、有线或地面传输网络中用多个频率传输同一传送流时的所有附加频率的列表。

定义见 GB/T 28161—2011。

5.4.6 业务列表描述符 service_list_descriptor

该描述符用于列出网络下的每个传送流中的业务标识（service_id）和业务类型（service_type）。该描述符的发送是可选的，但是一旦发送，则业务列表应是完整的。

定义见 GB/T 28161—2011。

6 业务群信息

业务群是一组业务的集合，这些业务可能横跨于不同的网络上。业务群信息描述一个业务群中所有业务的相关信息。

业务群信息通过在 GB/T 28161—2011 中定义的 BAT 表和在表中插入的描述符进行描述。BAT 表可以由多个子表构成，每个子表对应一个具体的业务群。表与描述符的具体结构、语义见 GB/T 28161—2011。

业务群信息分为业务群基本信息和业务列表信息。业务群信息组成见图 3。

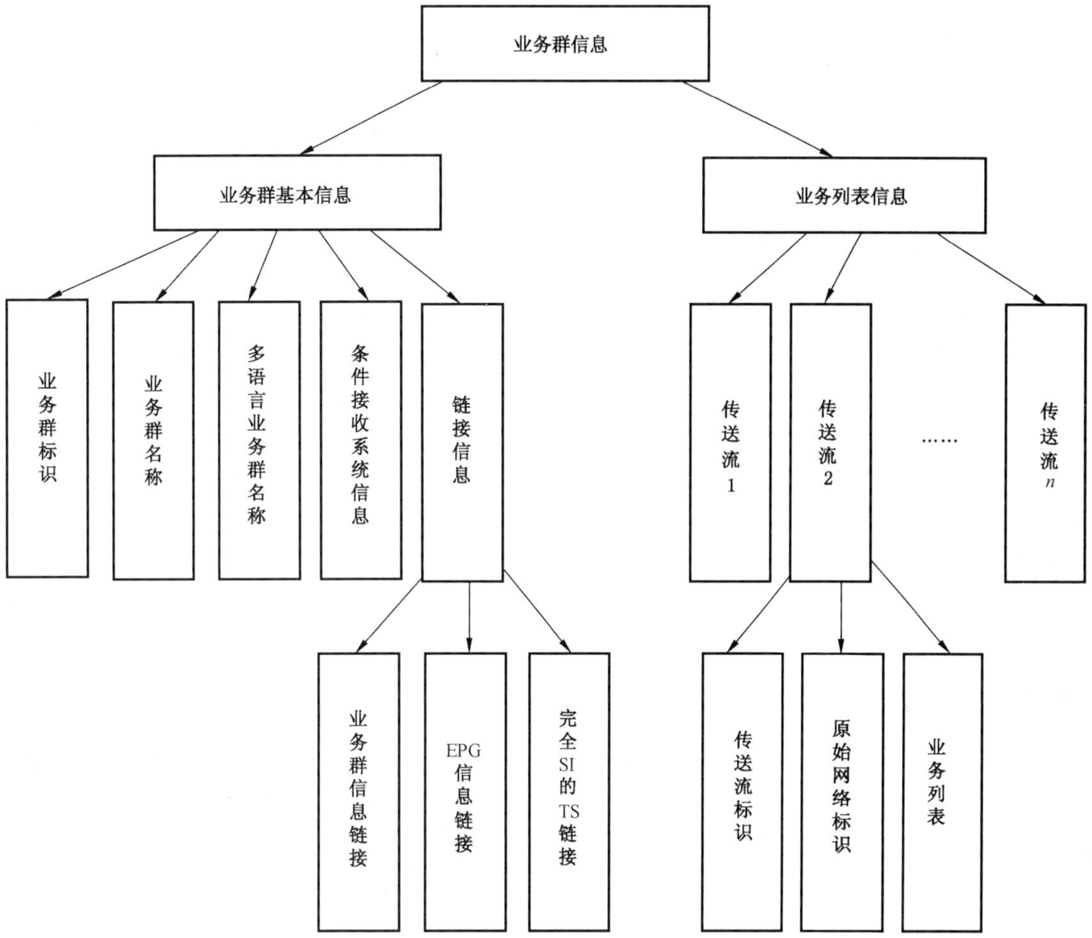

图 3 业务群信息

6.1 业务群基本信息

6.1.1 业务群标识

业务群标识唯一确定一个业务群，用以区别其他的业务群。业务群标识通过 BAT 表中的 bouquet_id 进行描述。其编码方法见 GB/T 28161—2011 的附录 D。

6.1.2 业务群名称

每个业务群都有一个业务群名称。业务群名称通过 BAT 表中的业务群名称描述符（bouquet_name_descriptor）进行描述。

6.1.3 多语言业务群名称

每个业务群都可以有多种语言描述的业务群名称，数字电视接收终端可以根据需要选择相应的语言显示业务群名称。多语言业务群名称通过 BAT 表中的多语言业务群名称描述符（multilingual_bouquet_name_descriptor）进行描述。

6.1.4 条件接收系统信息

指明业务群是否与某个条件接收系统相关联。条件接收信息通过 BAT 表中的条件接收标识描述符（CA_identifier_descriptor）进行描述。

6.1.5 链接信息

用于给出与包含业务群附加信息、EPG信息的业务的链接关系，或用于给出与包含了全部业务群SI信息的传送流的链接关系。链接信息通过BAT表中的链接描述符(linkage_descriptor)进行描述。

6.2 业务列表信息

6.2.1 传送流标识与原始网络标识

传送流标识与原始网络标识共同唯一标识一个传送流，该传送流中的一个或多个业务属于本业务群。这两个标识出现在BAT表中，对应的字段为transport_stream_id和original_network_id。

6.2.2 业务列表

业务列表给出了业务群中包含的全部业务的标识及类型。

业务列表通过BAT表中的业务列表描述符service_list_descriptor来描述。每个业务通过字段service_id唯一标识，通过字段service_type指明该业务的类型。service_id相当于PMT表中的program_number，但业务类型值为0×04(serviec_type=0×04)时(即NVOD参考业务)除外，在这种情况下，service_id没有对应的program_number。

6.3 业务群信息在BAT表中的表示

BAT表在传输时被切分成业务群关联段bouquet_association_section。BAT中的任何段都在TS包中传输，其PID值为0×0 011。BAT表中描述特定的业务群的子表的段，要具有bouquet_id字段，取值分配见GB/T 28161—2011的附录D。所有BAT段的table_id值都取为0×4A。业务群关联信息在BAT段中的语法表示见表4。

6.4 业务群信息所关联的描述符

6.4.1 条件接收标识描述符 CA_identifier_descriptor

该描述符描述与本业务群相关联的一个或多个条件接收系统，通过描述符中的CA_system_id标识条件接收系统。

定义见GB/T 28161—2011。

6.4.2 业务群名称描述符 bouquet_name_descriptor

该描述符描述业务群的名称。

定义见GB/T 28161—2011。

6.4.3 链接描述符 linkage_descriptor

该描述符中的linkage_type值代表链接的类型，具体说明如下：

a) 当linkage_type=1时，链接指向一个包含业务群附加信息的业务。例如，当用户需要业务群附加信息时，数字电视接收终端通过该描述符切换到含有业务群附加信息的业务。

b) 当linkage_type=2时，链接指向一个包含本业务群的EPG信息的业务。

c) 当linkage_type=4时，链接指向一个包含了全部业务群SI信息的传送流。

定义见GB/T 28161—2011。

6.4.4 多语言业务群名称描述符 multilingual_bouquet_name_descriptor

该描述符用一种语言或多种语言描述业务群的名称。

定义见 GB/T 28161—2011。

表 4　业务群关联信息在 BAT 段中的表示

语　　法	位数	助记符
bouquet_association_section(){		
table_id	8	uimsbf
section_syntax_indicator	1	bslbf
reserved_future_use	1	bslbf
reserved	2	bslbf
section_length	12	uimsbf
bouquet_id	16	uimsbf
reserved	2	bslbf
version_number	5	uimsbf
current_next_indicator	1	bslbf
section_number	8	uimsbf
last_section_number	8	uimsbf
reserved_future_use	4	bslbf
bouquet_descriptors_length	12	uimsbf
for(i=0;i<N;i++){		
[bouquet_name_descriptor()]		
[multilingual_bouquet_name_descriptor()]		
[CA_identifier_descriptor()]		
[linkage_descriptor()]		
}		
reserved_ future_use	4	bslbf
transport_stream_loop_length	12	uimsbf
for(i=0;i<N;i++){		
transport_stream_id	16	uimsbf
original_network_id	16	uimsbf
reserved_future_use	4	bslbf
transport_descriptors_length	12	unimsbf
for(j=0;j<N;j++){		
[service_list_descriptor()]		
}		
}		
CRC_32	32	rpchof
}		

6.4.5　业务列表描述符　service_list_descriptor

该描述符用于列出业务群下的每个传送流中的业务标识(service_id)和业务类型(service_type)。该描述符的发送是可选的，但是一旦发送，则 service 列表应是完整的。

定义见 GB/T 28161—2011。

7　业务描述信息

业务描述信息包含系统中业务的相关信息，包括现行传送流中的业务和其他传送流中的业务。

业务描述信息通过 GB/T 28161—2011 中的 SDT 和在表中插入的描述符进行描述。SDT 可以由多个子表构成，每个子表对应一个特定的传送流中的业务。表与描述符的具体结构、语义见 GB/T 28161—2011。

业务描述信息组成见图 4。

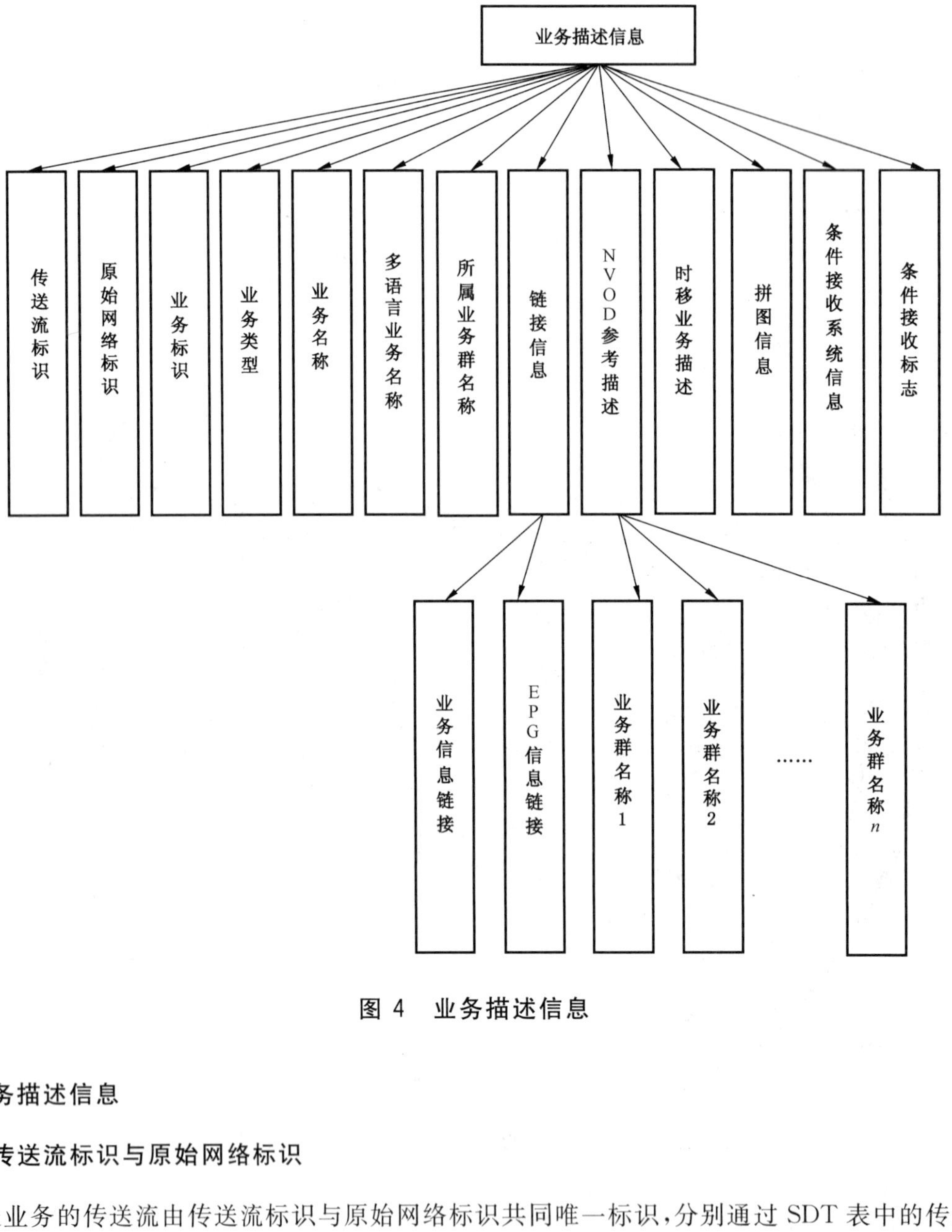

图 4　业务描述信息

7.1　业务描述信息

7.1.1　传送流标识与原始网络标识

传送业务的传送流由传送流标识与原始网络标识共同唯一标识，分别通过 SDT 表中的传送流标识符 transport_stream_id 和原始网络标识符 original_network_id 进行描述。

7.1.2　业务标识

在一个传送流中唯一标识一个业务。通过 SDT 表中的 service_id 进行描述。

7.1.3　业务名称和业务类型

每个业务都有一个业务名称和业务类型，通过 SDT 表中的业务描述符（service_descriptor）进行描述。

7.1.4 多语言业务名称

每个业务都可以有多种语言描述的业务名称，数字电视接收终端可以根据需要，选择相应语言显示业务名称。多语言业务名称通过 SDT 表中的多语言业务名称描述符(multilingual_service_name_descriptor)进行描述。

7.1.5 所属业务群名称

用来指明业务所属业务群的名称，一个业务可属于一个或多个业务群。所属业务群名称通过 SDT 中的业务群名称描述符(bouquet_name_descriptor)进行描述。

7.1.6 链接信息

用于给出与包含业务附加信息或 EPG 信息的业务的链接关系。链接信息通过 SDT 表中的链接描述符(linkage_descriptor)进行描述。

7.1.7 NVOD 参考描述

提供了一种有效描述一批 NVOD 业务的机制。NVOD 参考描述通过 SDT 表中的 NVOD 参考描述符(NVOD_reference_descriptor)进行描述。

7.1.8 时移业务描述

用于标识某个作为另一个业务的时移拷贝的业务。时移业务描述通过 SDT 表中的时移业务描述符(time_shifted_service_descriptor)进行描述。

7.1.9 拼图信息

拼图信息能够使许多业务群、业务或事件中的信息被显示在屏幕上。它将屏幕划分成小单元格，每个小单元格的显示内容和相应的信息(如业务群、业务、事件等)之间建立起链接关系，从而将信息有机地组织起来，以便于显示的时候，将每一个指定的信息显示在屏幕上的一个小区域内。拼图信息通过 SDT 表中的拼图描述符(mosaic_descriptor)进行描述。

7.1.10 条件接收系统信息

指明业务是否与某个 CA 系统相关联。条件接收系统信息通过 SDT 表中的条件接收标识描述符(CA_identifier_descriptor)进行描述。

7.1.11 条件接收标志

标识业务的组件是否受 CA 系统的加扰控制，通过 SDT 表中的 free_CA_mode 进行描述。

7.2 业务信息在 SDT 中的表示

SDT 表被切分成业务描述段(service_description_section)。任何构成 SDT 表的段，都要由 PID 为 0×0 011 的 TS 包传输。描述现行 TS(即包含当前业务的 TS)的 SDT 表的任何段的 table_id 值应为 0×42，且具有相同的 table_id_extension(transport_stream_id)以及相同的 original_network_id。指向一个现行 TS 之外的其他 TS 的 SDT 表的任何段的 table_id 值应取 0×46。业务信息在 SDT 段中的语法表示见表 5。

7.3 业务描述所关联的描述符

7.3.1 业务群名称描述符 bouquet_name_descriptor

该描述符用来指明业务所属业务群的名称。一个业务可属于一个或多个业务群。

定义见 GB/T 28161—2011。

7.3.2 条件接收标识描述符 CA_identifier_descriptor

该描述符描述与业务相关联的一个或多个条件接收系统，通过描述符中的 CA_system_id 标识条件接收系统。

定义见 GB/T 28161—2011。

7.3.3 链接描述符 linkage_descriptor

描述符定义见 GB/T 28161—2011。

该描述符中的 linkage_type 值代表链接的类型，具体说明如下：

a) 当 linkage_type=1 时，链接指向一个包含业务附加信息的业务。例如，当用户需要业务附加信息时，数字电视接收终端通过该描述符切换到含有业务附加信息的业务。

b) 当 linkage_type=2 时，链接指向一个包含该业务的 EPG 信息的业务。

c) 当 linkage_type=5 时，链接指向一个业务替换业务。

d) 当 linkage_type=8 时，链接指向一个地面单元切换的业务。

7.3.4 拼图描述符 mosaic_descriptor

该描述符用来描述拼图业务。定义见 GB/T 28161—2011。

表 5 业务描述信息在 SDT 段中的表示

语　法	位数	助记符
service_description_section(){		
table_id	8	uimsbf
section_syntax_indicator	1	bslbf
reserved_future_use	1	bslbf
reserved	2	bslbf
section_length	12	uimsbf
transport_stream_id	16	uimsbf
reserved	2	bslbf
version_number	5	uimsbf
current_next_indicator	1	bslbf
section_number	8	uimsbf
last_section_number	8	uimsbf
original_network_id	16	uimsbf
reserved_future_use	8	bslbf
for(i=0;i<N;i++){		
service_id	16	uimsbf
reserved_future_use	6	bslbf
EIT_schedule_flag	1	bslbf
EIT_present_following_flag	1	bslbf

表 5(续)

语　法	位数	助记符
running_status	3	uimsbf
free_CA_mode	1	bslbf
descriptors_loop_length	12	uimsbf
for(j=0;j<N;j++){		
[bouquet_name_descriptor()]		
[CA_identifier_descriptor()]		
[linkage_descriptor()]		
[mosaic_descriptor()]		
[multilingual_service_descriptor()]		
[NVOD_reference_descriptor()]		
[service_descriptor()]		
[time_shifted _service _descriptor()]		
}		
}		
CRC_32	32	rpchof
}		
当存在 time_shifted_service_descriptor 时,其他所有描述符都不允许出现。		

7.3.5　多语种业务名称描述符　**multilingual_service_descriptor**

该描述符用一语言或多种语言描述业务名称。定义见 GB/T 28161—2011。

7.3.6　NVOD 参考描述符　**NVOD_reference_descriptor**

该描述符用于列出 NVOD 业务中的业务。定义见 GB/T 28161—2011。

7.3.7　业务描述符　**service_descriptor**

该描述符包含了一个业务的基本描述,如业务类型、业务名称、业务提供者等。定义见 GB/T 28161—2011。

7.3.8　时移业务描述符　**time_shifted_service_descriptor**

该描述符用于替代业务描述符来指示哪些是其他业务的时移拷贝的业务。对于 NVOD 业务,该描述符的发送是强制的。定义见 GB/T 28161—2011。

8　事件信息

事件信息用来描述网络内播出的业务所包含事件的相关信息,包括现行传送流中的业务的事件和其他传送流中的业务的事件。

事件信息通过在 GB/T 28161—2011 中定义的 EIT 表和在表中插入的描述符进行描述。事件描述表 EIT 可以由多个子表构成,每个子表提供了一个业务中按时间顺序排列的事件的信息。表与描述符的具体结构、语义见 GB/T 28161—2011。

事件信息组成见图 5。

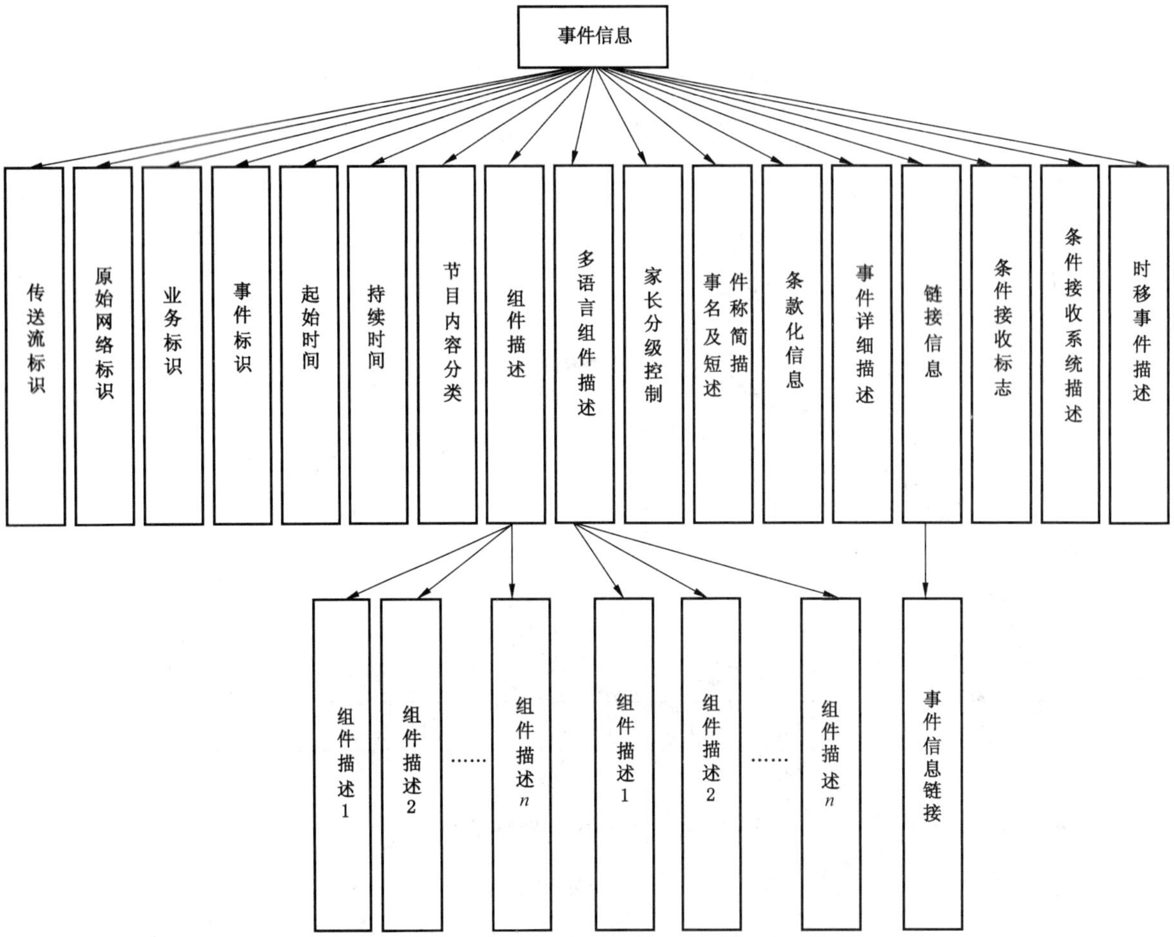

图5 事件信息

8.1 事件信息

8.1.1 传送流标识、原始网络标识与业务标识

传送事件的业务由传送流标识、原始网络标识与业务标识共同唯一标识，分别通过EIT表中的传送流标识符transport_stream_id、原始网络标识符original_network_id和业务标识service_id进行描述。

8.1.2 事件标识

在一个业务中唯一确定一个事件。通过用EIT表中的event_id进行描述。

8.1.3 起始时间

给出事件开始的时间，通过EIT表中的start_time进行描述。

8.1.4 持续时间

给出事件的持续时间，通过EIT表中的duration进行描述。

8.1.5 运行状态

表示事件的各种状态，如未运行、几秒后开始、暂停、运行等，通过EIT表的running_status进行描述。

8.1.6 节目内容分类

提供事件的内容分类信息。节目内容分类通过 EIT 表中的 content_descriptor 进行描述。

8.1.7 组件描述

指明事件中包含的所有组件的属性，包括流内容、组件类型、组件标签以及组件描述等信息。组件描述通过 EIT 表中的组件描述符 component_descriptor 进行描述。

8.1.8 多语言组件描述

事件包含的组件可以用多种语言描述，数字电视接收终端可以根据需要，选择相应的语言。多语言组件描述通过 EIT 表中的多语言组件描述符(multilingual_component_descriptor)进行描述。

8.1.9 家长分级控制信息

用于给出一个基于年龄或其他原则的节目控制机制，以避免儿童收看到不适当的节目。家长分级控制信息通过 EIT 表中的家长分级控制描述符(parental_rating_descriptor)进行描述。

8.1.10 事件名称及简短内容描述

给出事件的名称和事件的简短文本描述信息。事件名称及简短内容描述可以用多种语言给出，通过 EIT 表中的 short_event_descriptor 进行描述。

8.1.11 条款化信息和事件详细描述

条款化信息描述演职员表、运动员名单等节目背景信息，事件详细描述给出超过 256 字节的文本描述信息。条款化信息和事件详细描述通过 EIT 表中的扩展事件描述符 extended_event_descriptor 进行描述。

8.1.12 链接信息

用于给出与包含事件附加信息的业务的链接关系。链接信息通过 EIT 表中的链接描述符(linkage_descriptor)进行描述。

8.1.13 条件接收标志

指示事件中的组件是否被加扰，通过 EIT 表中的 free_CA_mode 进行描述。

8.1.14 条件接收系统信息

指明事件是否与某个 CA 系统相关联。条件接收系统信息通过 EIT 表中的条件接收标识描述符(CA_identifier_descriptor)进行描述。

8.1.15 时移事件描述

用于标识某个作为另一个事件的时移拷贝的事件。通过 EIT 表中的 time_shifted_event_descriptor 进行描述。

8.2 事件信息在 EIT 中的表示

EIT 表被切分成事件信息段(event_information_section)。任何构成 EIT 表的段，都要由 PID 为

0×0 012 的 TS 包传输。描述现行 TS(即包含当前事件的 TS)的当前/后续事件信息的 EIT 表的任何段的 table_id 值应为 0×4E,描述其他 TS 的当前/后续事件信息的 EIT 表的任何段的 table_id 值应为 0×4F,描述现行 TS 的事件时间表的 EIT 表的任何段的 table_id 值应为 0×50 至 0×5F,描述其他 TS 的事件时间表的 EIT 表的任何段的 table_id 值应为 0×60 至 0×6F。事件信息在 EIT 段中的语法表示见表 6。

8.3 事件信息所关联的描述符

8.3.1 条件接收标识描述符 **CA_identifier_descriptor**

该描述符描述与事件相关联的一个或多个条件接收系统,通过描述符中的 CA_system_id 标识条件接收系统。

定义见 GB/T 28161—2011。

8.3.2 组件描述符 **component_descriptor**

该描述符用于指明事件中包含的流内容和组件的类型和标识。

定义见 GB/T 28161—2011。

8.3.3 内容描述符 **content_descriptor**

该描述符用于指出事件内容的分类,一个事件可以分为多种类别。

定义见 GB/T 28161—2011。

8.3.4 扩展事件描述符 **extended_event_descriptor**

该描述符用于描述超过 256 字节的事件内容的详细描述。

定义见 GB/T 28161—2011。

8.3.5 链接描述符 **linkage_descriptor**

该描述符中的 linkage_type 值代表链接的类型,具体说明如下:

linkage_type=1 时,链接指向一个包含事件附加信息的业务。例如,当用户需要事件附加信息时,数字电视接收终端通过该描述符切换到含有事件附加信息的业务。

定义见 GB/T 28161—2011。

8.3.6 多语言组件描述符 **multilingual_component_descriptor**

该描述符用于以一种语言或多种语言描述事件中包含的组件。

定义见 GB/T 28161—2011。

表 6 事件信息在 EIT 段中的表示

语　法	位数	助记符
event_infotmation_section(){		
table_id	8	uimsbf
section_syntax_indicator	1	bslbf
reserved_future_use	1	bslbf
reserved	2	bslbf
section_length	12	uimsbf
service_id	16	uimsbf

表 6（续）

语　　法	位数	助记符
reserved	2	bslbf
version_number	5	uimsbf
current_next_indicator	1	bslbf
section_number	8	uimsbf
last_section_number	8	uimsbf
transport_stream_id	16	uimsbf
original_network_id	16	uimsbf
segment_last_section_number	8	uimsbf
last_table_id	8	uimsbf
for(i=0;i<N;i++){		
event_id	16	uimsbf
start_time	40	bslbf
duration	24	uimsbf
running_status	3	uimsbf
free_CA_mode	1	bslbf
descriptors_loop_length	12	uimsbf
for(j=0;j<N;j++){		
[CA_identifier_descriptor()]		
[component_descriptor()]		
[content_descriptor()]		
[extended_event_descriptor()]		
[linkage_descriptor()]		
[multilingual_component_descriptor()]		
[parental_rating_descriptor()]		
[short_event_descriptor()]		
[time_shifted_event_descriptor()]		
}		
}		
CRC_32	32	rpchof
}		
当存在 time_shifted_event_descriptor 时，其他所有描述符都不允许出现。		

8.3.7　家长分级描述符　**parental_rating_descriptor**

该描述符用于给出一个基于年龄或其他原则的节目控制机制。

定义见 GB/T 28161—2011。

8.3.8　短事件描述符　**short_event_descriptor**

该描述符用于描述事件名称和事件的简短文本描述。

定义见 GB/T 28161—2011。

8.3.9　时移事件描述符　**time_shifted_event_descriptor**

该描述符用于替代短事件描述符来指示一个时移事件是另一个事件的时移拷贝。

定义见 GB/T 28161—2011。

附 录 A
（资料性附录）
基于 XML 的 EPG 内容格式

A.1 简介

基于 XML 的 EPG 内容格式适用于数字电视广播前端之间交换 EPG 信息。当数字电视广播前端之间交换 EPG 信息时，无论是否存在扩展 EPG 信息，都应用本附录规定的 XML 格式描述全部 EPG 信息。

A.2 EPG 信息的 XML 模式描述

A.2.1 XML 模式结构

EPG 信息的 XML 模式总体结构见图 A.1。

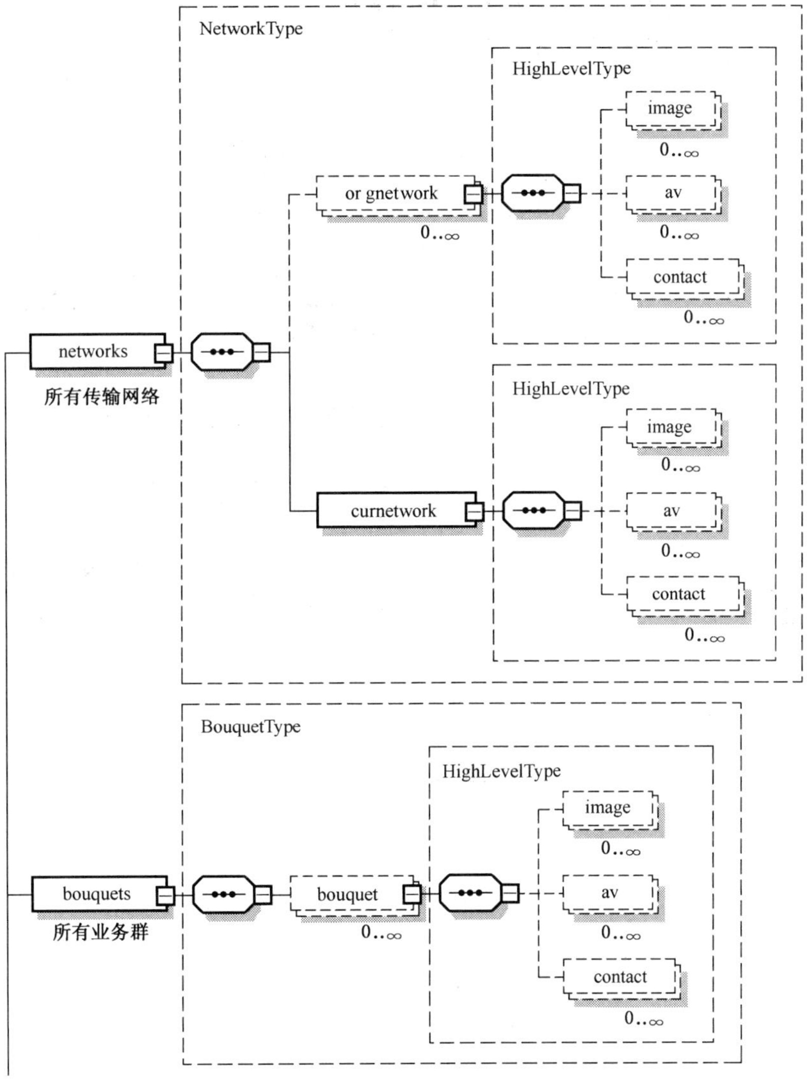

图 A.1　EPG 信息的 XML 模式总体结构

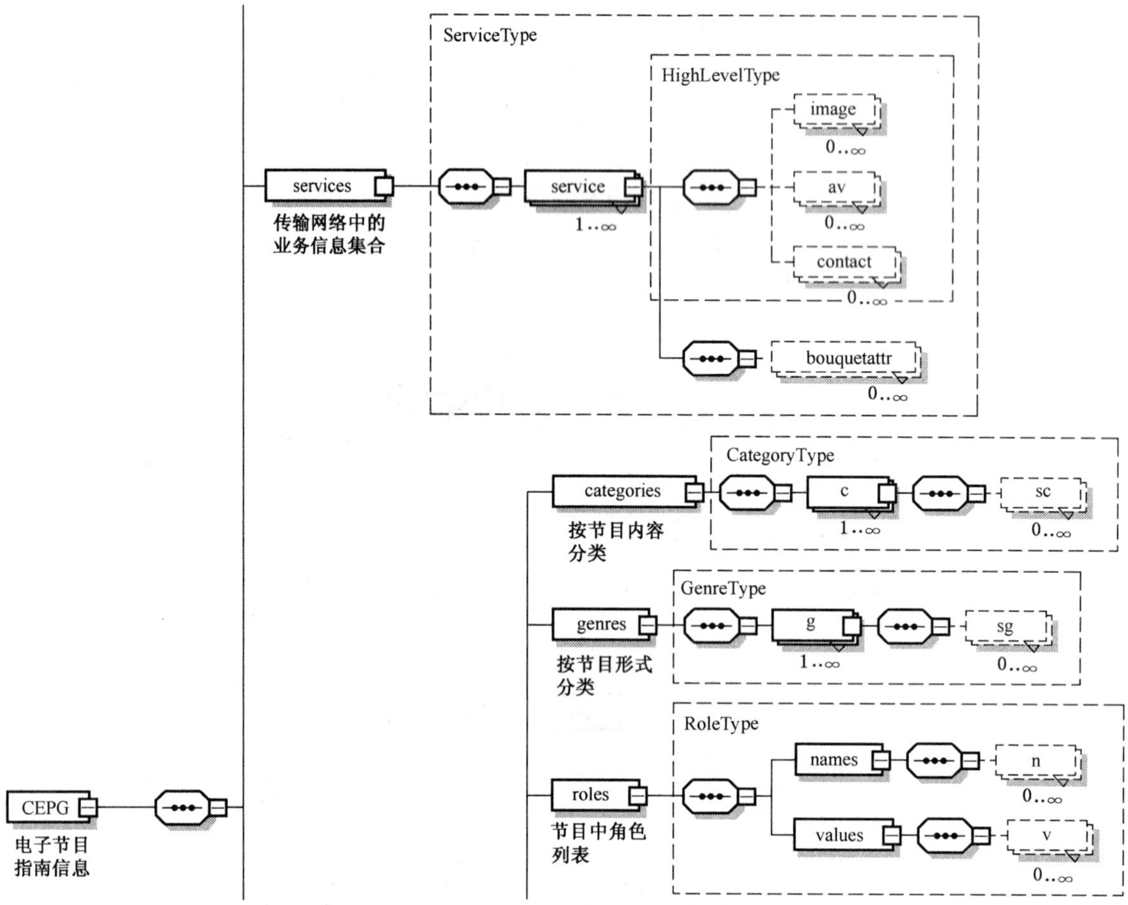
ServiceType
HighLevelType
image
0..∞
services
service
av
传输网络中的
业务信息集合
1..∞
0..∞
contact
0..∞
bouquetattr
0..∞
CategoryType
categories
c
sc
按节目内容
分类
1..∞
0..∞
GenreType
genres
g
sg
按节目形式
分类
1..∞
0..∞
RoleType
names
n
0..∞
CEPG
roles
电子节目
指南信息
节目中角色
列表
values
v
0..∞

图 A.1（续）

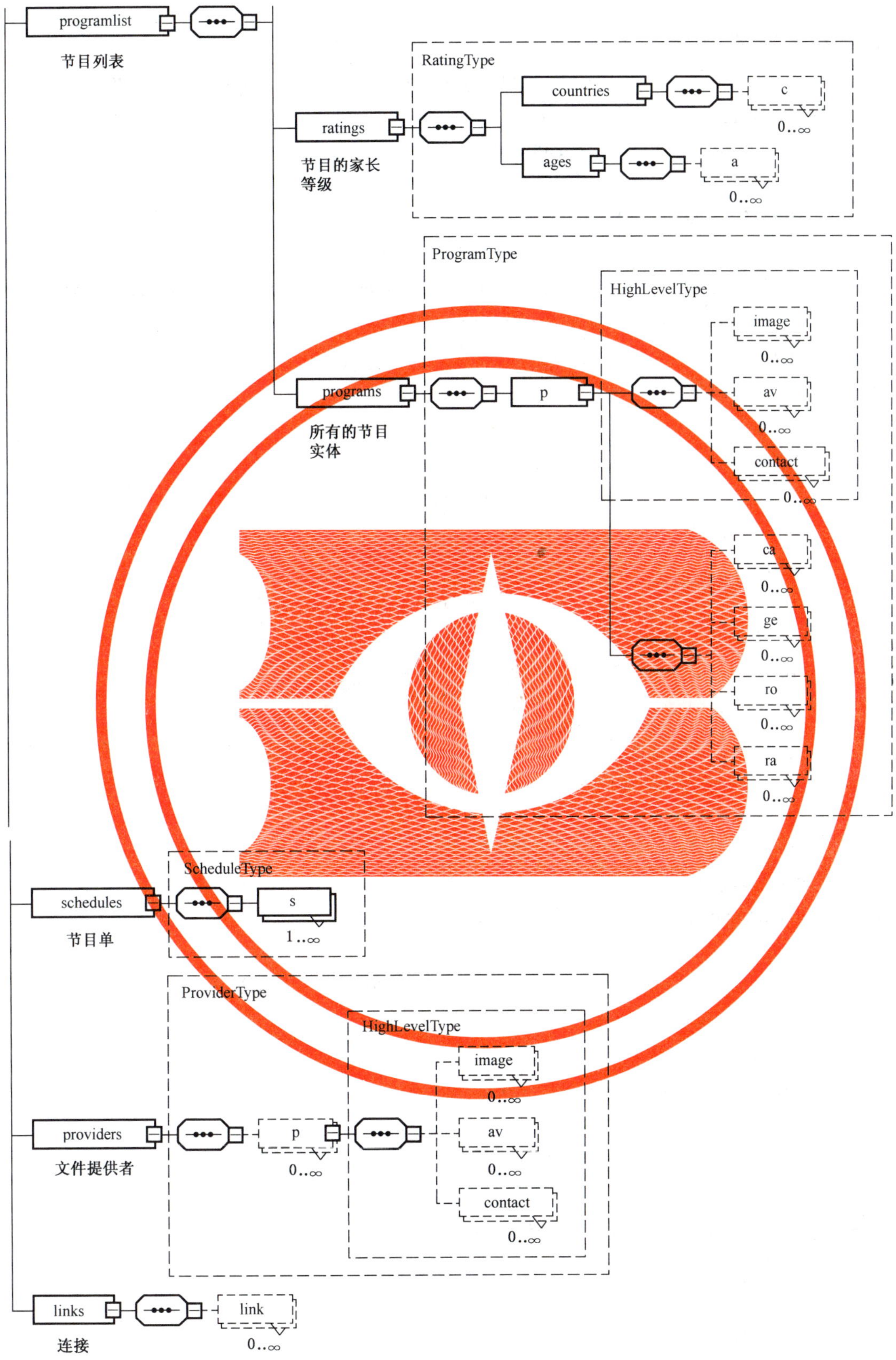
programlist
节目列表
RatingType
countries
c
0..∞
ratings
节目的家长
等级
ages
a
0..∞
ProgramType
HighLevelType
image
0..∞
programs
p
av
0..∞
所有的节目
实体
contact
0..∞
ca
0..∞
ge
0..∞
ro
0..∞
ra
0..∞
ScheduleType
schedules
s
节目单
1..∞
ProviderType
HighLevelType
image
0..∞
providers
p
av
文件提供者
0..∞
0..∞
contact
0..∞
links
link
连接
0..∞

图 A.1（续）

A.2.2 XML 模式基本类型定义(epgtype.xsd)

```
<?xml version="1.0" encoding="GB2312"?>
    < elementFormDefault="qualified" attributeFormDefault="unqualified" version="1.0">
        <xs:simpleType name="OrgNetworkIDType">
          <xs:restriction base="xs:unsignedInt"/>
        </xs:simpleType>
        <xs:simpleType name="NetworkIDType">
            <xs:annotation>
                <xs:documentation>Basic networkID Type. This id is required to persist from
                feed to feed.</xs:documentation>
            </xs:annotation>
            <xs:restriction base="xs:unsignedInt"/>
        </xs:simpleType>
        <xs:simpleType name="BouquetIDType">
            <xs:restriction base="xs:unsignedInt"/>
        </xs:simpleType>
        <xs:simpleType name="TsIDType">
            <xs:restriction base="xs:unsignedInt"/>
        </xs:simpleType>
        <xs:simpleType name="ServiceIDType">
            <xs:annotation>
                <xs:documentation>Basic serviceID Type. This id is required to persist from
                feed to feed.</xs:documentation>
            </xs:annotation>
            <xs:restriction base="xs:unsignedInt"/>
        </xs:simpleType>
        <xs:simpleType name="ProgramIDType">
            <xs:annotation>
                <xs:documentation>Basic programID Type. This id is required to persist from
                feed to feed.</xs:documentation>
            </xs:annotation>
            <xs:restriction base="xs:unsignedInt"/>
        </xs:simpleType>
        <xs:simpleType name="EventIDType">
            <xs:annotation>
                <xs:documentation> Basic eventID Type. This id is required to persist from
                feed to feed.</xs:documentation>
            </xs:annotation>
            <xs:restriction base="xs:unsignedInt"/>
        </xs:simpleType>
        <xs:simpleType name="CategoryIDType">
            <xs:restriction base="xs:unsignedInt"/>
```

```
</xs:simpleType>
<xs:simpleType name="SubCategoryIDType">
    <xs:restriction base="xs:unsignedInt"/>
</xs:simpleType>
<xs:simpleType name="GenreIDType">
    <xs:annotation>
        <xs:documentation>program genre</xs:documentation>
    </xs:annotation>
    <xs:restriction base="xs:unsignedInt"/>
</xs:simpleType>
<xs:simpleType name="SubGenreIDType">
    <xs:annotation>
        <xs:documentation>program sub genre</xs:documentation>
    </xs:annotation>
    <xs:restriction base="xs:unsignedInt"/>
</xs:simpleType>
<xs:simpleType name="RoleNameIDType">
    <xs:annotation>
        <xs:documentation>Basic RoleID Type.</xs:documentation>
    </xs:annotation>
    <xs:restriction base="xs:unsignedInt"/>
</xs:simpleType>
<xs:simpleType name="RoleValueIDType">
    <xs:annotation>
        <xs:documentation>Basic name type.</xs:documentation>
    </xs:annotation>
    <xs:restriction base="xs:unsignedInt"/>
</xs:simpleType>
<xs:simpleType name="CountryIDType">
    <xs:annotation>
        <xs:documentation>Basic country type.</xs:documentation>
    </xs:annotation>
    <xs:restriction base="xs:unsignedInt"/>
</xs:simpleType>
<xs:simpleType name="AgeIDType">
    <xs:annotation>
        <xs:documentation>Basic age type.</xs:documentation>
    </xs:annotation>
    <xs:restriction base="xs:unsignedInt"/>
</xs:simpleType>
<xs:simpleType name="AVFormatEnum">
    <xs:annotation>
        <xs:documentation>Enumeration of a/v types</xs:documentation>
```

```
        </xs:annotation>
        <xs:restriction base="xs:NMTOKEN">
            <xs:enumeration value="mpeg1"/>
            <xs:enumeration value="mpeg2"/>
            <xs:enumeration value="mpeg4"/>
        </xs:restriction>
    </xs:simpleType>
    <xs:simpleType name="ImageFormatEnum">
        <xs:annotation>
            <xs:documentation>Enumeration of image types</xs:documentation>
        </xs:annotation>
        <xs:restriction base="xs:NMTOKEN">
            <xs:enumeration value="jpg"/>
            <xs:enumeration value="gif"/>
            <xs:enumeration value="bmp"/>
            <xs:enumeration value="tif"/>
            <xs:enumeration value="dib"/>
            <xs:enumeration value="ico"/>
        </xs:restriction>
    </xs:simpleType>
    <xs:simpleType name="AV_AppTypeEnum">
        <xs:restriction base="xs:NMTOKEN">
            <xs:enumeration value="general"/>
        </xs:restriction>
    </xs:simpleType>
    <xs:simpleType name="Image_AppTypeEnum">
        <xs:restriction base="xs:NMTOKEN">
            <xs:enumeration value="general"/>
            <xs:enumeration value="logo"/>
        </xs:restriction>
    </xs:simpleType>
    <xs:complexType name="AVType">
        <xs:attribute name="format" type="AVFormatEnum" use="optional"
         default="mpeg2"/>
        <xs:attribute name="appType" type="AV_AppTypeEnum" use="optional"
         default="general"/>
        <xs:attribute name="width" type="xs:unsignedInt" use="optional"/>
        <xs:attribute name="height" type="xs:unsignedInt" use="optional"/>
        <xs:attribute name="link" type="xs:string" use="optional"/>
        <xs:attribute name="storage" type="xs:string" use="optional"/>
    </xs:complexType>
    <xs:complexType name="ImageType">
        <xs:attribute name="format" type="ImageFormatEnum" use="optional"
```

```
default = "jpg"/〉
    〈xs:attribute name = "appType" type = "Image_AppTypeEnum" use = "optional"
    default = "logo"/〉
    〈xs:attribute name = "width" type = "xs:unsignedInt" use = "optional"/〉
    〈xs:attribute name = "height" type = "xs:unsignedInt" use = "optional"/〉
    〈xs:attribute name = "Opacity" type = "xs:boolean" use = "optional" default = "
    false"/〉
    〈xs:attribute name = "link" type = "xs:string" use = "optional"/〉
    〈xs:attribute name = "storage" type = "xs:string" use = "optional"/〉
〈/xs:complexType〉
〈xs:complexType name = "ContactType"〉
    〈xs:attribute name = "lang" type = "xs:language" use = "required"/〉
    〈xs:attribute name = "type" type = "xs:string" use = "required"/〉
    〈xs:attribute name = "text" type = "xs:string" use = "required"/〉
〈/xs:complexType〉
〈xs:complexType name = "HighLevelType"〉
    〈xs:sequence〉
        〈xs:element name = "image" type = "ImageType" minOccurs = "0"
        maxOccurs = "unbounded"/〉
        〈xs:element name = "av" type = "AVType" minOccurs = "0" maxOccurs = "unbound-
        ed"/〉
        〈xs:element name = "contact" type = "ContactType" minOccurs = "0"
        maxOccurs = "unbounded"/〉
    〈/xs:sequence〉
〈/xs:complexType〉
〈xs:complexType name = "NetworkType"〉
    〈xs:sequence〉
        〈xs:element name = "orgnetwork" minOccurs = "0" maxOccurs = "unbounded"〉
            〈xs:complexType〉
                〈xs:complexContent〉
                    〈xs:extension base = "HighLevelType"〉
                        〈xs:attribute name = "id" type = "OrgNetworkIDType"
                        use = "required"/〉
                        〈xs:attribute name = "name" type = "xs:string"
                        use = "required"/〉
                        〈xs:attribute name = "desc" type = "xs:string"
                        use = "optional"/〉
                        〈xs:attribute name = "lang" type = "xs:language"
                        use = "required"/〉
                        〈xs:attribute name = "location" type = "xs:string"
                        use = "optional"/〉
                        〈xs:attribute name = "link" type = "xs:string"
                        use = "optional"/〉
```

```
                        </xs:extension>
                    </xs:complexContent>
                </xs:complexType>
            </xs:element>
            <xs:element name="curnetwork">
                <xs:complexType>
                    <xs:complexContent>
                        <xs:extension base="HighLevelType">
                            <xs:attribute name="id" type="OrgNetworkIDType"
                             use="required"/>
                            <xs:attribute name="name" type="xs:string"
                             use="required"/>
                            <xs:attribute name="desc" type="xs:string"
                             use="optional"/>
                            <xs:attribute name="lang" type="xs:language"
                             use="required"/>
                            <xs:attribute name="location" type="xs:string"
                             use="optional"/>
                            <xs:attribute name="link" type="xs:string"
                             use="optional"/>
                        </xs:extension>
                    </xs:complexContent>
                </xs:complexType>
            </xs:element>
        </xs:sequence>
    </xs:complexType>
    <xs:complexType name="BouquetType">
        <xs:sequence>
            <xs:element name="bouquet" minOccurs="0" maxOccurs="unbounded">
                <xs:complexType>
                    <xs:complexContent>
                        <xs:extension base="HighLevelType">
                            <xs:attribute name="id" type="BouquetIDType"
                             use="required"/>
                            <xs:attribute name="name" type="xs:string"
                             use="required"/>
                            <xs:attribute name="desc" type="xs:string"
                             use="optional"/>
                            <xs:attribute name="lang" type="xs:language"
                             use="required"/>
                            <xs:attribute name="location" type="xs:string"
                             use="optional"/>
                            <xs:attribute name="link" type="xs:string"
```

```
                        use = "optional"/〉
                    〈/xs:extension〉
                〈/xs:complexContent〉
            〈/xs:complexType〉
        〈/xs:element〉
    〈/xs:sequence〉
〈/xs:complexType〉
〈xs:complexType name = "ServiceType"〉
    〈xs:sequence〉
        〈xs:element name = "service" maxOccurs = "unbounded"〉
            〈xs:complexType〉
                〈xs:complexContent〉
                    〈xs:extension base = "HighLevelType"〉
                        〈xs:sequence〉
                            〈xs:element name = "bouquetattr" minOccurs = "0"
                             maxOccurs = "unbounded"〉
                                〈xs:complexType〉
                                    〈xs:attribute name = "id" type = "BouquetIDType"
                                     use = "required"/〉
                                〈/xs:complexType〉
                            〈/xs:element〉
                        〈/xs:sequence〉
                        〈xs:attribute name = "on" type = "OrgNetworkIDType"
                         use = "required"/〉
                        〈xs:attribute name = "t" type = "TsIDType" use = "required"/〉
                        〈xs:attribute name = "s" type = "ServiceIDType"
                         use = "required"/〉
                        〈xs:attribute name = "name" type = "xs:string"
                         use = "required"/〉
                        〈xs:attribute name = "desc" type = "xs:string" use = "optional"/〉
                        〈xs:attribute name = "type" type = "xs:string" use = "optional"〉
                            〈xs:annotation〉
                                〈xs:documentation〉Channel programming type (e.g.
                                 News, Sports, etc.).〈/xs:documentation〉
                            〈/xs:annotation〉
                        〈/xs:attribute〉
                        〈xs:attribute name = "ca_mode" type = "xs:boolean"
                         use = "required"/〉
                        〈xs:attribute name = "lang" type = "xs:language"
                         use = "required"/〉
                        〈xs:attribute name = "link" type = "xs:string"
```

```
                                    use = "optional"/>
                                </xs:extension>
                            </xs:complexContent>
                        </xs:complexType>
                    </xs:element>
                </xs:sequence>
            </xs:complexType>
            <xs:complexType name = "CategoryType">
                <xs:sequence>
                    <xs:element name = "c" maxOccurs = "unbounded">
                        <xs:annotation>
                            <xs:documentation>Defintions of the category</xs:documentation>
                        </xs:annotation>
                        <xs:complexType>
                            <xs:sequence>
                                <xs:element name = "sc" minOccurs = "0" maxOccurs = "unbounded">
                                    <xs:annotation>
                                        <xs:documentation>Defintions of the sub
                                        category</xs:documentation>
                                    </xs:annotation>
                                    <xs:complexType>
                                        <xs:attribute name = "id" type = "SubCategoryIDType"
                                         use = "required"/>
                                        <xs:attribute name = "name" type = "xs:string"
                                         use = "required"/>
                                        <xs:attribute name = "pname" type = "xs:string"
                                         use = "required"/>
                                        <xs:attribute name = "desc" type = "xs:string"
                                         use = "optional"/>
                                        <xs:attribute name = "lang" type = "xs:language"
                                         use = "optional"/>
                                    </xs:complexType>
                                </xs:element>
                            </xs:sequence>
                            <xs:attribute name = "id" type = "CategoryIDType" use = "required"/>
                            <xs:attribute name = "name" type = "xs:string" use = "required"/>
                            <xs:attribute name = "pname" type = "xs:string" use = "required"/>
                            <xs:attribute name = "desc" type = "xs:string" use = "optional"/>
                            <xs:attribute name = "lang" type = "xs:language" use = "optional"/>
                        </xs:complexType>
                    </xs:element>
                </xs:sequence>
            </xs:complexType>
```

```
<xs:complexType name="GenreType">
    <xs:sequence>
        <xs:element name="g" maxOccurs="unbounded">
            <xs:complexType>
                <xs:sequence>
                    <xs:element name="sg" minOccurs="0" maxOccurs="unbounded">
                        <xs:complexType>
                            <xs:attribute name="id" type="SubGenreIDType"
                             use="required"/>
                            <xs:attribute name="name" type="xs:string"
                             use="required"/>
                            <xs:attribute name="pname" type="xs:string"
                             use="required"/>
                            <xs:attribute name="desc" type="xs:string"
                             use="optional"/>
                            <xs:attribute name="lang" type="xs:language"
                             use="optional"/>
                        </xs:complexType>
                    </xs:element>
                </xs:sequence>
                <xs:attribute name="id" type="GenreIDType" use="required"/>
                <xs:attribute name="name" type="xs:string" use="required"/>
                <xs:attribute name="pname" type="xs:string" use="required"/>
                <xs:attribute name="desc" type="xs:string" use="optional"/>
                <xs:attribute name="lang" type="xs:language" use="optional"/>
            </xs:complexType>
        </xs:element>
    </xs:sequence>
</xs:complexType>
<xs:complexType name="RoleType">
    <xs:sequence>
        <xs:element name="names">
            <xs:complexType>
                <xs:sequence>
                    <xs:element name="n" minOccurs="0" maxOccurs="unbounded">
                        <xs:complexType>
                            <xs:attribute name="id" type="RoleNameIDType"
                             use="required"/>
                            <xs:attribute name="name" type="xs:string"
                             use="required"/>
                            <xs:attribute name="desc" type="xs:string"
                             use="optional"/>
                            <xs:attribute name="lang" type="xs:language"
```

```
                                    use="optional"/>
                                </xs:complexType>
                            </xs:element>
                        </xs:sequence>
                    </xs:complexType>
                </xs:element>
                <xs:element name="values">
                    <xs:complexType>
                        <xs:sequence>
                            <xs:element name="v" minOccurs="0" maxOccurs="unbounded">
                                <xs:complexType>
                                    <xs:attribute name="id" type="RoleValueIDType"
                                     use="required"/>
                                    <xs:attribute name="name" type="xs:string"
                                     use="required"/>
                                    <xs:attribute name="desc" type="xs:string"
                                     use="optional"/>
                                    <xs:attribute name="lang" type="xs:language"
                                     use="optional"/>
                                </xs:complexType>
                            </xs:element>
                        </xs:sequence>
                    </xs:complexType>
                </xs:element>
            </xs:sequence>
        </xs:complexType>
        <xs:complexType name="RatingType">
            <xs:sequence>
                <xs:element name="countries">
                    <xs:complexType>
                        <xs:sequence>
                            <xs:element name="c" minOccurs="0" maxOccurs="unbounded">
                                <xs:complexType>
                                    <xs:attribute name="id" type="CountryIDType"
                                     use="required"/>
                                    <xs:attribute name="name" type="xs:string"
                                     use="required"/>
                                    <xs:attribute name="desc" type="xs:string"
                                     use="optional"/>
                                    <xs:attribute name="lang" type="xs:language"
                                     use="optional"/>
                                </xs:complexType>
                            </xs:element>
```

```
            </xs:sequence>
        </xs:complexType>
    </xs:element>
    <xs:element name="ages">
        <xs:complexType>
            <xs:sequence>
                <xs:element name="a" minOccurs="0" maxOccurs="unbounded">
                    <xs:complexType>
                        <xs:attribute name="id" type="AgeIDType"
                         use="required"/>
                        <xs:attribute name="age" type="xs:unsignedInt"
                         use="required"/>
                        <xs:attribute name="desc" type="xs:string"
                         use="optional"/>
                        <xs:attribute name="lang" type="xs:language"
                         use="optional"/>
                    </xs:complexType>
                </xs:element>
            </xs:sequence>
        </xs:complexType>
    </xs:element>
  </xs:sequence>
</xs:complexType>
<xs:complexType name="ProgramType">
  <xs:sequence>
    <xs:element name="p">
        <xs:complexType>
            <xs:complexContent>
                <xs:extension base="HighLevelType">
                    <xs:sequence>
                        <xs:element name="ca" minOccurs="0"
                         maxOccurs="unbounded">
                            <xs:complexType>
                                <xs:attribute name="c" type="CategoryIDType"
                                 use="required"/>
                                <xs:attribute name="sc"
                                 type="SubCategoryIDType" use="optional"/>
                            </xs:complexType>
                        </xs:element>
                        <xs:element name="ge" minOccurs="0"
                         maxOccurs="unbounded">
                            <xs:complexType>
                                <xs:attribute name="g" type="GenreIDType"
```

```
                use="required"/>
              <xs:attribute name="s" type="SubGenreIDType"
                use="required"/>
              <xs:attribute name="value" type="xs:string"
                use="required"/>
            </xs:complexType>
          </xs:element>
          <xs:element name="ro" minOccurs="0"
              maxOccurs="unbounded">
            <xs:complexType>
              <xs:attribute name="n" type="
                RoleNameIDType" use="required"/>
              <xs:attribute name="v" type="
                RoleValueIDType" use="required"/>
              <xs:attribute name="o"
                type="xs:positiveInteger" use="required">
                <xs:annotation>
                  <xs:documentation source="display
                    order"/>
                </xs:annotation>
              </xs:attribute>
            </xs:complexType>
          </xs:element>
          <xs:element name="ra" minOccurs="0"
            maxOccurs="unbounded">
            <xs:complexType>
              <xs:attribute name="c" type="CountryIDType"
                use="required"/>
              <xs:attribute name="a" type="AgeIDType"
                use="required"/>
            </xs:complexType>
          </xs:element>
        </xs:sequence>
        <xs:attribute name="id" type="ProgramIDType"
          use="required"/>
        <xs:attribute name="name" type="xs:string"
          use="required"/>
        <xs:attribute name="shortname" type="xs:string"
          use="optional"/>
        <xs:attribute name="shortdesc" type="xs:string"
          use="optional"/>
        <xs:attribute name="lang" type="xs:language"
          use="required"/>
```

```
                    〈xs:attribute name="link" type="xs:string"
                     use="optional"/〉
                  〈/xs:extension〉
                〈/xs:complexContent〉
              〈/xs:complexType〉
            〈/xs:element〉
          〈/xs:sequence〉
        〈/xs:complexType〉
        〈xs:complexType name="ScheduleType"〉
          〈xs:sequence〉
            〈xs:element name="s" maxOccurs="unbounded"〉
              〈xs:annotation〉
                〈xs:documentation〉Schedule entry.〈/xs:documentation〉
              〈/xs:annotation〉
              〈xs:complexType〉
                〈xs:attribute name="sid" type="ServiceIDType" use="required"〉
                  〈xs:annotation〉
                    〈xs:documentation〉Channel ID Reference〈/xs:documentation〉
                  〈/xs:annotation〉
                〈/xs:attribute〉
                〈xs:attribute name="eid" type="EventIDType" use="required"〉
                  〈xs:annotation〉
                    〈xs:documentation〉Event id〈/xs:documentation〉
                  〈/xs:annotation〉
                〈/xs:attribute〉
                〈xs:attribute name="s" type="xs:dateTime" use="required"〉
                  〈xs:annotation〉
                    〈xs:documentation〉UTC Start Time〈/xs:documentation〉
                  〈/xs:annotation〉
                〈/xs:attribute〉
                〈xs:attribute name="d" type="xs:unsignedInt" use="required"〉
                  〈xs:annotation〉
                    〈xs:documentation〉Schedule Duration in
                     seconds.〈/xs:documentation〉
                  〈/xs:annotation〉
                〈/xs:attribute〉
                〈xs:attribute name="p" type="ProgramIDType" use="required"〉
                  〈xs:annotation〉
                    〈xs:documentation〉Reference to program
                     id〈/xs:documentation〉
                  〈/xs:annotation〉
                〈/xs:attribute〉
                〈xs:attribute name="ca_mode" type="xs:boolean" use="required"/〉
```

```
                〈/xs:complexType〉
            〈/xs:element〉
        〈/xs:sequence〉
    〈/xs:complexType〉
    〈xs:complexType name="ProviderType"〉
        〈xs:sequence〉
            〈xs:element name="p" minOccurs="0" maxOccurs="unbounded"〉
                〈xs:complexType〉
                    〈xs:complexContent〉
                        〈xs:extension base="HighLevelType"〉
                            〈xs:attribute name="id" type="xs:unsignedInt"
                            use="required"/〉
                            〈xs:attribute name="name" type="xs:string"
                            use="required"/〉
                            〈xs:attribute name="link" type="xs:string"
                            use="optional"/〉
                            〈xs:attribute name="lang" type="xs:language"
                            use="optional"/〉
                        〈/xs:extension〉
                    〈/xs:complexContent〉
                〈/xs:complexType〉
            〈/xs:element〉
        〈/xs:sequence〉
        〈xs:attribute name="id" type="xs:unsignedInt" use="required"/〉
        〈xs:attribute name="name" type="xs:string" use="required"/〉
        〈xs:attribute name="link" type="xs:string" use="optional"/〉
        〈xs:attribute name="lang" type="xs:language" use="optional"/〉
    〈/xs:complexType〉
〈/xs:schema〉
```

A.2.3 XML 模式元素定义(cepg.xsd)

```
〈?xml version="1.0" encoding="GB2312"?〉
〈 elementFormDefault="qualified" attributeFormDefault="unqualified"〉
    〈xs:include schemaLocation="epgtype.xsd"/〉
    〈xs:element name="CEPG"〉
        〈xs:annotation〉
            〈xs:documentation〉Comment describing your root element〈/xs:documentation〉
        〈/xs:annotation〉
        〈xs:complexType〉
            〈xs:sequence〉
                〈xs:element name="networks" type="NetworkType"〉
                    〈xs:annotation〉
                        〈xs:documentation〉所有的传输网络〈/xs:documentation〉
```

```
        </xs:annotation>
    </xs:element>
    <xs:element name="bouquets" type="BouquetType">
        <xs:annotation>
            <xs:documentation>所有的业务群</xs:documentation>
        </xs:annotation>
    </xs:element>
    <xs:element name="services" type="ServiceType">
        <xs:annotation>
            <xs:documentation>传输网络中的业务集合</xs:documentation>
        </xs:annotation>
    </xs:element>
    <xs:element name="programlist">
        <xs:annotation>
            <xs:documentation>节目列表</xs:documentation>
        </xs:annotation>
        <xs:complexType>
            <xs:sequence>
                <xs:element name="categories" type="CategoryType">
                    <xs:annotation>
                        <xs:documentation>按节目内容分类</xs:documentation>
                    </xs:annotation>
                </xs:element>
                <xs:element name="genres" type="GenreType">
                    <xs:annotation>
                        <xs:documentation>按节目形式分类</xs:documentation>
                    </xs:annotation>
                </xs:element>
                <xs:element name="roles" type="RoleType">
                    <xs:annotation>
                        <xs:documentation>节目中角色列表</xs:documentation>
                    </xs:annotation>
                </xs:element>
                <xs:element name="ratings" type="RatingType">
                    <xs:annotation>
                        <xs:documentation>节目的家长等级</xs:documentation>
                    </xs:annotation>
                </xs:element>
                <xs:element name="programs" type="ProgramType">
                    <xs:annotation>
                        <xs:documentation>所有的节目实体</xs:documentation>
                    </xs:annotation>
                </xs:element>
```

```
                </xs:sequence>
            </xs:complexType>
        </xs:element>
        <xs:element name="schedules" type="ScheduleType">
            <xs:annotation>
                <xs:documentation>节目单</xs:documentation>
            </xs:annotation>
        </xs:element>
        <xs:element name="providers" type="ProviderType">
            <xs:annotation>
                <xs:documentation>文件提供者</xs:documentation>
            </xs:annotation>
        </xs:element>
        <xs:element name="links">
            <xs:annotation>
                <xs:documentation>链接</xs:documentation>
            </xs:annotation>
            <xs:complexType>
                <xs:sequence>
                    <xs:element name="link" minOccurs="0" maxOccurs="unbounded"/>
                </xs:sequence>
            </xs:complexType>
        </xs:element>
    </xs:sequence>
  </xs:complexType>
</xs:element>
</xs:schema>
```

ICS 33.160
M 63

中华人民共和国国家标准

GB/T 28161—2011

数字电视广播业务信息规范

Specification of service information for digital television broadcasting

2011-12-30 发布　　　　2012-06-01 实施

中华人民共和国国家质量监督检验检疫总局
中国国家标准化管理委员会　发布

前　　言

本标准按照 GB/T 1.1—2009 给出的规则起草。

本标准由国家广播电影电视总局提出。

本标准由全国广播电影电视标准化技术委员会(SAC/TC 239)归口。

本标准起草单位:国家广播电影电视总局广播电视规划院、中央电视台、国家广播电影电视总局广播科学研究院。

本标准主要起草人:肖辉、党海飞、张淮野、马玥、董文辉、王惠明。

数字电视广播业务信息规范

1 范围

本标准规定了数字电视广播业务信息(SI)数据,这些数据是数字电视广播码流的组成部分,帮助用户从码流中选择业务和/或事件的信息,使综合接收解码器(IRD)能自动设置可供选择的业务。业务信息自动设置部分的数据主要由GB/T 17975.1—2000中的节目特定信息(PSI)给出。

本标准规定了补充PSI的附加数据,以帮助IRD自动调谐,并规定了显示给用户的附加信息。显示这些信息的方式没有在本标准中规定,IRD制造商可以自由选择显示方式。

电子节目指南(EPG)将成为数字电视传输的一种应用。本标准所规定的业务信息中包含的数据可以作为电子节目指南的基础。

本标准适用于地面、有线、卫星等数字电视广播业务。

2 规范性引用文件

下列文件对于本文件的应用是必不可少的。凡是注日期的引用文件,仅注日期的版本适用于本文件。凡是不注日期的引用文件,其最新版本(包括所有的修改单)适用于本文件。

GB 13000 信息技术 通用多八位编码字符集(UCS)

GB/T 15273.1—1994 信息处理 八位单字节编码图形字符集 第1部分:拉丁字母一

GB/T 17191.3—1997 信息技术 具有1.5 Mbit/s数据传输率的数字存储媒体运动图像及其伴音的编码 第3部分:音频

GB/T 17975.1—2000 信息技术 运动图像及其伴音信息的通用编码 第1部分:系统

GB/T 17975.3—2002 信息技术 运动图像及其伴音信号的通用编码 第3部分:音频

GB 20600—2006 数字电视地面广播传输系统帧结构、信道编码和调制

GY/Z 175—2001 数字电视广播条件接收系统规范

ISO 639-2 语言名称编码 第2部分:Alpha-3编码(Codes for the representation of names of languages—Part 2:Alpha-3 code)

IEC 1883-1 用户音频/视频设备—数字接口 第1部分:总体(Consumer audio/video equipment-Digital interface—Part 1:General)

IEC 1883-4 用户音频/视频设备—数字接口 第4部分:MPEG-2 TS数据(Consumer audio/video equipment—Digital interface—Part 4:MPEG2-TS data)

KSC 5601(1987) 信息交换编码(Code for information interchange(Hangul and Hanja))

3 术语和定义、缩略语

3.1 术语和定义

下列术语和定义适用于本文件。

3.1.1

业务群 bouquet

同一实体在市场中提供的业务集合。

3.1.2

广播者 broadcaster

业务提供者 service provider

组织一系列事件或节目,并按时间表或者实际需要将其传送给观众的机构。

3.1.3

组件 component

基本流 elementary stream

构成一个事件的一个或多个实体。例如,视频、音频、图文。

3.1.4

条件接收系统 Conditionai Access(CA) system

可以控制用户接收业务、节目和事件的系统。

3.1.5

传送系统 delivery system

传送一路或多路复用流的物理媒体。例如,卫星系统、宽带同轴电缆、光纤、一个发射点的地面通道等。

3.1.6

授权管理信息 Entitlement Management Messages;EMM

提供特定的条件接收信息,规定了解码器的授权级别或业务的授权级别。可以为单个解码器寻址,也可能为解码器组寻址。

3.1.7

加扰 scrambling

用二进制伪随机序列与信息数据逐位模二相加的技术,籍此使数据呈现更强的随机性。

3.1.8

事件 event

一组给定了起始时间和结束时间、属于同一业务的基本广播数据流。例如,一场足球比赛的半场、新闻快报或娱乐表演的第一部分。

3.1.9

禁止 forbidden

当术语"禁止"在定义编码比特流的子句中使用时,表示该值不使用。

3.1.10

MPEG-2

参见 GB/T 17975。第 1 部分定义系统编码,第 2 部分定义视频编码,第 3 部分定义音频编码。

3.1.11

复用 multiplex

将一路或多路业务的所有数据合成一路码流。

3.1.12

网络 network

一个传输系统，可以传输一组 MPEG-2 传送流(TS)。例如：某个有线电视系统中的所有数字频道。

3.1.13

原始网络标识符　original_network_id

一个网络的唯一标识符。

3.1.14

网络标识符　network_id

描述传输系统的网络标识，用以区别其他的传输系统。

3.1.15

节目　programme

由广播者提供的一个或多个连续的事件。例如，新闻广播，娱乐广播。

3.1.16

中继器　repeater

用来接收地面数字电视广播信号，并转发出去的设备。在转发过程中，不可以改变传输参数信令。

3.1.17

预留　reserved

当术语"预留"在定义编码比特流的子句中使用时，表示该值在将来 ISO 标准扩展定义时有可能被用到。除非另有说明，本标准中所有的"预留"位都被置为"1"。

3.1.18

预留使用　reserved_future_use

当术语"预留使用"在定义编码比特流的子句中使用时，表示该值在将来本标准扩展定义时有可能被用到。除非另有说明，本标准中所有的"预留使用"位都被置为"1"。

3.1.19

段　section

段是一个语法结构，用于将本标准中定义的所有业务信息映射成为 GB/T 17975.1 的传送流包。

3.1.20

业务　service

在广播者的控制下，可以按照时间表分步广播的一系列节目。

3.1.21

业务标识符　service_id

在传送流中，业务信息的唯一标识。

3.1.22

业务信息　Service Information

用于描述传送系统、内容和广播数据流的计划/时间表等的数据。它包括 MPEG-2 的 PSI 信息及独立定义的扩展部分。

3.1.23

子表　sub_table

子表是指具有相同表标识符(table_id)和相同子表标识符的段的集合。

3.1.24

表　table

由具有相同的表标识符(table_id)的一系列子表构成。

3.1.25

发射机　transmitter

发射机是调制基带传送流并用某个频率进行无线广播的设备。

3.1.26

传送流　transport stream;TS

传送流是由 GB/T 17975.1 定义的数据结构,是数字电视广播标准的基础。

3.1.27

传送流标识符　transport_stream_id

一个原始网络中的传送流的唯一标识。

3.1.28

差转机　transposer

差转机是中继器的一种,它可以接收地面数字电视广播的信号并用不同的频率再发射。

3.1.29

交织　interleaving

改变数据或数据块的发送顺序的技术,籍此使原本相邻的数据或数据块经受相对独立的信道畸变。

3.1.30

帧头　frame header

一段已知的伪随机序列,可用于系统同步、信道估计与均衡。

3.2　数字电视广播业务传送模式示意图

数字电视广播业务传送模式示意图见图 1。

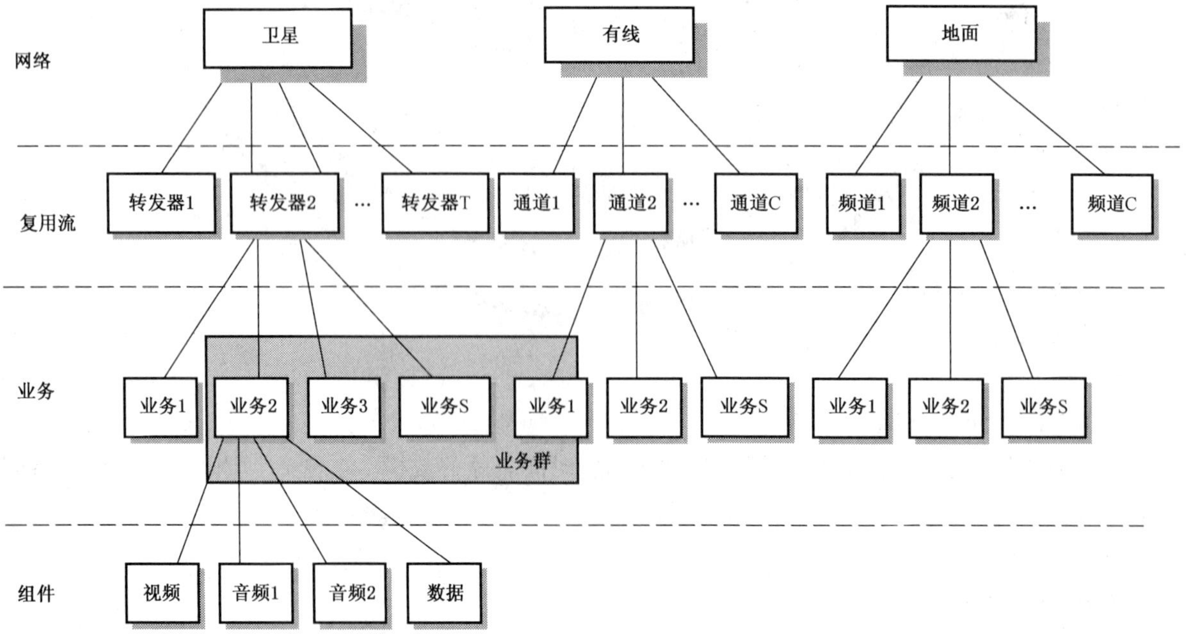

图 1　数字电视广播业务传送模式

3.3 缩略语

BAT:业务群关联表(Bouquet Association Table)

BCD:二-十进制编码(Binary Coded Decimal)

bslbf:比特串,左位在先(bit string,left bit first)

CA:条件接收(Conditional Access)

CAT:条件接收表(Conditional Access Table)

CLUT:彩色查找表(Colour Look-Up Table)

CRC:循环冗余校验(Cyclic Redundancy Check)

DAB:数字音频广播(Digital Audio Broadcasting)

DAVIC:数字音视频理事会(Digital Audio Visual Council)

DIT:间断信息表(Discontinuity Information Table)

DSNG:数字卫星新闻采集(Digital Satellite News Gathering)

DVD:数字通用光盘(Digital Versatile Disc)

EBU:欧洲广播联盟(European Broadcasting Union)

EIT:事件信息表(Event Information Table)

EMM:授权管理信息(Entitlement Management Message)

EPG:电子节目指南(Electronic Program Guide)

ETS:欧洲电信标准(European Telecommunication Standard)

ETSI:欧洲电信标准委员会(European Telecommunication Standard Institute)

FEC:前向纠错(Forward Error Correction)

FLS:前向链接信令(Forward Link Signalling)

IEC:国际电工委员会(International Electrotechnical Commission)

IRD:综合接收解码器(Integrated Receiver Decoder)

ISO:国际标准化组织(International Organization for Standardization)

JTC:联合技术委员会(Joint Technical Committee)

LSB:最低有效位(Least Significated Bit)

MHP:多媒体家庭平台(Multimedia Home Platform)

MJD:修正的儒略日期(Modified Julian Date)

MPEG:运动图像专家组(Moving Pictures Expert Group)

NIT:网络信息表(Nerwork Information Table)

NR:准正交编码(Nordstrom Robinson)Nordstrom Robinson

NVOD:准视频点播(Near Video On Demand)

PAT:节目关联表(Program Association Table)

PDC:节目传送控制(Program Delivery Control)

PID:包标识符(Packet Identifier)

PIL:节目标识标签(Program Identification Label)

PMT:节日映射表(Program Map Table)

PSI:节目特定信息(Program Specific Information)

PSTN:公共交换电话网(Public Switched Telephone Network)

QAM：正交调幅（Quadrature Amplitude Modulation）

QPSK：四相相移键控（Quaternary Phase Shift Keying）

RCS：卫星回传通道（return channel satellite）

RS：里德-所罗门（Reed-Solomon）

RST：运行状态表（Running Status Table）

rpchof：余数多项式系数，高阶在先（remainder polynomial coefficients，highest order first）

ScF：比例因子（Scale Factor）

SDT：业务描述表（Service Description Table）

SI：业务信息（Service Information）

SIT：选择信息表（Selection Information Table）

SMI：存储媒体互操作性（Storage Media Interoperability）

ST：填充表（Stuffing Table）

TDT：时间和日期表（Time and Date Table）

TOT：时间偏移表（Time offset Table）

TSDT：传送流描述表（Transport Stream Description Table）

TS：传送流（Transport Stream）

UTC：世界协调时（Universal Time，Co-ordinated）

uimsbf：无符号整数，高位在先（unsigned integer，most significant bit first）

VBI：场消隐期（Vertical Blanking Interval）

VPS：视频节目系统（Video Programme System）

WSS：宽屏幕信令（Wide Screen Signalling）

4 业务信息（SI）描述

本标准中的业务信息是 GB/T 17975.1 中的业务信息的补充，GB/T 17975.1 中的业务信息被称为节目特定信息（PSI）。PSI 数据提供了使接收机能够自动配置的信息，用于对复用流中的不同节目流进行解复用和解码。SI 的总体结构见图 2。

PSI 信息由四种类型表组成，每类表按段传输：

a) 节目关联表（PAT）

针对复用的每一路业务，PAT 提供了相应的节目映射表（PMT）的位置（传送流（TS）包的包标识符（PID）的值），同时还给出了网络信息表（NIT）的位置。

b) 条件接收表（CAT）

条件接收表提供了在复用流中条件接收系统的有关信息。这些信息属于专用数据（本标准中未定义），并依赖于条件接收系统。当有 EMM 时，它还包括了 EMM 流的位置。

c) 节目映射表（PMT）

节目映射表标识并指示了组成每路业务的流的位置，及每路业务的节目时钟参考（PCR）字段的位置。

d) 网络信息表（NIT）

本标准定义的 NIT 表的位置符合 GB/T 17975.1 规范，但数据格式已超出了 GB/T 17975.1 的范围，这是为了提供更多的有关物理网络的信息。本标准中还定义了网络信息表的语法及语义。

除了PSI信息，还需要为用户提供有关业务和事件的识别信息。本标准定义了这些数据的编码。PSI中的PAT、CAT、PMT只提供了它所在的复用流（现行复用流）的信息，在本标准中，业务信息还提供了其他复用流中的业务和事件信息。这些数据由以下九个表构成：

a) 业务群关联表（BAT）

业务群关联表提供了业务群相关的信息，给出了业务群的名称以及每个业务群中的业务列表。

b) 业务描述表（SDT）

业务描述表包含了描述系统中业务的数据，例如，业务名称、业务提供者等。

c) 事件信息表（EIT）

事件信息表包含了与事件或节目相关的数据，例如，事件名称、起始时间、持续时间等。

不同的描述符用于不同类型的事件信息的传输，例如，不同的业务类型。

d) 运行状态表（RST）

运行状态表给出了事件的状态（运行/非运行）。运行状态表更新这些信息，允许自动适时切换事件。

e) 时间和日期表（TDT）

时间和日期表给出了与当前的时间和日期相关的信息。由于这些信息更新频繁，所以需要使用一个单独的表。

f) 时间偏移表（TOT）

时间偏移表给出了与当前的时间、日期和本地时间偏移相关的信息。由于时间信息更新频繁，所以需要使用一个单独的表。

g) 填充表（ST）

填充表用于使现有的段无效，例如，在一个传输系统的边界。

h) 选择信息表（SIT）

选择信息表仅用于码流片段（例如，记录的一段码流）中，它包含了描述该码流片段的业务信息的概要数据。

i) 间断信息表（DIT）

间断信息表仅用于码流片段（例如，记录的一段码流）中，它将插入到码流片段业务信息间断的地方。

当应用这些标识符时，允许灵活地组织这些表，并允许将来兼容性扩展。

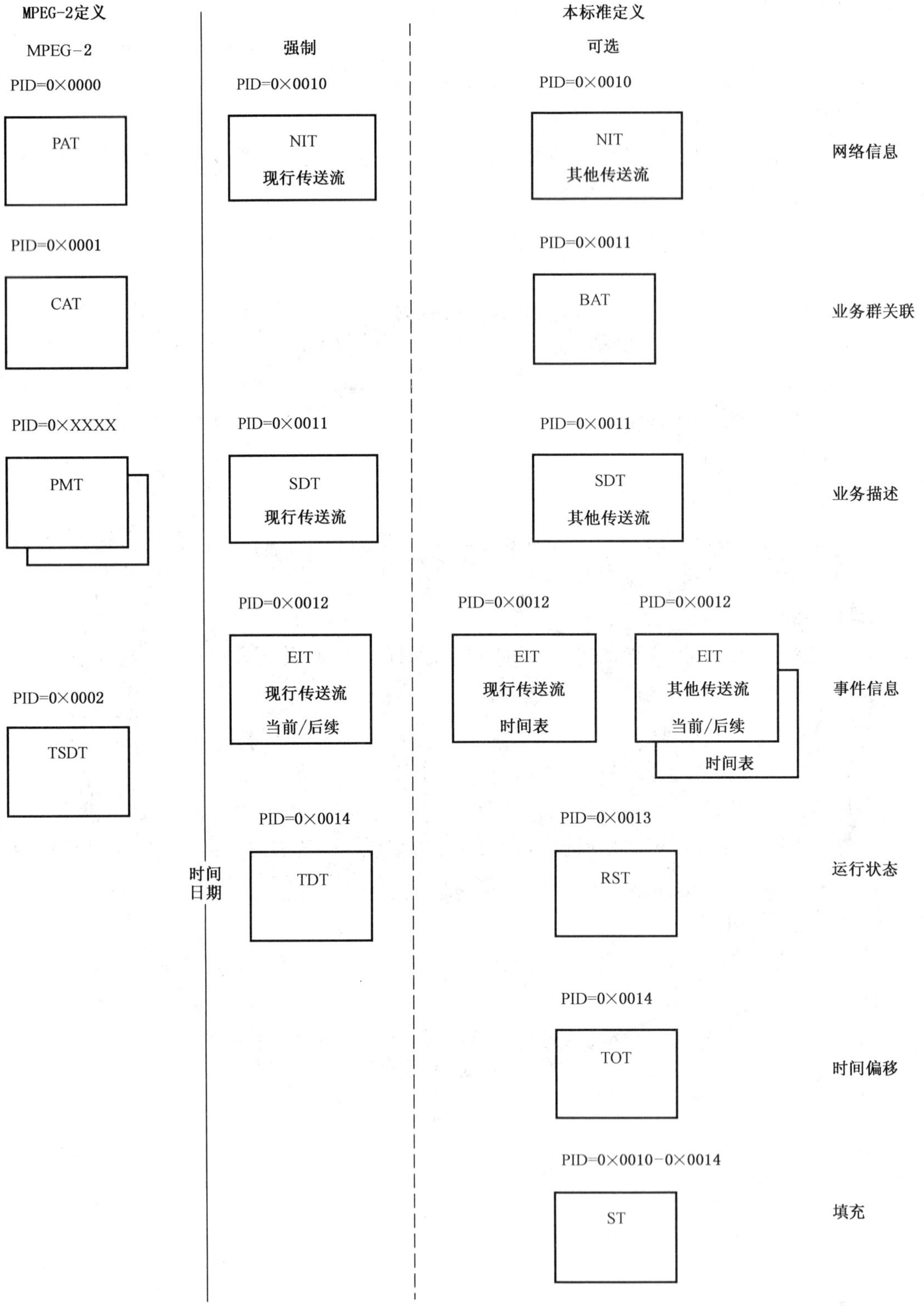

注 1：在“强制”规定的 NIT 表中，“现行传送流”应理解为“现行传送系统”。

注 2：在“可选”规定的 NIT 表中，“其他传送流”应理解为“其他传送系统”。

图 2　业务信息(SI)总体结构

5 业务信息(SI)表

5.1 业务信息(SI)表结构

本标准中的业务信息(SI)表与 MPEG-2 中的 PSI 表,都被分成为一个或若干个段表示,然后插入到 TS 包中。

第 4 部分中所列的表是概念性的,在 IRD 中无需以特定的形式重新生成。除了 EIT 表外,业务信息表在传送过程中不能被加扰,但如果需要,EIT 表可以加扰(见 5.1.5)。

段是一种用来把在所有的 MPEG-2 表和本标准中规定的 SI 表映射成 TS 包的语法结构。这些业务信息语法结构符合 GB/T 17975.1 定义的专用段语法结构。

5.1.1 说明

段的长度是可变的。除 EIT 表外,每个表中的段限长为 1 024 字节,但 EIT 中的段限长为 4 096 字节。每一个段由以下元素的组合唯一标识:

a) 表标识符(table_id)

——表标识符标识段所属的表;

——一些表标识符已分别被 ISO 和 ETSI 定义。表标识符的其他值可以由用户根据特定目的自行分配。表标识符值的列表见表 2。

b) 表标识符扩展(table_id_extension)

——表标识符扩展用于标识子表;

——子表的解释见 5.2。

c) 段号(section_number)

——段号字段用于解码器将特定子表的段以原始顺序重新组合。本标准建议段按顺序传输,除非某些子表的段需要比其他的段更频繁地传输,例如出于随机存取的考虑。

——在本标准中指定的各种业务信息表,段编号也适用于子表。

d) 版本号(version_number)

——当本标准中规定的业务信息所描述的传送流特征发生变化时(例如,新事件开始,给定业务的组成的基本流发生变化),应发送更新了的业务信息数据。新版本的业务信息以传送一子表为标志,它与前子表具有相同的标识符,但版本号改为下一值。

——本标准中规定的业务信息表,版本号适用于一个子表的所有段。

e) 当前/后续指示符(current_next_indicator)

每一段都要标以“当前”有效或“后续”有效。它使得新的 SI 版本可以在传送流特征发生变化之前传输,让解码器能够为变化做准备。然而,一个段的下一个版本的提前传输不是必需的,但如果被传输,它将成为该段的下一个正确版本。

5.1.2 段到传送流(TS)包的映射

段可直接映射到 TS 包中。段可能起始于 TS 包有效负载的起始处,但这并不是必需的,因为 TS 包有效负载的第一个段的起始位置是由 pointer_field 字段指定的。一个 TS 包内不允许存在多于一个的 pointer_field 字段,其余段的起始位置均可从第一个段及其后各段的长度中计算出来,这是因为语法规定一个 TS 包中的段之间不能有空隙。

在任一 PID 值的 TS 包中,一个段必须在下一个段允许开始之前结束,否则就无法识别数据属于哪个段标题。若一个段在 TS 包的末尾前结束了,但又不便打开另一个段,则提供一种填充机制来填满剩余空间。该机制对包中剩下的每个字节均填充为 0xFF。这样 table_id 就不允许取值为 0xFF,以免与填充相混淆。一旦一个段的末尾出现了字节 0xFF，该 TS 包的剩余字节必然都被填充为 0xFF，从而允许解码器丢弃 TS 包的剩余部分。填充也可用一般的 adaptation_field 机制实现。

段在传送流中的映射机制及功能，GB/T 17975.1—2000 的 2.4.4 及附录 C 有更详尽的描述。

5.1.3 PID 及表标识符字段编码

表 1 列出了用于传送业务信息段的 TS 包的 PID 值。

表 1 业务信息的 PID 分配

表	PID 值
PAT	0x0000
CAT	0x0001
TSDT	0x0002
预留	0x0003～0x000F
NIT，ST	0x0010
SDT，BAT，ST	0x0011
EIT，ST	0x0012
RST，ST	0x0013
TDT，TOT，ST	0x0014
网络同步	0x0015
预留使用	0x0016～0x001B
带内信令	0x001C
测量	0x001D
DIT	0x001E
SIT	0x001F

表 2 列出了本标准中业务信息的表标识符(table_id)的分配情况。

表 2 表标识符值(table_id)的分配

值	描　述
0x00	节目关联段
0x01	条件接收段
0x02	节目映射段
0x03	传送流描述段
0x04～0x3F	预留
0x40	现行网络信息段
0x41	其他网络信息段
0x42	现行传送流业务描述段
0x43～0x45	预留使用
0x46	其他传送流业务描述段

表 2（续）

值	描　述
0x47～0x49	预留使用
0x4A	业务群关联段
0x4B～0x4D	预留使用
0x4E	现行传送流事件信息段，当前/后续
0x4F	其他传送流事件信息段，当前/后续
0x50～0x5F	现行传送流事件信息段，时间表
0x60～0x6F	其他传送流事件信息段，时间表
0x70	时间-日期段
0x71	运行状态段
0x72	填充段
0x73	时间偏移段
0x74～0x7D	预留使用
0x7E	不连续信息段
0x7F	选择信息段
0x80～0x8F	CA 系统使用
0x90～0xFE	用户定义
0xFF	预留

5.1.4 重复率和随机存取

在考虑随机存取的系统中，即使结构没有发生变化，也建议对当前文件中规定的 SI 段重复传输数次。在传输码率为 100 Mbit/s 的系统中，对于标有同一个 PID、table_id 及 table_id_extension 值的业务信息段，该段的最后一个字节与下一个段的首字节发送的最小时间间隔为 25 ms。

5.1.5 加扰

除了携带时间表信息的 EIT，本标准中的其他业务信息表不能加扰。相关参考文献给出了一种对 EIT 时间表的加扰方法。如果在 TS 流中使用了某一加扰方法，当 EIT 表的段未占满整个包时，一定要使用填充机制来填充段尾直到包尾，以使任何加扰数据与未加扰数据之间的过渡只发生在包的边界。

为了识别控制 EIT 数据解扰的 CA 流，需要在 PSI 中定义一个加扰的 EIT 时间表。当 service_id 的值为 0xFFFF 时，表示 EIT 数据被加扰，该业务的节目映射段应将 EIT 描述成一个专用流，并且应包含一个或多个给出 PID 值的 CA 描述符(见 GB/T 17975.1 中定义)，如果需要，还可以包含其他专用数据，以标识相关的 CA 流。service_id 值 0xFFFF 不能用作其他用途。

5.2 表定义

以下各节描述了不同类型表的语法和语义。

注：本标准中使用的符号、缩略语、语法描述方法与 GB/T 17975.1 中的 2.2、2.3 使用的相同。

5.2.1 网络信息表(NIT)

网络信息表 NIT(见表 3)传递了与通过一个给定的网络传输的复用流/TS 流的物理结构相关的信息，以及与网络自身特性相关的信息。在本标准应用的范围内，original_network_id 和 transport_stream_id 两个标识符相结合唯一确定了网络中的 TS 流。各网络被分配独立的 network_id 值作为网络的唯一识别码。这些码字的分配见附录 D。当 NIT 表在生成 TS 流的网络上传输时，network_id 和 original_network_id 将取同一值。

传输媒体边界间转换的业务信息处理指南参见 ETSI ETR 211。例如，从卫星系统到有线电视系统或 SMATV（卫星公用天线电视）系统。

当转换频道时，为了使存取时间最小，IRD 可以在非易失性存储器上存储 NIT 表信息。除现行网络外，也可以为其他网络传输 NIT 表信息。现行网络的 NIT 表与其他网络的 NIT 表使用不同的 table_id值来区分（见表 2）。

按照表 3 的语法，NIT 表被切分成网络信息段（network_information_section）。任何构成 NIT 表的段，都要由 PID 为 0x0010 的 TS 包传输。描述现行网络（即包含 NIT 表的 TS 所在的网络）的 NIT 表的任何段的 table_id 值应为 0x40，且具有相同的 table_id_extension（network_id）。现行网络的 network_id 字段的值的分配见附录 D。指向一个现行网络之外的其他网络的 NIT 表的任何段的 table_id 值应取 0x41，network_id 字段的值的分配见附录 D。

表 3　网络信息段

语　法	位数	助记符
network_information_section(){		
table_id	8	uimsbf
section_syntax_indicator	1	bslbf
reserved_future_use	1	bslbf
reserved	2	bslbf
section_length	12	uimsbf
network_id	16	uimsbf
reserved	2	bslbf
version_number	5	uimsbf
current_next_indicator	1	bslbf
section_number	8	uimsbf
last_section_number	8	uimsbf
reserved_future_use	4	bslbf
network_descriptors_length	12	uimsbf
for(i=0;i<N;i++){		
descriptor()		
}		
reserved_future_use	4	bslbf
transport_stream_loop_length	12	uimsbf
for(i=0;i<N;i++){		
transport_stream_id	16	uimsbf
original_network_id	16	uimsbf
reserved_future_use	4	bslbf
transport_descriptors_length	12	uimsbf
for(j=0;j<N;j++){		
descriptor()		
}		
}		
CRC_32	32	rpchof
}		

网络信息段的语义：

表标识符 table_id

见表 2。

段语法指示符 section_syntax_indicator

1 位字段，应置“1”。

段长度 section_length

12 位字段，前两位置“00”。它表示从该字段的下一个字节开始的本段的字节长度，并包含 CRC。section_length 不能超过 1 021，这样整个段的最大长度为 1 024 字节。

网络标识符 network_id

16 位字段。NIT 表所描述的传输系统的网络标识，用以区别其他的传输系统。本字段值的分配见附录 D。

版本号 version_number

5 位字段。标识子表的版本号。当子表包含的信息发生变化时，version_number 加 1。当值增至 31 时，复位为 0。当 current_next_indicator 置“1”时，则 version_number 为由 table_id 和 network_id 定义的当前使用的子表的版本号。当 current_next_indicator 置“0”时，则 version_number 为由 table_id 和 network_id 定义的下一个使用的子表的版本号。

当前/后续指示符 current_next_indicator

1 位指示符。当被置“1”时，表示当前子表正被使用。当其置“0”时，表示所传子表尚未被使用，它是下一个将被使用的子表。

段号 section_number

8 位字段，给出了段号。子表中的第一个段的 section_number 标为“0x00”。每增加一个具有相同的 table_id 和 bouquet_id 的段，section_number 就加 1。

最后段号 last_section_number

8 位字段，表示所属的子表的最后一个段(即段号最大的段)的段号。

网络描述符长度 network_descriptors_length

12 位字段，给出了从本字段的下一个字节开始的网络描述符的总字节长度。

传送流循环长度 transport_stream_loop_length

12 位字段，定义了从本字段的下一个字节到第一个 CRC-32 字节之前的传送流循环的总字节长度。

传送流标识符 transport_stream_id

16 位字段，用于区别在同一个传输系统中，不同的复用码流。

原始网络标识符 original_network_id

16 位字段，给出原始传输系统的 network_id。

传送流描述符长度 transport_descriptors_length

12 位字段，指出从本字段的下一个字节开始的 TS 描述符的总字节长度。

CRC_32

32 位字段。包含了 CRC 值，在处理完整个段之后，附录 B 定义的 CRC 解码器的寄存器输出为零。

5.2.2 业务群关联表(BAT)

业务群关联表 BAT(见表 4)提供有关业务群的信息。业务群定义为一组业务的集合，并可能横跨于不同的网络上。

依表 4 语法，BAT 表被切分成业务群关联段。BAT 中的任何段都在 TS 包中传输，其 PID 值为 0x0011。BAT 表中描述特定的业务群的子表的段，要具有 bouquet_id 字段，取值分配见附录 D。所有

BAT 段的 table_id 值都取为 0x4A。

表 4 业务群关联段

语法	位数	助记符
bouquet_association_section(){		
table_id	8	uimsbf
section_syntax_indicator	1	bslbf
reserved_future_use	1	bslbf
reserved	2	bslbf
section_length	12	uimsbf
bouquet_id	16	uimsbf
reserved	2	bslbf
version_number	5	uimsbf
current_next_indicator	1	bslbf
section_number	8	uimsbf
last_section_number	8	uimsbf
reserved_future_use	4	bslbf
bouquet_descriptors_length	12	uimsbf
for(i=0;i<N;i++){		
descriptor()		
}		
reserved_future_use	4	bslbf
transport_stream_loop_length	12	uimsbf
for(i=0;i<N;i++){		
transport_stream_id	16	uimsbf
original_network_id	16	uimsbf
reserved_future_use	4	bslbf
transport_descriptors_length	12	unimsbf
for(j=0;j<N;j++){		
descriptor()		
}		
}		
CRC_32	32	rpchof
}		

业务群段的语义：

表标识符　table_id

见表 2。

段语法指示符　section_syntax_indicator

1 位字段，应置“1”。

段长度　section_length

12 位字段，前两位置“00”。它表示从该字段的下一个字节开始的本段的字节长度，并包含 CRC。section_length 不能超过 1 021，这样整个段的最大长度为 1 024 字节。

业务群标识符　bouquet_id

16 位字段，用于标识业务群。该字段值的分配参见附录 D。

版本号　version_number

5 位字段。标识子表的版本号。当子表包含的信息发生变化时，version_number 加 1。当值增至 31 时，复位为 0。当 current_next_indicator 置"1"时，则 version_number 为由 table_id 和 bouquet_id 定义的当前使用的子表的版本号。当 current_next_indicator 置"0"时，则 version_number 为由 table_id 和 bouquet_id 定义的下一个使用的子表的版本号。

当前/后续指示符　current_next_indicator

1 位指示符。当被置"1"时，表示当前子表正被使用。当其置"0"时，表示所传子表尚未被使用，它是下一个将被使用的子表。

段号　section_number

8 位字段，给出了段号。子表中的第一个段的 section_number 标为"0x00"。每增加一个具有相同的 table_id 和 bouquet_id 的段，section_number 就加 1。

最后段号　last_section_number

8 位字段，表示所属的子表的最后一个段(即段号最大的段)的段号。

业务群描述符长度　bouquet_descriptors_length

12 位字段，给出了从本字段的下一个字节开始的业务群描述符的总字节长度。

传送流循环长度　transport_stream_loop_length

12 位字段，定义了从本字段的下一个字节到第一个 CRC-32 字节之前的传送流循环的总字节长度。

传送流标识符　transport_stream_id

16 位字段，用于区别在同一个传输系统中不同的复用码流。

原始网络标识符　original_network_id

16 位字段，给出原始传输系统的 network_id。

传送流描述符长度　transport_descriptors_length

12 位字段，指出从本字段的下一个字节开始的 TS 描述符的总字节长度。

CRC_32

32 位字段。包含了 CRC 值，在处理完整个段之后，附录 B 定义的 CRC 解码器的寄存器输出为零。

5.2.3 业务描述表(SDT)

业务描述表 SDT(见表 5)中的每一个子表，都用来描述包含于一个特定的传送流中的业务。该业务可能是现行传送流中的一部分，也可能是其他传送流中的一部分，可以根据 table_id 来确定区分上述两种情况(见表 2)。

按照表 5 的语法，SDT 表被切分成业务描述段(service_description_section)。任何构成 SDT 表的段，都要由 PID 为 0x0011 的 TS 包传输。描述现行 TS(即包含 SDT 表的 TS)的 SDT 表的任何段的 table_id 值应为 0x42，且具有相同的 table_id_extension(tranport_stream_id)以及相同的 original_network_id。指向一个现行 TS 之外的其他 TS 的 SDT 表的任何段的 table_id 值应取 0x46。

表 5 业务描述段

语 法	位数	助记符
service_description_section(){		
table_id	8	uimsbf
section_syntax_indicator	1	bslbf
reserved_futute_use	1	bslbf
reserved	2	bslbf
section_length	12	uimsbf
transport_stream_id	16	uimsbf
reserved	2	bslbf
version_number	5	uimsbf
current_next_indicator	1	bslbf
section_number	8	uimsbf
last_section_number	8	uimsbf
original_network_id	16	uimsbf
reserved_future_use	8	bslbf
for(i=0;i<N;i++){		
service_id	16	uimsbf
reserved_future_use	6	bslbf
EIT_schedule_flag	1	bslbf
EIT_present_following_flag	1	bslbf
running_status	3	uimsbf
free_CA_mode	1	bslbf
descriptors_loop_length	12	uimsbf
for(j=0;j<N;j++){		
descriptor()		
}		
}		
CRC_32	32	rpchof
}		

业务描述段的语义：

表标识符 table_id

见表 2。

段语法指示符 section_syntax_indicator

1 位字段，应置“1”。

段长度 section_length

12 位字段，前两位置“00”。它表示从该字段的下一个字节开始的本段的字节长度，并包含 CRC。section_length 不能超过 1 021，这样整个段的最大长度为 1 024 字节。

传送流标识符 transport_stream_id

16 位字段，SDT 表所描述的 TS 的标识，用以区别传输系统中的其他复用流。

版本号 version_number

5 位字段。标识子表的版本号。当子表包含的信息发生变化时，version_number 加 1。当值增至 31 时，复位为 0。当 current_next_indicator 置“1”时，则 version_number 为当前使用的子表的版本号。当 current_next_indicator 置“0”时，则 version_number 为下一个使用的子表的版本号。

当前/后续指示符 current_next_indicator

1 位指示符。当被置“1”时,表示当前子表正被使用。当其置“0”时,表示所传子表尚未被使用,它是下一个将被使用的子表。

段号 section_number

8 位字段,给出了段号。子表中的第一个段的 section_number 标为“0x00”。每增加一个具有相同的 table_id、transport_stream_id 和 original_network_id 的段,section_number 就加 1。

最后段号 last_section_number

8 位字段,表示所属的子表的最后一个段(即段号最大的段)的段号。

传送流标识符 transport_stream_id

16 位字段,用于区别在同一个传输系统中不同的复用码流。

原始网络标识符 original_network_id

16 位字段,给出原始传输系统的 network_id。

业务标识符 service_id

16 位字段,用于在 TS 流中识别不同的业务。service_id 与 program_map_section 中的 program_number 取同一值。

EIT 时间表标志 EIT_schedule_flag

1 位字段。置“1”时,表示业务的 EIT 时间表信息存在于当前 TS 中(一个 EIT 时间表子表两次出现的最大时间间隔信息参见 ETSI ETR 211)。置“0”时,表示业务的 EIT 时间表信息不在当前 TS 中。

EIT 当前/后续标志 EIT present_following_flag

1 位字段。置“1”时,表示业务的 EIT 当前/后续信息存在于当前 TS 中(一个 EIT 当前/后续子表两次出现的最大时间间隔信息参见 ETSI ETR 211)。置“0”时,表示业务的 EIT 当前/后续信息不在当前 TS 中。

运行状态 running_status

3 位字段,表示业务的状态,定义见表 6。

表 6 running_status

值	含 义
0	未定义
1	未运行
2	几秒后开始(例如录像)
3	暂停
4	运行
5～7	预留使用

对于一个 NVOD 业务,running_status 的值都置“0”。

自由条件接收模式 free_CA_mode

1 位字段。置“0”时,表示业务的所有组件都未被加扰。置“1”时,表示一路或多路码流的接收由 CA 系统控制。

描述符循环长度 descriptors_loop_length

12 位字段,指出从本字段的下一个字节开始的描述符的总字节长度。

CRC_32

32 位字段。包含了 CRC 值,在处理完整个段之后,附录 B 定义的 CRC 解码器的寄存器输出为零。

5.2.4 事件信息表(EIT)

事件信息表EIT(见表7)按时间顺序提供每一个业务所包含的事件的信息。按照不同table_id(见表2),有四类EIT:

a) 现行传送流,当前/后续事件信息=table_id="0x4E":

b) 其他传送流,当前/后续事件信息=table_id="0x4F":

c) 现行传送流,事件时间表信息=table_id="0x50"至"0x5F";

d) 其他传送流,事件时间表信息=table_id="0x60"至"0x6F"。

现行传送流的所有EIT子表都有相同的transport_stream_id和original_network_id。

除准视频点播(NVOD)业务之外,当前/后续表中只包含在现行传送流或其他传送流中指定业务的当前事件和按时间顺序排列的后续事件的信息,因为NVOD业务可能包含两个以上的事件描述。无论是对现行传送流还是其他传送流,事件时间表都包含了以时间表的形式出现的事件列表,这些事件包括下一个事件之后的一些事件。EIT时间表是可选的,事件信息按时间顺序排列。

按照表7语法,EIT表被切分成事件信息段。任何构成EIT表的段,都要由PID为0x0012的TS包传输。

表7 事件信息段

语　　法	位数	助记符
event_information_section(){		
table_id	8	uimsbf
section_syntax_indicator	1	bslbf
reserved_future_use	1	bslbf
reserved	2	bslbf
section_length	12	uimsbf
service_id	16	uimsbf
reserved	2	bslbf
version_number	5	uimsbf
current_next_indicator	1	bslbf
section_number	8	uimsbf
last_section_number	8	uimsbf
transport_stream_id	16	uimsbf
original_network_id	16	uimsbf
segment_last_section_number	8	uimsbf
last_table_id	8	uimsbf
for(i=0;i<N;i++){		
event_id	16	uimsbf
start_time	40	bslbf
duration	24	uimsbf
running_status	3	uimsbf
free_CA_mode	1	bslbf

表 7（续）

语　　法	位数	助记符
descriptors_loop_length	12	uimsbf
for(j=0;j<N;j++){		
descriptor()		
}		
}		
CRC_32	32	rpchof
}		

事件信息段的语义：

表标识符　table_id

见表 2。

段语法指示符　section_syntax_indicator

1 位字段，应置“1”。

段长度　section_length

12 位字段，它表示从该字段的下一个字节开始的本段的字节长度，并包含 CRC。section_length 不能超过 4 093，这样整个段的最大长度为 4 096 字节。

业务标识符　service_id

16 位字段，用于在 TS 流中识别不同的业务。service_id 与 program_map_section 中的 program_number 取同一值。

版本号　version_number

5 位字段。标识子表的版本号。当子表包含的信息发生变化时，version_number 加 1。当值增至 31 时，复位为 0。当 current_next_indicator 置“1”时，则 version_number 为当前使用的子表的版本号。当 current_next_indicator 置“0”时，则 version_number 为下一个使用的子表的版本号。

当前/后续指示符　current_next_indicator

1 位指示符。当被置“1”时，表示当前子表正被使用。当其置“0”时，表示所传子表尚未被使用，它是下一个将被使用的子表。

段号　section_number

8 位字段，给出了段号。子表中的第一个段的 section_number 标为“0x00”。每增加一个具有相同的 table_id、service_id、transport_stream_id 和 original_network_id 的段，section_number 就加 1。这种情况下，子表可能被分成很多部分。在每个部分中，每增加一个段，section_number 就加 1，但一个部分的最后一个段的 section_number 值与相邻部分的第一个段的 section_number 值可以存在间隔。

最后段号　last_section_number

8 位字段，表示所属的子表的最后一个段(即段号最大的段)的段号。

传送流标识符　transport_stream_id

16 位字段，用于区别在同一个传输系统中不同的复用码流。

原始网络标识符　original_network_id

16 位字段，给出原始传输系统的 network_id。

片段最后段号　segment_last_section_number

8 位字段，给出子表中该片断的最后一个段的段号。如果子表未分片断，该字段值与 last_section_number 的值相同。

尾表标识符 last_table_id

8 位字段，指示所使用的最后一个 table_id(见表 2)。如果只使用一个表，置为该表的 table_id 的值。连续的 table_id 值保证了信息按时间排序。

事件标识符 event_id

16 位字段，指示所描述事件的标识号(在一个业务定义内是唯一分配的)。

起始时间 start_time

40 位字段，包含以 UTC 和 MJD 形式表示的事件的起始时间及日期(见附录 C)。此字段前 16 位表示 MJD 日期码，其余 24 位按 4 位 BCD 编码，表示 6 个数字。如果事件起始时间未定，则所有位都置为“1”(例如，对 NOVD 业务中的一个事件)。

示例： 93/10/13 12:45:00 被编码为“0xC079124500”。

持续时间 duration

24 位字段，表示事件的持续时间，以时、分、秒的格式表示。格式为 6 个 4 位 BCD 编码。

示例： 01:45:30 被编码为“0x014530”。

运行状态 running_status

3 位字段，表示业务的状态，定义见表 6。对于一个 NVOD 业务，running_status 的值都置“0”。

自由条件接收模式 free_CA_mode

1 位字段。置“0”时，表示业务的所有组件都未被加扰。置“1”时，表示一路或多路码流的接收由 CA 系统控制。

描述符循环长度 descriptors_loop_length

12 位字段，指出从本字段的下一个字节开始的描述符的总字节长度。

CRC_32

32 位字段。包含了 CRC 值，在处理完整个段之后，附录 B 定义的 CRC 解码器的寄存器输出为零。

5.2.5 时间和日期表(TDT)

时间和日期表 TDT 仅传送 UTC 时间和日期信息。

TDT 表只包含一个段，语法结构见表 8。传输此表的 TS 包的 PID 值为 0x0014，table_id 为 0x70。

表 8 时间和日期段

语法	位数	助记符
time_date_section(){		
table_id	8	uimsbf
section_syntax_indicator	1	bslbf
reserved_future_use	1	bslbf
reserved	2	bslbf
section_length	12	uimsbf
UTC_time	40	bslbf
}		

时间和日期段的语义：

表标识符 table_id

见表 2。

段语法指示符 section_syntax_indicator

1 位字段，应置“0”。

段长度 section_length

12 位字段,前两位置"00"。它表示从该字段的下一个字节开始的本段的字节长度。

UTC 时间 UTC_time

40 位字段,包含以 UTC 和 MJD 形式表示的当前时间和日期(见附录 C)。此字段前 16 位表示 MJD 日期码,其余 24 位按 4 位 BCD 编码,表示 6 个数字。

示例:93/10/13 12:45:00 被编码为"0xC079124500"。

5.2.6 时间偏移表(TOT)

时间偏移表 TOT(见表 9)包含 UTC 时间和日期信息及当地时间偏移。该表只包含一个符合表 9 语法的一个段,传输此表的 TS 包的 PID 值为 0x0014,table_id 为 0x73。

表 9 时间偏移段

语 法	位数	助记符
time _offset_section(){		
table_id	8	uimsbf
section_syntax_indicator	1	bslbf
reserved_future_use	1	bslbf
reserved	2	bslbf
section_length	12	uimsbf
UTC_time	40	bslbf
reserved	4	bslbf
descriptors_loop_length	12	uimsbf
for(i=0;i<N;i++){		
descriptor()		
}		
CRC_32	32	rpchof
}		

时间偏移段的语义:

表标识符 table_id

见表 2。

段语法指示符 section_syntax_indicator

1 位字段,应置"0"。

段长度 section_length

12 位字段,前两位置"00"。它表示从该字段的下一个字节开始的本段的字节长度。

UTC 时间 UTC_time

40 位字段,包含以 UTC 和 MJD 形式表示的当前时间和日期(见附录 C)。此字段前 16 位表示 MJD 日期码,其余 24 位按 4 位 BCD 编码,表示 6 个数字。

示例:93/10/13 12:45:00 被编码为"0xC079124500"。

描述符循环长度 descriptors_loop_length

12 位字段,指出从本字段的下一个字节开始的描述符的总字节长度。

CRC_32

32 位字段。包含了 CRC 值,在处理完整个段之后,附录 B 定义的 CRC 解码器的寄存器输出为零。

5.2.7 运行状态表(RST)

运行状态表(RST)能准确而迅速地更新一个或多个事件的时间状态。因为时间表的变化,事件的开始可能提前或滞后,所以RST表的存在是非常必要的。使用一个独立的表可以保证快速更新机制的实现。

按照表10语法,RST表被切分成运行状态段。任何构成RST表的段,都要由PID为0x0013的TS包传输,table_id值为0x71。

表10 运行状态段

语法	位数	助记符
running_status_section(){		
table_id	8	uimsbf
section_syntax_indicator	1	bslbf
reserved_future_use	1	bslbf
reserved	2	bslbf
section_length	12	uimsbf
for(i=0;i<N;i++){		
transport_stream_id	16	uimsbf
original_network_id	16	uimsbf
service_id	16	uimsbf
event_id	16	uimsbf
reserved_future_use	5	bslbf
running_status	3	uimsbf
}		
}		

运行状态段的语义:

表标识符 table_id

见表2。

段语法指示符 section_syntax_indicator

1位字段,应置"0"。

段长度 section_length

12位字段,前两位置"00"。它表示从该字段的下一个字节开始的本段的字节长度,并包含CRC。section_length不能超过1 021,这样整个段的最大长度为1 024字节。

传送流标识符 transport_stream_id

16位字段,RST表所描述的TS的标识,用以区别传输系统中的其他复用流。

原始网络标识符 original_network_id

16位字段,给出原始传输系统的network_id。

业务标识符 service_id

16位字段,用于在TS流中识别不同的业务。service_id与program_map_section中的program_number取同一值。

事件标识符 event_id

16位字段,指示相关事件的标识号。

运行状态 running_status

3 位字段，表示业务的状态，定义见表 6。

5.2.8 填充表(ST)

填充表段(见表 11)用于在一个传输系统的边界，例如在一个有线系统前端，使当前段无效。当子表中的一个段被改写(填充)时，则该子表中的所有段都需要重写，以便保持 section_number 字段的一致性。

表 11 填充段

语　　法	位数	助记符
stuffing_section(){		
table_id	8	uimsbf
section syntax_indicator	1	bslbf
reserved_future_use	1	bslbf
reserved	2	bslbf
section_length	12	uimsbf
for(i=0;i<N;i++){		
date_byte	8	uimsbf
}		
}		

填充段的语义：

表标识符　table_id

见表 2。

段语法指示符　section_syntax_indicator

1 位字段，可以取值“1”或“0”。

段长度　section_length

12 位字段，它表示从该字段的下一个字节开始的本段的字节长度，并包含 CRC。section_length 不能超过 4 093，这样整个段的最大长度为 4 096 字节。

数据字节　data_byte

8 位字段，可取任何值，没有具体意义。

5.2.9 间断信息表(DIT)

见 7.1.1。

5.2.10 选择信息表(SIT)

见 7.1.2。

6 描述符

本部分描述了在 SI 中用到的各描述符。

6.1 描述符定义及位置

表 12 列出了本标准中定义的描述符，给出了描述符标签(descriptor_tag)的值和在 SI 表中最有可能出现的位置，但并不表示其他表中限制使用该描述符。

表 12 描述符的可能位置

描述符	标签值	NIT	BAT	SDT	EIT	TOT	PMT	SIT[a]
network_name_descriptor	0x40	*	—	—	—	—	—	—
service_list_descriptor	0x41	*	*	—	—	—	—	—
stuffing_descriptor	0x42	*	*	*	*	—	—	*
satellite_delivery_system_descriptor	0x43	*	—	—	—	—	—	—
cable_delivery_system_descriptor	0x44	*	—	—	—	—	—	—
VBI_data_descriptor	0x45	—	—	—	—	—	*	—
VBI_teletext_descriptor	0x46	—	—	—	—	—	*	—
bouquet_name_descriptor	0x47	—	*	*	—	—	—	*
service_descriptor	0x48	—	—	*	—	—	—	*
country_availability_descriptor	0x49	—	*	*	—	—	—	*
linkage_descriptor	0x4A	*	*	*	*	—	—	*
NVOD_reference_descriptor	0x4B	—	—	*	—	—	—	*
time_shifted_service_descriptor	0x4C	—	—	*	—	—	—	*
short_event_descriptor	0x4D	—	—	—	*	—	—	*
extended_event_descriptor	0x4E	—	—	—	*	—	—	*
time_shifted_event_descriptor	0x4F	—	—	—	*	—	—	*
component_descriptor	0x50	—	—	—	*	—	—	*
mosaic_descriptor	0x51	—	—	*	—	—	*	*
stream_identifier_descriptor	0x52	—	—	—	—	—	*	—
CA_identifier_descriptor	0x53	—	*	*	*	—	—	*
content_descriptor	0x54	—	—	—	*	—	—	*
parental_rating_descriptor	0x55	—	—	—	*	—	—	*
teletext_descriptor	0x56	—	—	—	—	—	*	—
telephone_descriptor	0x57	—	—	*	*	—	—	*
local_time_offset_descriptor	0x58	—	—	—	—	*	—	—
subtitling_descriptor	0x59	—	—	—	—	—	*	—
terrestrial_delivery_system_descriptor	0x5A	*	—	—	—	—	—	—
multilingual_network_name_descriptor	0x5B	*	—	—	—	—	—	—
multilingual_bouquet_name_descriptor	0x5C	—	*	—	—	—	—	—
multilingual_service_name_descriptor	0x5D	—	—	*	—	—	—	*
multilingual_component_descriptor	0x5E	—	—	—	*	—	—	*
private_data_specifier_descriptor	0x5F	*	*	*	*	—	*	*
service_move_descriptor	0x60	—	—	—	—	—	*	—
short_smoothing_buffer_descriptor	0x61	—	—	—	*	—	—	*
frequency_list_descriptor	0x62	*	—	—	—	—	—	—
partial_transport_stream_descriptor[a]	0x63	—	—	—	—	—	—	*
data_broadcast_descriptor	0x64	—	—	*	*	—	—	*
CA_system_descriptor[b]	0x65	—	—	—	—	—	*	—
data_broadcast_id_descriptor	0x66	—	—	—	—	—	*	—

表 12（续）

描述符	标签值	NIT	BAT	SDT	EIT	TOT	PMT	SIT[a]
transport_stream_descriptor[c]	0x67	—	—	—	—	—	—	—
DSNG_descriptor[c]	0x68	—	—	—	—	—	—	—
PDC_descriptor	0x69	—	—	—	*	—	—	—
AC-3_descriptor	0x6A	—	—	—	—	—	*	—
ancillary_data_descriptor	0x6B	—	—	—	—	—	*	—
Announcement_support_descriptor	0x6E	*	—	—	—	—	—	—
预留使用	0x73～0x7F							
用户定义	0x80～0xFE							
禁止	0xFF							

[a] 仅存在于个别传送流中。

[b] 备用：其用途由其他相关标准定义。

[c] 只存在于 TSDT 中。

注：符号“*”表示描述符可能出现的位置。

6.2 描述符编码

当“descriptor()”在 5.2 定义的段中出现时，表示可能会出现本节中定义的描述符。下面的语义适用于本节中定义的任何描述符。

描述符标签　descriptor_tag

8 位字段，用于标识不同的描述符。GB/T 17975.1 中描述了这些值在 MPEG-2 中的标准含义。表 12 定义了 decsriptor_tag 的值。

描述符长度　descriptor_length

8 位字段，给出描述符的总长度。表示描述符中，从该字段后开始的数据部分的字节数。

6.2.1 附属数据描述符

附属数据描述符提供了一种说明方法，指明音频 ES 流中附属数据的存在及其类型，音频 ES 流编码依据 GB/T 17975.3 和 GB/T 17191.3。附属数据描述符将被插入 PMT 表相应的 ES_info 循环中。如果附属数据符合表 13 中的格式，就可以使用该描述符。

表 13　附属数据描述符

语　法	位数	助记符
ancillary_data_descriptor(){		
descriptor_tag	8	uimsbf
descriptor_length	8	uimsbf
ancillary_data_identifier	8	bslbf
}		

附属数据描述符的语义：

附属数据标识符　ancillary_data_identifier

8 位字段，指明音频 ES 流中编码的附属数据，编码方法见表 14。如果 ancillary_data_identifier 中的某一位置"1",说明该附属数据包含对应的数据字段。

表 14 附属数据标识编码

辅助数据标识符(位号)	描 述
b_0(LSB)	DVD 视频附属数据
b_1	扩展附属数据
b_2	公告切换数据
b_3	DAB 附属数据
b_4	比例因子差错校验(ScF-CRC)
b_5	预留使用
b_6	预留使用
b_7	预留使用

6.2.2 公告支持描述符

公告支持描述符(见表 15)指明业务支持的公告类型,并且给出公告的传输方法和必要的连接信息,便于监控公告流。

表 15 公告支持描述符

语 法	位数	助记符
announcement_support_descriptor(){		
descriptor_tag	8	uimsbf
descriptor_length	8	uimsbf
announcement_support_indicator	16	bslbbf
for(i=0;i<N;i++){		
announcement_type	4	uimsf
reserved_future_use	1	bslbf
reference_type	3	uimsbf
if(reference_type==0x01		
||reference_type==0x02		
||reference_type==0x03){		
original_network_id	16	uimsbf
transport_stream_id	16	uimsbf
service_id	16	uimsbf
component_tag	8	uimsbf
}		
}		
}		

公告支持描述符的语义:

公告支持指示符 announcement_support_indicator

16 位标志字段,指明业务所支持的公告类型。编码方式见表 16。如果特定类型的公告不被支持,则相应的位,置"0";如果支持,则置"1"。

表 16　公告支持指示符编码

位　标　志	描　　述
b_0(LSB)	紧急告警
b_1	路况快讯
b_2	公交快讯
b_3	告警信息
b_4	新闻快讯
b_5	天气快讯
b_6	事件公告
b_7	个人呼叫
b_8～b_{15}	预留使用

公告类型　announcement_type

4 位字段，指明公告类型，使得循环中紧随其后的字段有效，编码方法见表 17。

表 17　公告类型编码

公 告 类 型	描　　述
0000	紧急告警
0001	路况快讯
0010	公交快讯
0011	告警信息
0100	新闻快讯
0101	天气快讯
0110	事件公告
0111	个人呼叫
1 000～1 111	预留使用

参考类型　reference_type

3 位字段，指明公告的传送方法，见表 18。

表 18　参考类型编码

参考类型	描　　述
000	公告通过业务中普通音频流广播
001	公告通过业务中单独的音频流广播
010	公告通过同一传送流中另外的业务广播
011	公告通过另外的传送流中的业务广播
100～111	预留使用

原始网络标识符　original_network_id

16 位字段，给出公告业务指明的传输系统的 network_id。

传送流标识符　transport_stream_id

16 位字段，唯一标识公告业务所在的 TS 流。

业务标识符　service_id

16 位字段，唯一标识公告所在的业务。

组件标签　component_tag

8 位字段，取值与流标识描述符中的 component_tag 字段相同，这些流标识描述符出现在进行公告广播的音频流的 PSI 节目映射表中。

6.2.3　业务群名称描述符

业务群名称描述符以文本方式给出了业务群的名称，见表 19。

表 19　业务群名称描述符

语　法	位数	助记符
bouquet_name_descriptor() {		
descriptor_tag	8	uimsbf
descriptor_length	8	uimsbf
for(i=0;i<N;i++){		
char	8	uimsbf
}		
}		

业务群名称描述符的语义：

字符　char

8 位字段，字符串用于描述 BAT 子表叙述的节目业务群名称。文本信息所使用的字符集及方式编码见附录 A。

6.2.4　条件接收标识描述符

条件接收标识描述符（见表 20）指明某个业务群、业务或事件是否与一个条件接收系统相关联，并且通过 CA_system_id 指明条件接收系统的类型。

表 20　条件接收标识描述符

语　法	位数	助记符
CA_identifier_descriptor(){		
descriptor_tag	8	uimsbf
descriptor_length	8	uimsbf
for(i=0;i<N;i++){		
CA_system_id	16	uimsbf
}		
}		

条件接收标识描述符的语义：

条件接收系统标识符　CA_system_id

16 位字段，指明所用的条件接收系统。该字段值的分配见附录 D。

6.2.5 组件描述符

组件描述符标识组件流的类型，并可以提供关于基本流的文本描述（见表 21）。

表 21 组件描述符

语　法	位数	助记符
component_descriptor(){		
descriptor_tag	8	uimsbf
descriptor_length	8	uimsbf
reserved_future_use	4	bslbf
stream_content	4	uimsbf
component_type	8	uimsbf
component_tag	8	uimsbf
ISO 639-2_language_code	24	bslbf
for(i=0;i<N;i++){		
text_char	8	uimsbf
}		
}		

组件描述符的语义：

流内容　stream_content

4 位字段，给出了码流的类型（视频、音频或数据）。该字段的编码方式见表 22。

组件类型　component_type

8 位字段，指明视频、音频或数据组件的类型。该字段的编码方式见表 22。

组件标签　component_tag

8 位字段，与组件流的流标识描述符（如果 PSI 的节目映射段包含该描述符）中的 component_tag 字段取同一值。

ISO 639-2 语言代码　ISO 639-2_language_code

24 位字段，指明该描述符包含的组件（如果是音频或数据）及文本描述的语言。该字段包含一个由 ISO 639-2 定义的 3 字符代码。ISO 639-2/B 和 ISO 639-2/T 都可以使用。每个字符都按照 GB/T 15273.1 编码为 8 位，并依次插入 24 位字段。

文本字符　text_char

8 位字段，“text_char”字符串给出组件流的文本描述。文本信息所使用的字符集及编码方法见附录 A。

表 22 流内容和组件类型

流内容	组件类型	描述
0x00	0x00～0xFF	预留使用
0x01	0x00	预留使用
0x01	0x01	视频，宽高比 4∶3，25 Hz
0x01	0x02	视频，宽高比 16∶9，有摇移矢量，25 Hz
0x01	0x03	视频，宽高比 16∶9，无摇移矢量，25 Hz
0x01	0x04	视频，宽高比＞16∶9，25 Hz
0x01	0x05	视频，宽高比 4∶3，30 Hz
0x01	0x06	视频，宽高比 16∶9，有摇移矢量，30 Hz
0x01	0x07	视频，宽高比 16∶9，无摇移矢量，30 Hz
0x01	0x08	视频，宽高比＞16∶9，30 Hz
0x01	0x09	高清晰度视频，宽高比 4∶3，25 Hz
0x01	0x0A	高清晰度视频，宽高比 16∶9，有摇移矢量，25 Hz
0x01	0x0B	高清晰度视频，宽高比 16∶9，无摇移矢量，25 Hz
0x01	0x0C	高清晰度视频，宽高比＞16∶9，25 Hz
0x01	0x0D	高清晰度视频，宽高比 4∶3，30 Hz
0x01	0x0E	高清晰度视频，宽高比 16∶9，有摇移矢量，30 Hz
0x01	0x0F	高清晰度视频，宽高比 16∶9，无摇移矢量，30 Hz
0x01	0x10	高清晰度视频，宽高比＞16∶9，30 Hz
0x01	0x011～0xAF	预留使用
0x01	0XB0～0xFE	用户定义
0x01	0xFF	预留使用
0x02	0x00	预留使用
0x02	0x01	音频，单声道
0x02	0x02	音频，两路单声道
0x02	0x03	音频，立体声(2 声道)
0x02	0x04	音频，多语言，多声道
0x02	0x05	音频，环绕声
0x02	0x06～0x3F	预留使用
0x02	0x40	服务于视觉障碍者的音频描述
0x02	0x41	服务于听力障碍者的音频
0x02	0x42～0xAF	预留使用
0x02	0xB0～0xFE	用户定义
0x02	0xFF	预留使用
0x03	0x00	预留使用

表 22（续）

流内容	组件类型	描　　述
0x03	0x01	图文字幕
0x03	0x02	相关的图文
0x03	0x03	VBI 数据
0x03	0x04～0x0F	预留使用
0x03	0x10	数字电视广播字幕(普通),无显示器宽高比限制
0x03	0x11	数字电视广播字幕(普通),显示器宽高比为 4∶3
0x03	0x12	数字电视广播字幕(普通),显示器宽高比为 16∶9
0x03	0x13	数字电视广播字幕,显示器宽高比 2.21∶1
0x03	0x14～0x1F	预留使用
0x03	0x20	数字电视广播字幕(听力障碍者用),无显示器宽高比限制
0x03	0x21	数字电视广播字幕(听力障碍者用),显示器宽高比为 4∶3
0x03	0x22	数字电视广播字幕(听力障碍者用),显示器宽高比为 16∶9
0x03	0x23	数字电视广播字幕(听力障碍者用),显示器宽高比 2.21∶1
0x03	0x24～0xAF	预留使用
0x03	0xB0～0xFE	用户定义
0x03	0xFF	预留使用
0x04	0x00～0x7F	预留用于 AC-3 音频模式
0x04	0x80～0xFF	预留使用
0x05～0x0B	0x00～0xFF	预留使用
0x0C～0x0F	0x00～0xFF	用户自定义

6.2.6 内容描述符

内容描述符的目的是为事件提供清楚的信息描述(见表 23)。

表 23 内容描述符

语　　法	位数	助记符
content_descriptor(){		
descriptor_tag	8	uimsbf
descriptor_length	8	uimsbf
for(i=0;i<N;i++){		
content_nibble_level_1	4	uimsbf
content_nibble_level_2	4	uimsbf
user_nibble	4	uimsbf
user_nibble	4	uimsbf
}		
}		

内容描述符的语义：

一级节目内容分类　content_nibble_level_1

4 位字段，表示节目内容标识符的第一级。按表 24 编码。

二级节目内容分类　content_nibble_level_2

4 位字段，表示节目内容标识符的第二级。按表 24 编码。

用户节目内容分类　user_nibble

4 位字段，由广播者定义。

表 24　content_nibble_level_1 和 content_nibble_level_2 的分配

content_nibble_level_1	content_nibble_level_2	描　　述
0x0	0x0～0xF	未定义的节目内容
		电影/电视剧/戏剧：
0x1	0x0	电影/电视剧/戏剧(普通)
0x1	0x1	侦探/恐怖
0x1	0x2	冒险/战争
0x1	0x3	科幻
0x1	0x4	喜剧
0x1	0x5	肥皂剧
0x1	0x6	言情
0x1	0x7	古典/历史
0x1	0x8～0xE	预留使用
0x1	0xF	用户定义
		新闻时事：
0x2	0x0	新闻时事(普通)
0x2	0x1	新闻/天气预报
0x2	0x2	新闻杂志
0x2	0x3	资料
0x2	0x4	讨论/访谈/辩论
0x2	0x5～0xE	预留使用
0x2	0xF	用户定义
		表演/游戏：
0x3	0x0	表演/游戏(普通)
0x3	0x1	智力游戏/智力竞赛
0x3	0x2	杂技
0x3	0x3	脱口秀
0x3	0x4～0xE	预留使用
0x3	0xF	用户定义
		体育：

表 24（续）

content_nibble_level_1	content_nibble_level_2	描　　述
0xA	0x1	旅游
0xA	0x2	手工
0xA	0x3	车趣
0xA	0x4	健身
0xA	0x5	烹饪
0xA	0x6	广告/购物
0xA	0x7	园艺
0xA	0x8～0xE	预留使用
0xA	0xF	用户定义
0xB～0xE	0x0～0xF	预留使用
0xF	0x0～0xF	用户定义

6.2.7 国家/地区业务准用描述符

为了标明业务准用的国家/地区的组合，本描述符在一个节目业务中可能出现两次，一次给出业务准用的国家/地区和/或国家/地区组的列表，第二次给出业务禁用的国家/地区和/或国家/地区组的列表，后一次的优先级较高。如果本描述符只出现一次，且给出了业务准用的国家/地区的列表，则表明该业务在其他国家/地区禁用；而如果本描述符只出现一次，且给出了业务禁用的国家/地区的列表，则表明该业务在其他国家/地区准用(见表 25)。

表 25 国家/地区业务准用描述符

语　　法	位数	助记符
country_availability_descriptor(){		
descriptor_tag	8	uimsbf
descriptor_length	8	uimsbf
country_availability_flag	1	bslbf
reserved_future use	7	bslbf
for(i=0;i<N;i++){		
country_code	24	bslbf
}		
}		

国家/地区业务准用描述符的语义：

国家/地区业务准用标志　country_availability_flag

1 位字段，用于标识后续的国家/地区代码所代表的国家/地区是否被允许接收业务。当值为"1"时，表示业务在后续的国家/地区代码(country_code)所对应的国家/地区准用。当值为"0"时，表示业务在后续的国家/地区代码(country_code)所对应的国家/地区禁用。

国家/地区代码　country_code

24 位字段，按照 ISO 3166 用 3 字符代码指明国家/地区。每个字符根据 GB/T 15273.1 编码为 8 位，并依次插入 24 位字段。

示例：中国由 3 字符代码"CHN"表示，编码为："0100 0011 0100 1000 0100 1110"。

6.2.8 数据广播描述符

数据广播描述符定义了数据组件的类型，也可以用于提供数据组件的文字描述，见表 26。

表 26 数据广播描述符

语　法	位数	助记符
data_broadcast_descriptor(){		
descriptor_tag	8	uimsbf
descriptor_length	8	uimsbf
data_broadcast_id	16	uimsbf
component_tag	8	uimsbf
selector_length	8	uimsbf
for(i=0;i<selector_length;i++){		
selector_type	8	uimsbf
}		
ISO 639-2_language_code	24	uimsbf
text_length	8	uimsbf
for(i=0;i<text_length;i++){		
text_char	8	uimsbf
}		
}		

数据广播描述符的语义：

数据广播标识符　data_broadcast_id

16 位字段，用于给出广播网络中进行数据广播的规范。该字段值的分配参见 ETSI ETR 162。

组件标签　component_tag

可选的 8 位字段，取值与含有广播数据的码流的 PSI 的节目映射段中流标识描述符的 component_tag 值相同。该字段不用时，值设为 0x00。

选择器长度　selector_length

8 位字段，以字节为单位给出后续的选择器字段的长度。

选择器字节　selector_byte

8 位字段，一组 selector_byte 串给出了选择器字段。选择器字段的语法和语义由 data_broadcast_id 所给出的数据广播规范所定义。选择器字段可以包含业务特定信息，这些信息是标明广播数据入口点所必须的。

ISO 639-2 语言代码　ISO 639-2_language_code

24 位字段，包含了符合 ISO 639-2 标准的 3 字符语言代码，说明后面文本字段所用的语言。ISO 639-2/B 和 ISO 639-2/T 都可以使用。每个字符都按照 GB/T 15273.1 编码为 8 位，依次插入 24 位字段。

文本长度　text_length

8 位字段，以字节位单位给出后续描述数据组件的文本字段的长度。

文本字符　text_char

8 位字段，"text_char"字符串给出数据组件的文本描述。文本信息所使用的字符集及编码方法见附录 A。

6.2.9 数据广播标识描述符

数据广播标识描述符标明数据组件的类型，见表 27。它是数据广播描述符的简化形式，它可以放在 PSI 的 PMT 表的组件循环中。

表 27　数据广播标识描述符

语　法	位数	助记符
data_broadcast_id_descriptor{		
descriptor_tag	8	uimsbf
descriptor_length	8	uimsbf
data_broadcast_id	16	uimsbf
for(i=0,i<n,i++{		
id_selector_byte	8	uimsbf
}		
}		

数据广播标识描述符的语义：

数据广播标识符　data_broadcast_id

16 位字段，用于给出广播网络中进行数据广播的规范。该字段值的分配参见 ETSI ETR 162。

标识选择器字节　id_selector_byte

为选择器的应用而设。data_broadcast_id_descriptor 的 id_selector_byte 的定义取决于数据广播标识符。id_selector_byte 可能会与对应 data_broadcast_descriptor 的 selector_byte 有所不同。

6.2.10　传送系统描述符

所有的传送系统描述符具有相同的长度，即 13 个字节。它便于传送流从一个传送系统向另一传送系统(如从卫星系统到有线系统)进行调制转换时描述符的交换。

6.2.10.1　有线传送系统描述符

见表 28。

表 28　有线传送系统描述符

语　法	位数	助记符
cable_delivery_system_descriptor(){		
descriptor_tag	8	uimsbf
descriptor_length	8	uimsbf
frequency	32	bslbf
reserved_future_use	12	bslbf
FEC_outer	4	bslbf
modulation	8	bslbf
symbol_rate	28	bslbf
FEC_inner	4	bslbf
}		

有线传送系统描述符的语义：

频率　frequency

32 位字段，以 8 个 4 位 BCD 码给出频率值。cable_delivery_system_descriptor 中频率的单位为 MHz。小数点位于第 4 个 BCD 码之后(如，0312.0000 MHz)。

前向纠错外码　FEC_outer

4 位字段，表示前向纠错(FEC)外码方案，定义见表 29。

表 29 前向纠错外码方案

前向纠错外码 位 3210	描 述
0000	未定义
0001	无 FEC 外码
0010	RS(204,188)
0011～1111	预留使用

调制方式 modulation

8 位字段。指出有线传送系统的调制方式,定义见表 30。

表 30 有线调制方式

调制方式(十六进制)	描 述
0x00	未定义
0x01	16 QAM
0x02	32 QAM
0x03	64 QAM
0x04	128 QAM
0x05	256 QAM
0x06～0xFF	预留使用

符号率 symbol_rate

28 位字段,以 7 个 4 位 BCD 码表示符号率的值,单位为 Msymbol/s(兆符号/秒),小数点位于第 3 个 BCD 码后(如,027.4500)。

前向纠错内码 FEC_inner

4 位字段,指出前向纠错码(FEC)内码方案,见表 31。

表 31 前向纠错内码方案

前向纠错内码 位 3210	描 述
0000	未定义
0001	卷积码率 1/2
0010	卷积码率 2/3
0011	卷积码率 3/4
0100	卷积码率 5/6
0101	卷积码率 7/8
0110	卷积码率 3/5
0111	卷积码率 4/5
1000	卷积码率 9/10
1001	卷积码率 13/15
1111	无卷积编码
1010～1110	预留使用

6.2.10.2 卫星传送系统描述符

见表 32。

表 32 卫星传送系统描述符

语　　法	位数	助记符
satellite_delivery_system_descriptor(){		
descriptor_tag	8	uimsbf
descriptor_length	8	uimsbf
frequency	32	bslbf
orbital_position	16	bslbf
west_east_flag	1	bslbf
polarization	2	bslbf
modulation	5	bslbf
symbol_rate	28	bslbf
FEC_inner	4	bslbf
}		

卫星传送系统描述符语义：

频率　frequency

32 位字段，以 8 个 4 位 BCD 码给出频率值。satellite_delivery_system_descriptor 中频率的单位为 GHz。小数点位于第 3 个 BCD 码之后(如：011.75725 GHz)。

轨道位置　orbital_position

16 位字段，由 4 个 4 位 BCD 码给出了以度为单位的轨道的位置。小数点位于第 3 个 BCD 码之后(如：019.2 度)。

东西标志　west_east_flag

1 位字段，指明卫星在轨道(地球同步卫星轨道)的东部或西部。值“0”表示在西部，值“1”表示在东部。

极化方式　polarization

2 位字段，定义传输信号的极化方式。第一位定义极化是线性极化还是圆极化。见表 33。

表 33 极化方式

极化方式	描　　述
00	线性极化　　水平
01	线性极化　　垂直
10	圆极化　　左旋
11	圆极化　　右旋

调制方式　modulation

5 位字段，定义了卫星传送系统中的调制方式，见表 34。

表 34 卫星调制方式

调制方式　位 4 3210	描　　述
0 0000	未定义
0 0001	QPSK
0 0010	8PSK
0 0011～1 1111	预留使用

符号率 symbol_rate

28 位字段，以 7 个 4 位 BCD 码表示符号率的值，单位为 Msymbol/s(兆符号/秒)，小数点位于第 3 个 BCD 码后(如：027.4500)。

前向纠错内码 FEC-inner

4 位字段，定义前向纠错内码，定义见表 31。

6.2.10.3 地面传送系统描述符

见表 35。

表 35 地面传送系统描述符

语法	位数	助记符
terrestrial_delivery_system_descriptor(){		
descriptor_tag	8	uimsbf
descriptor_length	8	uimsbf
centre_frequency	32	bslbf
FEC	4	bslbf
modulation	4	bslbf
number_of_subcarrier	4	bslbf
frame_header_mode	4	bslbf
interleaving_mode	4	bslbf
other_frequency_flag	1	bslbf
sfn_mfn_flag	1	bslbf
reserved_future_use	34	bslbf
}		

地面传送系统描述符的语义：

中心频率 centre_frequency

32 位字段，以 8 个 4 位 BCD 码给出中心频率值。terrestrial_delivery_system_descriptor 中的中心频率单位为 MHz。小数点位于第 4 个 BCD 码之后(如：0312.0000 MHz)。

前向纠错码 FEC

4 位字段，定义了地面传送系统中的前向纠错编码参数(见 GB 20600—2006 中 4.4.2)，见表 36。

表 36 前向纠错码参数

前向纠错码参数 位 3210	描述
0000	未定义
0001	码率为 0.4 的 FEC(7488,3008)码
0010	码率为 0.6 的 FEC(7488,4512)码
0011	码率为 0.8 的 FEC(7488,6016)码
0100～1111	预留使用

地面调制方式 modulation

4 位字段，定义了地面传送系统中的调制方式(见 GB 20600—2006 中 4.4.3)，见表 37。

表 37 地面调制方式

调制方式 位 3210	描 述
0000	未定义
0001	4-QAM
0010	4-QAM-NR
0011	16-QAM
0100	32-QAM
0101	64-QAM
0110～1111	预留使用

子载波数量 number_of_subcarrier

4 位字段，定义了地面传送系统中用于调制的子载波数量(见 GB 20600—2006 中 4.7)，见表 38。

表 38 子载波数量

子载波数量 位 3210	描 述
0000	未定义
0001	子载波数量 C=1，有双导频
0010	子载波数量 C=1，无双导频
0011	子载波数量 C=3780
0100～1111	预留使用

帧头模式 frame_header_mode

4 位字段，定义了地面传送系统中可用的帧头模式(见 GB 20600—2006 中 4.6.2)，见表 39。

表 39 帧头模式

帧头模式 位 3210	描 述
0000	帧头模式 1，PN 相位变化
0001	帧头模式 1，PN 相位不变
0010	帧头模式 2
0011	帧头模式 3，PN 相位变化
0100	帧头模式 3，PN 相位不变
0101～1111	预留使用

交织模式　interleaving_mode

4 位字段，定义了地面传送系统中可用的交织模式(见 GB 20600—2006 中 4.4.4)，见表 40。

表 40　交织模式

交织模式　位 3210	描　　述
0000	交织模式 1
0001	交织模式 2
0010～1111	预留使用

其他频率标志　other_frequency_flag

1 位字段，指明是否使用了其他频率，值"0"表示未使用其他频率，值"1"表示使用了一个以上的其他频率。

单频网/多频网标志　sfn_mfn_flag

1 位字段，指明当前网络使用的是单频网还是多频网，值"0"表示使用单频网，值"1"表示使用多频网。

6.2.11　数字卫星新闻采集(DSNG)描述符

在数字卫星新闻采集(DSNG)应用中，比特流中必须包含有传送流描述表(TSDT)，并且在 TSDT 描述符循环中包含 ASCII 编码的 TSDT 描述符，用于文本域的'CONA'(参见 ETSI EN 301 210(V1.1)附录 D)。

在 DSNG 应用中，TSDT 表必须包含至少一个 DSNG 描述符，见表 41。

表 41　DSNG 描述符

语　　法	位数	助记符
DSNG_descriptor(){		
descriptor_tag	8	uimsbf
descriptor_length	8	uimsbf
for(i=0;i<n;i++){		
byte	8	uimsbf
}		
}		

字节　byte

DSNG 描述符中的字节序列，参见 ETSI EN 301 210(V1.1)。

6.2.12　扩展事件描述符

扩展事件描述符给出了一个事件的详细文本描述。除了短事件描述符外，还可使用扩展事件描述符。如果一个事件的信息长度超过 256 字节，可以使用多于一个的相关联的扩展事件描述符来描述。文本信息可以分为两个栏目，一栏为条目的描述，另一栏为条目的内容。这种结构的典型应用是给出演职员列表，例如条目描述域可能是"制片人"，那么条目内容域可以给出制片人的名字。见表 42。

表 42　扩展事件描述符

语　　法	位数	助记符
extended_event_descriptor() {		
descriptor_tag	8	uimsbf
descriptor_length	8	uimsbf
descriptor_number	4	uimsbf
last_descriptor_number	4	uimsbf
ISO 639-2_language_code	24	bslbf
length_of_items	8	uimsbf
for(i=0;i<N; i++){		
item_description_length	8	uimsbf
for(j=0; j< N;j++){		
item description_char	8	uimsbf
}		
item_length	8	uimsbf
for(j=0;j<N;j++){		
item_char	8	uimsbf
}		
}		
text_length	8	uimsbf
for(i=0;i<N;i++){		
text_char	8	uimsbf
}		
}		

扩展事件描述符的语义：

描述符序号　descriptor_number

4 位字段，给出了描述符的序号，用于描述使用多个扩展事件描述符时的关联信息。相关联的 extend_event_descriptor 集合的第一个 extend_event_descriptor 的 descriptor_number 应为“0x00”。随着本段内 extended_event_descriptor 个数的增加，descriptor_number 以步长 1 递增。

尾描述符序号　last_descriptor_number

4 位字段，给出了相关联的 extend_event_descriptor 集合中的最后一个描述符(即 descriptor_number 最大的描述符)的序号。

ISO 639-2 语言代码　ISO 639-2_language_code

24 位字段，包含了符合 ISO 639-2 标准的 3 字符语言代码，说明后面文本字段所用的语言。ISO 639-2/B 和 ISO 639-2/T 都可以使用。每个字符都按照 GB/T 15273.1 编码为 8 位，依次插入 24 位字段。

条目总长度　length_of_items

8 位字段，以字节为单位给出后续条目的总长度。

条目描述长度　item_description_length

8 位字段,以字节为单位给出条目描述的长度。

条目描述字符　item_description_char

8 位字段,"item_description_char"串给出条目的描述。文本信息所使用的字符集和编码方法见附录 A。

条目长度　item_length

8 位字段,以字节为单位给出条目文本的长度。

条目字符　item_char

8 位字段,"item_char"串给出条目的描述。文本信息所使用的字符集和编码方法见附录 A。

文本长度　text_length

8 位字段,以字节为单位给出未列进条目的文本长度。

文本字符　text_char

8 位字段,"text_char"串给出未列进条目的文本的内容。文本信息所使用的字符集和编码方法见附录 A。

6.2.13 频率列表描述符

频率列表描述符可用于 NIT 表,给出由多个频率传送的某个复用流的附加频率的完整列表,见表 43。

表 43　频率列表描述符

语　法	位数	助记符
frequency_list_descriptor{		
descriptor_tag	8	uimsbf
descriptor_length	8	uimsbf
reserved_future_use	6	bslbf
coding_type	2	bslbf
for(i=0;i<N;i++){		
centre_frequency	32	uimsbf
}		
}		

频率列表描述符的语义:

编码类型　coding_type

2 位字段,指出了频率编码的方式以及与所使用传送系统的关系。取值见表 44。

表 44　编码类型值

编码类型	传送系统
00	未定义
01	卫星
10	有线
11	地面

中心频率　centre_frequency

该字段的定义与 coding_type 中所标明的传送系统的传送系统描述符中的定义相同。

6.2.14 链接描述符

如果用户要求得到 SI 系统所描述的某个特定对象的附加信息，链接描述符能够提供这种机制(见表 45)。链接描述符在语法中出现则标明该对象具有附加信息。例如，NIT 中的链接描述符给出了关于网络的附加信息，BAT 中的链接描述符给出了关于业务群的附加信息。

使用链接描述符，提供了替换 CA 的功能。当 CA 不能访问 SI 系统描述的特定实体时，IRD 可以自动选择这一功能。

使用链接描述符，还可以提供替换业务的功能。若当前业务的运行状态被置为"not_running"，IRD 可以自动选择该替换业务。

使用链接描述符，还可以向移动接收机提供漫游功能。若现行业务在其 service_id 下无法使用，IRD 可以自动选择该功能。hand-over_type 指明 linkage_descriptor 是否链接到不同国家的同一业务，或者链接到本地变更业务或关联业务。

表 45　链接描述符

语　　法	位数	助记符
linkage_descriptor( ){		
descriptor_tag	8	uimsbf
descriptor_length	8	uimsbf
transport_stream_id	16	uimsbf
original_network_id	16	uimsbf
service_id	16	bslbf
linkage_type	8	uimsbf
if(linkage_type ！ =0x08{		
for(i=0;i<N;i++){		
private_data_byte	8	bslbf
}		
}		
if(linkage_type==0x08){		
hand-over_type	4	bslbf
reserved_future_use	3	bslbf
origin_type	1	bslbf
if(hand-over_type==0x01		
|| hand-over_type==0x02		
|| hand-over_type==0x03){		
network_id	16	uimsbf
}		
if(origin_type==0x00){		
initial_scrvice_id	16	uimsbf
}		
for(i=0,i<n,i++){		
private_data_byte	16	uimsbf
}		
}		
}		

链接描述符的语义：

传送流标识符 transport_stream_id

16 位字段，标识包含指定信息业务的 TS。

原始网络标识符 original_network_id

16 位字段，唯一标识指定的业务原始传输系统的 network_id。

业务标识符 service_id

16 位字段，唯一标识 TS 中的信息业务。service_id 与相应的节目映射段中的 program_number 相同。若 linkage_type 值为 0x04，则 service_id 没有意义，需设为 0x0000。

链接类型 linkage_type

8 位字段，定义链接类型，例如与信息链接，见表 46。

表 46 链接类型编码

链接类型	描述
0x00	预留使用
0x01	信息服务
0x02	EPG
0x03	CA 替换功能
0x04	包含了全部的网络/业务群 SI 的 TS
0x05	业务替换功能
0x06	数据广播
0x07	RCS 映射
0x08	移动漫游
0x09～0x7F	预留使用
0x80～0xFE	用户定义
0xFF	预留使用

专用数据类型 private_data_byte

8 位字段，其值专门定义。

漫游类型 hand-over_type

4 位字段，指明漫游类型，见表 47。

表 47 漫游类型编码

漫游类型	描述
0x00	预留
0x01	漫游至邻国的同一业务
0x02	漫游至同一业务的本地变更
0x03	漫游至关联业务
0x04～0x0F	预留使用

原始类型　origin_type

1 位字段,给出产生链接的表,见表 48。

表 48　原始类型编码

原始类型	描　述
0x00	NIT
0x01	SDT

网络标识符　network_id

16 位字段,确定支持业务的地面传送网络。

初始业务标识符　initial_service_id

16 位字段,指定漫游链接有效的业务。

6.2.15　本地时间偏移描述符

本地时间偏移描述符可在 TOT 表中使用,用于描述本地时间相对于 UTC 时间的动态变化,见表 49。

表 49　本地时间偏移描述符

语　法	位数	助记符
local_time_offset_descriptor(){		
descriptor_tag	8	uimsbf
descriptor_length	8	uimsbf
for(i=0;i<N;i++){		
country_code	24	bslbf
country_region_id	6	bslbf
reserved	1	bslbf
local_time_offset_polarity	1	bslbf
local_time_offset	16	bslbf
time_of_change	40	bslbf
next_time_offset	16	bslbf
}		
}		

本地时间偏移描述符的语义:

国家代码　country_code

24 位字段,按照 ISO 3166 用 3 字符代码指明国家。每个字符根据 GB/T 15273.1 编码为 8 位,并依次插入 24 位字段。假设 3 个字符代表了一个 900 至 999 的数字,那么 country_code 指定了 ETSI 定义的一组国家。其分配参见 ETSI ETR 162。国家组的国家代码应该被限制在同一时区内。

示例:中国由 3 字符代码"CHN"表示,编码为:"0100 0011 0100 1000 0100 1110"。

国家区域标识符　country_region_id

6 位字段，表示 country_code 指明的国家所在的时区。若国家内没有时差，则置“000000”。见表 50。

表 50　country_region_id 编码

country_region_id	描　述
00 0000	未使用时区扩展
00 0001	时区 1(最东部)
00 0010	时区 2
……	……
11 1100	时区 60
11 1101-11 1111	预留

本地时间偏移极性　local_time_offset_polarity

1 位字段，用于指明随后的 local_time_offset 的极性。置“0”时，极性为正，说明本地时间早于 UTC 时间(通常在格林威治以东)；置“1”时，极性为负，说明本地时间晚于 UTC 时间。

本地时间偏移　local_time_offset

16 位字段，指出由 country_code 和 country_region_id 确定的区域的相对于 UTC 的时间偏移，范围为－12 h 至＋13 h。16 比特含有 4 个 4 位 BCD 码，顺序为小时的十位，小时的个位，分的十位，分的个位。

时间变化　time_of_change

40 位字段，指明时间改变时当前的日期(MJD)与时间(UTC)，参见附录 C。该字段分为两部分，前 16 位给出了 LSB 格式的日期(MJD)，后 24 位给出了 UTC 时间(6 个 4 位 BCD 码)。

下一时间偏移　next_time_offset

16 位字段，指出由 country_code 和 country_region_id 确定的区域，当 UTC 时间变化时的下一个时间偏移，范围为－12 h 至＋13 h。此 16 比特域为 4 个 4 位 BCD 码，依次为小时的十位，小时的个位，分的十位，分的个位。

6.2.16　马赛克描述符

马赛克组件是由不同的视频图像编码组成的视频组件的集合。将信息有机地组织，以便于显示的时候，将每一个指定的信息显示在屏幕上的一个小区域内。

马赛克描述符将数字视频组件分割成基本单元，由基本单元形成逻辑单元，然后给出逻辑单元内容与相应信息的链接关系(如，业务群、业务、事件等)，见表 51。

表 51　马赛克描述符

语　　法	位数	助记符
mosaic_descriptor(){		
descriptor_tag	8	uimsbf
descriptor_length	8	uimsbf
mosaic_entry_point	1	bslbf
number_of_horizontal_elementary_cells	3	uimsbf
reserved_future_use	1	bslbf
number_of_vertical_elementary_cells	3	uimsbf
for(i=0;i<N;i++){		
logical_cell_id	6	uimsbf
reserved_future_use	7	bslbf
logical_cell_presentation_info	3	uimsbf
elementary_cell_field_length	8	uimsbf
for(i=0;i<elementary_cell_field_length;i++){		
reserved_future_use	2	bslbf
elementary_cell_id	6	uimsbf
}		
cell_linkage_info	8	uimsbf
if(cell_linkage_info==0x01){		
bouquet_id	16	uimsbf
}		
if(cell_linkage_info==0x02){		
original_network_id	16	uimsbf
transport_stream_id	16	uimsbf
service_id	16	uimsbf
}		
if(cell_linkage_info==0x03){		
original_network_id	16	uimsbf
transport_stream_id	16	uimsbf
service_id	16	uimsbf
}		
if(cell_linkage_info==0x04){		
original_network_id	16	uimsbf
transport_stream_id	16	uimsbf
service_id	16	uimsbf
event_id	16	uimsbf
}		
}		
}		

马赛克描述符的语义：

马赛克入口点　mosaic_entry_point

1 位字段，置“1”时表示该马赛克在一个层中是最高的。整个马赛克系统可以以树状结构组织起来，该标志用于指定树状结构的入口。

水平基本单元数　number_of_horizontal_elementary_cells

3 位字段，指示出屏幕水平显示的单元数，编码见表 52。

表 52　水平基本单元编码

值	含　义
0x00	一个单元
0x01	二个单元
0x02	三个单元
0x03	四个单元
0x04	五个单元
0x05	六个单元
0x06	七个单元
0x07	八个单元

垂直基本单元数　number_of_vertical_elementary_cells

3 位字段，指示出屏幕垂直显示的单元数，编码见表 53。

表 53　垂直基本单元编码

值	含　义
0x00	一个单元
0x01	二个单元
0x02	三个单元
0x03	四个单元
0x04	五个单元
0x05	六个单元
0x06	七个单元
0x07	八个单元

逻辑单元标识符　logical_cell_id

6 位字段，以二进制编码。

相邻的不同基本单元(见图 3)可以组合在一起，形成一个逻辑单元。logical_cell_number 和毗邻的 elementary_cell_id 集相关联。逻辑单元总数不能超过基本单元数(最大为 64)。每个基本单元可以分配给一个逻辑单元。若干个基本单元可以同属于一个逻辑单元。

A	B	C
D	E	F
G	H	I

注：B、D、H、F 单元与单元 E 毗邻；C 不与 A 和 D 毗邻；D 不与 H 毗邻。

图 3　毗邻单元

逻辑单元呈现信息　logical_cell_presentation_info

3位字段，指示出逻辑单元的呈现类型。logical_cell_presentation 信息可以有如下显示类型，见表54。

表54 逻辑单元呈现信息编码

值	含义
0x00	未定义
0x01	视频
0x02	静止图像[a]
0x03	图形/文本
0x04～0x07	预留使用

[a] 编码后的静止图像由一个视频序列构成，该视频序列仅含有某一帧帧内方式编码后的图像。

基本单元字段长度 elementary_cell_field_length

8位字段，给出在 logical_cell_id 的循环中，自该字段之后，直到包括最后一个 elementary_cell_id 在内的字节数。

基本单元标识符 elementary_cell_id

6位字段，以二进制码形式给出单元的号码。范围在0～N之间。

注：对基本单元从0～N记数。0分配给第一行第一个位置(左上角)的单元。记数自左至右，自上至下递增，N分配给最后一行的最后一个位置(右下角)。

单元链接信息 cell_linkage_info

8位字段，给出逻辑单元携带信息的类型，编码见表55。

表55 单元链接信息编码

值	含义
0x00	未定义
0x01	与业务群相关
0x02	与业务相关
0x03	与其他马赛克相关
0x04	与事件有关
0x05～0xFF	预留使用

业务群标识符 bouquet_id

16位字段，标明单元描述的业务群。

原始网络标识符 original_network_id

16位字段，与后续字段相结合，唯一标识一个业务、事件或马赛克，见5.2。

传送流标识符 transport_stream_id

16位字段，标识单元描述的业务、事件或马赛克所在的TS流。

业务标识符 service_id

16比特，指明传送流中的业务。service_id 与相应的 program_map_section 中的 program_number 取同一值。

该字段所代表的意义要根据 cell_linkage_info 的值而定：

当 cell_linkage_info="0x02"，该字段为单元描述的业务的 service_id；

当 cell_linkage_info="0x03"，该字段为单元描述的马赛克的 service_id；

当 cell_linkage_info="0x04"，该字段为单元描述的事件对应的业务的 service_id。

事件标识符 event_id

16 位字段,包含所描述的事件的标识号。

6.2.17 多语种业务群名称描述符

多语种业务群名称描述符(见表 56)以文本方式用一种或多种语言提供业务群名称。

表 56 多语种业务群名称描述符

语法	位数	助记符
multilingual_bouquet_name_descriptor{		
descriptor_tag	8	uimsbf
descriptor_length	8	uimsbf
for(i=0;i<N;i++){		
ISO 639-2_language_code	24	bslbf
bouquent_name_length	8	uimsbf
for(j=0;j<N;j++){		
char	8	uimsbf
}		
}		
}		

多语种业务群名称描述符的语义:

ISO 639-2 语言代码 ISO 639-2_language_code

24 位字段,包含了符合 ISO 639-2 标准的 3 字符语言代码,说明后面业务群名称所用的语言。ISO 639-2/B 和 ISO 639-2/T 都可以使用。每个字符都按照 GB/T 15273.1 编码为 8 位,依次插入 24 位字段。

业务群名称长度 bouquet_name_length

8 位字段,以字节为单位,给出后续的业务群名称的长度。

字符 char

8 位字段,一个字符串,使用指定语言给出 BAT 子表指定的业务群名称。文本信息编码所使用的字符集和编码方法见附录 A。

6.2.18 多语种组件描述符

多语种组件描述符以文本形式用一种或多种语言提供对组件的文本描述。此组件由其组件标签值标识,见表 57。

表 57 多语种组件描述符

语法	位数	助记符
multilingual_component_descriptor(){		
descriptor_tag	8	uimsbf
descriptor_length	8	uimsbf
component_tag	8	uimsbf
for(i=0;i<N;I++){		
ISO 639-2_language_code	24	bslbf
text_description_length	8	uimsbf
for(j=0;j<N;j++){		
text_char	8	uimsbf
}		
}		
}		

多语种组件描述符的语义：

组件标签 component_tag：

8 位字段，与组件流的流标识描述符（如果 PSI 的节目映射段包含该描述符）中的 component_tag 字段取同一值。

ISO 639-2 语言代码 ISO 639-2_language_code

24 位字段，指明后续的组件的文本描述的语言。该字段包含一个由 ISO 639-2 定义的 3 字符代码。ISO 639-2/B 和 ISO 639-2/T 都可以使用。每个字符都按照 GB/T 15273.1 编码为 8 位，并依次插入 24 位字段。

文本描述长度字段 text_description_length

8 位字段，以字节为单位，给出后续文本描述的长度。

文本字符 text_char

8 位字段，“text_char”字符串给出组件流的文本描述。文本信息所使用的字符集及编码方法见附录 A。

6.2.19 多语种网络名称描述符

多语种网络名称描述符以文本形式用一种或多种语言提供网络名称描述，见表 58。

表 58 多语种网络名称描述符

语 法	位数	助记符
multilingual_network_name_descriptor(){		
descriptor_tag	8	uimsbf
descriptor_length	8	uimsbf
for(i=0;i<N;i++){		
ISO 639-2_language_code	24	bslbf
network_name_length	8	uimsbf
for(j=0;j<N;j++){		
char	8	uimsbf
}		
}		
}		

多语种网络名称描述符的语义：

ISO 639-2 语言代码 ISO 639-2_language_code

24 位字段，指明后续的网络名称的语言。该字段包含一个由 ISO 639-2 定义的 3 字符代码。ISO 639-2/B 和 ISO 639-2/T 都可以使用。每个字符都按照 GB/T 15273.1 编码为 8 位，并依次插入 24 位字段。

网络名称长度 network_name_length

8 位字段，以字节为单位给出后续网络名称的长度。

字符 char

8 位字段，一个字符串，使用指定语言给出 NIT 子表指定的网络名称。文本信息编码所使用的字符集和编码方法见附录 A。

6.2.20 多语种业务名称描述符

多语种业务名称描述符以文本形式用一种或多种语言给出业务提供者和业务的名称，见表 59。

表 59 多语种业务名称描述符

语　法	位数	助记符
multilingual_service_name_descriptor(){		
descriptor_tag	8	uimsbf
descriptor_length	8	uimsbf
for(i=0;i<N;i++){		
ISO 639-2_language_code	24	bslbf
service_provider_name_length	8	uimsbf
for (j=0;j<N;j++){		
char	8	uimsbf
}		
service_name_length	8	uimsbf
for(j=0;j<N;j++){		
char	8	uimsbf
}		
}		
}		

多语种业务名称描述符的语义：

ISO 639-2 语言代码　ISO 639-2_language_code

24 位字段，指明后续的文本字段的语言。该字段包含一个由 ISO 639-2 定义的 3 字符代码。ISO 639-2/B 和 ISO 639-2/T 都可以使用。每个字符都按照 GB/T 15273.1—1994 编码为 8 位，并依次插入 24 位字段。

业务提供者名称长度　service_provider_name_length

8 位字段，以字节为单位给出后续业务提供者名称的长度。

业务名称长度　service_name_length

8 位字段，以字节为单位给出后续业务名称的长度。

字符　char

8 位字段，一个字符串，指定业务名称或业务提供者名称。文本信息编码所使用的字符集和编码方法见附录 A。

6.2.21 准视频点播(NVOD)参考描述符

该描述符与时移业务描述符和时移事件描述符共同提供了一种有效描述一批携带了相同事件序列的业务的机制，但这些序列之间的起始时间存在一定偏移。这样的一组时间偏移的业务被称为准视频点播，因为用户可以在任意时间，通过选择合适的业务组找到最接近的事件起始点开始接收。

NVOD 参考描述符(见表 60)给出了一个组成 NVOD 业务的业务列表。每个业务也可以在适当的业务描述表 SDT 子表中通过一个时移业务描述符(见 6.2.35)进行描述。时移业务描述符通过一个参考业务标识符 reference_service_id 与一个时移业务相关联。在给出的所有的 NVOD 描述中，reference_service_id 是一个标识，但是 refernce_service_id 本身并不对应 program_map_section 中的任何 program_number。

时移事件描述符用于每个时移业务的事件信息描述。时移事件描述符指向一个参考业务中的参考事件标识符 reference_event_id，而不是复制每个事件的全部信息。全部的事件信息由参考业务的事件信息提供。

组成 NVOD 业务的这些业务并不需要都在同一个 TS 中传送。然而一个参考业务应该在每个带有 NVOD 业务的 TS 的 SI 中加以描述。

表 60　NVOD 参考描述符

语　　法	位数	助记符
NVOD_reference_descriptor(){		
descriptor_tag	8	uimsbf
descriptor_length	8	uimsbf
for(i=0;i<N;i++){		
transport_stream_id	16	uimsbf
original_network_id	16	uimsbf
service_id	16	uimsbf
}		
}		

准视频点播(NVOD)参考描述符的语义：

传送流标识符　transport_stream_id

16 位字段，标识传送流 TS。

原始网络标识符　original_network_id

16 位字段，标识原始传送系统的 network_id。

业务标识符　service_id

16 位字段，唯一标识 TS 中的一个业务。该业务标识符与对应的 program_map_section 中的 program_number 相同。

6.2.22　网络名称描述符

网络名称描述符以文本形式提供网络名称，见表 61。

表 61　网络名称描述符

语　　法	位数	助记符
network_name_descriptor(){		
descriptor_tag	8	uimsbf
descriptor_length	8	uimsbf
for(i=0;i<N;i++){		
char	8	uimsbf
}		
}		

网络名称描述符的语义：

字符　char

8 位字段,一个字符串,给出 NIT 表指定的传送系统的名称。文本信息编码所使用的字符集和编码方法见附录 A。

6.2.23 家长分级描述符

此描述符给出了一个基于年龄的分级,并且允许基于其他分级标准的扩展,见表 62。

表 62 家长分级描述符

语法	位数	助记符
parental_rating_descriptor(){		
descriptor_tag	8	uimsbf
descriptor_length	8	uimsbf
for(i=0;i<N;i++){		
country_code	24	bslbf
rating	8	uimsbf
}		
}		

家长分级描述符的语义:

国家代码 country_code:

24 位字段,按照 ISO 3166 用 3 字符代码指明国家。每个字符根据 GB/T 15273.1—1994 编码为 8 位,并依次插入 24 位字段。假设 3 个字符代表了一个 900~999 的数字,那么 country_code 指定了 ETSI 定义的一组国家。其分配参见 ETSI ETR 162。

示例:中国由 3 字符代码"CHN"表示,编码为:"0100 0011 0100 1000 0100 1110"。

级别 rating

8 位字段,给出建议的终端用户的最小年龄,编码见表 63。

表 63 家长分级描述符,级别

级别	描述
0x00	未定义
0x01~0x0F	最小年龄=级别+3
0x10~0xFF	由广播者定义

示例:0x04 表示终端用户的最小年龄为 7 岁。

6.2.24 传送流片断描述符

见 7.2.1。

6.2.25 节目传送控制(PDC)描述符

PDC 描述符通过 PDC(ETSI ETS 300 231)的功能对数字电视广播系统进行了扩展。该描述符携带了 ETSI ETS 300 231 中定义的节目标识标签(PIL)。PIL 包含了一个特定事件的首次发布起始时间和日期。见表 64。

表 64 PDC 描述符

语 法	位数	助记符
PDC_descriptor(){		
descriptor_tag	8	uimsbf
descriptor_length	8	uimsbf
reserved_future_use	4	bslbf
programme_identification_label	20	bslbf
}		

PDC 描述符的语义：

节目标识标签 programme_identification_label

20 位字段，给出节目的标识标签(ETSI ETS 300 231)。其结构如下：

<table>
<tr><td colspan="20">节目标识标签</td></tr>
<tr><td>1</td><td>2</td><td>3</td><td>4</td><td>5</td><td>6</td><td>7</td><td>8</td><td>9</td><td>10</td><td>11</td><td>12</td><td>13</td><td>14</td><td>15</td><td>16</td><td>17</td><td>18</td><td>19</td><td>20</td></tr>
<tr><td colspan="5">M L</td><td colspan="4">M L</td><td colspan="5">M L</td><td colspan="6">M L</td></tr>
<tr><td colspan="5">日</td><td colspan="4">月</td><td colspan="5">时</td><td colspan="6">分</td></tr>
</table>

注：日、月、时、分的值为二进制码。

6.2.26 专用数据说明符描述符

该描述符用于标识任何专用描述符或者描述符中专用字段。见表 65。

表 65 专用数据说明符描述符

语 法	位数	助记符
private_data_specifier_descriptor(){		
descriptor_tag	8	uimsbf
descriptor_length	8	uimsbf
private_data_specifier	32	uimsbf
}		

专用数据说明符描述符的语义：

专用数据说明符 private_data_specifier

32 位字段，该字段值的分配见附录 D。

6.2.27 短平滑缓冲区描述符

GB/T 17975.1 中定义的平滑缓冲区描述符(smoothing_buffer_descriptor)，在 PSI 中给出了业务的码率。

为了在本标准的 SI 表中使用，这里定义了一个更加紧凑和有效的描述符——短平滑缓冲区描述符(short_smoothing_buffer_descriptor)。见表 66。

该描述符可包含在 EIT 当前/后续表和 EIT 时间表中，给出每个事件的码率。

码率可以使用平滑缓冲区大小和输出溢出速率来表示。

该描述符在 EIT 当前/后续表和 EIT 时间表中的存在是可选的。

数据流入和流出平滑缓冲区的定义如下：

a) 属于相关业务的 TS 包的字节在 GB/T 17975.1—2000 中公式 2-4 定义的时间(准确的字节发送时间表定义)输入平滑缓冲区。下面的包属于此业务：

——业务的所有基本流的所有 TS 包，如所有的在事件传输期间，在业务的 PMT 段的扩展节目信息部分中，列为 elementary_PID 的所有 PID；

——在事件传输期间，在 PAT 表中，为业务而被指定为 program_map_PID 的 PID 的所有 TS 包；

——在事件传输期间，在 PMT 段中，为业务而被指定为 PCR_PID 的 PID 的所有 TS 包。

b) 进入缓冲区的全部字节都应移出缓冲区。

表 66 短平滑缓冲区描述符

语　法	位数	助记符
short_smoothing_buffer_descriptor(){		
descriptor_tag	8	uimsbf
descriptor_length	8	uimsbf
sb_size	2	uimsbf
sb_leak_rate	6	uimsbf
for(i=0;i<N;i++){		
reserved_future_use	8	bslbf
}		
}		

短平滑缓冲区描述符的语义：

平滑缓冲区大小　sb_size

2 位字段，给出平滑缓冲区的大小，其编码方式见表 67。

表 67 平滑缓冲区大小

值	缓冲区大小(字节)
0	本标准预留
1	1 536
2	本标准预留
3	本标准预留
注：由于实现的限制，指定的缓冲区容量应考虑留有 2 K 字节的 RAM 备用空间，以防止包抖动。	

平滑缓冲区溢出速率　sb_leak_rate

6 位字段，指出从缓冲区溢出速率的值，其编码方式见表 68。

表 68 平滑缓冲区溢出速率

值	溢出速率/(Mbit/s)
0	本标准预留
1	0.000 9
2	0.001 8
3	0.003 6

表 68（续）

值	溢出速率/(Mbit/s)
4	0.007 2
5	0.010 8
6	0.014 4
7	0.021 6
8	0.028 8
9	0.075
10	0.5
11	0.562 5
12	0.843 7
13	1.0
14	1.125 0
15	1.5
16	1.687 5
17	2.0
18	2.250 0
19	2.5
20	3.0
21	3.375 0
22	3.5
23	4.0
24	4.5
25	5.0
26	5.5
27	6.0
28	6.5
29	6.750 0
30～32	((值)－16)×0.5　(7.0,7.5,8.0 Mbit/s)
33～37	((值)－24)　(9,10,11,12,13 Mbit/s)
38	13.5
39～43	((值)－25)　(14,15,16,17,18 Mbit/s)
44～47	((值)－34)×2　(20,22,24,26 Mbit/s)
48	27
49～55	((值)－35)×2　(28,30,32,…,40 Mbit/s)
56	44
57	48
58	54
59	72
60	108
61～63	本标准预留

6.2.28 业务描述符

业务描述符与业务类型一起以文本形式给出业务提供者的名称和业务名称，见表69。

表69 业务描述符

语 法	位数	助记符
service_descriptor(){		
descriptor_tag	8	uimsbf
descriptor_length	8	uimsbf
service_type	8	uimsbf
service_provider_length	8	uimsbf
for(i=0;i<N;i++){		
char	8	uimsbf
}		
service_name_length	8	uimsbf
for(i=0;i<N;i++){		
char	8	uimsbf
}		
}		

业务描述符的语义：

业务类型 service_type

8位字段，定义了业务的类型。其编码方式见表70。

表70 业务类型编码

Service_type	描 述
0x00	预留使用
0x01	数字电视业务
0x02	数字音频广播业务
0x03	图文电视业务
0x04	NVOD参考业务
0x05	NVOD时移业务
0x06	马赛克业务
0x07	PAL制编码信号
0x08	SECAM制编码信号
0x09	本标准预留
0x0A	调频广播
0x0B	NTSC制编码信号
0x0C	数据广播业务
0x0D	公共接口使用预留

表 70（续）

Service_type	描　述
0x0E	RCS 映射(参见 ETSI EN 301 790)
0x0F	RCS FLS(参见 ETSI EN 301 790)
0x10	MHP 业务
0x11～0x7F	预留使用
0x80～0xFE	用户定义
0xFF	预留使用

业务提供者名称长度　service_provider_name_length

8 位字段，以字节为单位给出本字段后续的业务提供者名称的长度。

字符　char

8 位字段，一个字符串给出业务提供者或业务的名称。文本信息编码所用的字符集和编码方式见附录 A。

业务名称长度　service_name_length

8 位字段，以字节为单位给出本字段后续的业务名称的长度。

6.2.29　业务列表描述符

业务列表描述符通过业务标识符和业务类型提供业务列表，见表 71。

表 71　业务列表描述符

语　法	位数	助记符
service_list_descriptor(){		
descriptor_tag	8	uimsbf
descriptor_length	8	uimsbf
for(i=0;i<N;i++){		
service_id	16	uimsbf
service_type	8	uimsbf
}		
}		

业务列表描述符的语义：

业务标识符　service_id

16 位字段，唯一地标识 TS 中的一个业务。service_id 与对应的 program_map_section 中的 program_number 相同，但业务类型值为 0x04(serviec_type=0x04)时(即 NVOD 参考业务)除外，在这种情况下，service_id 没有对应的 program_number。

业务类型　service_type

8 位字段，指示业务的类型。其编码方法见表 70。

6.2.30　业务转移描述符

如果需要将一个业务从一个 TS 转移到另一个 TS 时，业务转移描述符提供了一种使 IRD 能在 TS

之间跟踪业务的机制。见表72。

表72 业务转移描述符

语　法	位数	助记符
service_move_descriptor(){		
descriptor_tag	8	uimsbf
descriptor_length	8	uimsbf
new_original_network_id	16	uimsbf
new_transport_stream_id	16	uimsbf
new_service_id	16	uimsbf
}		

业务转移描述符的语义：

新原始网络标识符　new_original_network_id

16位字段，指示业务转移后所在的TS中的原始网络标识符。

新传送流标识符　new_transport_stream_id

16位字段，指示业务转移后所在的TS中的传送流标识符。

新业务标识符　new_service_id

16位字段，该字段包含业务转移后中的业务标识符。如果该业务仍在同一原始网络中，那么新业务标识符和原来的业务标识符相同。

6.2.31 短事件描述符

短事件描述符以文本方式提供了事件的名称和该事件的简短描述，见表73。

表73 短事件描述符

语　法	位数	助记符
short_event_descriptor(){		
descriptor_tag	8	uimsbf
descriptor_length	8	uimsbf
ISO 639-2_language_code	24	bslbf
event_name_length	8	uimsbf
for(i=0;i<event_name_length;i++){		
event_name_char	8	uimsbf
}		
text_length	8	uimsbf
for(i=0;i<text_length;i++){		
text_char	8	uimsbf
}		
}		

短事件描述符的语义：

ISO 639-2语言代码　ISO 639-2_language_code

24位字段，指明后续的文本字段的语言。该字段包含一个由ISO 639-2定义的3字符代码。

ISO 639-2/B 和 ISO 639-2/T 都可以使用。每个字符都按照 GB/T 15273.1 编码为 8 位，并依次插入 24 位字段。

事件名称长度 event_name_length

8 位字段，以字节为单位给出事件名称的长度。

事件名称字符 event_name_char

8 位字段，一个字符串给出事件的名称。文本信息编码所使用的字符集和方法见附录 A。

文本长度 text_length

8 位字段，以字节为单位给出后续描述事件的文本的长度。

文本字符 text_char

8 位字段，一个字符串给出事件的文本描述。文本信息编码所使用的字符集和方法见附录 A。

6.2.32 流标识描述符

流标识描述符(见表 74)可用于 PSI 的 PMT 表中，用于区分标识一个业务中的各组件流。例如：通过 EIT 表的组件描述符给出文本描述(如果存在)。流标识描述符必须置于相关的 ES_info_length 之后。

表 74 流标识描述符

语 法	位数	助记符
stream_identifier_descriptor(){		
descriptor_tag	8	uimsbf
descriptor_length	8	uimsbf
component_tag	8	uimsbf
}		

流标识符描述符的语义：

组件标签 component_tag

8 位字段，标识与一个组件描述符给定的描述相关的组件流。在节目映射段中，每个流标识描述符必须有不同的值。

6.2.33 填充描述符

填充描述符提供一种使原先的描述符失效或为填充表插入空描述符的机制，见表 75。

表 75 填充描述符

语 法	位数	助记符
stuffing_descriptor(){		
descriptor_tag	8	uimsbf
descriptor_length	8	uimsbf
for(i=0;i<N;i++){		
stuffing_byte	8	bslbf
}		
}		

填充描述符的语义：

填充字节　stuffing_byte

8 位字段，该字段的具体取值可任意设定。IRD 可以忽略这些填充字节。

6.2.34　字幕描述符

在 GB/T 17975.1 的节目映射表(PMT)中，携带字幕的任何 PID 的 stream_type 值应为 0x06(它表示一个携带专用数据的 PES)，见表 76。

表 76　字幕描述符

语　　法	位数	助记符
subtitling_descriptor(){		
descriptor_tag	8	uimsbf
descriptor_length	8	uimsbf
for(i=0;i<N;i++){		
ISO 639-2_language_code	24	bslbf
subtitling_type	8	bslbf
composition_page_id	16	bslbf
ancillary_page_id	16	bslbf
}		
}		

字幕描述符的语义：

ISO 639-2 语言代码　ISO 639-2_language_code

24 位字段，指明后续的字幕的语言。该字段包含一个由 ISO 639-2 定义的 3 字符代码。ISO 639-2/B 和 ISO 639-2/T 都可以使用。每个字符都按照 GB/T 15273.1 编码为 8 位，并依次插入 24 位字段。

字幕类型　subtitling_type

8 位字段，提供字幕的内容和计划显示的信息。该字段的编码必须使用表 24 中当 stream_content 值为 0x03 时定义的 component_type 值。

构图页面标识符　composition_page_id

16 位字段，标识构图页面。如果字幕描述符中原有的数据与用户的选择标准相匹配，则表示这一 page_id 的 DVB_subtitling_segment 将被解码。

注：构图页面标识符至少在那些定义字幕屏幕、page_composition_segment 和 region_composition_segment 的数据结构的 DVB_subtitling_segment 中出现，它也可能在那些包含构图所依赖的数据段中出现。

附属页面标识符　ancillary_page_id

16 位字段，该字段标识(可选)附属页面。如果字幕描述符中原有的数据与用户的选择标准相匹配，则表示这一页 page_id 的 DVB_subtitling_segment 将被解码。如果不存在附属页面的话，ancillary_page_id 与 composition_page_id 的值相等。

注 1：附属页面标识符不会在构图段中出现，它可能出现在彩色查找表(CLUT)定义段、对象段和其他类型的段中。

注 2：(术语)：如果一个片段(segment)的 page_id 字段显示一个特殊的页面号，则可以被称为该片段“在那一页面中”，这一页面“包含”该片段。

6.2.35　电话描述符

电话描述符可以用于指示一个电话号码，与调制解调器(PSTN 或有线)相结合建立窄带交互通道。

更详细的信息在《数字广播系统中电信接口的实施指南》中给出。

电话描述符语法见表 77。

表 77 电话描述符

语法	位数	助记符
telephone_descriptor(){		
descriptor_tag	8	uimsbf
descriptor_length	8	uimsbf
reserved_future_use	2	bslbf
foreign_availability	1	bslbf
connection_type	5	uimsbf
reserved_future_use	1	bslbf
country_prefix_length	2	uimsbf
international_area_code_length	3	uimsbf
operator_code_length	2	uimsbf
reserved_future_use	1	bslbf
national_area_code_length	3	uimsbf
core_number_length	4	uimsbf
for(i=0;i<N;i++){		
country_prefix_char	8	uimsbf
}		
for(i=0;i<N;i++){		
international_area_code_char	8	uimsbf
}		
for(i=0;i<N;i++){		
operator_code_char	8	uimsbf
}		
for(i=0;i<N;i++){		
national_area_code_char	8	uimsbf
}		
for(i=0;i<N;i++){		
core_number_char	8	uimsbf
}		
}		

电话描述符的语义：

指定国家/地区之外准用　foreign_availability

1 位字段，置"1"时表示被描述的号码能够从 country_prefix 所指定的国家/地区之外的国家/地区进行呼叫。置"0"时表示此号码只能从 country_prefix 指定的国家/地区进行呼叫。

连接类型　connection_type

5 位字段，指示连接类型。例如，如它可以在一次交互初始化的时候用于通知 IRD，如果连接未能在 1 分钟之内建立，将中止连接尝试。

国家/地区前缀长度　country_prefix_length

2 位字段，指示国家/地区前缀的 8 位字母数字字符的数目。

国际区域代码长度　international_area_code_length

3 位字段，指示国际区域代码的 8 位字母数字字符的数目。

运营商代码长度　operator_code_length

2 位字段，指示运营商代码的 8 位字母数字字符的数目。

国内区域代码长度　national_area_code_length

3 位字段，指示国内区域代码的 8 位字母数字字符的数目。

局号码长度　core_number_length

4 位字段，指示局号码的 8 位字母数字字符的数目。

国家/地区前缀字符　country_prefix_char

8 位字段，根据 GB/T 15273.1 编码，给出国家/地区前缀的一个字母数字字符。

国际区域代码字符　internal_area_code_char

8 位字段，根据 GB/T 15273.1 编码，给出国际区域代码的一个字母数字字符。

运营商代码字符　operator_code_char

8 位字段，根据 GB/T 15273.1 编码，给出运营商代码的一个字母数字字符。

国内区域代码字符　national_area_code_char

8 位字段，根据 GB/T 15273.1 编码，给出国内区域代码的一个字母数字字符。

局号码字符　core_number_char

8 位字段，根据 GB/T 15273.1 编码，给出局号码的一个字母数字字符。

6.2.36　图文电视描述符

图文电视描述符(见表 78)用于 PSI 的 PMT 表中标识携带图文数据的码流。该描述符位于节目映射段中对应的 ES_info_length 字段之后。

表 78　图文电视描述符

语　法	位数	助记符
teletext_descriptor(){		
descriptor_tag	8	uimsbf
descriptor_length	8	uimsbf
for(i=0;i<N;i++){		
ISO 639-2_language_code	24	bslbf
teletext_type	5	uimsbf
teletext_magazine_number	3	uimsbf
teletext_page_number	8	uimsbf
}		
}		

图文电视描述符的语义：

ISO 639-2 语言代码　ISO 639-2_language_code

24 位字段，指明后续的图文电视的语言。该字段包含一个由 ISO 639-2 定义的 3 字符代码。ISO 639-2/B 和 ISO 639-2/T 都可以使用。每个字符都按照 GB/T 15273.1—1994 编码为 8 位，并依次插入 24 位字段。

图文电视类型　teletext_type

5 位字段，指示图文电视页面说明的类型。编码方式见表 79。

表 79 图文电视类型

图文电视类型	描　　述
0x00	预留使用
0x01	初始图文电视页
0x02	图文电视字幕页
0x03	附加信息页
0x04	节目时间表页
0x05	为听力障碍者提供的图文电视字幕页
0x06～0x1F	预留使用

图文电视杂志号码　teletext_magazine_number

3 位字段，标识 ETSI ETS 300 706 中定义的杂志号码。

图文电视页面号码　teletext_page_number

8 位字段，用两个 4 位的十六进制数，标识 ETSI ETS 300 706 中定义的页面号码。

6.2.37 时移事件描述符

时移事件描述符用于替代 short_event_descriptor 来指示一个时移事件是另外一个事件的时移拷贝，见表 80。

表 80 时移事件描述符

语　　法	位数	助记符
time_shifted_event_descriptor(){		
descriptor_tag	8	uimsbf
descriptor_length	8	uimsbf
reference_service_id	16	uimsbf
reference_event_id	16	uimsbf
}		

时移事件描述符的语义：

参考业务标识符　reference_service_id

16 位字段，标识一个 NVOD 业务集的参考业务。在 NVOD 业务集所在的 TS 中总会出现参考业务。这里的 service_id 在 program_map_section 中并没有 program_number。

参考事件标识符　reference_event_id

16 位字段，标识一个事件的参考事件，这一由时移事件标识符描述的事件是一个时移拷贝。

6.2.38 时移业务描述符

该描述符用于替代业务描述符来指示那些是其他业务的时移拷贝的业务，见表 81。

表 81 时移业务描述符

语　　法	位数	助记符
time_shifted_service_descriptor(){		
descriptor_tag	8	uimsbf
descriptor_length	8	uimsbf
reference_service_id	16	uimsbf
}		

时移节目业务描述符的语义：

参考业务标识符　reference_service_id

16 位字段，标识一个 NVOD 业务集的参考业务。在 NVOD 业务集所在的 TS 中总会出现参考业务。这里的 service_id 在 program_map_section 中并没有 program_number。

6.2.39 传送流描述符

传送流描述符只在 TSDT 表(见 GB/T 17975.1—2000)中传输，可以用于指示一个传送流与一个基于 MPEG 的系统之间的符合性，见表 82。

表 82 传送流描述符

语　　法	位数	助记符
transport_stream_descriptor(){		
descriptor_tag	8	uimsbf
descriptor_length	8	uimsbf
for(i=0;i<N;i++){		
byte	8	uimsbf
}		
}		

传送流描述符的语义：

字节　byte

8 位字段。

6.2.40 VBI 数据描述符

VBI 数据描述符必须用在一个携带了如 ETSI EN 301 775 所定义的 VBI 数据的码流中的 PSI 的 PMT 表中，见表 83。描述一个 VBI 数据流的节目映射段中相应的 ES_info_field 必须包含一个且仅有一个 VBI 数据描述符。

为了在一个业务中传输多个 VBI 数据流，节目映射段中每个组件循环中的 VBI 数据描述符都是必需的。

表 83　VBI 数据描述符

语　　法	位数	助记符
VBI_data_descriptor(){		
descriptor_tag	8	uimsbf
descriptor_length	8	uimsbf
for(i=0;i<N;i++){		
data_service_id	8	uimsbf
data_service_descriptor_length	8	uimsbf
if(data_service_id==0x01 ||		
data_service_id==0x02 ||		
data_service_id==0x04 ||		
data_service_id==0x05 ||		
data_service_id==0x06 ||		
data_service_id==0x07){		
for(i=0;i<N;i++){		
reserved_future_use	2	bslbf
field_parity	1	bslbf
line_offset	5	uimsbf
}		
}else{		
for(i=0;i<N;i++){		
reserved_future_use	8	bslbf
}		
}		
}		
}		

VBI 数据描述符的语义：

数据业务标识符　data_service_id

8 位字段，指示与 VBI 数据描述符相关的基本流中的 VBI 业务类型。其值在表 84 中定义。对于 VBI 数据流中的每个 VBI 业务，VBI 数据描述符中必须有且只有一个数据业务标识符的编码。当data_service_id 已在 VBI_data_decriptor 中出现时，VBI 业务可能暂时还未在 VBI 数据流中出现。但这种情况可以不超过 10 秒钟。

数据业务描述符长度　data_service_descriptor_length

8 位字段，用于表示后续的由 data_service_id 指定的业务的描述的字节数。

该描述符本身包含了一个将要出现的相关流的编码数据所在的每个 VBI 行的入口(字节)。

场奇偶性　field_parity

1 位标志字段，当编码数据被转码到 VBI 时，该字段指示哪个相关的编码数据将要出现。其值为“1”时表示帧的第一个(奇数)场，值为“0”时表示帧的第二个(偶数)场。在一个数据业务描述符中，首先，如果奇场存在，所有关于奇场的描述符入口都必须先给定。如果偶存在，所有关于偶场的描述符入口将紧随其后。

行偏置　line_offset

5 位字段，标识如果编码数据被转码到 VBI 时，将要出现的相关编码数据的行号。在一场内，行偏置的编号应顺序递增。行偏置参数遵循相关的数据场类型定义(参见 ETSI EN 301 775 中 2.4～2.8)。未定义行号的行偏置不能用在 VBI 数据描述符中。

编码器确保相关基本流中所有的编码行至少在 VBI 数据描述符中(在适当的数据业务描述符中)有它们的副本。在单个的 VBI 数据描述符中，特定的 line_offset 和 field_parity 组合不允许超过一次。

表 84　VBI 数据描述符的数据业务标识符

data_service_id	描　述
0x00	预留使用
0x01	中文图文电视 CCST(需要额外的图文电视描述符)
0x02	inverted 图文电视
0x03	预留
0x04	VPS
0x05	WSS
0x06	隐匿字幕
0x07	单色 4∶2∶2 样本
0x08～0xFF	预留使用

6.2.41　VBI 图文电视描述符

VBI 图文电视描述符必须用在 PSI 的 PMT 表中，用于标识携带 VBI 数据和图文电视数据的流，见表 85。该描述符位于节目映射段中对应的 ES_info_length 字段之后。

表 85　VBI 图文电视描述符

语　法	位数	助记符
VBI_teletext_descriptor(){		
descriptor_tag	8	uimsbf
descriptor_length	8	uimsbf
for(i=0;i<N;i++){		
ISO 639_language_code	24	bslbf
teletext_type	5	uimsbf
teletext_magazine_number	3	uimsbf
teletext_page_number	8	uimsbf
}		
}		

VBI 图文电视描述符的语义：

VBI 图文电视描述符的语义与 6.2.36 中的图文电视描述符的语义相同。唯一例外的是，VBI 图文电视描述符不用于将 stream_type 值 0x06 与 VBI 标准及图文电视标准相关联。解码器只能用该描述符中的语言来选择杂志和字幕。

7 存储媒体互操作性(SMI)

IEC 1883-1 和 IEC 1883-4 描述了通过 IEEE 1394 将 TS 传送到接收机的方法。这种数据的可能来源于一个数字存储设备。

在某些情况下,TS 可能不完整,因此不符合标准的广播规范。这些 TS 片断是原始 TS 数据流的子集。它们有可能是"间断的",也就是说 TS 或者 TS 的子集可能发生变化,也可能是暂时中断。在这种情况下,存储媒体互操作性(SMI)描述了传送数据所需的 SI 和 PSI。

7.1 SMI 表

SMI 表采用 GB/T 17975.1—2000 定义的专用段语法进行编码。SIT 表可以长达 4 096 字节。

出现在数字接口的比特流应该是一个符合 ETSI ETR 154 的"完整"TS,并且含有符合本标准定义的 SI,或者是一个 TS 片断。在后一种情况下,SI 和 PSI 应符合以下子条款。

除了以下描述的选择信息表(SIT)和间断信息表(DIT)信息外,TS 片断不会携带任何其他 SI 表。在 TS 片断中,PSI 应严格限制在正确描述流所必需的 PAT 表和 PMT 表的范围内。

比特流中 SIT 表的出现表示自数字接口的比特流是一个 TS 片段。在这种情况下,接收机不能获得广播 TS 所需的 SI 信息,而应依靠 SIT 表所携带的信息。

SIT 表中包括了广播流中的所有相关的 SI 信息的摘要。DIT 表应当插入 SI 信息间断的转变点上。SIT 表和 DIT 表的使用严格限于 TS 片断,而不用于广播。

7.1.1 间断信息表(DIT)

DIT 表应插入 SI 信息可能间断的转变点,见表 86。

表 86 间断信息段

语法	位数	助记符
discontinuity_information_section(){		
table_id	8	uimsbf
section_syntax_indicator	1	bslbf
reserved_future_use	1	bslbf
reserved	2	bslbf
section_length	12	uimsbf
transition_flag	1	uimsbf
reserved_future_use	7	bslbf
}		

间断信息段的语义:

表标识符 table_id

见表 2。

段语法标识符 section_syntax_indicator

1 位字段,应置"0"。

段长度 section_length

12 位字段,应置为 0x001。

过渡标志 transition_flag

1 位标志字段，指明 TS 中的过渡类型。该位置“1”时，表示过渡因起始码源变化所致。这种起始源的变化可能是原始 TS 发生变化和/或在 TS 的位置发生变化（如时间偏移）。该位置“0”时，表示过渡仅因为选择的变化所致。例如：停留在同一个原始 TS 中的同一个位置上。

7.1.2 选择信息表(SIT)

SIT 表描述了 TS 片断所携带的业务和事件。见表 87。

表 87 选择信息段

语　　法	位数	助记符
selection_information_section(){		
table_id	8	uimsbf
section_syntax_indicator	1	bslbf
reserved_future_use	1	bslbf
reserved	2	bslbf
section_length	12	uimsbf
reserved_future_use	16	uimsbf
reserved	2	bslbf
version_number	5	uimsbf
current_next_indicator	1	bslbf
section_number	8	uimsbf
last_section_number	8	uimsbf
reserved_future_use	4	uimsbf
transmission_info_loop_length	12	bslbf
for(i=0;i<N;i++){		
descriptor()		
}		
for(i=0;i<N;i++){		
service_id	16	uimsbf
reserved_future_use	1	uimsbf
running_status	3	bslbf
service_loop_length	12	bslbf
for(i=0;i<N;I++){		
descriptor()		
}		
}		
CRC_32	32	rpchof
}		

选择信息段的语义：

表标识符　table_id

见表 2。

段语法指示符　section_syntax_indicator

1 位字段，应置“1”。

段长度　section_length

12 位字段，它表示从该字段的下一个字节开始的本段的字节长度，并包含 CRC。section_length 不能超过 4 093，这样整个段的最大长度为 4 096 字节。

版本号　version_number

5 位字段,标识表的版本号。当表包含的信息发生变化时,version_number 加 1。当值增至 31 时,复位为 0。当 current_next_indicator 置“1”时,则 version_number 为当前使用的表的版本号。当 current_next_indicator 置“0”时,则 version_number 为下一个使用的表的版本号。

当前/后续指示符　current_next_indicator

1 位字段,当被置“1”时,表示当前表正被使用。当其置“0”时,表示所传表尚未被使用,它是下一个将被使用的表。

段号　section_number

8 位字段,给出了段号,应为“0x00”。

最后段号　last_section_number

8 位字段,表示最后一个段的段号,应为“0x00”。

传输信息循环长度　transmission_info_loop_length

12 位字段,以字节为单位给出了后续的描述 TS 片断的传输参数描述符循环的长度。

业务标识符　service_id

16 位字段,用于在 TS 中识别不同的业务。service_id 与 program_map_section 中的 program_number 取同一值。

运行状态　running_status

3 位字段,指明原始码流中的事件的运行状态,是原始的当前事件的运行状态,若在原始码流中,当前事件不存在,则认为“未运行”,running_status 值的意义的定义参见 ETSI ETR 211。

业务循环长度　service_loop_length

12 位字段,以字节为单位给出了后续的 TS 片断中携带的业务和事件的相关 SI 信息的描述符循环的长度。

CRC_32

32 位字段。包含了 CRC 值,在处理完整个段之后,附录 B 定义的 CRC 解码器的寄存器输出为零。

7.2 SMI 描述符

本条包含了 TS 片断中的专用描述符的语法和语义。

7.2.1 TS 片断描述符

SIT 表的传输信息描述符循环包含了播放和复制 TS 片断的所有需要的控制和管理信息。建议用以下描述符描述此信息。见表 88。

表 88　TS 片断描述符

语　法	位数	助记符
partial_transport_stream_descriptor(){		
descriptor_tag	8	bslbf
descriptor_length	8	uimsbf
reserved_future_use	2	bslbf
peak_rate	22	uimsbf
reserved_future_use	2	bslbf
minimum_overall_smoothing_rate	22	uimsbf
reserved_future_use	2	bslbf
maximum_overall_smoothing_butter	14	uimsbf
}		

TS 片断描述符的语义：

峰值速率 peak_rate

22 位字段，指瞬时的最大传输速率(例如：188 个字节除以两个 TS 包的起始时间之间的间隔)。至少应给出上限值。该字段编码为 400 bps 的正整数倍。

最小全局平滑率 minimum_overall_smoothing_rate

22 位字段，全部 TS 包最小平滑缓冲区的溢出速率。该字段编码为 400 bps 的正整数倍。若值为 0x3FFFFF，表示最小平滑速率未定义。

最大全局平滑缓冲区 maximum_overall_smoothing_buffer

14 位字段，以字节为单位，给出全部 TS 包的最大平滑缓冲区容量。若值为 0x3FFFFF，表示最大平滑缓冲区的容量未定义。

附 录 A
（规范性附录）
文本字符编码

文本条款可能包含某些选择信息，用来选择较大范围的字符编码表（如下文）。如果文本条款中没有字符编码选择信息，则认为使用缺省的字符编码集。

A.1 控制码

范围在 0x80～0x9F 之间的控制码的分配见表 A.1。

表 A.1 单字节控制码

控制码	描述
0x80～0x85	预留使用
0x86	字符强调开
0x87	字符强调关
0x88～0x89	预留使用
0x8A	CR/LF
0x8B～0x9F	用户定义

对于双字节的字符表，在 GB 13000 专用区 0xE080～0xE09F 范围内定义的控制码的分配见表 A.2。

表 A.2 双字节控制码

控制代码	描述
0xE080～0xE085	预留使用
0xE086	字符强调开
0xE087	字符强调关
0xE088～0xE089	预留使用
0xE08A	CR/LF
0xE08B～0xE09F	预留使用

A.2 字符表的选择

文本字段可以用非空格、不可显示的数据开始，该数据指定文本条目的剩余部分使用另外一个字符表。字符表的选择如下所述：

——如果文本字段第一个字节的数值在 0x20～0xFF 之间，那么文本条目的这个字节和后续的所有字节都使用默认的字符编码表（表 00—拉丁字符），见图 A.1；

——如果文本字段第一个字节的数值在 0x01～0x05 之间，那么文本条目的剩余部分的编码见

GB/T 15273.1—1994；

——如果文本字段第一个字节的数值是0x10，那么接下来的两个字节所携带的16位数值N(uimsbf)表示了文本条目剩余部分数据使用GB/T 15273.1—1994定义的字符编码表进行编码；

——如果文本字段第一个字节的数值是0x11，那么文本条目剩余部分的编码根据GB 13000定义的基本多文种平面进行双编码；

——如果文本字段中的第一个字节的数值是0x12，表示文本条目中的剩余字节按照韩国字符集KSC 5601编码；

——如果文本字段中的第一个字节的数值是0x13，表示文本条目中的剩余字节按照GB 2312和其扩展集进行编码；

——对于文本条目的第一个字节，值0x00、0x06至0x0F、0x14至0x1F预留使用。

行八位					
00	Controls控制字符	Basic Latin基本拉丁文	Controls控制字符	Latin-1 Supplement 拉丁文-1补充	
01	Latin Extended-A 拉丁文扩充-A	Latin Extended-B 拉丁文扩充-B			
02	Latin Extended-B 拉丁文扩充-B	IPA Extensions 国际音标扩充	Spacing Modifier Letters 进格的修饰字符		
03	Combining Diacritical Marks 组合用区分符	Greek and Coptic希腊文和哥普特文			
04	Cyrillic 西里尔文				
05	Cyrillic Supplement 西里尔文补充	Armenian 亚美尼亚文	Hebrew 希伯来文		
06	Arabic 阿拉伯文				
07	Syriac 叙利亚文		Thaana 塔纳文		
08					
09	Devanagari 天成文书(梵文)	Bengali 孟加拉文			
0A	Gurmukhi 锡克教文	Guiarati 古吉拉特文			
0B	Oriya 奥利雅文	Tamil 泰米尔文			
0C	Telugu 泰卢固文	Kannada 卡纳达文			
0D	Malayalam 德拉维族文	Sinhala 僧伽罗文			
0E	Thai 泰文	Lao 老挝文			
0F	Tibetan 藏文				
10	Myanmar 缅甸文	Georgian 格鲁吉亚文			
11	Hangul Jamo 朝鲜文字母				
12	Ethiopic 埃塞俄比亚文				
13	Ethiopic 埃塞俄比亚文		Cherokee 切罗基文		
14	Unified Canadian Aborginal Syllabics加拿大土著统一音节				
16	Unified Canadian Aborginal Syllabics加拿大土著统一音节	Ogham 欧甘文	Runic 卢纳文		
17	Tagalog 塔加路语	Hanunoo	Buhid	Tagbanwa	Khmer 高棉文
18	Mongolian 蒙古文				
19	Limbu	Tai Le 德宏傣文		Khmer Symb. 高棉符号	
1A..1C					
1D	Phonetic Extension 语音学字符扩充				
1E	Latin Extened Additional 拉丁文扩充增补				
1F	Greek Extended 希腊文扩充				
20	General Puncluation 广义标点	Super/Subscri-上/下标	Currency Symbols货币符号	Comb. Mks. Symb. 符号组合区分标记	
21	Letterlike Symbols类似字母的符号	Number Forms 数字形式	Arrows 箭头		
22	Mathematical Operators 数学运算符				
23	Miscellaneous Technical 零杂技术用符号				
24	Contral Pictures 控制图	O.C.R 光学字符识别	Enclosed Alphanumerics 带括号的字母数字		
25	Box Drawing 制表符	Block Elements 方块元素	Geometric Shapes 几何图形符		
26	Miscellaneous Symbols 零杂符号				
27	Dingbats 丁贝符(示意符等)	Misc. Math. Symb.-A(零杂数学符-A	S. Arrows-A(补充箭头-A)		
28	Braille Patterns 盲文				
29	Supplemental Arrows-B(箭头补充-B)	Miscellaneous Mathematical Symbols-B(零杂数学符号-B)			
2A	Supplemental Mathematical Operators(补充数学运算符)				
2B	Miscellaneous Symbols and Arrows(零杂符号及箭头)				
2C..2D					
2E		CJK Radicals Supplement CJK部首补充			
2F	Kangxi Radicals 康熙部首		Ideog. Descr. 表意文字描述符		
30	CJK Symbols and Punctuation CJK符号和标点	Hiragana 平假名	Katakana 片假名		
31	Bopomofo 注音	Hangul Compatibility Jamo 朝鲜文兼容字母	Kanbun日文汉字	Bopomofo Ext. Bopomofo扩充	K.P.E片假名.音符扩充
32	Enclosed CJK Letters and Months 带括号的CJK字母及月份				
33	CJK Compatibility CJK兼容字符				

（阴影方块）留作将来标准化用

注：行中的垂直边界只表明近似位置。

图 A.1 GB 13000 的基本多文种平面 00 行到 33 行总貌(随原标准的修订而改变)

附　录　B
（规范性附录）
CRC 解码模型

图 B.1 指定了 32 比特的 CRC(循环冗余校验)解码器。

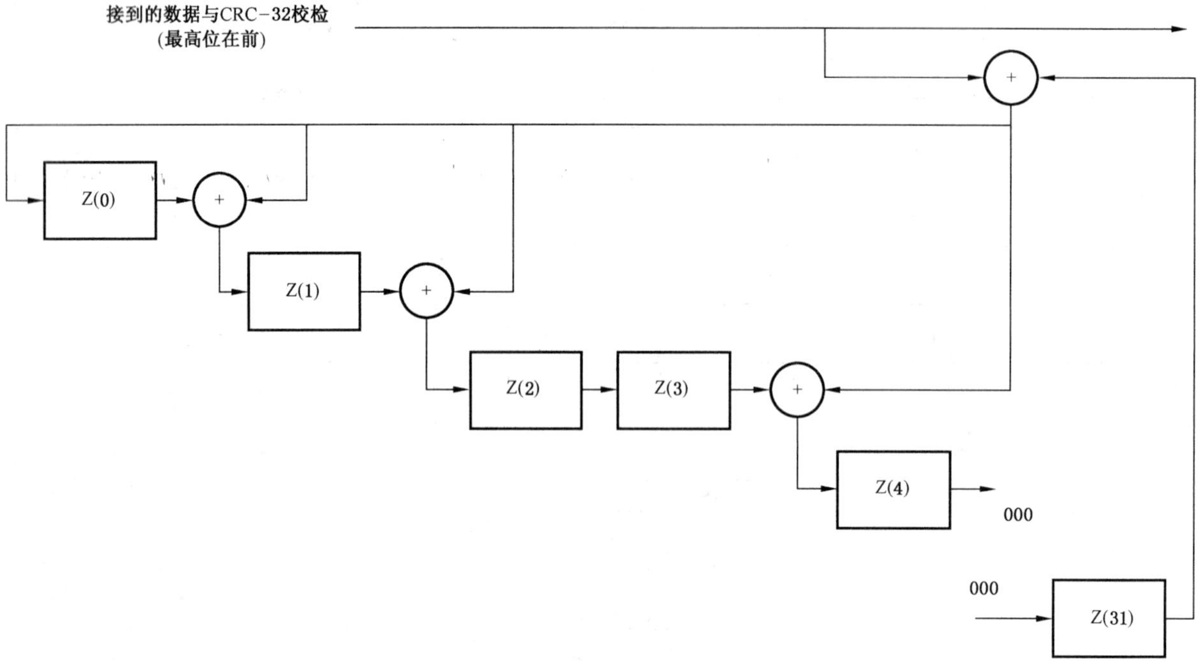

图 B.1　32 比特的 CRC 解码器模型

32 位的解码器由 14 个加法器和 32 个延时单元 Z(i)组成，按比特操作。CRC 解码器的输入加在延时单元 Z(31)的输出上，结果传送到延时单元 Z(0)及其他加法器的输入端。如上图所示，当每一个加法器的输出端连接到单元 Z($i+1$)的输入端时，那么每一个加法器的输入就是单元 Z(i)的输出，i=0,1,3,4,6,7,9,10,11,15,21,22,25。

下面是 CRC 计算的多项式：

$$X^{32}+X^{26}+X^{23}+X^{22}+X^{16}+X^{12}+X^{11}+X^{10}+X^{8}+X^{7}+X^{5}+X^{4}+X^{2}+X+1$$

当 CRC 解码器输入端接收到字节数据时，接收数据每次移入一位进入解码器，采用最高位优先的原则。例如，当接收数据为 0x01(起始码前缀的最后字节)时，首先是 7 个 0 进入解码器，然后才是 1。在 CRC 解码器处理数据前，每个延时单元 Z(i)的输出初始化为 1，在初始化完成后，此部分的每一个字节送入 CRC 解码器的输入端，包括四个 CRC_32 字节。当 CRC_32 字节的最后一位移入解码器后，即 Z(31)的输出加入 Z(0)后，读出所有延时单元的输出，如果没有错误出现，每一个 Z(i)的输出端数据应该为 0。可以肯定的是在 CRC 编码器的 CRC_32 字段使用同样的数据编码。

附 录 C
（资料性附录）
时间和日期转换的约定

图 C.1 总结了所有的转换类型。

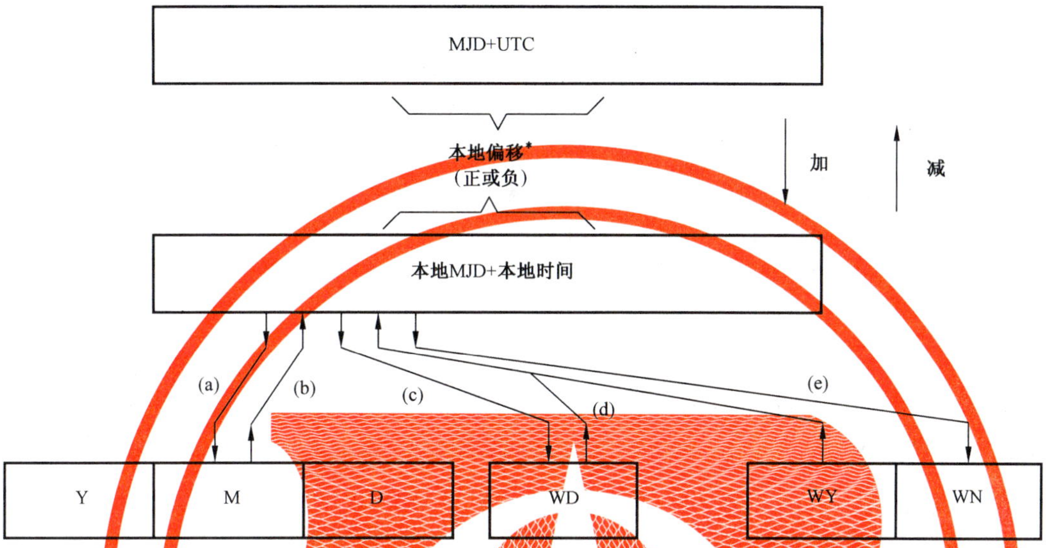

* 经度在格林威治以东的偏移量为正，经度在格林威治以西的偏移量为负。

图 C.1　MJD 和 UTC 之间的转换图

在 MJD+UTC 和"local"MJD+local time 之间的转换是一种简单的加或减本地偏移的方法，这种方法势必会导致 UTC 的进位或借位，进而会影响到 MJD。下面以公式给出另外五种转换的路线图。

所使用的符号：

MJD：修正的儒略日期；

UTC：世界协调时；

Y：从 1900 年开始（例如：对于 2003 年，Y=103）；

M：从 1 月到 12 月；

D：从 1 日到 31 日；

WY：从 1900 年算起的星期数；

WN：根据 ISO 8601 规定的星期数；

WD：从星期一到星期日(7)；

K，L，M′，W，Y′：临时变量；

×：乘法；

Int：取整，忽略了余数；

Mod 7：模 7，被 7 除之后的余数(0 至 6)。

a)　如何从 MJD 中计算 Y，M，D

$Y'=\text{int}[(MJD-15\,078.2)/365.25]$

$M'=\text{int}\{[MJD-14\,956.1-\text{int}(Y'\times 365.25)]/30.600\,1\}$

$D=MJD-14\,956-\text{int}(Y'\times 365.25)-\text{int}(M'\times 30.600\,1)$

如果 $M'=14$ 或 $M'=15$，那么 $K=1$；否则 $K=0$

$Y = Y' + K$

$M = M' - 1 - K \times 12$

b) 如何根据 Y,M,D 计算 MJD

如果 M=1 或者 M=2 那么 L=1;否则 L=0

$MJD = 14\,956 + D + int[(Y - L) \times 365.25] + int[(M + 1 + L \times 12) \times 30.600\,1]$

c) 如何根据 MJD 计算 WD

$WD = [(MJD + 2) mod 7] + 1$

d) 如何根据 WY,WN,WD 计算 MJD

$MJD = 15\,012 + WD + 7 \times \{WN + int[(WY \times 1\,461/28) + 0.41]\}$

e) 如何根据 MJD 计算 WY,WN

$W = int[(MJD/7) - 2\,144.64]$

$WY = int[(W \times 28/1\,461) - 0.007\,9]$

$WN = W - int[(WY \times 1\,461/28) + 0.41]$

例:MJD=45 218　　W=4 315

Y=(19)82　　WY=(19)82

M=9(9 月)　　WN=36

D=6　　WD=1(1 月)

注:以上公式适用于 1900 年 3 月 1 日至 2100 年 2 月 28 日。

附　录　D
（规范性附录）
SI中部分标识符的编码方法

本附录描述了中华人民共和国范围内数字电视广播系统所使用的原始网络标识符、网络标识符、业务群标识符、CA系统标识符和专用数据说明符。

D.1　原始网络标识符的编码方法

原始网络标识符用于标识广播网络，数字电视广播系统所使用的原始网络标识符的编码方法，见表D.1。

表D.1　原始网络标识符的编码方法

原始网络标识符的值																描述
网络类型标识			A级网络标识					B级网络标识								
b15	b14	b13	b12	b11	b10	b9	b8	b7	b6	b5	b4	b3	b2	b1	b0	
0	0	×	×	×	×	×	×	×	×	×	×	×	×	×	×	预留
0	1	0	×	×	×	×	×	×	×	×	×	×	×	×	×	有线广播网络
0	1	1	×	×	×	×	×	×	×	×	×	×	×	×	×	地面广播网络
1	0	0	0	0	0	0	0	×	×	×	×	×	×	×	×	卫星广播网络
1	×	×	×	×	×	×	1	×	×	×	×	×	×	×	×	预留

网络类型标识

　　指明广播网络的物理传输系统的类型，如有线广播、地面广播和卫星广播等。

A级网络标识

　　可用于标识A级广播网络，如国家骨干有线网、省级有线网等。对有线广播网，最多可标识64个；对地面广播网，最多可标识64个。

B级网络标识

　　可用于标识A级广播网络中的子网（B级广播网络）。

　　A级网络标识和B级网络标识不适用于卫星广播网，表D.1未涉及的其他类型的广播网络可在标识符的“预留”范围内另行规定。

D.2　网络标识符的编码方法

网络标识符的编码方法与原始网络标识符的编码方法相同。

D.3　业务群标识符编码方法

业务群标识符bouquet_id是一个16位字段，用于标识广播业务提供者。

D.4 CA 系统标识符

CA 系统标识符 CA_system_id 用于标识所用的条件接收系统，该字段值的分配详见 GY/Z 175—2001。

D.5 专用数据说明符

专用数据说明符 private_data_specifier 是一个 32 位字段，用于识别 SI 中的专用数据。

D.6 登记办法

全国广播电视标准化技术委员会（全国广电标委会）负责本标准中上述标识符的登记和管理。使用本标准中上述标识符的单位或组织必须在全国广电标委会登记，由全国广电标委会指配其可用的标识符。

登记管理部门：全国广播电影电视标准化技术委员会

地址：北京复兴门外大街 2 号　邮编：100866

电话：010-86093424，86092923

附 录 E
（资料性附录）
电子节目指南(EPG)

为了规范我国数字电视广播应用中的电子节目指南(EPG)，并增强各运营商之间EPG的兼容性，本附录对EPG给出以下规范：

E.1 原则

本附录规定：由于SI中提供了EPG所需的基本信息，因此EPG基本信息必须通过SI传送，以保证IRD获取EPG基本信息时的兼容性。

对于个性化EPG所需的额外信息，用户可根据具体情况通过专用数据传送。

对于EPG的界面，本附录不作规范。

E.2 EPG的功能

EPG为用户收看电视节目和享受信息服务提供一个良好的导航机制，使用户能够方便快捷地找到自己关心的节目，查看节目的附加信息。

EPG应包含以下基本功能：

a) 节目单：以"频道—时间"方式提供一段时间内的所有电视节目信息；

b) 当前节目播放：从节目单中选择当前的节目进行播放。

EPG还可包含以下高级功能(可选)：

a) 节目附加信息：给出节目的附加信息，如节目情节介绍等；

b) 节目分类：按节目内容进行分类，如体育、影视等；

c) 节目预订：在节目单上预约一段时间之后将要播放的节目，届时自动播放；

d) 家长分级控制：对节目内容进行分级控制。

EPG的上述功能所需要的全部信息，都必须通过SI来获取。

E.3 利用SI实现EPG的途径

为了实现EPG的基本功能和高级功能，除GB/T 17975.1的PSI中的PAT表、CAT表、PMT表和TSDT表外，以下各表及相应的描述符需要在SI信息中出现。

a) NIT表中含有的描述符，见表E.1。

表E.1 NIT表中含有的描述符

描 述 符	标 签 值
service_list_descriptor	0x41
satellite_delivery_system_descriptor	0x43[a]
cable_delivery_system_descriptor	0x44[a]
terrestrial_delivery_system_descriptor	0x5A[a]

表 E.1（续）

描述符	标签值
linkage_descriptor	0x4A(高级)
frequency_list_descriptor	0x62
[a] 三者取其一。	

b) SDT 表中含有的描述符，见表 E.2。

表 E.2 SDT 表中含有的描述符

描述符	标签值
service_descriptor	0x48
linkage_descriptor	0x4A(高级)
CA_identifier_descriptor	0x53

c) EIT 表中含有的描述符，见表 E.3。

表 E.3 EIT 表中含有的描述符

描述符	标签值
linkage_descriptor	0x4A(高级)
short_event_descriptor	0x4D
extended_event_descriptor	0x4E(高级)
component_descriptor	0x50
CA_identifier_descriptor	0x53
content_descriptor	0x54(高级)
parental_rating_descriptor	0x55(高级)

d) TDT 表：TDT 表可用于高级功能中的预定功能。

参 考 文 献

[1] GB/T 2659—2000 世界各国和地区名称代码

[2] GB/T 4880.1—2005 语种名称代码 第1部分:2字母代码

[3] GB/T 4880.2—2000 语种名称代码 第2部分:3字母代码

[4] GB/T 7408—2005 数据元和交换格式 信息交换 日期和时间表示法

[5] GB/T 8565.1—1998 信息技术 文本通信用编码字符集 第一部分:总则

[6] ETSI TS 101 699 数字视频广播(DVB):通用接口规范的扩展

[7] ETSI EN 301 210(V1.1) 数字视频广播(DVB):数字卫星新闻采集(DSNG)及其他卫星传送应用中的帧结构、信道编码与调制

[8] ETSI EN 301 775 数字视频广播(DVB):在DVB比特流中传送场消隐(VBI)数据的规范

[9] ETSI EN 301 790 数字视频广播(DVB):卫星传送系统中的交互通道

[10] ETSI ETR 154 数字视频广播(DVB):MPEG-2系统、音频和视频在卫星、有线和地面广播应用中的实施指南

[11] ETSI ETR 162 数字视频广播(DVB):DVB系统业务信息编码分配

[12] ETSI ETR 211 数字视频广播(DVB):DVB系统业务信息实现及使用指南

[13] ETSI ETR 289 数字视频广播(DVB):在数字广播系统对加扰和条件接收(CA)的使用支持

[14] ETSI ETS 300 231 电视系统:家庭视频节目传送控制(PDC)系统规范

[15] ETSI ETS 300 706 增强型图文电视规范

[16] ISO 3166 国家及下属地区名称代码

[17] IEEE 1394 高性能串行总线IEEE标准

[18] 数字广播系统中电信接口的实施指南(DVB项目办公室)